U0158120

材料科学与工程著作系列
HEP Series in Materials Science and Engineering
HEP MSE

晶体学对称群

——如何读懂和应用国际晶体学表

Crystal Symmetry Group:

How to Read and Understand the International Tables for Crystallography

JINGTIXUE DUICHENQUN RUHE DUDONG HE YINGYONG GUOJI JINGTIXUE BIAO

王元明　杜　奎
胡青苗　杨志卿　著

中国教育出版传媒集团
高等教育出版社 · 北京

图书在版编目（CIP）数据

晶体学对称群：如何读懂和应用国际晶体学表 / 王元明等著 . -- 北京：高等教育出版社，2023. 10

ISBN 978-7-04-060820-5

Ⅰ. ①晶… Ⅱ. ①王… Ⅲ. ①晶体学 Ⅳ. ① O7

中国国家版本馆 CIP 数据核字（2023）第 123604 号

策划编辑 刘占伟　　责任编辑 任辛欣　　封面设计 姜　磊　　版式设计 于　婕
责任绘图 黄云燕　　责任校对 窦丽娜　　责任印制 耿　轩

出版发行	高等教育出版社	咨询电话	400-810-0598
社　　址	北京市西城区德外大街4号	网　　址	http://www.hep.edu.cn
邮政编码	100120		http://www.hep.com.cn
印　　刷	山东临沂新华印刷物流集团有限责任公司	网上订购	http://www.hepmall.com.cn
开　　本	787 mm × 1092 mm　1/16		http://www.hepmall.com
印　　张	17		http://www.hepmall.cn
字　　数	260 千字	版　　次	2023 年 10 月第 1 版
插　　页	7	印　　次	2023 年 10 月第 1 次印刷
购书热线	010-58581118	定　　价	89.00 元

本书如有缺页、倒页、脱页等质量问题，请到所购图书销售部门联系调换
版权所有　侵权必究
物 料 号　60820-00

序

人类在认识物质结构的过程中, 关注了一类外形规整的物质——晶体。然后又从内部单元规则排列总结出排布的平移周期性和对称性。由此建立了传统晶体学。

X 射线发现之后, 人们利用它探测晶体, 产生 X 射线晶体学, 在实验上证实了晶体内部原子排布的周期性与对称性, 开启了现代晶体学的新纪元。

本书从介绍晶体学的基本规律开始, 深入浅出地说明了晶体对称群在凝聚态物理、材料科学等方面的应用。前人著述的晶体学对称群书籍侧重于推导的数学严谨性。本书则结合电子显微学的高分辨原子像, 形象地解释了晶体学对称群。由于实际晶体存在缺陷, 对其性能会有很大影响, 因此本书从对称性破损的角度, 进一步讨论了晶体的线缺陷和面缺陷。

王元明教授从事材料物理科学研究和教学多年, 他以渊博的学识, 纵贯历史的视野, 纵览数学、物理、化学、材料科学的大局, 为读者一一解读了奇妙的晶体对称性。

对物质结构, 特别是对晶体结构的深刻认识, 是人类与自然交流的重要基石。希望本书对相关领域的学者和学生能够起到很好的引导作用。

叶恒强

季华实验室研究员

中国科学院院士

2021 年 8 月 5 日

前　　言

1669 年丹麦地质学家斯登诺 (Steno) 通过对石英和赤铁矿晶体的观察发现, 不论晶体断面的形状和大小如何不同, 相应的晶面夹角都是相等的, 据此, 他提出了晶面夹角守恒定律。1830 年德国矿物学家赫赛尔 (Hessel) 用几何方法证明了晶体外形对称操作的组合方式只有 32 种, 即晶体点群有 32 种。在晶体外形对称性研究的基础上, 科学家们开始探索晶体外形对称性的本质, 尝试确定晶体的内部结构。1842 年德国晶体学家弗兰根海姆 (Frankenheim) 认为, 晶体内部存在以点为结点的空间格子, 这些相同的格子在三维空间周期排列, 形成点阵, 并给出 15 种可能的点阵类型。1848 年法国晶体学家布拉维 (Bravais) 证明这 15 种点阵中两种是一样的, 实际上晶体点阵只有 14 种, 即 14 种 Bravais 点阵。1892 年俄国数学家和晶体学家弗多罗夫 (Fedorov) 和德国数学家申夫利斯 (Schoenflies) 利用群论证明, 点阵平移群和点群以及螺旋操作和滑移操作的组合操作结果只有 230 种, 即 230 种晶体空间群。晶体空间群是严谨描述组成晶体结构单元排布对称性规律的数学模型。

尽管 19 世纪末几何晶体学已自成系统学说, 但直到 1895 年德国物理学家伦琴 (Rontgen) 发现 X 射线, 1909 年德国物理学家劳厄 (Laue) 用 X 射线证实晶体结构的存在周期性后, 几何晶体学的正确性才被实验证实。X 射线的发现掀起了 19 世纪末、20 世纪初的物理革命, 开启了 X 射线晶体学和现代晶体学。

几何晶体学和现代晶体学包含晶体对称群理论、晶体结构及其研究方法, 是固体物理、晶体化学、材料物理化学、地质矿物学乃至分子物理化学和分子生物学等学科的基础。不过据我所知, 目前我国高校中将晶体学列为基础课的并不多, 国外的情况也差不多。由于大学期间系统教育不够, 再加上晶体对称群理论涉及群论、矢量代数、坐标变换、矩阵变换和仿射投影几何等许多领域, 不少非数学专业的研究生觉得晶体学深奥, 难以掌握。为了帮助这些研究生提高解决实际问题的能力, 也为了提升自己的科研能力, 我为中国科学院金属研究所的研究生开设了“晶体对称群” 课程。在近 20 年的科研教学过程中, 教学相长, 我获得不少心得体会。这本书就是我在讲稿基础上编撰而成的。

编撰这本书的目的是“读懂和用好国际晶体学表”。2005 年修订的《国际晶体学表》(*International Tables for Crystallography, volume A: Space-Group*

Symmetry, edited by Theo Hahn) 集晶体学界老一辈科学家几百年的研究成果于大成, 内容丰富, 涉及几何晶体学和现代晶体学的方方面面。为了便于读者读懂这本手册型巨著, 本书前几章主要介绍必要的基本知识, 如群论初步、二维晶体对称性、仿射变换、乘积群、晶系和点阵等。与以往出版的同类图书所不同的是, 本书更加关注细节, 如二维 (平面) 群 $p2mm$、$p2mg$ 和 $p2gg$ 有什么不同, 它们为什么都属于简单点阵, 群中的对称操作元素是如何产生的, 为什么面心立方点阵和点阵点群 $m\bar{3}m$ 是相容的等。另外, 本书还对国际晶体学表中涉及的一些基本概念进行了延伸解释, 如无倒反中心晶体点群的实验测定原理, Patterson 函数的由来, 它和衍射斑点的区别, 为什么可以在倒空间测定正空间的对称性, 点群与描述晶体平衡态物理性质的关系等。第 9 章按照国际晶体学表的排布逐行逐段地介绍了各项的含义。第 10 章给出了利用高分辨电子显微镜获得的原子像来确定晶体空间群和原子结构的实例。第 11 章介绍了缺陷的对称性, 缺陷是材料科学理论和实验研究的重要对象, 但对缺陷与对称性的关系似乎关注不够。本书的最后两章介绍了与晶体学相关的两个学科: 原子分辨率电子显微术和第一性原理方法及群论在结构相变中的应用, 供读者在晶体学研究应用中参考。本书第 1 ~ 9 章和第 11 章由我撰写, 第 10 章由杨志卿研究员和王威振特别研究助理撰写, 第 12 章由杜奎研究员以及博士生张永超和齐璐撰写, 第 13 章由胡青苗研究员撰写。

中国科学院金属研究所教育处王晓斌高工为本书的出版做了大量的协调工作, 在此深致谢忱。我撰写的 10 章中, 打字和绘图由自己完成, 中国科学院金属研究所马尚义副研究员在编辑工作方面对我帮助很大, 在此特表感谢。中国科学院金属研究所的马尚义副研究员、王威振特别研究助理、崔静萍副研究员和安徽工业大学的吴玉喜副教授以及中国科学院金属研究所的不少研究生预读了本书部分章节, 在写作过程中与我进行了有益的讨论, 提出了不少中肯的意见, 在此一并感谢。本书历经 2 年之久才得以完成, 在本书定稿之际, 我老伴突然病逝, 她为我辛勤劳作近 60 年, 我无以回报, 谨以此书告慰。

本书内容涉及颇广, 作者学识有限, 错误和不当之处在所难免, 敬请读者斧正。

王元明

中国科学院金属研究所

2021 年 4 月 29 日

目　　录

第 1 章 群论初步

固体材料可分为晶体、准晶体和非晶体 3 类。自然生长的晶体如钻石都具有规则的外形, 实验证明晶体规则的外形源于晶体内部具有特定的空间对称性且周期排列的原子结构。对称群描述了包括晶体在内的几何体的对称性: 它是在保持几何体体积不变的条件下各种对称操作的集合, 包括有限点群、无限平移群和有限空间群。这一章主要讲述和晶体对称群相关的群的基本概念, 这些基本概念在其他各章都会用到。

1.1 群的定义

G 不是空集, 对 G 给定运算 "×", 若在 "×" 运算之下, 满足下列 4 个条件, 则 G 为一个群:

(1) G 在 "×" 运算之下是封闭的, 即对每一对元素 a、$b \in G$, 有唯一确定的元素 $c = a \times b$, 且 $c \in G$ (封闭性);

(2) 在 "×" 运算之下是可结合的, 即对任意 a、$b \in G$, 有 $a \times (b \times c) = (a \times b) \times c$ (结合律);

(3) 在 G 中有唯一元素 e, 对 $\forall a \in G$ ($\forall$ 表示任何一个) 满足 $a \times e = e \times a = a$;

(4) 在 G 中有唯一元素 a^{-1}, 对 $\forall a \in G$ 满足 $a \times a^{-1} = a^{-1} \times a = e$。

在该定义中, 条件 (3) 中的 e 称为单位元或恒等元; 条件 (4) 中的 a^{-1} 称为 a 的逆元。条件 (3) 中的 "唯一" 指的是, 如果存在一个左单位元 e 或右单位元 e', 那么 $ea = a$ 或 $ae' = a$, 对 $\forall a \in G$ 成立。令 $a = e$, 就会得到 $e = ee = ee' = e$, 因此, 群中单位元是唯一的。条件 (4) 中的 "唯一" 指的是, 如果任一元 a 有左逆元 a^{-1} 或右逆元 a'^{-1} 存在, 使 $a^{-1} \times a = a \times a'^{-1} = e$ 成立, 那么令 $a = e$ 就会得到 $a^{-1}e = ea'^{-1}$, 从而 $a^{-1} = a'^{-1}$ 也成立。因此, 群中任一元的逆元是唯一的。

对于元数目有限的有限群, 可以把元的乘积以乘法表形式全部列出 (这里所述的乘法指的是运算、操作或变换)。通过乘法表可以知道构成群的元是否满足群的定义: 存在唯一的单位元, 任一元都有唯一的逆元, 群中任意二元的乘积是群中的元 (封闭性), 群的元满足结合律。反之, 凡能满足乘法表的元构成群。

乘法表的第 1 行列出群的所有组元, 分别列在第 1 行第 2 列、第 1 行第 3 列……, 表的第 1 列也列出群的所有组元, 分别列在第 2 行第 1 列、第 3 行第 1 列……, 然后用第 2 行第 1 列元对第 1 行第 2 列元、第 1 行第 3 列元……分别进行乘法运算, 乘积列在第 2 行第 2 列、第 2 行第 3 列……, 以此类推, 直到把各行第 1 列元都运算完。

如群 $G = \{1, -1\}$, 在 $\times$ 运算下的乘法表如表 1.1 所示。从表 1.1 中可见, 群 $G = \{1, -1\}$ 的单位元为 1, 由于 $1 \times 1 = 1$, 1 的逆元为 1, 由于 $-1 \times -1 = 1$, -1 的逆元为 -1。鉴于所有运算结果都在 $G = \{1, -1\}$ 内, G 满足封闭性。由于 $(1 \times 1) \times -1 = 1 \times (1 \times -1) = -1$, 所以 G 满足结合律。

表 1.1　$G = \{1, -1\}$ 在 $\times$ 运算下的乘法表

	1	-1
1	1	-1
-1	-1	1

组成群 G 的元的数目称为群的阶数, 用 $|G|$ 表示。表 1.1 所示的群 $G = \{1, -1\}$ 的阶数 $|G| = 2$。

1.2　群的基本性质

1.2.1　交换群

如果群 G 的任二元满足 $a \times b = b \times a$, 则该群称作交换群。例如有理数集中的元可以是 0、正负整数、正负分数。这个集中的单位元 $e = 0$, 逆元

$a^{-1}=-a$, 对于 "+" 运算满足结合律 $a+(b+c)=(a+b)+c$, 任意两个有理数的和 ("+") 也是有理数, 即满足封闭性, 所以, 有理数集对于 "+" 运算是群 G。注意, 有理数群 G 还满足 $a+b=b+a$, 所以有理数群 G 也是交换群。有理数群 G 中, 元的个数为无限个, 所以它是无限群。

1.2.2 子群和母群

如果群 G 的非空子集 H 对于 G 的运算也构成一个群, 则 H 是 G 的子群, G 是 H 的母群。例如有理数加法群 $G=\left\{-n\cdots,-1,-\dfrac{n-1}{n},\cdots,-\dfrac{1}{2},\cdots,-\dfrac{1}{n},0,\dfrac{1}{n},\cdots,\dfrac{1}{2},\cdots,\dfrac{n-1}{n},1,\cdots,n\right\}$, 非空子集 $H=\{-n,\cdots,-1,0,1,\cdots,n\}$ 包括 0、正负整数, 其中, n 是无穷大的整数。如果这个数集中的单位元 $e=0$, 逆元 $a^{-1}=-a$, 那么, 对于 "+" 运算, 这个数集满足群的定义, 所以, 对于 "+" 运算, H 是加法群。由于在 H 中任意一个元 $a\in H\in G$, 所以, H 是上述有理数加法群 G 的子群, G 是 H 的母群。同时 H 也是交换群。

有限母群与有限子群的阶数比 $\dfrac{|G|}{|H|}=[G:H]$ 称为子群的指数。

1.2.3 用子群 $\boldsymbol{H}$ 的陪集构成母群 $\boldsymbol{G}$

设 H 是任意群 G 的子群, $\forall a\in G$ 但 $\notin H$, 则 G 中子群 H 以 a 为代表元的左陪集为 $aH=\{ah\mid h\in H\}=\{H,a_1H,\cdots,a_rH\}$, G 可以用以 a 为代表元的左陪集展开表示为 $G=H\bigcup a_1H\bigcup\cdots\bigcup a_rH$。以 a 为代表元的右陪集为 $Ha=\{ha\mid h\in H\}$, 同理 G 也可以用以 a 为代表元的右陪集展开表示为 $G=H\bigcup Ha_1\bigcup\cdots\bigcup Ha_r$。为了直观理解陪集展开的意义, 图 1.1 以 $3m=\{1,3^+,3^-,m_1,m_2,m_3\}$ 陪集展开为例进行了说明。图中, $3m=\{1,3^+,3^-,m_1,m_2,m_3\}$ 中的 3 次轴垂直于纸面, 沿六角坐标系的 [001] 轴方向, 3^+ 表示逆时针旋转 120°, 3^- 表示顺时针旋转 120°, m_1、m_2、m_3 分别为平行于 [001] 轴, 且分别平行于 $[\bar{1}\,\bar{1}\,0]$、[010] 和 [100] 的反映面。

表 1.2 给出了平面点群 $3m=\{1,3^+,3^-,m_1,m_2,m_3\}$ 的乘法表, 其中, 黑框所示的操作元是母群 $G=3m$ 的子群 $H=\{1,m_1\}$ 的乘法表, 子群的指数 $[G:H]=[6:2]=3$。3^+、3^-、m_2、m_3 是 $G=3m$ 中 $\in G$ 但 $\notin H$ 的操作元。从表 1.2 可知, $3m$ 子群 $H=\{1,m_1\}$ 在 $3m$ 中的左陪集为

$$\{1,m_1\}=H$$

$$3^+H=\{3^+,m_3\},\quad m_3H=\{m_3,3^+\}$$

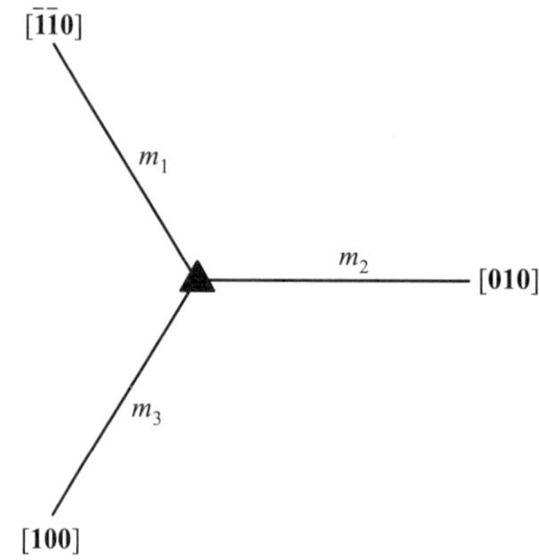

图 1.1　点群 $3m=\{1,3^+,3^-,m_1,m_2,m_3\}$ 的对称操作

$$3^-H=\{3^-,m_2\},\quad m_2H=\{m_2,3^-\}$$

右陪集为

$$\{1,m_1\}=H$$

$$H3^+=\{3^+,m_2\},\quad Hm_2=\{m_2,3^+\}$$

$$H3^-=\{3^-,m_3\},\quad Hm_3=\{m_3,3^-\}$$

从上式可见, $H=\{1,m_1\}$ 的左 (右) 陪集展开中, 同一行左 (右) 陪集是相同的 (如 $3^+H=\{3^+,m_3\}$, $m_3H=\{m_3,3^+\}$), 真正不同的左 (右) 陪集只有 3 种。这说明左 (右) 陪集展开中, 有些元是相同的。

表 1.2　平面点群 $3m=\{1,3^+,3^-,m_1,m_2,m_3\}$ 的乘法表

	1	m_1	3^+	3^-	m_2	m_3
1	1	m_1	3^+	3^-	m_2	m_3
m_1	m_1	1	m_2	m_3	3^+	3^-
3^+	3^+	m_3	3^-	1	m_1	m_2
3^-	3^-	m_2	1	3^+	m_3	m_1
m_2	m_2	3^-	m_3	m_1	1	3^+
m_3	m_3	3^+	m_1	m_2	3^-	1

子群 H 的左右陪集具有如下性质。

(1) 当陪集的代表元 $a\notin H$ $(\forall a\in\{3^+,3^-,m_2,m_3\})$ 时, aH (或 Ha) 不一

定是群, 因为它们不一定满足群的定义。

(2) 一般情况下, $aH \neq Ha$。

(3) 每一代表元 a 的左右陪集中元的个数相等, 即 $|aH| = |Ha| = |H|$。

(4) $a \in aH$。

(5) 如果 $a \in H$, 则 $aH = H$; 如果 $a \notin H$, 则 $aH \in G \notin H$。

(6) 同一代表元的左陪集中的任意二元 $ah_i \neq ah_j$ $(h_i \neq h_j)$, 其原因是, 如果 $ah_i = ah_j$, 那么 $a^{-1}ah_i = a^{-1}ah_j$, 则可得 $h_i = h_j$, 这与 $h_i \neq h_j$ 的假设矛盾。

(7) 若 $b \in aH$, 设 $b = ah_i$, 由于 $\forall h_i \in H$, 故有 $bH = ah_iH = aH$, 这表明 a、b 在同一左陪集中。

(8) 如果 $bH = aH$, 则 $b^{-1}bH = b^{-1}aH$, $H = b^{-1}aH$, $b^{-1}a \in H$。对于右陪集也可以得到相似的性质。

设 $[G:H] = r$, 且 $a_1, a_2, \cdots, a_r$ 分别表示 r 个不同的 H 左陪集代表元 (即用这 r 个代表元展开的左陪集中没有一个是相同的), 则 $G = a_1H \bigcup a_2H \bigcup \cdots \bigcup a_rH$, 即母群可以由子群和它的不同的左陪集构成。同理, 母群也可以用子群和它的不同的右陪集构成。G 的阶 $|G| = |H| \cdot [G:H]$。如 $3m = H \bigcup 3^+H \bigcup 3^-H = \{1, m_1\} \bigcup \{3^+, m_3\} \bigcup \{3^-, m_2\} = \{1, 3^+, 3^-, m_1, m_2, m_3\}$。$G$ 的阶 $|G| = |H| \cdot [G:H]$, $3m$ 的阶 $|3m| = 2 \cdot 3 = 6$。

1.2.4 不变 (正规) 子群

设有限群 $G = e \bigcup h_2 \bigcup \cdots \bigcup h_s \bigcup a_1 \bigcup a_2 \bigcup \cdots \bigcup a_r$, 若 $H = e \bigcup h_2 \bigcup \cdots \bigcup h_s$ 是群 G 的子群, 对于 $\forall a \in G \notin H$, 都满足 $aHa^{-1} = H$ 或 $aH = Ha$ (左陪集和右陪集相等), 那么, H 就是群 G 的不变子群。对于指数为 2 的子群 H, $G = H \bigcup aH = H \bigcup Ha$ $(\forall a \in G \notin H)$。从 1.2.3 节可知, $aH(Ha)$ 中包含了所有的 $aH(Ha) \in G \notin H$ 的元, 而且它们是不同的, 由于 aH 阶数与 H 的阶数相同 (指数为 2), 所以 $G = H \bigcup aH$ $(= H \bigcup Ha)$。由于 $aH = Ha$, 所以 H 是群 G 的不变子群。

表 1.3 给出了 $G = 3m = \{1, 3^+, 3^-, m_1, m_2, m_3\}$ 的乘法表, 其中, 黑框所示的操作元是母群 $G = 3m$ 的子群 $H = 3 = \{1, 3^+, 3^-\}$ 的乘法表。从表 1.3 中可知:

(1) 对于 $\forall a \in G \notin H$ 的元, 如 $a = m_i\,(i = 1, 2$ 或 $3)$, 可得到所有不相同的元 $m_iH = \{m_1, m_2, m_3\} \in G \notin H$, 所以 $G = H \bigcup m_iH$, 同理可证 $G = H \bigcup m_iH = H \bigcup Hm_i$。

(2) $m_iH = Hm_i\,(i = 1, 2, 3)$, H 是母群 G 指数为 2 的不变子群。

(3) 由 1.2.1 节和表 1.3 可知, 表中黑线所圈的部分 $H = 3 = \{1, 3^+, 3^-\}$

是交换群。但它的母群 $G=3m=\{1,3^+,3^-,m_1,m_2,m_3\}$ 不满足群中任意两元 $a*b=b*a$ 的要求，例如 $m_1 3^- = m_3 \neq 3^- m_1 = m_2$，所以 G 不是交换群。

表 1.3　$G=3m=\{1,3^+,3^-,m_1,m_2,m_3\}$ 的乘法表

	1	3^+	3^-	m_1	m_2	m_3
1	1	3^+	3^-	m_1	m_2	m_3
3^+	3^+	3^-	1	m_3	m_1	m_2
3^-	3^-	1	3^+	m_2	m_3	m_1
m_1	m_1	m_2	m_3	1	3^+	3^-
m_2	m_2	m_3	m_1	3^-	1	3^+
m_3	m_3	m_1	m_2	3^+	3^-	1

1.2.5　共轭子群

$H_1 \cdots H_n$ 是群 G 中阶数相同的子群，如果 G 中至少存在 1 个元 a，使 $H_1 \cdots H_n$ 的任 2 个 H_i 和 H_j 满足 $aH_ia^{-1}=H_j$，那么 $H_1 \cdots H_n$ 就是 G 的共轭子群。表 1.2 中的 $m_1=\{1,m_1\}$，$m_2=\{1,m_2\}$ 和 $m_3=\{1,m_3\}$ 就互为共轭子群，因为 $3^+\{1,m_1\}3^-=\{1,m_2\}$，$3^+\{1,m_2\}3^-=\{1,m_3\}$，$3^+\{1,m_3\}3^-=\{1,m_1\}$。

1.2.6　商群

商群可由不变子群和它的不同的左 (右) 陪集构成，记作 $G/H=G_1$。$G_1=a_1H\bigcup a_2H\bigcup\cdots\bigcup a_rH$ (或 $G_1=Ha_1\bigcup Ha_2\bigcup\cdots\bigcup Ha_r$)，对于左陪集而言，$G_1$ 的元是 $a_1H,a_2H,\cdots,a_rH$，这里 $a_1H=H$，$a_2H,\cdots,a_rH$，指的是所有不相同的左陪集的集合。G_1 的阶数 $[G:H]=\dfrac{|G|}{|H|}$，其中，$|G|$ 表示 G 的阶数，$|H|$ 表示 H 的阶数。下面以左陪集展开为例证明商群满足群的定义。

(1) 1.2.3 节 (6) 已证明同一代表元的左陪集中的任意二元 $ah_i \neq ah_j$ $(h_i \neq h_j)$。

(2) 可用反证法证明 $aH \notin H$：如果 $ah_i=h_j$，那么 $ah_ih_i^{-1}=a=h_jh_i^{-1}$，这和 $a\notin H$ 假设矛盾。所以 aH 必然在左陪集的集合中。

(3) 对于任意两个 a_i 和 a_j，$a_iHa_jH=a_iHHa_j=a_iHa_j$，按照不变子群的定义，只有当 $a_j=a_i^{-1}$ 时，有 $a_iHa_j=a_iHa_i^{-1}=H$，否则 $a_iHa_j\notin H$，即

a_iHa_jH 要么等于 H, 要么在左陪集集合中, 从而满足封闭性。

(4) 利用不变子群的定义可证明, $(a_iHa_jH)a_kH = a_iHHa_ja_kH = a_ia_ja_kH$, $a_iH(a_jHa_kH) = a_iHa_ja_kHH = a_ia_ja_kH$, 即满足结合律。

(5) $a_iHH = a_iH$, $Ha_iH = a_iH$, 商群的单位元是 H。

(6) $a_i^{-1}Ha_iH = H$, a_iH 的逆元是 $a_i^{-1}H$。

$G = 3m = \{1, 3^+, 3^-, m_1, m_2, m_3\}$ 的以 H 和 m_1H 为元的商群 $G_1 = G/H$ 乘法表如表 1.4 所示, 这里 $H = \{1, 3^+, 3^-\}$, G_1 的阶数为 $[G:H] = \dfrac{|G|}{|H|} = 2$。

表 1.4 给出了以 H 和 m_1H 为元的商群 $G_1 = G/H$ 乘法表。从表 1.4 可知, 商群 G/H 的单位元是 H, H 的逆元为 H, m_1H 的逆元为 m_1H, 它是交换群。

表 1.4 以 H 和 m_1H 为元的商群 $G_1 = G/H$ 乘法表

	H	m_1H
H	H	m_1H
m_1H	m_1H	H

1.2.7 同构与同态

对于两个群 G 和 G_1, 若 G 中任意两元 a、b 的乘积与 G_1 中相应元 a'、b' 的乘积对应, 即 $a \cdot b = a' \cdot b'$, 并且只与这个乘积对应, 那么称两个群 G 和 G_1 同构, 记作 $G \cong G_1$。

对于两个群 G 和 G_1, 若 G 中任意两元 a、b 的乘积与 G_1 中相应的一组元的乘积对应, 即 $a \cdot b = \{a_1, a_2, \cdots, a_n\} \cdot \{b_1, b_2, \cdots, b_n\}$, 并且只与这组乘积对应, 那么称两个群 G 和 G_1 同态, 记作 $G \sim G_1$。

比较表 1.4 和表 1.1, 可知 G 中 1 对应 G_1 的 $H = \{1, 3^+, 3^-\}$, G 中 -1 对应 G_1 的 $m_1H = \{m_1, m_2, m_3\}$, 它们具有相同乘法表, 因此是同态的, 即 $G \sim G_1$。同构或同态具有以下性质:

(1) $G \simeq G_1$ (或 $G \sim G_1$), 如果 C 是群, 那么 G_1 也是群;

(2) $G_1 \cong G_2$, $G_1 \cong G_3$, 则 $G_2 \cong G_3$, 同样,$G_1 \sim G_2$, $G_1 \sim G_3$, 则 $G_2 \sim G_3$, 这称作同构与同态的传递性。

参考文献

[1] Hahn T. International tables for crystallography, Vol. A. 5th ed. Heidelberg: Springer, 2005.

[2]《数学手册》编写组. 数学手册. 北京: 人民教育出版社, 1979.

[3] 王仁卉, 郭可信. 晶体中的对称群. 北京: 科学出版社, 1990.

第 2 章 二维晶体的对称性

晶体具有规则的多面体外形, 晶体外表面上任意一点都可以通过晶体对称操作, 如旋转、反映和倒反变到等同部分的相应点上, 称为晶体对称性。从微观上看, 完整晶体是空间中周期排列的晶格, 既然晶体具有对称性, 晶格也应该具有相同的对称性, 显然, 晶格所容许的晶体对称操作必须满足晶格的周期性; 反之, 晶体对称性又限制了晶格的类型 (晶系和晶格点阵)。

2.1 点对称操作和晶体点阵平移之间的相互制约

晶体点阵中的点对称操作如倒反、反映面反映、旋转操作和晶体点阵中的平移操作是相互制约的。

图 2.1 给出了平移对旋转轴和旋转角的限制。图中, 设 $\boldsymbol{AA'} = \boldsymbol{a}$, 其中 $\boldsymbol{a}$ 为基矢。由于格点 A 上存在 1 个垂直于纸面的 θ 角旋转轴, 那么在格点 A' 上也必然会存在同样的 θ 角旋转轴。AA' 绕格点 A 轴旋转 θ 角后, $A' \to B$, AA' 绕格点 A' 轴旋转 θ 角后, $A \to B'$, 因此有 $AB = a$, $A'B' = a$。由于 $\boldsymbol{BB'}$ 是平行于 $\boldsymbol{AA'}$ 的格矢, 所以 $BB' = ma$, 其中, m 是整数。故可以得到如下关系:

$$ma = a + 2a\cos(\pi - \theta) = a - 2a\cos\theta$$

$$-1 \leqslant \cos\theta = \frac{1-m}{2} \leqslant 1$$

$$m = 3, 2, 1, 0, -1$$

所以$\theta = \pi, \dfrac{2\pi}{3}, \dfrac{\pi}{2}, \dfrac{\pi}{3}, 0$。这就是说, 由于晶体点阵中的平移操作的制约, 晶体点阵中只能存在 1、2、3、4 和 6 次轴。

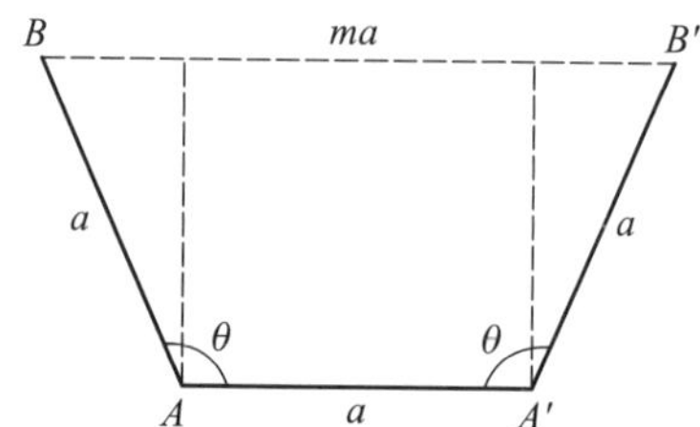

图 2.1　平移对旋转轴和旋转角的限制

2.2　二维晶体点对称操作

相对于三维晶体, 二维晶体的对称操作比较简单, 用几何作图方法就可以将对称操作和晶格周期性的制约关系表示出来。

二维晶体 (如石墨烯) 点阵中的基本对称操作有平移、绕垂直二维晶体点阵平面的轴 1、2、3、4、6 次旋转操作、以平行这些轴的晶面为反映面的反映操作以及以倒反中心为中心的倒反操作。鉴于旋转操作、反映操作和倒反操作时晶体点阵中起码有一个点是不动的, 故称为点对称操作。如果这些对称操作的集合能满足 1.1 节所述的群的定义, 它们就构成二维晶体学点群或平面点群。

2.2.1　旋转操作

2.2.1.1　1 次轴

绕垂直二维点阵平面轴旋转 2π 的操作, 称为恒等或全同操作, 如图 2.2 所示。

图 2.2 描述了对称操作的位置和对于这个操作等效的点的位置。等效点是晶体结构中通过对称操作联系起来的、具有相同性质和环境的一些基元。图 2.2 表示 1 次轴垂直二维晶体点阵平面 (纸面) 旋转 2π 后, 出发点和终止点重合, 即只有 1 个等效点。1 次轴操作元只有 1 个, 构成点群 $1 = \{1\}$, 这里

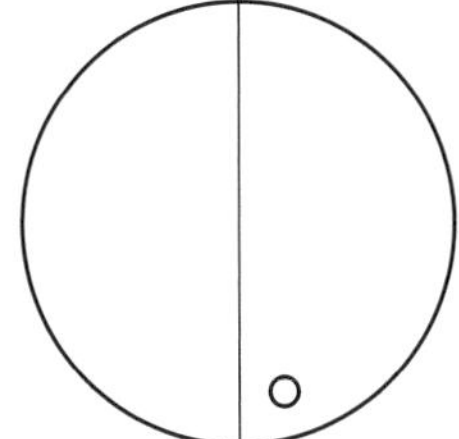

图 2.2　点群 $1=\{1\}$ 对称操作及等效点图, 图中空心圈为等效点

1 为点群 1 的 Hermann-Mauguin (HM) 符号, 本书采用 HM 符号表示晶体对称群。

2.2.1.2　2 次轴

绕垂直二维晶体点阵平面轴旋转 π 的操作, 如图 2.3 所示。图中给出了经过逆时针或顺时针旋转 π 后等效点的位置, ⬮ 表示垂直二维晶体点阵平面的 2 次轴。由于出发点和终止点相差 π, 因此有 2 个等效点。2 次轴操作元有 2 个, 组成点群 $2=\{1,2\}$。

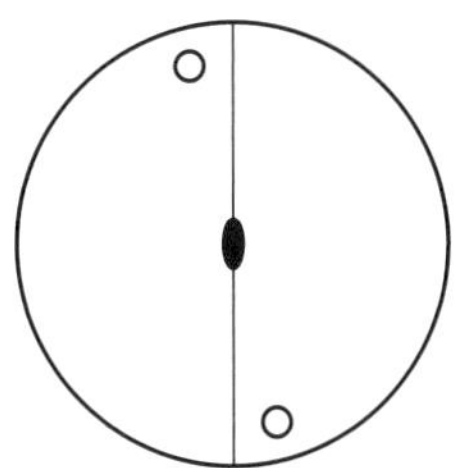

图 2.3　点群 $2=\{1,2\}$ 对称操作及等效点图, 图中空心圈为等效点

2.2.1.3　3 次轴

绕垂直二维晶体点阵平面轴旋转 $\dfrac{2\pi}{3}$ 的操作, 如图 2.4 所示。由图可知, 绕

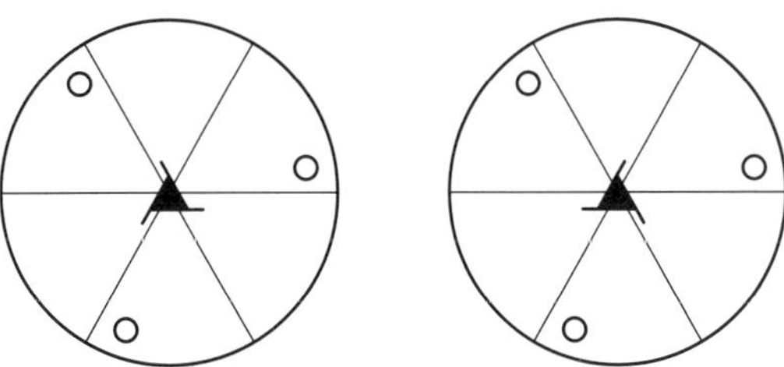

图 2.4　点群 $3=\{1,3^{+},3^{-}\}$ 对称操作及等效点图, 图中空心圈为等效点

垂直二维晶体点阵平面的 3 次轴逆时针旋转 $\frac{2\pi}{3}$ 或顺时针旋转 $\frac{2\pi}{3}$ 后产生 3 个等效点。其中, 表示 3^+, 逆时针旋转 $\frac{2\pi}{3}$; 表示 3^-, 顺时针旋转 $\frac{2\pi}{3}$。3 次轴对称操作元有 3 个: 旋转 2π 的恒等操作 1 (未给出等效图)、3^+ (左图) 和 3^- (右图), 它们构成点群 $3 = \{1, 3^+, 3^-\}$。

表 2.1 给出了点群 $3 = \{1, 3^+, 3^-\}$ 中对称操作元的乘法表, 由表 2.1 可知, 这个点群的单位元为 1, 并且 3^+ 和 3^- 互为逆元, 是交换群。

表 2.1　点群 $3 = \{1, 3^+, 3^-\}$ 中对称操作元的乘法表

	1	3^+	3^-
1	1	3^+	3^-
3^+	3^+	3^-	1
3^-	3^-	1	3^+

2.2.1.4　4 次轴

如图 2.5 所示, 给出了绕垂直二维晶体点阵平面轴旋转 $\frac{\pi}{2}$ 的操作。由图可知, 绕垂直二维晶体点阵平面轴 4 次轴逆时针旋转 $\frac{\pi}{2}$ 和顺时针旋转 π 后产生 4 个等效点。其中 表示逆时针旋转 $\frac{\pi}{2}$。 表示顺时针旋转 π, 相当于 2 次轴。4 次轴对称操作元有 4 个: 左图为逆时针旋转 $\frac{\pi}{2}$, 表示为 4^+, 右图为顺时针旋转 π, 相当于 2 次轴, 表示为 2。另外, 还有逆时针旋转 $\frac{3\pi}{2}$, 相当于顺时针旋转 $\frac{\pi}{2}$, 表示为 4^-, 以及旋转 $\frac{4\pi}{2}$ 的恒等操作 1 (后 2 个操作元未给出等效图), 它们构成点群 $4 = \{1, 4^+, 2, 4^-\}$。

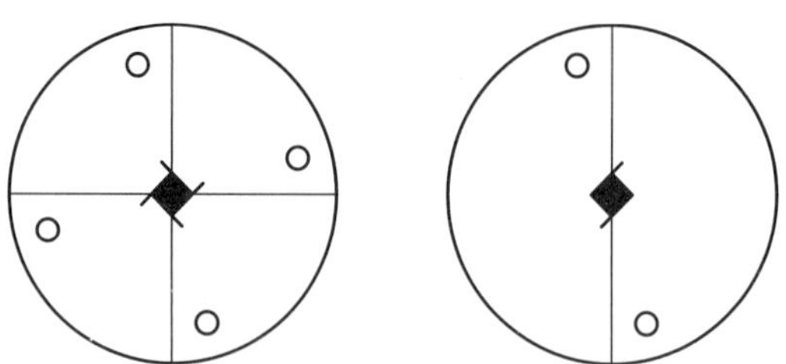

图 2.5　点群 $4 = \{1, 4^+, 2, 4^-\}$ 对称操作及等效点图, 图中空心圈为等效点

表 2.2 给出了点群 $4=\{1,4^+,2,4^-\}$ 中对称操作元的乘法表, 由表 2.2 可知, 点群 $4=\{1,4^+,2,4^-\}$ 的单位元为 1, 并且 4^+ 和 4^-、2 和 2 互为逆元, 是交换群。共有 4 个等效点。

表 2.2 点群 $4=\{1,4^+,2,4^-\}$ 中对称操作元的乘法表

	1	4^+	2	4^-
1	1	4^+	2	4^-
4^+	4^+	2	4^-	1
2	2	4^-	1	4^+
4^-	4^-	1	4^+	2

2.2.1.5 6 次轴

如图 2.6 所示, 给出了绕垂直二维晶体点阵平面轴旋转 $\dfrac{\pi}{3}$ 的操作。图中, 绕垂直二维晶体点阵平面轴 6 次轴逆时针旋转 $\dfrac{\pi}{3}$ 和顺时针旋转 $\dfrac{\pi}{3}$ 后产生了 6 个等效点。左上图是经过逆时针旋转 $\dfrac{\pi}{3}$ 形成的, 左下图是逆时针旋转 π 形成的等效点图。右上图是逆时针旋转 $\dfrac{2\pi}{3}$ 形成的等效点图, 右下图顺时针旋转 $\dfrac{\pi}{3}$ 形成的等效点图。 表示逆时针旋转 $\dfrac{\pi}{3}$, 表示逆时针旋转 π, 表示逆时针旋转 $\dfrac{2\pi}{3}$, 表示顺时针旋转 $\dfrac{\pi}{3}$。6 次轴对称操作元有 6 个: 左上

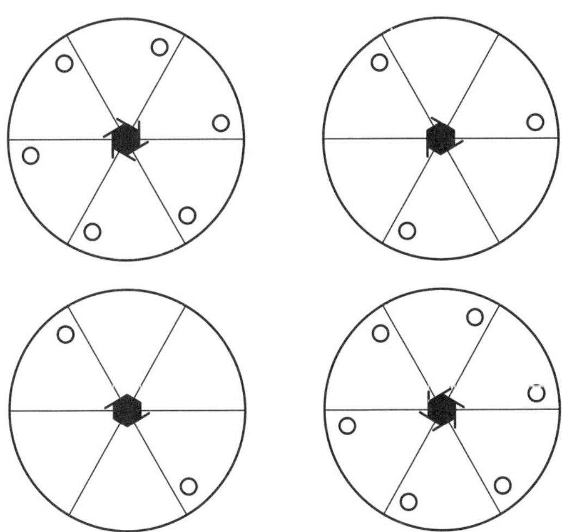

图 2.6 点群 $6=\{1,6^+,3^+,2,3^-,6^-\}$ 对称操作及等效点图, 图中空心圈为等效点

图为逆时针旋转 $\frac{\pi}{3}$, 用 6^+ 表示, 左下图为逆时针旋转 π, 用 2 表示, 右上图为逆时针旋转 $\frac{2\pi}{3}$, 用 3^+ 表示, 右下图顺时针旋转 $\frac{\pi}{3}$, 相当于逆时针旋转 $\frac{5\pi}{3}$, 用 6^- 表示。另外还有 2 个操作元: 逆时针旋转 $\frac{4\pi}{3}$, 相当于顺时针旋转 $\frac{2\pi}{3}$, 用 3^- 表示, 以及旋转 2π 的恒等操作 1 (后两个操作元未给出等效图), 它们构成点群 $6=\{1,6^+,3^+,2,3^-,6^-\}$。

表 2.3 给出了点群 $6=\{1,6^+,3^+,2,3^-,6^-\}$ 对称操作元的乘法表, 由表 2.3 所示乘法表可知, 点群 $6=\{1,6^+,3^+,2,3^-,6^-\}$ 的单位元为 1, 6^+ 和 6^-、3^+ 和 3^-、2 和 2 互为逆元, 是交换群。具有 6 个等效点。

表 2.3　点群 $6=\{1,6^+,3^+,2,3^-,6^-\}$ 中对称操作元的乘法表

	1	6^+	3^+	2	3^-	6^-
1	1	6^+	3^+	2	3^-	6^-
6^+	6^+	3^+	2	3^-	6^-	1
3^+	3^+	2	3^-	6^-	1	6^+
2	2	3^-	6^-	1	6^+	3^+
3^-	3^-	6^-	1	6^+	3^+	2
6^-	6^-	1	6^+	3^+	2	3^-

2.2.2　反映面与旋转操作的组合操作和两个反映面的组合操作

图 2.7 给出了垂直于纸面 α 角的旋转轴与平行此轴的反映面的组合操作。由图 2.7 可知, α 角旋转轴过 O 点, 平行于此轴的反映面 m 与纸面的交线为 OA。通过反映面 m 反映操作, 空心圈 1 变到实心点 2, 实心点 2 通过 α 角旋转操作变到实心点 $2'$。从空心圈 1 变到实心点 $2'$ 可以视为与反映面 m 夹角为 $\frac{\alpha}{2}$ 反映面 m' 的反映操作, 换句话说, 垂直于纸面的 α 角旋转轴和平行于此轴的反映面 m 的组合操作, 生成了 1 个平行于 α 角旋转轴的新反映面 m'。以上是轴的反映面的组合操作。另外, 垂直于纸面的 2 个反映面 m 和 m' 的交线是垂直于纸面过 O 的直线, 反映面 m 和 m' 之间的夹角为 $\frac{\alpha}{2}$, 通过反映面 m 反映操作, 实心点 2 变到空心圈 1, 通过反映面 m' 反映操作, 空心圈 1 变到实心点 $2'$, 从实心点 2 变到实心点 $2'$ 来看, 反映面 m 和 m' 的交线是具有 α 角的旋转轴, 即 2 个反映面的组合操作生成旋转轴。

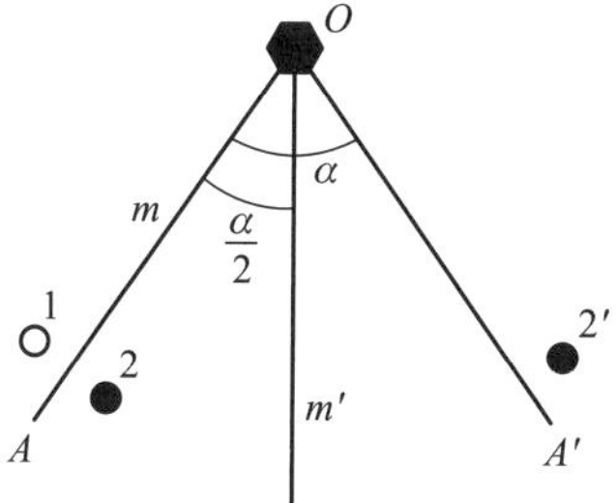

图 2.7　垂直于纸面 (二维点阵平面) α 角 $\left(本图\ \alpha=\dfrac{\pi}{3}\right)$ 的旋转轴与平行此轴的反映面的组合操作

垂直于反映面的 2 次轴与反映面的交点一定存在倒反中心, 或者说垂直于反映面的 2 次轴与反映面的组合操作生成倒反中心。我们知道, 由于平面点阵中的平移操作的制约, 平面点阵中只能存在与其垂直的 1、2、3、4 和 6 次轴, 所以, 垂直于平面点阵的旋转轴和平行于此轴的反映面的复合操作只能生成如图 2.8 所示的 5 种平面点群。

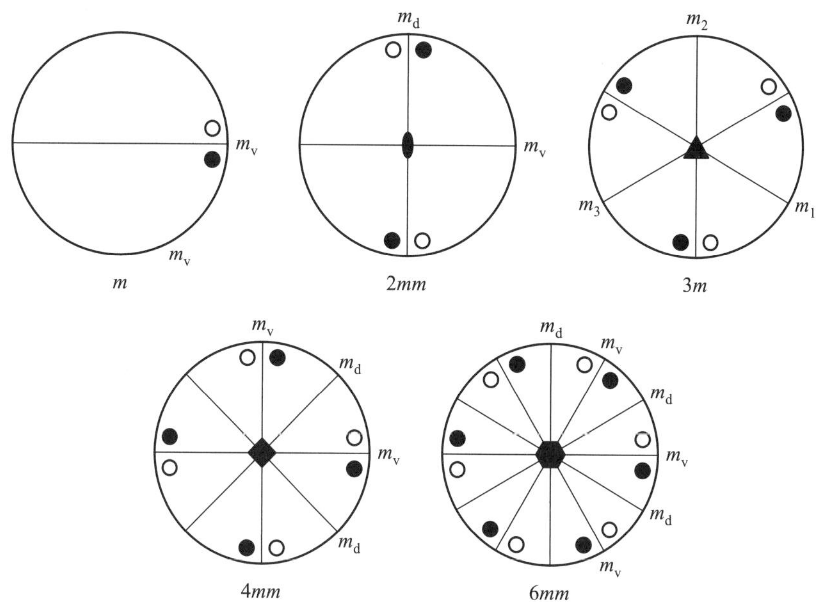

图 2.8　5 种平面点群。图中反映面两侧的空心圈和实心点表示通过反映面操作所得到的等效点

2.2.1 节和 2.2.2 节给出了 10 个平面点群: $1=\{1\}$, $2=\{1,2\}$, $3=\{1,3^+,3^-\}$, $4=\{1,4^+,\ 2,4^-\}$, $6=\{1,6^+,\ 3^+,\ 2,\ 3^-,\ 6^-\}$, $m=\{1,m\}$, $2mm=\{1,2,m_{\rm d},m_{\rm v}\}$, $3m=\{1,3^+,\ 3^-,\ m_1,\ m_2,\ m_3\}$, $4mm=\{1,4^+,2,4^-,\ m_{\rm v}^1,\ m_{\rm d}^1,$

m_{v}^2, $m_{\mathrm{d}}^2\}$, $6mm = \{1, 6^+, 3^+, 2, 3^-, 6^-$, m_{d}^1, m_{v}^1, m_{d}^2, m_{v}^2, m_{d}^3, $m_{\mathrm{v}}^3\}$。表 2.4 给出了点群 $6mm$ 中对称操作元的乘法表。

表 2.4　点群 $6mm$ 中对称操作元的乘法表

	1	6^+	3^+	2	3^-	6^-	m_{d}^1	m_{v}^1	m_{d}^2	m_{v}^2	m_{d}^3	m_{v}^3
1	1	6^+	3^+	2	3^-	6^-	m_{d}^1	m_{v}^1	m_{d}^2	m_{v}^2	m_{d}^3	m_{v}^3
6^+	6^+	3^+	2	3^-	6^-	1	m_{v}^3	m_{d}^1	m_{v}^1	m_{d}^2	m_{v}^2	m_{d}^3
3^+	3^+	2	3^-	6^-	1	6^+	m_{d}^3	m_{v}^3	m_{d}^1	m_{v}^1	m_{d}^2	m_{v}^2
2	2	3^-	6^-	1	6^+	3^+	m_{v}^2	m_{d}^3	m_{v}^3	m_{d}^1	m_{v}^1	m_{d}^2
3^-	3^-	6^-	1	6^+	3^+	2	m_{d}^2	m_{v}^2	m_{d}^3	m_{v}^3	m_{d}^1	m_{v}^1
6^-	6^-	1	6^+	3^+	2	3^-	m_{v}^1	m_{d}^2	m_{v}^2	m_{d}^3	m_{v}^3	m_{d}^1
m_{d}^1	m_{d}^1	m_{v}^1	m_{d}^2	m_{v}^2	m_{d}^3	m_{v}^3	1	6^+	3^+	2	3^-	6^-
m_{v}^1	m_{v}^1	m_{d}^2	m_{v}^2	m_{d}^3	m_{v}^3	m_{d}^1	6^-	1	6^+	3^+	2	3^-
m_{d}^2	m_{d}^2	m_{v}^2	m_{d}^3	m_{v}^3	m_{d}^1	m_{v}^1	3^-	6^-	1	6^+	3^+	2
m_{v}^2	m_{v}^2	m_{d}^3	m_{v}^3	m_{d}^1	m_{v}^1	m_{d}^2	2	3^-	6^-	1	6^+	3^+
m_{d}^3	m_{d}^3	m_{v}^3	m_{d}^1	m_{v}^1	m_{d}^2	m_{v}^2	3^+	2	3^-	6^-	1	6^+
m_{v}^3	m_{v}^3	m_{d}^1	m_{v}^1	m_{d}^2	m_{v}^2	m_{d}^3	6^+	3^+	2	3^-	6^-	1

2.3　二维晶体学空间群 (平面群)

通过点群和二维点阵平移群的组合操作就可以生成二维空间群。具体做法是, 将每一个平面点群放在二维点阵的格点上, 使二维点群满足二维点阵平面群的周期对称性, 例如, 将点群 4 放在二维点阵的格点上, 为了满足点群 4 的对称性, 点阵原胞的基矢就必须相等且垂直, 这种点阵既满足二维点阵平面群的周期对称性, 也满足点群 4 的对称性。换言之, 二维点群决定了二维点阵的类型。如果只取点阵单胞内的平移矢量, 那么二维空间群 (平面群) 是有限的。

2.3.1　垂直于二维点阵的 1、2、3、4、6 次轴与二维平移的组合操作生成的空间群

图 2.9 给出了垂直于二维点阵的轴与二维平移的组合操作。图中, $\boldsymbol{AA'}$ 是基矢, 在格点 A 有 1 个垂直于二维点阵的 $(\pi-\alpha)$ 角旋转轴 (图中为 3 次轴)。基矢 $\boldsymbol{AA'}$ 将 $(\pi-\alpha)$ 角旋转轴从点 A 移到点 A'。作 $\boldsymbol{AA'}$ 的垂直平分面, 在它与二维点阵平面交线上选取一点 B (或 B'), 使 $\angle A'AB = \angle AA'B = \dfrac{\pi-\alpha}{2}$,

故 $\angle ABA'=\alpha$, 且 $AB=A'B$, 如果在格点 A 有 1 个 $\pi-\alpha$ 角旋转轴, 在 $\boldsymbol{AA'}$ 的上方点 B 处一定存在 1 个逆时针 α 角旋转轴, 它将 A 转到 A'; 在 $\boldsymbol{AA'}$ 的下方点 B' 处一定存在 1 个顺时针 α 角旋转轴, 它将点 A 转到点 A'。过点 B 和 B' 的轴是垂直于二维点阵的旋转轴与二维平移的组合操作后所生成的新旋转轴。垂直于二维点阵的 1、2、3、4、6 次轴与二维点阵平移的组合操作构成的二维空间群如下所述。

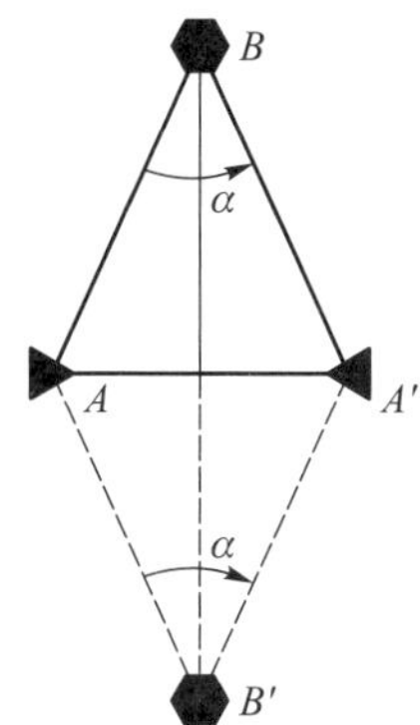

图 2.9　垂直于二维点阵的轴与二维平移的组合操作 $\left(\text{图中 } \alpha=\dfrac{\pi}{3}\right)$

2.3.1.1　$p1$ 和 $p2$

点群 $1=\{1\}$ 是恒等操作, 对二维斜交点阵 (任意平行四边形) 不施加任何影响, 仍保持原来的二维斜交点阵不变。1 次轴可放在斜交点阵中, 其简略空间群符号为 $p1$。点群 $2=\{1,2\}$ 也能放在斜交点阵中。它与二维平移的组合操作后会生成新的 2 次轴。

图 2.10 给出了二维空间群 $p2$ 中对称操作元的相对位置。图中, 点 O 是二维斜交点阵的任一格点, $\boldsymbol{OA}=\boldsymbol{a}$、$\boldsymbol{OB}=\boldsymbol{b}$, 是二维点阵原胞基矢,$a\neq b$, $\angle AOB=\gamma$。过点 O、A、B、C、O'、C'、B'、A'、I' 有垂直于二维点阵的 2 次轴。过格点 O、A、B、C 的垂直于二维斜交点阵的 2 次轴是由点阵平移生成的, 例如过点 A 的 2 次轴由平移 $\boldsymbol{a}$ 生成, 过点 C 的 2 次轴由 $\boldsymbol{a}+\boldsymbol{b}$ 平移生成。能放入 2 次轴的点阵必须满足 2 次轴对称性, 例如, 过点 O 的 2 次轴, 满足 $\boldsymbol{a}=-\boldsymbol{a}$、$\boldsymbol{b}=-\boldsymbol{b}$, 因此垂直于二维点阵的 2 次轴能放在斜交点阵中。过点 O'、C'、B'、A'、I' 的 2 次轴不在格点上, 它们是由过格点的 2 次轴和平移组合操作生成的, 例如, 过点 A' 的 2 次轴是由过点 O 的 2 次轴和 $\boldsymbol{b}$ 组合操作生成的。$\left(\text{参照图 2.9, 由图 2.10 可见 } \angle BOA'=\dfrac{\pi-\alpha}{2}=0\text{, 过点 } A' \text{ 的轴是 2 次轴, } \alpha=\pi\right)$, 同理, 过点 I' 的 2 次轴是由过点 O 的 2 次轴和 $\boldsymbol{a}+\boldsymbol{b}$ 组

合操作生成的。

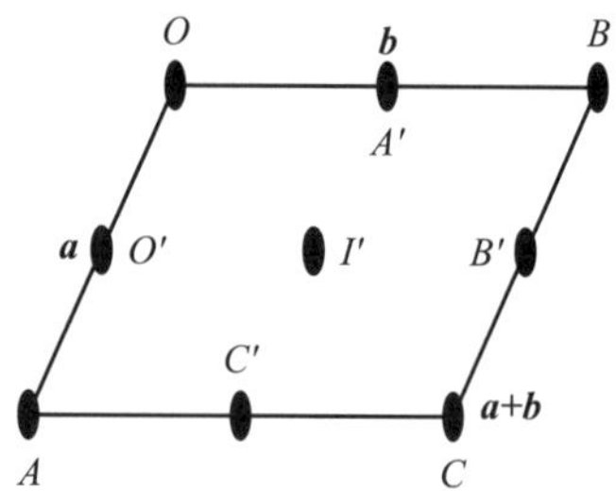

图 2.10 二维空间群 $p2$ 中对称操作元的相对位置

2.3.1.2 $p4$

点群 $4=\{1,4^+,2,4^-\}$ 可以放在正方点阵中，它与二维平移的组合操作后会生成新的 4 次轴和 2 次轴。

图 2.11 给出了二维空间群 $p4$ 中对称操作元的相对位置。图中，点 O 是二维点阵的任一格点，$\boldsymbol{OA}=\boldsymbol{a}$、$\boldsymbol{OB}=\boldsymbol{b}$，且 $b=a$，是二维点阵初基胞基矢，$\angle AOB=\gamma=\dfrac{\pi}{2}$。点 O、A、C、B、C' 有垂直二维点阵的 4 次轴，点 A'、A''、B'、B'' 有垂直于二维点阵的 2 次轴。过格点 O、A、B 和 C 有垂直于二维点阵的 4 次轴是由点阵平移生成的，例如过点 A 的 4 次轴由 $\boldsymbol{a}$ 生成，过点 C 的 4 次轴由 $\boldsymbol{a}+\boldsymbol{b}$ 生成。能放入 4 次轴的点阵必须满足 4 次轴对称性，例如过点 O 的 4 次轴，将点 A 逆时针旋转 $\dfrac{\pi}{2}$ 到点 B，$OA=OB=a$，所以垂直于二维点阵的 4 次轴只能放在正方点阵中。在点 A'、A''、B' 和 B'' 垂直于二维点阵的 2 次轴是放在格点的点群 $4=\{1,4^+,2,4^-\}$ 中的 2 次轴元 $(2=\{1,2\})$ 与二维平移的组合操作后生成的，例如在点 A' 的 2 次轴是由在点 O 的 2 次轴与平移 $\boldsymbol{OA}$ 生成的 $\Bigg($参照图 2.9，$\angle OAA'=\dfrac{\pi-\alpha}{2}=0$，对于 2

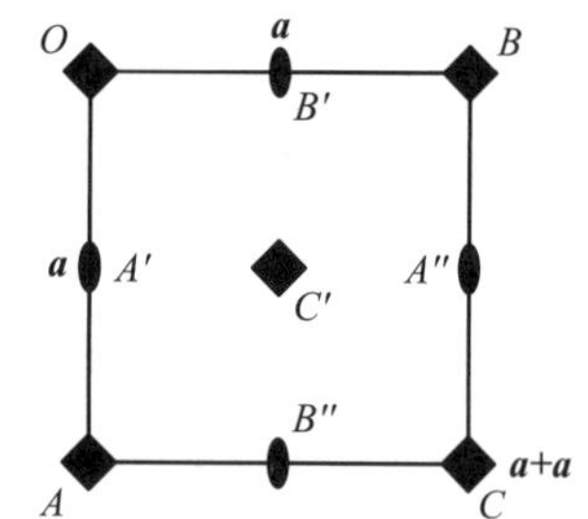

图 2.11 二维空间群 $p4$ 中对称操作元的相对位置

次轴 $\alpha = \pi\Big)$。点 C' 的垂直于二维点阵的 4 次轴是由过点 O 的 4^+ 次轴和平移 $\boldsymbol{OA}$ 生成的 $\left(参照图 2.9, \angle AOC' = \dfrac{\pi - \alpha}{2} = \dfrac{\pi}{4}\right.$, 对于过点 C' 的 4 次轴 $\left.\alpha = \dfrac{\pi}{2}\right)$, 4^+ 或 4^- 都是 $4 = \{1, 4^+, 2, 4^-\}$ 的生成元, 通过这些元的对称操作 (称为生成操作) 可以得到群的所有元。如 $4^+4^+4^+4^+ = 1$, $4^+4^+4^+ = 4^-$, $4^+4^+ = 2$, 即通过 4^+ 可以生成点群 $4 = \{1, 4^+, 2, 4^-\}$, 换句话说, 平面点阵的某一点 (不一定是格点) 上有 4^+ 或 4^- 存在, 就有点群 $4 = \{1, 4^+, 2, 4^-\}$ 存在。

2.3.1.3 $p3$ 和 $p6$

点群 $3 = \{1, 3^+, 3^-\}$ 能放在六角点阵中, 它与二维平移的组合操作后会生成新的 3 次轴。图 2.12 给出了二维空间群 $p3$。图中, 点 O 是二维点阵的任一格点, $\boldsymbol{OA} = \boldsymbol{a}$, $\boldsymbol{OB} = \boldsymbol{b}$, 且 $b = a$, 是二维点阵初基胞基矢, $\angle AOB = \gamma = \dfrac{2\pi}{3}$。过点 O、A、C、B、B' 和 B'' 有垂直于二维点阵的 3 次轴, 过格点 O、A、B 和 C 有垂直于二维点阵的 3 次轴是由点阵平移生成的。能放入 3 次轴的点阵必须满足 3 次轴对称性, 例如过点 O 的 3 次轴, 将点 A 逆时针旋转 $\dfrac{2\pi}{3}$ 到点 B, $\boldsymbol{OA} = \boldsymbol{OB}$, 垂直于二维点阵的 3 次轴可放在六角点阵中。点 B' 的垂直于二维点阵的 3 次轴是由在点 A 的逆时针旋转的 3^+ 与平移 $\boldsymbol{AC}$ 生成的 $\left(参照图 2.9, \angle ACB' = \dfrac{\pi - \alpha}{2} = \dfrac{\pi}{6}\right.$, 对于过点 B' 的 3 次轴 $\left.\alpha = \dfrac{2\pi}{3}\right)$。过点 B'' 的垂直于二维点阵的 3^- 是由过点 O 的顺时针旋转的 3^- 与平移 $\boldsymbol{OB}$ 生成的$\left(参照图 2.9, \angle OBB'' = \dfrac{\pi - \alpha}{2} = -\dfrac{\pi}{6} 顺时针旋转\right)$。$3^+$ 和 3^- 都是 $3 = \{1, 3^+, 3^-\}$ 的生成元, 例如, $3^+ \cdot 3^+ \cdot 3^+ = 1$, $3^+ \cdot 3^+ = 3^-$, $3^- \cdot 3^- \cdot 3^- = 1$, $3^- \cdot 3^- = 3^+$, 即由 3^+ 或 3^- 可以生成点群 $3 = \{1, 3^+, 3^-\}$。

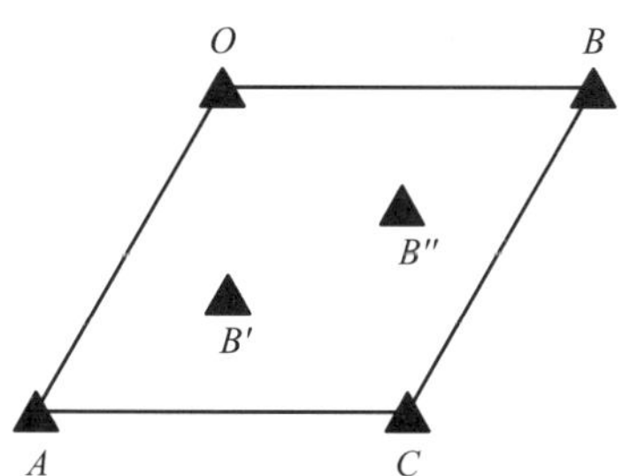

图 2.12 二维空间群 $p3$ 中对称操作元的相对位置

点群 $6 = \{1, 6^+, 3^+, 2, 3^-, 6^-\}$ 也能放在六角点阵中, 它与二维平移的组合操作后会生成新的 6、3 和 2 次轴。图 2.13 给出了二维空间群 $p6$。

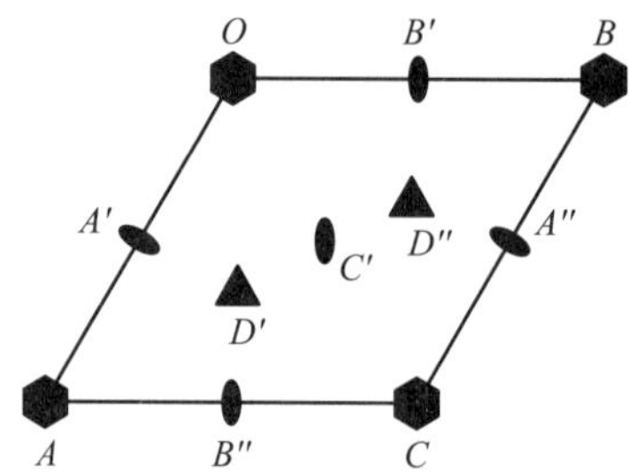

图 2.13　二维空间群 $p6$ 中对称操作元的相对位置

图 2.13 中点 O 是二维点阵的任一格点, $\boldsymbol{OA} = \boldsymbol{a}$, $\boldsymbol{OB} = \boldsymbol{b}$, 且 $b = a$, 是二维点阵初基胞基矢, $\angle AOB = \gamma = \dfrac{2\pi}{3}$。垂直于二维点阵的 6 次轴在点 O、A、B 和 C 上。过点 A'、A''、B'、B'' 和 C' 有垂直于二维点阵的 2 次轴, 过点 D'、D'' 有垂直于二维点阵的 3 次轴。在格点 O、A、B 和 C 有垂直于二维点阵的 6 次轴是由点阵平移生成的。能放入 6 次轴的点阵必须满足 6 次轴对称性, 例如过点 O 的 6 次轴, 将点 A 旋转 $\dfrac{\pi}{3}$ 到点 C, 满足 $OA = OC$, 并且垂直于二维点阵的 6 次轴只能放在六角点阵中。过点 A'、A''、B'、B'' 和 C' 垂直于二维点阵的 2 次轴, 是放在格点的点群 $6 = \{1, 6^+, 3^+, 2, 3^-, 6^-\}$ 中的 2 次轴与二维平移的组合操作后生成的 (如图 2.9)。点 D' 的 3 次轴是由点 A 的点群 $6 = \{1, 6^+, 3^+, 2, 3^-, 6^-\}$ 的子群 $3 = \{1, 3^+, 3^-\}$ 的 3^+ 与平移 $\boldsymbol{AC}$ 生成的, 点 D'' 的 3 次轴是由点 O 的 3^- 组元与平移 $\boldsymbol{OB}$ 生成的 (如图 2.9)。3^+ 或 3^- 都是 $3 = \{1, 3^+, 3^-\}$ 的生成元。

以上讨论了旋转轴 (点群操作) 和平移群操作的组合操作, 属于空间群范畴。

2.3.2　垂直于二维点阵的轴和反映面与二维平移的组合操作生成的空间群

点群 $m = \{1, m\}$ 能放在简单矩形点阵和 c 心的矩形点阵中, 如图 2.14、图 2.15 和图 2.16 所示。

2.3.2.1　pm 和 pg

图 2.14 所示为二维空间群 pm 点阵的一个初基胞。图中, $\boldsymbol{OA} = \boldsymbol{a}$, $\boldsymbol{OB} = \boldsymbol{b}$, 且 $b \neq a$, 为初基胞基矢, $\angle AOB = \gamma = \dfrac{\pi}{2}$。$m_1$、$m_2$ 是垂直于二维点阵的

反映面。格点 O、A 在反映面 m_2 上, 格点 B、C 在反映面 m_1 上。m 是新生成的反映面。每个格点是由 1 个实心点 $P(P_1)$ 和 1 个空心圈 $P'(P'_1)$ 等效点组成结构基元。图中的点 P、P'_1 对于在 $\frac{1}{2}\boldsymbol{OB}$ 处的反映面 m 呈反映关系, 因此点 P、P'_1 是等效点。反映面 m 是反映面 m_2 与平移 $\boldsymbol{OB}$ 组合操作生成的: 垂直于反映面 m_2 的格矢 $\boldsymbol{OB}$ 将反映面 m_2 平移到反映面 m_1, 同时在 $\frac{1}{2}\boldsymbol{OB}$ 处生成 1 个新的反映面 m。从图可见, 格点表示由两个等效点组成的晶体结构单元, 放在反映面 m_1 和 m_2 上并存在简单矩形点阵平移关系。

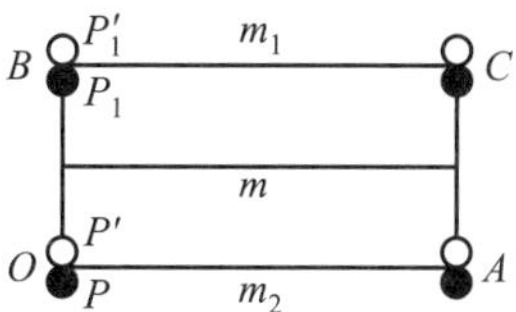

图 2.14　二维空间群 pm 中对称操作元的相对位置, 图中的空心圈和实心点表示等效点

图 2.15 所示为二维空间群 pg 点阵的 1 个初基胞。$\boldsymbol{OA} = \boldsymbol{a}$, $\boldsymbol{OB} = \boldsymbol{b}$, 且 $b \neq a$, 为初基胞基矢, $\angle AOB = \gamma = \frac{\pi}{2}$。面 g_1、g_2 是二维点阵的滑移面。格点 O、A 在滑移面 g_2 上, 格点 B、C 在滑移面 g_1 上。g 是新生成的滑移面。格点放在滑移面 g_1 和 g_2 上, 与图 2.14 所示点阵相同, 都是简单矩形点阵, 但它们的格点组成不同。从图 2.15 可见, 每个格点 (晶体结构单元) 由 1 个实心点 $P(P_1)$ 和 1 个空心圈 $Q(Q_1)$ 等效点组成, $P(P_1)$ 和 $Q(Q_1)$ 是通过滑移面 $g_2(g_1)$ 联系起来的等效点。滑移面 g 是滑移面 g_2 与平移 $\boldsymbol{OB}$ 组合操作生成的: 垂直于滑移面 g_2 的格矢 $\boldsymbol{OB}$ 除了将滑移面 g_2 平移到滑移面 g_1 外, 同时在 $\frac{1}{2}\boldsymbol{OB}$ 处生成 1 个新的滑移面 g, 滑移量为 $\frac{1}{2}\boldsymbol{OA}$。图中, 点 P 和 Q_1, 对于在 $\frac{1}{2}\boldsymbol{OB}$ 处生成的滑移面 g 呈反映滑移关系, 即点 P 反映到点 P'_1 (虚线空心圈), 再滑移 $\frac{1}{2}\boldsymbol{OA}$ 到点 Q_1。图 2.14 和图 2.15 的最大不同在于当前者所示的

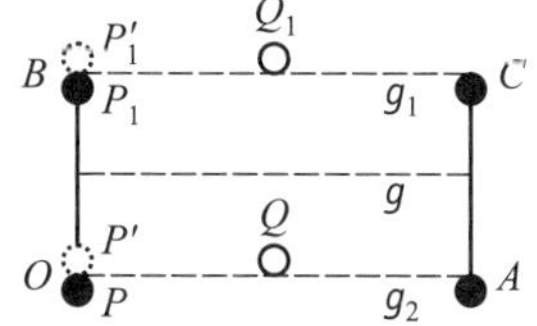

图 2.15　二维空间群 pg 中对称操作元的相对位置, 图中的空心圈和实心黑点表示等效点

等效点都放在格点上时, 空间群仍是 pm, 然而, 后者所示的点 $P(P_1)$ 和 $Q(Q_1)$ 是通过滑移面 $g_2(g_1)$ 联系起来的等效点, 如果点 $P(P_1)$ 和 $Q(Q_1)$ 都放在格点上且保持等效关系, 它们之间的反映滑移关系就不存在了, 空间群也就不再是 pg 了。这表明空间群是与晶体内原子排布, 即原子结构有关的。

2.3.2.2　cm

图 2.16 所示为二维空间群 cm c 心矩形点阵的 1 个惯用单胞。$\boldsymbol{OA}=\boldsymbol{a}$, $\boldsymbol{OB}=\boldsymbol{b}$, 且 $b\neq a$, 为惯用单胞基矢, $\angle AOB=\gamma=\dfrac{\pi}{2}$。面 m_1、m 和 m_2 是垂直于二维点阵的反映面, 面 g_1、g_2 是垂直于二维点阵的滑移面。c 心在反映面 m 上。从图 2.16 可见, 格点放在反映面上并存在 c 心矩形点阵平移关系。格点 O 通过反映面 m 反映到格点 B, 格点 I 通过反映面 m_2 反映到格点 I', 通过反映面 m_1 反映到格点 I''。滑移面 g_1 是通过反映面 m_1 和格矢 $\boldsymbol{OI}=\dfrac{1}{2}(\boldsymbol{OA}+\boldsymbol{OB})$ 组合操作生成的: $\dfrac{1}{2}\boldsymbol{OB}$ 将反映面 m_1 移动到 $\dfrac{1}{4}\boldsymbol{OB}$ 处, 再 $\dfrac{1}{2}\boldsymbol{OA}$ 滑移, 生成滑移面 g_1(点 O 通过 g_1 反映到点 O' (虚线空心圈), 再 $\dfrac{1}{2}\boldsymbol{OA}$ 滑移到格点 I)。滑移面 g_2 通过类似的组合操作生成。

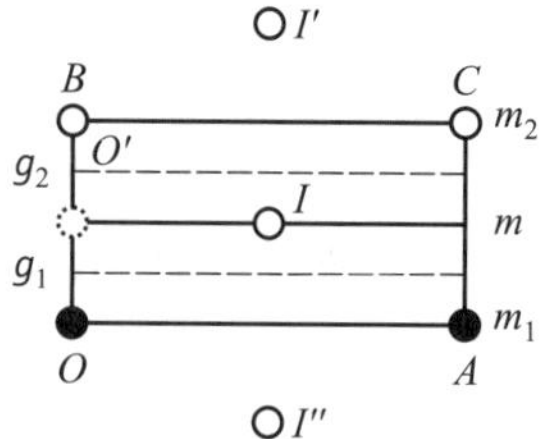

图 2.16　二维空间群 cm 中对称操作元的相对位置。图中的空心圈和实心黑点表示等效点

2.3.2.3　$p2mm$

点群 $2mm$ 只能放在简单矩形点阵或有 c 心的矩形点阵中。

图 2.17 所示为二维空间群 $p2mm$ 简单矩形点阵的 1 个初基胞。面 m_1、m、m_2、m_1'、m' 和 m_2' 是垂直于二维点阵的反映面。$\boldsymbol{OA}=\boldsymbol{a}$, $\boldsymbol{OB}=\boldsymbol{b}$, 且 $b\neq a$, 为初基胞基矢, $\angle AOB=\gamma=\dfrac{\pi}{2}$。格点 O、A 在反映面 m_2 上。格点 O、B 在反映面 m_1' 上。共有 9 个垂直于二维点阵的 2 次轴。图 2.17 中格点放在 $2mm$ 上, 即 2 次轴和反映面 m_2 与 m_1' 的交线上。关于图 2.17 中 2 次轴的生成, 参阅图 2.9。反映面 m_1 是反映面 m_2 平移 $\boldsymbol{OB}$ 生成的, 反映面 m_2' 是反映面 m_1'

平移 $\boldsymbol{OA}$ 生成的。反映面 m_2 与平移 $\boldsymbol{OB}$ 的组合操作, 在 $\frac{1}{2}\boldsymbol{OB}$ 生成反映面 m。反映面 m_1' 与平移 $\boldsymbol{OA}$ 的组合操作, 在 $\frac{1}{2}\boldsymbol{OA}$ 生成反映面 m'。

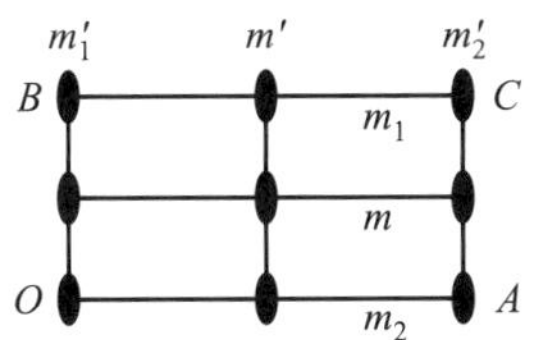

图 2.17　二维空间群 $p2mm$ 中对称操作元的相对位置

2.3.2.4　$p2mg$

图 2.18 所示为二维空间群 $p2mg$ 简单矩形点阵的 1 个初基胞。反映面 m_1、m_2 是垂直于二维点阵的反映面。面 g_1、g、g_2 是垂直于二维点阵的滑移面。$\boldsymbol{OA}=\boldsymbol{a}$, $\boldsymbol{OB}=\boldsymbol{b}$, 且 $b\neq a$, 为初基胞基矢, $\angle AOB=\gamma=\dfrac{\pi}{2}$。图中格点 O、A 不在反映面上。格点 O、B 在滑移面 g_1 上。共有 9 个垂直于二维点阵的 2 次轴。图中的格点由空心圈 Q、Q_1 和实心点 P、P_1 4 个等效点构成, 放在反映面 m_1 和滑移面 g_1 的交点上, 格点满足简单矩形点阵周期性平移的要求, 所以这个点阵是简单矩形点阵。图中, 实心点 $P(P_1)$ 和空心圈 $Q(Q_1)$ 是对 2 次轴、反映面和滑移面操作等同的等效点, 例如, 点 Q 和 Q_1 满足点 B 的 2 次轴操作, 点 P_1 通过滑移面 g_1 反映到点 P' (虚线空心圈), 再滑移 $\frac{1}{2}\boldsymbol{OB}$ 到点 Q, 点 P 和 Q 对于反映面 m_1 呈反映关系等, 这表明点 Q、Q_1、P 和 P_1 都是等效的。图 2.18 中新的 2 次轴、反映面和滑移面的生成参考图 2.14、图 2.15 和图 2.16。与图 2.15 相似, $p2mg$ 中包含了空间群操作 g, 这表明组成格点 (晶体结构单元) 的等效点需要满足空间群操作 g 的反映滑移关系, 这些等效点不可能 “集中” 在格点上; 换言之, 满足二维空间群 $p2mg$ 的晶体结构单元不可能只包含一个原子。点群 $2mm$ 不可能放在图 2.18 所示的原子结构中。

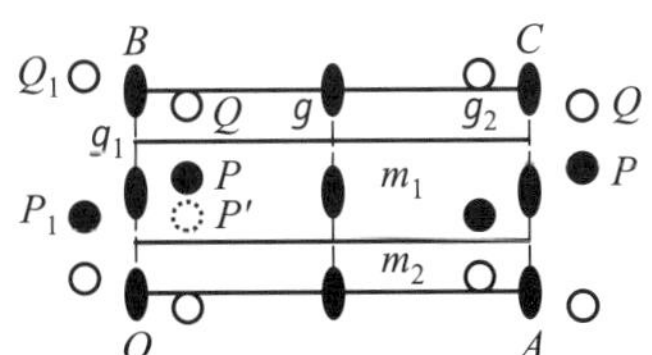

图 2.18　二维空间群 $p2mg$ 中对称操作元的相对位置, 图中的空心圈和实心点表示等效点

2.3.2.5　$p2gg$

图 2.19 所示为二维空间群 $p2gg$ 简单矩形点阵的 1 个初基胞。面 g、g_1、g'、g_1' 是垂直于二维点阵的滑移面。$\boldsymbol{OA}=\boldsymbol{a}$, $\boldsymbol{OB}=\boldsymbol{b}$, 且 $b\neq a$, 为初基胞基矢, $\angle AOB=\gamma=\dfrac{\pi}{2}$。格点 O、A、B 不在滑移面也不在反映面上。共有 9 个垂直于二维点阵的 2 次轴。点阵的格点由空心圈 Q、Q_1 和实心点 P、P_1 构成, 放在 2 次轴上, 满足简单矩形点阵周期性平移的要求, 所以这个点阵是简单矩形点阵。图 2.19 与图 2.17 和图 2.18 点阵相同, 但组成点阵格点的等效点不同。点 Q、Q_1 对点 B 的 2 次轴操作是等效的, 实心点 P, 除了与实心点 P_1 呈 2 次轴对称关系外, 还通过滑移面 g 反映到点 P' (虚线空心圈), 再滑移 $-\dfrac{1}{2}\boldsymbol{OA}$ 到点 Q, 所以组成格点的点 Q、Q_1、P 和 P_1 是等效的。由点 Q、Q_1 和 P、P_1 组成的格点关于新的 2 次轴和滑移面的生成参考图 2.14、图 2.15 和图 2.16。参考 2.3.2.4 节的解释可知, 点群 $2mm$ 不可能放在图 2.19 所示的原子结构中。图 2.19 给出了二维空间 $p2gg$。

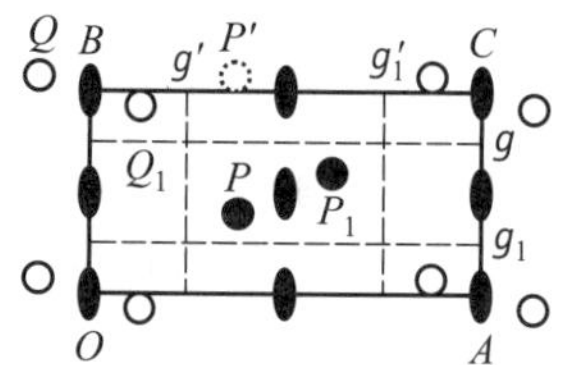

图 2.19　二维空间群 $p2gg$ 中对称操作元的相对位置, 图中的空心圈和实心点表示等效点

2.3.2.6　$c2mm$

点群 $2mm$ 能放在有 c 心的矩形点阵中。

图 2.20 所示为二维空间群 $c2mm$ c 心矩形点阵的惯用单胞。面 m_1、m、m_2、m_1'、m'、m_2' 是垂直于二维点阵的反映面。$\boldsymbol{OA}=\boldsymbol{a}$, $\boldsymbol{OB}=\boldsymbol{b}$, 且 $b\neq a$, 为单胞基矢, $\angle AOB=\gamma=\dfrac{\pi}{2}$。面 g、g_1、g'、g_1' 是新生成的滑移面。共有 13 个垂直于二维点阵的 2 次轴, 其中 8 个是新生成的。图中格点放在点群 $2m_2m_1'$ 上。除了通过平移操作直接形成的 2 次轴和反映面外, 参阅图 2.16 可知, 滑移面 g、g_1 是反映面 m_2、m 与 $\dfrac{1}{2}(\boldsymbol{OA}+\boldsymbol{OB})$ 平移组合操作生成的, 滑移面 g'、g_1' 是反映面 m_1',m' 与 $\dfrac{1}{2}(\boldsymbol{OA}-\boldsymbol{OB})$ 平移组合操作生成的。新生成的 8 个 2 次轴是处在格点的 2 次轴与 $\boldsymbol{OA}$、$\boldsymbol{OB}$、$\dfrac{1}{2}(\boldsymbol{OA}+\boldsymbol{OB})$ 和 $\dfrac{1}{2}(\boldsymbol{OB}-\boldsymbol{OA})$ 平移组合操作生成的。

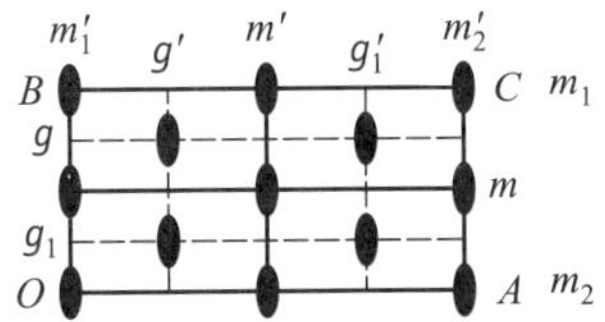

图 2.20 二维空间群 $c2mm$ 中对称操作元的相对位置

2.3.2.7 $p4mm$

点群 $4mm$ 只能放在简单正方点阵中 (二维 c 心正方点阵可以变换成简单正方点阵)。

图 2.21 所示为二维空间群 $p4mm$ 简单正方点阵初基胞及等效点, 实心点和空心圈呈反映面 m 反映关系。$\boldsymbol{OA} = \boldsymbol{a}$, $\boldsymbol{OB} = \boldsymbol{b}$, 且 $b = a$, 为初基胞基矢, $\angle AOB = \gamma = \dfrac{\pi}{2}$。轴、反映面和滑移面都垂直于二维点阵平面。图中的格点放在点群 $4mm$ 上, 构成简单正方点阵。图中有 5 个 4 次轴, 4 个 2 次轴, 以及平行于 $\boldsymbol{OA}$、$\boldsymbol{OB}$ 的反映面。反映面 m 是处在点 O 的 4 次轴与反映面 m_1 组合操作生成的 (参考图 2.7), 反映面 m 与反映面 m_1 的平面角为 $\dfrac{\pi}{4}$, 与它垂直的另一反映面生成操作与此类似。滑移面 g 是反映面 m 与 $\boldsymbol{OB}$ 组合操作生成的, 它在 $\dfrac{1}{4}(\boldsymbol{OB}-\boldsymbol{OA})$ 处, 滑移量为 $\dfrac{1}{2}(\boldsymbol{OA}+\boldsymbol{OB})$, 其余 3 个滑移面的生成操作与此类似。图 2.21 中有新的 4 次轴和 2 次轴生成。图中还给出了围绕点 O、A、B 或 C 处的 4 个空心圈和 4 个实心点共 8 个等效点, 每个空心圈与其邻近的实心点呈反映面对称关系, 4 个空心圈 (4 个实心点) 呈 4 次轴对称关系。

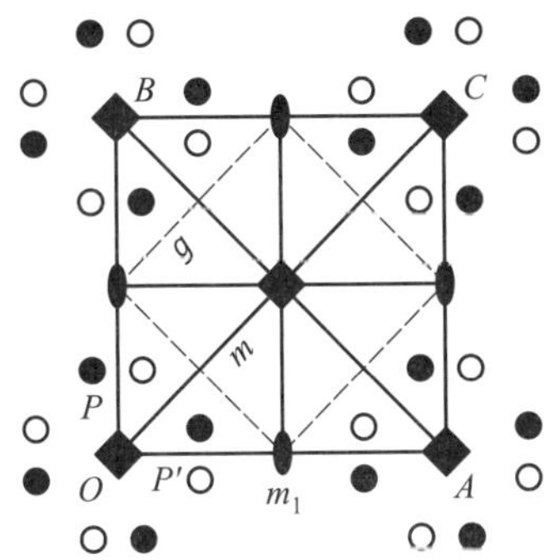

图 2.21 二维空间群 $p4mm$ 中对称操作元的相对位置, 图中的空心圈和实心点表示等效点

2.3.2.8 $p4gm$

图 2.22 所示为二维空间群 $p4gm$ 简单正方点阵的初基胞及等效点, 实心点和空心圈呈反映面反映关系。图中有 5 个 4 次轴, 4 个 2 次轴, 4 个反映面,

6 个滑移面。$\boldsymbol{OA}=\boldsymbol{a},\boldsymbol{OB}=\boldsymbol{b}$, 且 $b=a$, 为初基胞基矢, $\angle AOB=\gamma=\dfrac{\pi}{2}$。轴、反映面和滑移面都垂直于二维点阵。图中的格点放在 4 次轴和滑移面的交线上。图 2.22 和图 2.21 点阵相同, 但原子结构不同, 图 2.22 所示点阵的格点由 4 个空心圈和 4 个实心点构成, 是简单正方点阵。空心圈和实心点是呈反映面反映或反映滑移关系的等效点。如图 2.22 所示, 点 P_1 和 Q_1 对于反映面 m 呈反映面反映关系, 点 P 通过滑移面 g 反映到点 P' (虚线空心圈), 再滑移 $\dfrac{1}{2}(\boldsymbol{OA}-\boldsymbol{OB})$ 到点 Q。图中有新轴、反映面和滑移面的生成, 读者可自行验证。

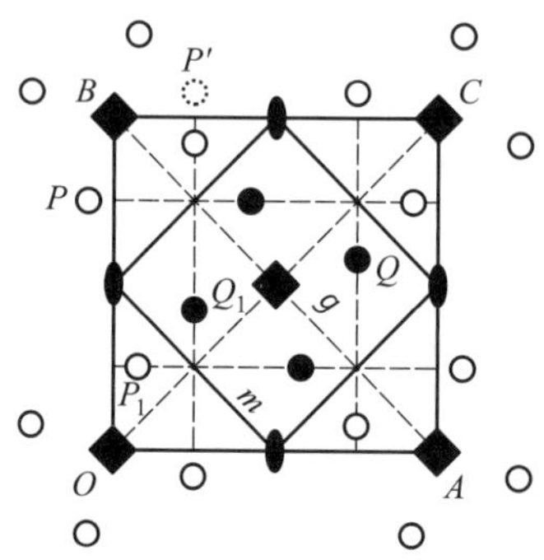

图 2.22　二维空间群 $p4gm$ 中对称操作元的相对位置, 图中的空心圈和实心点表示等效点

2.3.2.9　$p3m1$

点群 $3m1$ 只能放在简单六角点阵中。

图 2.23 所示为二维空间群 $p3m1$ 简单六角点阵初基胞及等效点, 实心点和空心圈呈反映面反映关系。图中有 6 个 3 次轴, 5 个反映面, 8 个滑移面。$\boldsymbol{OA}=\boldsymbol{a},\boldsymbol{OB}=\boldsymbol{b}$, 且 $b=a$, 为初基胞基矢, $\angle AOB=\gamma=\dfrac{2\pi}{3}$。轴、反映面和滑移面都垂直于二维点阵。图中格点在点群 $3m1$ 上。反映面 m_1、m_2 和 m_3 如图 2.23 所示, 反映面 m_1、m_2 之间新生成的反映面 m_3 与 m_1 夹角为 $\dfrac{\pi}{3}$。反映面 m_4 是反映面 m_1 与 $\boldsymbol{OB}$ 组合操作生成的。8 个滑移面都是与它们平行的反映面和平移组合操作生成的, 例如, 滑移面 g 是与反映面 m_2 平行且过原点的反映面与平移 $\boldsymbol{OB}=\dfrac{1}{2}(\boldsymbol{OA}+\boldsymbol{OB})+\dfrac{1}{2}(\boldsymbol{OB}-\boldsymbol{OA})$ 组合操作生成的: 垂直于这个反映面的平移矢量 $\dfrac{1}{2}(\boldsymbol{OA}+\boldsymbol{OB})$ 将它移到 $\dfrac{1}{4}(\boldsymbol{OA}+\boldsymbol{OB})$ 处, 再滑移 $\dfrac{1}{2}(\boldsymbol{OB}-\boldsymbol{OA})$ 就生成了滑移面 g。空心圈 P 先通过滑移面 g 反映到点

P', 再滑移 $\dfrac{1}{2}(\boldsymbol{OB}-\boldsymbol{OA})$ 到点 Q。

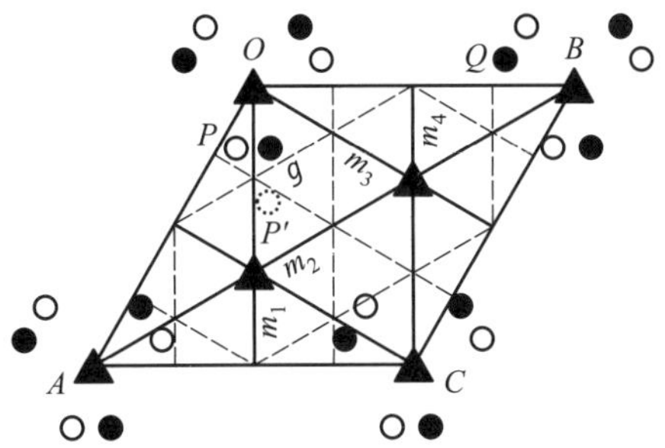

图 2.23 二维空间群 $p3m_1$ 中对称操作元的相对位置及等效点, 图中的空心圈和实心点表示等效点

2.3.2.10 $p31m$

图 2.24 所示为二维空间群 $p31m$ 简单六角点阵初基胞及等效点, 实心点和空心圈呈反映面反映关系。图中有 6 个 3 次轴, 5 个反映面, 4 个滑移面。$\boldsymbol{OA}=\boldsymbol{a}, \boldsymbol{OB}=\boldsymbol{b}$, 且 $b=a$, 为初基胞基矢, $\angle AOB=\gamma=\dfrac{2\pi}{3}$。轴、反映面和滑移面都垂直于二维点阵。图中的格点在点群 $31m$ 上。关于轴与反映面组合操作生成反映面, 参考图 2.7; 关于轴与平移组合操作生成新轴, 参考图 2.9; 关于反映面与平移组合操作生成新反映面, 参考图 2.14; 关于反映面与平移组合操作生成新滑移面, 参考图 2.15。

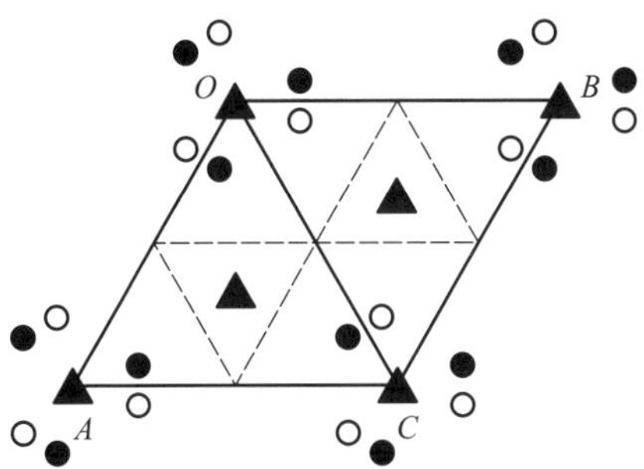

图 2.24 二维空间群 $p31m$ 中对称操作元的相对位置及等效点, 图中的空心圈和实心点表示等效点

2.3.2.11 $p6mm$

点群 $6mm$ 可放在简单六点阵中。

图 2.25 所示为二维空间群 $p6mm$ 简单六角点阵初基胞及等效点, 实心

点和空心圈呈反映面反映关系。图中有 4 个 6 次轴, 2 个 3 次轴, 5 个 2 次轴, 9 个反映面, 12 个滑移面。$\boldsymbol{OA}=\boldsymbol{a}$, $\boldsymbol{OB}=\boldsymbol{b}$, 且 $b=a$, 为初基胞基矢, $\angle AOB=\gamma=\dfrac{2\pi}{3}$。轴、反映面和滑移面都垂直于二维点阵。图中格点在点群 $6mm$ 上。图中给出了简单六角点阵的格点由等效的 6 个空心圈和 6 个实心点组成。图 2.25 中, 6 个 3 次轴是通过 $\boldsymbol{OA}$、$\boldsymbol{OB}$ 和 $\boldsymbol{OC}$ 平移生成的。2 个 3 次轴是 $6mm$ 的子群 $3=\{1,3^+,3^-\}$ 与平移 $\boldsymbol{OA}$、$\boldsymbol{OB}$ 组合操作生成的, 5 个 2 次轴是 $6mm$ 的子群 $2=\{1,2\}$ 与平移 $\boldsymbol{OA}$、$\boldsymbol{OB}$ 和 $\boldsymbol{OC}$ 组合操作生成的。图中的 9 个反映面是通过在格点上的 6 次轴与在 $\boldsymbol{OA}$、$\boldsymbol{OB}$ 和 $\boldsymbol{OC}$ 上的反映面组合操作生成的, 读者可自行验证。图中的 12 个滑移面是与它们平行的反映面和平移 $\boldsymbol{OA}$、$\boldsymbol{OB}$ 组合操作生成的。

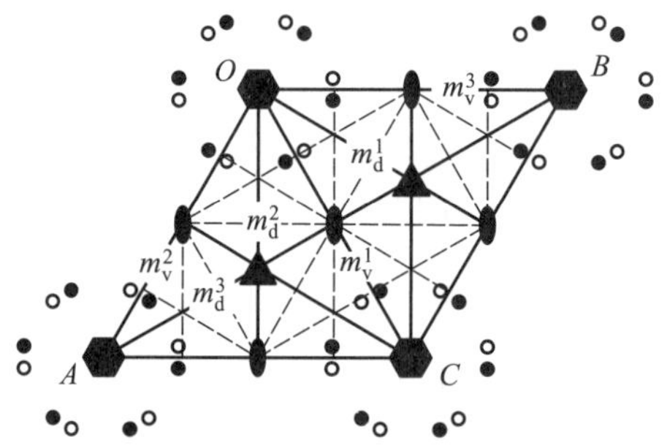

图 2.25　二维空间群 $p6mm$ 中对称操作元的相对位置及等效点, 图中的空心圈和实心点表示等效点

这里需要强调的是, 只有二维空间群符号中仅包含点群操作的结构单元才可能由单原子构成, 如 $p2mm$、$p31m$、$p4mm$ 和 $p6mm$ 等; 而二维空间群符号中包含空间群操作的结构单元中不可能只包含一个单原子, 如 $p2mg$、$p2gg$ 和 $p4gm$ 等。

从 2.3 节内容可得到如下结论:

(1) 为满足点阵平移群周期性平移的要求, 二维晶体点群只能有 10 个, 具体见 2.4 节;

(2) 受二维晶体点群限制, 二维晶体点阵只能有 5 个, 具体见 2.4 节;

(3) 二维晶体点群和点阵平移群组合操作后可能生成非点式操作, 如滑移面;

(4) 将二维晶体点群的点式操作换成非点式操作, 如 $2mm$ 换成 $2mg$ 或 $2gg$, $4mm$ 换成 $4gm$, 可以生成新的平面群;

(5) 从平面群或从原子结构来看, 如 $p2mm$ 和 $p2mg$ 或 $p2gg$ 是不同的, 但从宏观来看，通过 m 和 g 联系的原子面完全相同，所以晶体外形晶面角的测量结果应该相同，它们都具有点群 $2mm$ 对称性。这就是点群可以描述晶体外形对称性的原因。

2.4 二维晶体点阵、点群和空间群

二维晶体的 4 个晶系，5 个点阵，10 个点群和 17 个空间群如表 2.5 所示。

表 2.5 二维晶体的 4 个晶系，5 个点阵，10 个点群和 17 个空间群

晶系	点阵	点群	空间群符号		空间群序号
			完全符号	简略符号	
斜交晶系	斜交点阵 (mp)	1	$p1$	$p1$	1
		2	$p2$	$p2$	2
矩形晶系	简单矩形点阵 (op)	m	$p1m1$	pm	3
			$p1g1$	pg	4
			$c1m1$	cm	5
	c 形矩形点阵 (oc)	$2mm$	$p2mm$	$p2mm$	6
			$p2mg$	$p2mg$	7
			$p2gg$	$p2gg$	8
			$c2mm$	$c2mm$	9
正方晶系	正方点阵 (tp)	4	$p4$	$p4$	10
		$4mm$	$p4mm$	$p4mm$	11
			$p4gm$	$p4gm$	12
六角晶系	六角点阵 (hp)	3	$p3$	$p3$	13
		$3m$	$p3m1$	$p3m1$	14
			$p31m$	$p31m$	15
		6	$p6$	$p6$	16
		$6mm$	$p6mm$	$p6mm$	17

注：完全符号的第一个字母表示点阵是简单点阵或有心点阵，第二字母表示垂直于二维点阵平面的对称性。对于不同点阵第三、第四字母所指方向不同：斜交点阵没有限制，矩形点阵指 $\{[10],[01]\}$ 方向，正方点阵指 $\{[10],[01]\}$、$\{[1\bar{1}],[11]\}$ 方向，六角点阵指 $\{[10],[01],[11]\}$、$\{[1\bar{1}],[12],[21]\}$ 方向。例如 $p3m1$ 表示一个简单点阵，在垂直于二维点阵平面的方向有 3 次轴，垂直于 [10] 方向有反映面，由于点阵原点存在 3 次轴，所以垂直于 $\{[01],[11]\}$ 方向也有反映面，但沿 $[1\bar{1}]$、[12]、[21] 方向只有 1 次轴。$p1m1$ 表示一个简单点阵，其中，垂直于二维点阵平面方向有 1 次轴，垂直于 [10] 方向有反映面，沿 [01] 方向有 1 次轴。

参考文献

[1] Hahn T. International tables for crystallography, Vol. A. 5th ed. Heidelberg: Springer, 2005.

[2] Giacovazza C. Fundamentals of crystallography. Oxford: Oxford University Press, 2002.

第 3 章 仿射变换及其性质

在讨论仿射变换之前, 先介绍一下有关线性空间和线性变换的基本概念。

1. 线性空间

设 F 是一个域 (比如实数), 其元素为 $a,b,c\cdots \in F$, $\boldsymbol{V}$ 是一个集 (比如矢量), 其元素为 $\boldsymbol{\alpha},\boldsymbol{\beta},\boldsymbol{\gamma}\cdots \in \boldsymbol{V}$, 若 $\boldsymbol{V}$ 满足如下条件:

(1) $\boldsymbol{V}$ 是一个加法群;

(2) 对于任何 a 和 $\boldsymbol{\alpha}$, 对应着唯一确定的元 $\boldsymbol{\beta}=a\boldsymbol{\alpha}\in \boldsymbol{V}$;

(3) 满足分配律和结合律: $a(\boldsymbol{\alpha}+\boldsymbol{\beta})=a\boldsymbol{\alpha}+a\boldsymbol{\beta}$, $(ab)\boldsymbol{\alpha}=\boldsymbol{\alpha}(ba)$; 则称 $\boldsymbol{V}$ 是 F 上的线性空间。

2. 线性变换

设 $\boldsymbol{V}$ 和 $\boldsymbol{V}'$ 是同一域 F 上的两个线性空间, 若变换 $\boldsymbol{L}$ 将 $\boldsymbol{V}$ 变换到 $\boldsymbol{V}'$, 且满足如下条件:

(1) $\boldsymbol{L}(\boldsymbol{\alpha}+\boldsymbol{\beta})=\boldsymbol{L}(\boldsymbol{\alpha})+\boldsymbol{L}(\boldsymbol{\beta})$;

(2) $\boldsymbol{L}(a\boldsymbol{\alpha})=a\boldsymbol{L}(\boldsymbol{\alpha})$, 则称 $\boldsymbol{L}$ 为 $\boldsymbol{V}$ 到 $\boldsymbol{V}'$ 的线性变换。

3. 欧几里得 (Euclidean) 空间

欧几里得空间属于线性空间, 但在欧几里得空间中允许内积运算: 具有共顶点 Q 的 2 个矢量 $\boldsymbol{QP}$ 和 $\boldsymbol{QR}$ 之间的夹角 $\cos(\boldsymbol{QP},\boldsymbol{QR})=\dfrac{\boldsymbol{QP}\cdot\boldsymbol{QR}}{|\boldsymbol{QP}|\times|\boldsymbol{QR}|}$。

3.1 仿射变换和透视变换的区别

透视 (projective) 变换和仿射 (affine) 变换在欧几里得空间进行, 都属于线性变换, 但它们的变换结果是不同的, 如图 3.1 所示。这两种变换结果的不同源于射影中心的位置不同: 图 3.1(a) 的射影中心 (可以想象为光源) 在欧几里得空间的有限远处 (透视变换), 图 3.1(b) 的射影中心在欧几里得空间的无限远处 (仿射变换)。

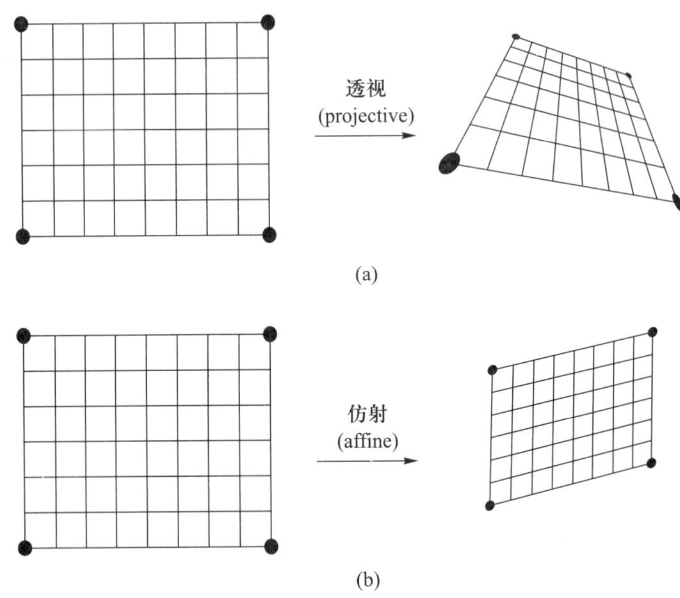

图 3.1 形象地给出了透视变换和仿射变换的区别

我们都知道电子显微镜的电子枪离电镜样品足够远, 并且还有一套光学系统保证电子束的平行性, 其目的就是为了实现仿射变换, 只有这样, 电镜的测量结果才能满足下述仿射变换的基本性质。

3.2 仿射变换的基本性质

以三维空间的仿射变换为例说明仿射变换的基本性质。如图 3.2 所示, 设三维空间中有 2 个平面 m 和 m' 相交于直线 n, 其中, 平面 m 中有 1 条直线 y, 其上有 o、e、a 和 b 共 4 个点。由于仿射变换的射影中心在无限远处, 射影线为平行线 (例如平行直线 l 的平行线)。从点 e、a 和 b 作直线 l 的平行线,

与面 m' 交于点 e'、a' 和 b', 显然, 点 e'、a' 和 b' 位于面 m' 的同一直线 x 上。点 O 影射到它本身。

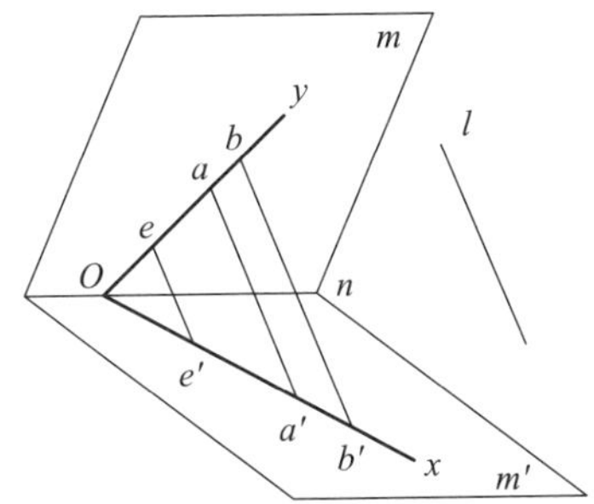

图 3.2 三维空间中, 从直线 oy 到直线 ox 的仿射变换

利用初等几何知识不难说明仿射变换的基本性质:

(1) 同素性: 仿射将点变成点, 直线变成直线。

(2) 结合性: 点 e、a 和 b 在直线上, 仿射后的对应点 e'、a' 和 b' 点也在直线上, 即仿射变换保持了点和直线的结合关系。

(3) 单比性: $\dfrac{ob}{oe}=\dfrac{ob'}{oe'}, \dfrac{oa}{oe}=\dfrac{oa'}{oe'}, \dfrac{ob}{oa}=\dfrac{ob'}{oa'}$。

鉴于仿射变换的基本性质, 才会得到图 3.1(b) 的变换结果。晶体学中的对称操作如平移、全等、旋转、反映、膨胀、压缩、相似和螺旋变换等都属于仿射变换。

3.3 仿射变换的矩阵表示, Seitz 符号和增广矩阵

如果在实数域 F 的线性空间 $\boldsymbol{V}$ 中一组矢量 $\{\boldsymbol{\alpha}_1,\boldsymbol{\alpha}_2,\cdots,\boldsymbol{\alpha}_n\}$ 满足

(1) $\{\boldsymbol{\alpha}_1,\boldsymbol{\alpha}_2,\cdots,\boldsymbol{\alpha}_n\}$ 是线性无关的;

(2) $\boldsymbol{V}$ 中任何一个矢量 $\boldsymbol{r}$ 都可以唯一的表示为 $\boldsymbol{r}=x_1\boldsymbol{\alpha}_1+\cdots+x_n\boldsymbol{\alpha}_n$, 那么称 $\{\boldsymbol{\alpha}_1,\boldsymbol{\alpha}_2,\cdots,\boldsymbol{\alpha}_n\}$ 为坐标基矢。$\boldsymbol{r}$ 可写成 $\boldsymbol{r}=[x_1\cdots x_n]\begin{bmatrix}\boldsymbol{\alpha}_1\\ \vdots\\ \boldsymbol{\alpha}_n\end{bmatrix}$。

同一域 F 的 $\boldsymbol{V}$ (基矢为 $\{\boldsymbol{\alpha}_1,\boldsymbol{\alpha}_2,\cdots,\boldsymbol{\alpha}_n\}$) 变换到 $\boldsymbol{V}'$ (基矢为 $\{\boldsymbol{\beta}_1,\boldsymbol{\beta}_2,\cdots,\boldsymbol{\beta}_n\}$) 的坐标变换矩阵可写成

$$\begin{cases} \boldsymbol{\beta}_1 = L_{11}\boldsymbol{\alpha}_1 + \cdots + L_{1n}\boldsymbol{\alpha}_n \\ \boldsymbol{\beta}_2 = L_{21}\boldsymbol{\alpha}_1 + \cdots + L_{2n}\boldsymbol{\alpha}_n \\ \qquad\qquad \vdots \\ \boldsymbol{\beta}_n = L_{m1}\boldsymbol{\alpha}_1 + \cdots + L_{mn}\boldsymbol{\alpha}_n \end{cases} \tag{3.1}$$

式中,

$$\boldsymbol{L} = \begin{bmatrix} L_{11} & L_{12} & \cdots & L_{1n} \\ \vdots & & & \vdots \\ L_{m1} & L_{m1} & \cdots & L_{mn} \end{bmatrix}$$

依据 3.2 节所述仿射变换的基本性质, 仿射变换是平移、全等、旋转、反映、膨胀、压缩、相似和螺旋等变换以及它们的组合变换。以三维空间中的仿射变换为例, 同一个三维空间中矢量的仿射变换可写成如下形式。

设三维空间中的矢量 $\boldsymbol{r} = x_1\boldsymbol{\alpha}_1 + x_2\boldsymbol{\alpha}_2 + x_3\boldsymbol{\alpha}_3$ 经仿射变换 $\boldsymbol{W}$ 变换后变成矢量 $\boldsymbol{r}' = y_1\boldsymbol{\alpha}_1 + y_2\boldsymbol{\alpha}_2 + y_3\boldsymbol{\alpha}_3$, 写成矩阵形式为

$$\begin{bmatrix} y_1 \\ y_2 \\ y_3 \end{bmatrix} = \begin{bmatrix} W_{11} & W_{12} & W_{13} \\ W_{21} & W_{22} & W_{23} \\ W_{31} & W_{32} & W_{33} \end{bmatrix} \begin{bmatrix} x_1 + w_1 \\ x_2 + w_2 \\ x_3 + w_3 \end{bmatrix} \tag{3.2}$$

式中, $\begin{bmatrix} W_{11} & W_{21} & W_{31} \\ W_{12} & W_{22} & W_{32} \\ W_{13} & W_{23} & W_{33} \end{bmatrix} = \boldsymbol{W}^T$, 是三维空间基矢 $\begin{bmatrix} \boldsymbol{\alpha}_1 \\ \boldsymbol{\alpha}_2 \\ \boldsymbol{\alpha}_3 \end{bmatrix}$ 到三维空间基矢 $\begin{bmatrix} \boldsymbol{\alpha}'_1 \\ \boldsymbol{\alpha}'_2 \\ \boldsymbol{\alpha}'_3 \end{bmatrix}$ 的变换矩阵; $\boldsymbol{w} = w_1\boldsymbol{\alpha}_1 + w_2\boldsymbol{\alpha}_2 + w_3\boldsymbol{\alpha}_3$, 表示 $\boldsymbol{r}'$ 所在坐标系原点和 $\boldsymbol{r}$ 所在坐标系原点相对平移矢量。式 (3.2) 可改写为如下形式

$$\begin{bmatrix} y_1 \\ y_2 \\ y_3 \end{bmatrix} = \begin{bmatrix} W_{11} & W_{12} & W_{13} \\ W_{21} & W_{22} & W_{23} \\ W_{31} & W_{32} & W_{33} \end{bmatrix} \begin{bmatrix} x_1 \\ x_2 \\ x_3 \end{bmatrix} + \begin{bmatrix} w_1 \\ w_2 \\ w_3 \end{bmatrix} \tag{3.3}$$

利用 Seitz 符号, 式 (3.3) 可写成 $\boldsymbol{r}' = (\boldsymbol{W}_1, \boldsymbol{w}_1)\boldsymbol{r} = \boldsymbol{W}_1\boldsymbol{r} + \boldsymbol{w}_1$, Seitz 符号的运算法则如下:

$$\begin{aligned} \boldsymbol{r}'' &= (\boldsymbol{W}, \boldsymbol{w})\boldsymbol{r}'(\boldsymbol{W}, \boldsymbol{w})(\boldsymbol{W}_1, \boldsymbol{w}_1)\boldsymbol{r} = (\boldsymbol{W}, \boldsymbol{w})(\boldsymbol{W}_1\boldsymbol{r} + \boldsymbol{w}_1) = \boldsymbol{W}(\boldsymbol{W}_1\boldsymbol{r} + \boldsymbol{w}_1) + \boldsymbol{w} \\ &= \boldsymbol{W}\boldsymbol{W}_1\boldsymbol{r} + \boldsymbol{W}\boldsymbol{w}_1 + \boldsymbol{w} = (\boldsymbol{W}\boldsymbol{W}_1, \boldsymbol{W}\boldsymbol{w}_1 + \boldsymbol{w})\boldsymbol{r} \end{aligned} \tag{3.4}$$

仿射变换也可写成增广矩阵形式, 式 (3.2) 可写成:

$$\begin{bmatrix} y_1 \\ y_2 \\ y_3 \\ 1 \end{bmatrix} = \begin{bmatrix} W_{11} & W_{12} & W_{13} & w_1 \\ W_{21} & W_{22} & W_{23} & w_2 \\ W_{31} & W_{32} & W_{33} & w_3 \\ 0 & 0 & 0 & 1 \end{bmatrix} \begin{bmatrix} x_1 \\ x_2 \\ x_3 \\ 1 \end{bmatrix} \tag{3.5}$$

仿射变换矩阵是非奇异矩阵, 存在逆矩阵。

3.4 仿射变换的例子

为了加深对仿射变换过程的理解, 下面给出一个二维仿射变换的例子, 如图 3.3 所示。

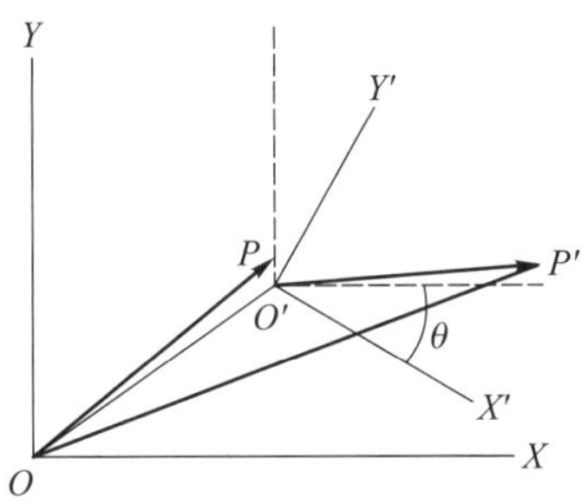

图 3.3 二维仿射变换的例子

图 3.3 显示了 XOY 直角坐标系中的矢量 $\boldsymbol{OP}$ 沿 Z 轴顺时针旋转 θ 角, 再平移 $\boldsymbol{OO'}$ 到 $\boldsymbol{OP'}$ 的仿射变换。如果将 XOY 直角坐标系中的基矢 $\boldsymbol{e}_x$、$\boldsymbol{e}_y$ 写成列矢量形式, 仿射变换写成矩阵形式, 二维仿射变换表示如下。

图 3.3 中, $\boldsymbol{OP} = [x \quad y] \begin{bmatrix} \boldsymbol{e}_x \\ \boldsymbol{e}_y \end{bmatrix}$ 是直角坐标系 XOY 中的矢量, 通过平移操作

$$\boldsymbol{OO'} = [w_{13} \quad w_{23}] \begin{bmatrix} \boldsymbol{e}_x \\ \boldsymbol{e}_y \end{bmatrix} \tag{3.6}$$

和沿 Z 轴顺时针旋转 θ 角的旋转操作

$$\boldsymbol{W} = \begin{bmatrix} \cos\theta & -\sin\theta \\ \sin\theta & \cos\theta \end{bmatrix} \tag{3.7}$$

变成 $\boldsymbol{OP}'$。直角坐标系 $X'O'Y'$ 的基矢 $\begin{bmatrix}\boldsymbol{e}'_x\\ \boldsymbol{e}'_y\end{bmatrix}$ 和直角坐标系 XOY 的基矢 $\begin{bmatrix}\boldsymbol{e}_x\\ \boldsymbol{e}_y\end{bmatrix}$ 之间的关系为

$$\begin{bmatrix}\boldsymbol{e}'_x\\ \boldsymbol{e}'_y\end{bmatrix}=\begin{bmatrix}\cos\theta & -\sin\theta\\ \sin\theta & \cos\theta\end{bmatrix}\begin{bmatrix}\boldsymbol{e}_x\\ \boldsymbol{e}_y\end{bmatrix} \tag{3.8}$$

在直角坐标系 $X'O'Y'$ 中的矢量 $\boldsymbol{O'P'}=(x,y)\begin{bmatrix}\boldsymbol{e}'_x\\ \boldsymbol{e}'_y\end{bmatrix}$, 坐标分量仍为 $[x,y]$。其原因是, 式 (3.6) 和式 (3.7) 的变换相当于将直角坐标系 XOY 连同 $\boldsymbol{OP}$ 一起沿 Z 轴顺时针旋转 θ 角, 再平移 $\boldsymbol{OO}'$, 所以它在直角坐标系 $X'O'Y'$ 中的坐标分量是不变的, 这是由仿射变换的基本性质决定的。

从图 3.3 可见, $\boldsymbol{OP}'=\boldsymbol{O'P'}+\boldsymbol{OO}'$, 它在直角坐标系 XOY 中可以表示为

$$\begin{aligned}\boldsymbol{OP}'=[x',y']\begin{bmatrix}\boldsymbol{e}_x\\ \boldsymbol{e}_y\end{bmatrix}&=[x,y]\begin{bmatrix}\cos\theta & -\sin\theta\\ \sin\theta & \cos\theta\end{bmatrix}\begin{bmatrix}\boldsymbol{e}_x\\ \boldsymbol{e}_y\end{bmatrix}+[w_{13}\quad w_{23}]\begin{bmatrix}\boldsymbol{e}_x\\ \boldsymbol{e}_y\end{bmatrix}\\ &=[x\cos\theta+y\sin\theta\quad -x\sin\theta+y\cos\theta]\begin{bmatrix}\boldsymbol{e}_x\\ \boldsymbol{e}_y\end{bmatrix}+[w_{13}\quad w_{23}]\begin{bmatrix}\boldsymbol{e}_x\\ \boldsymbol{e}_y\end{bmatrix}\end{aligned} \tag{3.9}$$

$$x'=x\cos\theta+y\sin\theta+w_{13},\quad y'=-x\sin\theta+y\cos\theta+w_{23} \tag{3.10}$$

故从 $\boldsymbol{OP}$ 到 $\boldsymbol{OP}'$ 的变换可写成如下矩阵形式:

$$[x'\quad y'\quad 1]=[x\quad y\quad 1]\begin{bmatrix}\cos\theta & -\sin\theta & 0\\ \sin\theta & \cos\theta & 0\\ w_{13} & w_{23} & 1\end{bmatrix} \tag{3.11a}$$

式 (3.7) 所示的 (2×2) 矩阵 $\boldsymbol{W}$ 加了第 3 列后变成了式 (3.11a) 所示的 (3×3) 增广矩阵。通过矩阵转置, 式 (3.11a) 也可以写成式 (3.5) 的形式:

$$\begin{bmatrix}x'\\ y'\\ 1\end{bmatrix}=\begin{bmatrix}\cos\theta & \sin\theta & w_{13}\\ -\sin\theta & \cos\theta & w_{23}\\ 0 & 0 & 1\end{bmatrix}\begin{bmatrix}x\\ y\\ 1\end{bmatrix} \tag{3.11b}$$

这里 $\begin{bmatrix}\cos\theta & \sin\theta & w_{13}\\ -\sin\theta & \cos\theta & w_{23}\\ 0 & 0 & 1\end{bmatrix}$ 是 $\begin{bmatrix}\cos\theta & -\sin\theta & 0\\ \sin\theta & \cos\theta & 0\\ w_{13} & w_{23} & 1\end{bmatrix}$ 的转置矩阵。

图 3.4 给出了几个简单的三维仿射变换的例子, 图中 $O-XYZ$ 为直角坐标系。在直角坐标系 $O-XYZ$ 中, 原点 O 为倒反中心, m 为垂直于 Z 轴的反映面, Z 轴为 θ 角旋转轴, $\boldsymbol{w}_y$ 为平行于 Y 轴的平移矢量。

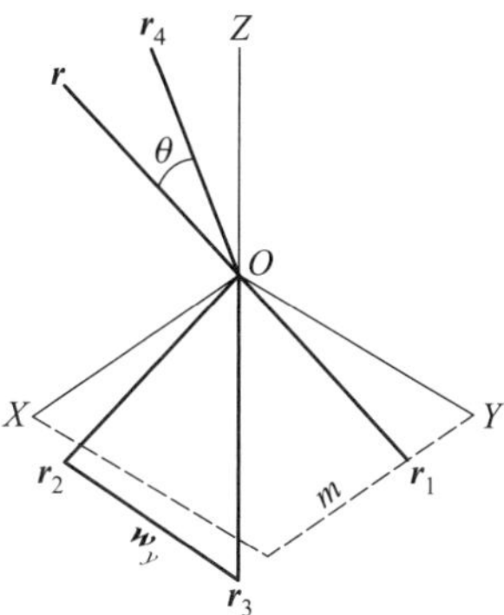

图 3.4 简单的三维仿射变换

(1) 当 $\boldsymbol{W}=\boldsymbol{I}=\begin{bmatrix}1&0&0\\0&1&0\\0&0&1\end{bmatrix}$ 且 $\boldsymbol{w}=\boldsymbol{0}$ 时, $\boldsymbol{r}=\boldsymbol{W}\boldsymbol{r}$, 即 $\boldsymbol{r}$ 变换成它本身。

(2) 当 $\boldsymbol{W}=-\boldsymbol{I}=\begin{bmatrix}\bar{1}&0&0\\0&\bar{1}&0\\0&0&\bar{1}\end{bmatrix}$ 且 $\boldsymbol{w}=\boldsymbol{0}$ 时, $\det(\boldsymbol{W})=-1$ (矩阵行列式的值为 -1), $\boldsymbol{r}_1=\boldsymbol{W}\boldsymbol{r}$ 是绕坐标原点 O 的倒反操作。

(3) 当 $\boldsymbol{W}=\begin{bmatrix}1&0&0\\0&1&0\\0&0&\bar{1}\end{bmatrix}$ 且 $\boldsymbol{w}=\boldsymbol{0}$ 时, $\det(\boldsymbol{W})=-1$, 但 $\boldsymbol{W}\neq-\boldsymbol{I}$, $\boldsymbol{W}^2=\boldsymbol{I}$, $\boldsymbol{r}_2=\boldsymbol{W}\boldsymbol{r}$ 是对 X 和 Y 组成的反映面 m 的反映操作。

(4) 如果 (3) 中的反映面反映操作后再加上 1 个平行于 Y 轴的平移 $\boldsymbol{w}_y$, 即 $\boldsymbol{r}_3=\boldsymbol{W}\boldsymbol{r}+\boldsymbol{w}_y$, 这就是在直角坐标系 XYZ 中的反映面 m 反映滑移操作。

(5) 当 $\boldsymbol{W}=\begin{bmatrix}\cos\theta&-\sin\theta&0\\\sin\theta&\cos\theta&0\\0&0&1\end{bmatrix}$ 且 $\boldsymbol{w}=\boldsymbol{0}$ 时, $\det(\boldsymbol{W})=1$, $\boldsymbol{r}_4=\boldsymbol{W}\boldsymbol{r}$ 是绕垂直于 X,Y 面的 Z 轴的旋转 θ 角操作。

3.5　坐标变换和同一对称操作在不同坐标系中的表示

3.4 节讨论了二维直角坐标系中矢量的对称变换, 这一节重点讨论三维坐标变换: 同一矢量在不同坐标系中分量之间的关系。当平移矢量为 $\mathbf{0}$ 时, 同一对称操作在不同的坐标系之间的关系 (如在六角坐标系和三角坐标系中, 同一对称操作变换矩阵表示它们之间的关系, 在初基胞 3 个不共面基矢构成的坐标系和惯用晶胞坐标系中, 同一对称操作变换矩阵表示这两个坐标系之间的关系等)。

设基矢为 $[\boldsymbol{a}\quad \boldsymbol{b}\quad \boldsymbol{c}]$ 的坐标系和基矢为 $[\boldsymbol{a}'\quad \boldsymbol{b}'\quad \boldsymbol{c}']$ 的另一坐标系之间的变换关系为

$$[\boldsymbol{a}'\quad \boldsymbol{b}'\quad \boldsymbol{c}'] = [\boldsymbol{a}\quad \boldsymbol{b}\quad \boldsymbol{c}]\boldsymbol{P} \tag{3.12}$$

$$[\boldsymbol{a}\quad \boldsymbol{b}\quad \boldsymbol{c}] = [\boldsymbol{a}'\quad \boldsymbol{b}'\quad \boldsymbol{c}']\boldsymbol{P}^{-1} \tag{3.13}$$

式中, $\boldsymbol{P}$ 和 $\boldsymbol{P}^{-1}$ 互为逆矩阵。坐标变换前后, 在基矢分别为 $(\boldsymbol{a}, \boldsymbol{b}, \boldsymbol{c})$ 和 $(\boldsymbol{a}', \boldsymbol{b}', \boldsymbol{c}')$ 的坐标系中的矢量 $\boldsymbol{r}$ 的大小和方向不变, 只是基矢不同, 分量不同而已, 故

$$\boldsymbol{r} = [\boldsymbol{a}\quad \boldsymbol{b}\quad \boldsymbol{c}]\begin{bmatrix} x \\ y \\ z \end{bmatrix} = [\boldsymbol{a}'\quad \boldsymbol{b}'\quad \boldsymbol{c}']\begin{bmatrix} x' \\ y' \\ z' \end{bmatrix}$$

将式 (3.12) 和式 (3.13) 代入上式, 得到在不同坐标系中分量之间的关系为

$$\begin{bmatrix} x' \\ y' \\ z' \end{bmatrix} = \boldsymbol{P}^{-1}\begin{bmatrix} x \\ y \\ z \end{bmatrix} \tag{3.14}$$

$$\begin{bmatrix} x \\ y \\ z \end{bmatrix} = \boldsymbol{P}\begin{bmatrix} x' \\ y' \\ z' \end{bmatrix} \tag{3.15}$$

下面讨论在平移矢量为 $\mathbf{0}$ 时, 采用同一对称操作变换矩阵表示不同的三维坐标系之间的关系。参考式 (3.11b) 可知, 通过对称变换 $\boldsymbol{W}$, 坐标系 $[\boldsymbol{a}\quad \boldsymbol{b}\quad \boldsymbol{c}]$ 中的矢量 $\boldsymbol{r} = [\boldsymbol{a}\quad \boldsymbol{b}\quad \boldsymbol{c}]\begin{bmatrix} x \\ y \\ z \end{bmatrix}$ 可变换成 $\boldsymbol{r}'' = [\boldsymbol{a}\quad \boldsymbol{b}\quad \boldsymbol{c}]\begin{bmatrix} x'' \\ y'' \\ z'' \end{bmatrix}$, 且

$$\begin{bmatrix} x'' \\ y'' \\ z'' \end{bmatrix} = \boldsymbol{W} \begin{bmatrix} x \\ y \\ z \end{bmatrix} \tag{3.16}$$

如果坐标变换 $\boldsymbol{P}$ 将 $[\boldsymbol{a} \quad \boldsymbol{b} \quad \boldsymbol{c}]$ 变成 $[\boldsymbol{a}' \quad \boldsymbol{b}' \quad \boldsymbol{c}']$, 在基矢分别为 $[\boldsymbol{a} \quad \boldsymbol{b} \quad \boldsymbol{c}]$ 和 $[\boldsymbol{a}' \quad \boldsymbol{b}' \quad \boldsymbol{c}']$ 的坐标系中, $\boldsymbol{r}$ 和 $\boldsymbol{r}''$ 分量的关系为

$$\begin{bmatrix} x' \\ y' \\ z' \end{bmatrix} = \boldsymbol{P}^{-1} \begin{bmatrix} x \\ y \\ z \end{bmatrix} \tag{3.17}$$

$$\begin{bmatrix} x''' \\ y''' \\ z''' \end{bmatrix} = \boldsymbol{P}^{-1} \begin{bmatrix} x'' \\ y'' \\ z'' \end{bmatrix} \tag{3.18}$$

设基矢为 $[\boldsymbol{a} \quad \boldsymbol{b} \quad \boldsymbol{c}]$ 的坐标系中的变换矩阵 $\boldsymbol{W}$ 在基矢为 $[\boldsymbol{a}' \quad \boldsymbol{b}' \quad \boldsymbol{c}']$ 坐标系中变成矩阵 $\boldsymbol{W}'$, 则有

$$\begin{bmatrix} x''' \\ y''' \\ z''' \end{bmatrix} = \boldsymbol{W}' \begin{bmatrix} x' \\ y' \\ z' \end{bmatrix} \tag{3.19}$$

将式 (3.16)、式 (3.17) 和式 (3.18) 代入式 (3.19), 就可以得到 $\boldsymbol{w}'$ 和 $\boldsymbol{W}$ 的关系:

$$\boldsymbol{P}^{-1}\boldsymbol{W} \begin{bmatrix} x \\ y \\ z \end{bmatrix} = \boldsymbol{W}'\boldsymbol{P}^{-1} \begin{bmatrix} x \\ y \\ z \end{bmatrix}$$

所以

$$\boldsymbol{P}^{-1}\boldsymbol{W} = \boldsymbol{W}'\boldsymbol{P}^{-1}$$

上式右乘 $\boldsymbol{P}$, 可得

$$\boldsymbol{W}' = \boldsymbol{P}^{-1}\boldsymbol{W}\boldsymbol{P} \tag{3.20}$$

矩阵 $\boldsymbol{w}'$ 的迹为

$$\begin{aligned} \operatorname{tr}(\boldsymbol{W}') &= \sum_i W'_{ii} = \sum_i \sum_j \sum_k P^{-1}_{ij} W_{jk} P_{ki} \\ &= \sum_j \sum_k W_{jk} (P^{-1}P)_{kj} = \sum_j \sum_k W_{jk} (\delta)_{kj} = \operatorname{tr}(\boldsymbol{W}) \end{aligned}$$

这说明对称操作变换矩阵的迹不随坐标系的变换而改变。同样地, 矩阵 $\boldsymbol{w}'$ 行列式的值为

$$\det(\boldsymbol{w}') = \det(\boldsymbol{P}^{-1})\det(\boldsymbol{W})\det(\boldsymbol{P}) = \det(\boldsymbol{P}^{-1}\boldsymbol{P})\det(\boldsymbol{W}) = \det(\boldsymbol{W})$$

说明对称操作变换矩阵行列式的值也不随坐标的变换而改变。

实际上, 坐标变换描述的是, 同一矢量在不同坐标系中其分量之间的关系。对称操作变换描述的是, 同一对称操作在不同坐标系之间的矩阵变换关系。

3.5.1　在不同坐标系中对称变换矩阵表示之间关系的例子

3.5.1.1　在三角坐标系和六角坐标系中对称变换矩阵表示之间的关系

图 3.5 给出了在基矢为 $(\boldsymbol{a}_r, \boldsymbol{b}_r, \boldsymbol{c}_r)$ 的三角坐标系和基矢分别为 $(\boldsymbol{a}_h, \boldsymbol{b}_h, \boldsymbol{c}_h)$ 和 $(\boldsymbol{a}'_h, \boldsymbol{b}'_h, \boldsymbol{c}'_h)$ 的六角坐标系中的 2 种菱面体晶胞。图中, 将基矢为 $(\boldsymbol{a}_h, \boldsymbol{b}_h, \boldsymbol{c}_h)$ 的坐标系绕 $\boldsymbol{c}_h$ 顺时针旋转 60°, 就得到了基矢为 $(\boldsymbol{a}'_h, \boldsymbol{b}'_h, \boldsymbol{c}'_h)$ 的坐标系。在基矢为 $(\boldsymbol{a}_h, \boldsymbol{b}_h, \boldsymbol{c}_h)$ 的六角坐标系中, 基矢为 $(\boldsymbol{a}_r, \boldsymbol{b}_r, \boldsymbol{c}_r)$ 的菱面体晶胞被称为正放置的菱面体晶胞, 在六角坐标系 $(\boldsymbol{a}'_h, \boldsymbol{b}'_h, \boldsymbol{c}'_h)$ 中, 这个菱面体晶胞被称为逆放置的菱面体晶胞。对于前者而言, 菱面体晶胞内格点 B 的坐标为 $\left(\frac{2}{3}, \frac{1}{3}, \frac{1}{3}\right)$, 格点 C' 的坐标为 $\left(\frac{1}{3}, \frac{2}{3}, \frac{2}{3}\right)$, 对于后者而言, 菱面体晶胞内格点 B 的坐标为 $\left(\frac{1}{3}, \frac{2}{3}, \frac{1}{3}\right)$, 格点 C 的坐标为 $\left(\frac{2}{3}, \frac{1}{3}, \frac{2}{3}\right)$。参考图 3.5 可知,

$$[\boldsymbol{a}_h \quad \boldsymbol{b}_h \quad \boldsymbol{c}_h] = [\boldsymbol{a}_r \quad \boldsymbol{b}_r \quad \boldsymbol{c}_r]\boldsymbol{P} = [\boldsymbol{a}_r \quad \boldsymbol{b}_r \quad \boldsymbol{c}_r]\begin{bmatrix} 1 & 0 & 1 \\ -1 & 1 & 1 \\ 0 & -1 & 1 \end{bmatrix} \tag{3.21}$$

$$[\boldsymbol{a}_r \quad \boldsymbol{b}_r \quad \boldsymbol{c}_r] = [\boldsymbol{a}_h \quad \boldsymbol{b}_h \quad \boldsymbol{c}_h]\boldsymbol{P}^{-1} = [\boldsymbol{a}_h \quad \boldsymbol{b}_h \quad \boldsymbol{c}_h]\begin{bmatrix} \frac{2}{3} & -\frac{1}{3} & -\frac{1}{3} \\ \frac{1}{3} & \frac{1}{3} & -\frac{2}{3} \\ \frac{1}{3} & \frac{1}{3} & \frac{1}{3} \end{bmatrix} \tag{3.22}$$

同理可得,

$$[\boldsymbol{a}'_h \quad \boldsymbol{b}'_h \quad \boldsymbol{c}'_h] = [\boldsymbol{a}_r \quad \boldsymbol{b}_r \quad \boldsymbol{c}_r]\boldsymbol{P} = [\boldsymbol{a}_r \quad \boldsymbol{b}_r \quad \boldsymbol{c}_r]\begin{bmatrix} 0 & 1 & 1 \\ -1 & 0 & 1 \\ 0 & -1 & 1 \end{bmatrix} \tag{3.23}$$

$$[\boldsymbol{a}_r \quad \boldsymbol{b}_r \quad \boldsymbol{c}_r] = [\boldsymbol{a}_h \quad \boldsymbol{b}_h \quad \boldsymbol{c}_h]\boldsymbol{P}^{-1} = [\boldsymbol{a}'_h \quad \boldsymbol{b}'_h \quad \boldsymbol{c}'_h]\begin{bmatrix} \frac{1}{3} & -\frac{2}{3} & \frac{1}{3} \\ \frac{2}{3} & -\frac{1}{3} & -\frac{1}{3} \\ \frac{1}{3} & \frac{1}{3} & \frac{1}{3} \end{bmatrix} \tag{3.24}$$

由式 (3.20) 可知, 对于正放置的菱面体晶胞, 设在基矢为 $(\boldsymbol{a}_r, \boldsymbol{b}_r, \boldsymbol{c}_r)$ 的三角坐标系中的对称变换矩阵为 $\boldsymbol{W}$, 那么在六角坐标系 $(\boldsymbol{a}_h, \boldsymbol{b}_h, \boldsymbol{c}_h)$ 中的对称变换矩阵为

$$\boldsymbol{W}' = \boldsymbol{P}^{-1}\boldsymbol{W}\boldsymbol{P} = \begin{bmatrix} \frac{2}{3} & -\frac{1}{3} & -\frac{1}{3} \\ \frac{1}{3} & \frac{1}{3} & -\frac{2}{3} \\ \frac{1}{3} & \frac{1}{3} & \frac{1}{3} \end{bmatrix} \boldsymbol{W} \begin{bmatrix} 1 & 0 & 1 \\ -1 & 1 & 1 \\ 0 & -1 & 1 \end{bmatrix}$$

对于逆放置的菱面体晶胞, 设在基矢为 $(\boldsymbol{a}_r, \boldsymbol{b}_r, \boldsymbol{c}_r)$ 的三角坐标系中的对称变换矩阵为 $\boldsymbol{W}$, 则在六角坐标系 $(\boldsymbol{a}'_h, \boldsymbol{b}'_h, \boldsymbol{c}'_h)$ 中的对称变换矩阵为

$$\boldsymbol{W}' = \boldsymbol{P}^{-1}\boldsymbol{W}\boldsymbol{P} = \begin{bmatrix} \frac{1}{3} & -\frac{2}{3} & \frac{1}{3} \\ \frac{2}{3} & -\frac{1}{3} & -\frac{1}{3} \\ \frac{1}{3} & \frac{1}{3} & \frac{1}{3} \end{bmatrix} \boldsymbol{W} \begin{bmatrix} 0 & 1 & 1 \\ -1 & 0 & 1 \\ 0 & -1 & 1 \end{bmatrix}$$

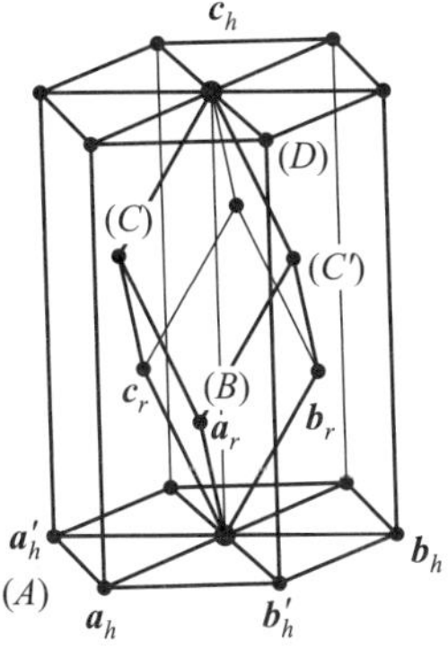

图 3.5 在基矢为 $(\boldsymbol{a}_r, \boldsymbol{b}_r, \boldsymbol{c}_r)$ 的三角坐标系和基矢分别为 $(\boldsymbol{a}_h, \boldsymbol{b}_h, \boldsymbol{c}_h)$ 和 $(\boldsymbol{a}'_h, \boldsymbol{b}'_h, \boldsymbol{c}'_h)$ 的六角坐标系中的 2 种菱面体晶胞

3.5.1.2　在初基胞 3 个不共面基矢 $(\boldsymbol{a},\boldsymbol{b},\boldsymbol{c})$ 构成的坐标系和基矢为 $(\boldsymbol{a}',\boldsymbol{b}',\boldsymbol{c}')$ 的面心立方惯用单胞坐标系中对称变换之间的关系

图 3.6 给出了面心立方点阵初基胞坐标系 $(\boldsymbol{a},\boldsymbol{b},\boldsymbol{c})$ 和面心立方惯用单胞坐标系 $(\boldsymbol{a}',\boldsymbol{b}',\boldsymbol{c}')$。从图 3.6 可知, 基矢为 $(\boldsymbol{a},\boldsymbol{b},\boldsymbol{c})$ 的初基胞坐标系和基矢为 $(\boldsymbol{a}',\boldsymbol{b}',\boldsymbol{c}')$ 的面心立方惯用单胞坐标系的变换关系为

$$(\boldsymbol{a}',\boldsymbol{b}',\boldsymbol{c}')=(\boldsymbol{a},\boldsymbol{b},\boldsymbol{c})\boldsymbol{p}=(\boldsymbol{a},\boldsymbol{b},\boldsymbol{c})\begin{bmatrix}-1&1&1\\1&-1&1\\1&1&-1\end{bmatrix}$$

$$(\boldsymbol{a},\boldsymbol{b},\boldsymbol{c})=(\boldsymbol{a}',\boldsymbol{b}',\boldsymbol{c}')\boldsymbol{P}^{-1}=(\boldsymbol{a}',\boldsymbol{b}',\boldsymbol{c}')\begin{bmatrix}0&\frac{1}{2}&\frac{1}{2}\\\frac{1}{2}&0&\frac{1}{2}\\\frac{1}{2}&\frac{1}{2}&0\end{bmatrix}$$

设在基矢为 $(\boldsymbol{a},\boldsymbol{b},\boldsymbol{c})$ 的初基胞坐标系中的对称变换矩阵为 $\boldsymbol{W}$, 则在基矢为 $(\boldsymbol{a}',\boldsymbol{b}',\boldsymbol{c}')$ 的面心立方惯用单胞坐标系中的对称变换矩阵为

$$\boldsymbol{W}'=\boldsymbol{P}^{-1}\boldsymbol{W}\boldsymbol{P}=\begin{bmatrix}0&\frac{1}{2}&\frac{1}{2}\\\frac{1}{2}&0&\frac{1}{2}\\\frac{1}{2}&\frac{1}{2}&0\end{bmatrix}\boldsymbol{W}\begin{bmatrix}-1&1&1\\1&-1&1\\1&1&-1\end{bmatrix}$$

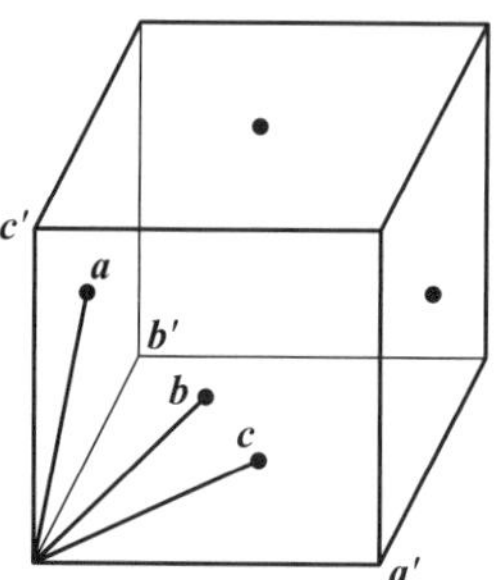

图 3.6　基矢为 $(\boldsymbol{a},\boldsymbol{b},\boldsymbol{c})$ 的面心立方点阵初基胞坐标系和基矢为 $(\boldsymbol{a}',\boldsymbol{b}',\boldsymbol{c}')$ 的面心立方惯用单胞坐标系

3.5.2　初基胞坐标系和非初基胞坐标系之间的坐标变换关系

常用的初基胞坐标系和非初基胞坐标系之间的坐标变换关系如表 3.1 所示。

表 3.1 常用的初基胞坐标系和非初基胞坐标系之间的坐标变换关系

	面心	体心	底心	正放置菱面体	逆放置菱面体
$\boldsymbol{P}$	$\begin{bmatrix}-1 & 1 & 1\\ 1 & -1 & 1\\ 1 & 1 & -1\end{bmatrix}$	$\begin{bmatrix}0 & 1 & 1\\ 1 & 0 & 1\\ 1 & 1 & 0\end{bmatrix}$	$\begin{bmatrix}1 & -1 & 0\\ 1 & 1 & 0\\ 0 & 0 & 1\end{bmatrix}$	$\begin{bmatrix}1 & 0 & 1\\ -1 & 1 & 1\\ 0 & -1 & 1\end{bmatrix}$	$\begin{bmatrix}0 & 1 & 1\\ -1 & 0 & 1\\ 1 & -1 & 1\end{bmatrix}$
$\boldsymbol{P}^{-1}$	$\begin{bmatrix}0 & \frac{1}{2} & \frac{1}{2}\\ \frac{1}{2} & 0 & \frac{1}{2}\\ \frac{1}{2} & \frac{1}{2} & 0\end{bmatrix}$	$\begin{bmatrix}-\frac{1}{2} & \frac{1}{2} & \frac{1}{2}\\ \frac{1}{2} & -\frac{1}{2} & \frac{1}{2}\\ \frac{1}{2} & \frac{1}{2} & -\frac{1}{2}\end{bmatrix}$	$\begin{bmatrix}\frac{1}{2} & \frac{1}{2} & 0\\ -\frac{1}{2} & \frac{1}{2} & 0\\ 0 & 0 & 1\end{bmatrix}$	$\begin{bmatrix}\frac{2}{3} & -\frac{1}{3} & -\frac{1}{3}\\ \frac{1}{3} & \frac{1}{3} & -\frac{2}{3}\\ \frac{1}{3} & \frac{1}{3} & \frac{1}{3}\end{bmatrix}$	$\begin{bmatrix}\frac{1}{3} & -\frac{2}{3} & \frac{1}{3}\\ \frac{2}{3} & -\frac{1}{3} & -\frac{1}{3}\\ \frac{1}{3} & \frac{1}{3} & \frac{1}{3}\end{bmatrix}$

注: $\boldsymbol{P}$ 表示从初基胞基矢到非初基胞基矢的变换矩阵, $\boldsymbol{P}^{-1}$ 表示从非初基胞基矢到初基胞基矢的变换矩阵。

参考文献

[1] Hahn T. International tables for crystallography, Vol. A. 5th ed. Heidelberg: Springer, 2005.

[2]《数学手册》编写组. 数学手册. 北京: 人民教育出版社, 1979.

[3] 王仁卉, 郭可信. 晶体中的对称群. 北京: 科学出版社, 1990.

第 4 章 晶体点阵和倒易点阵

晶体是在三维空间中具有周期性结构的有限实体, 可用满足对称操作 (用仿射变换矩阵 $\boldsymbol{W}$ 表示) 的三维空间的无限周期性晶体点阵来近似描述。在三维晶体点阵格矢空间中给定初基胞的 3 个不共面的格矢量 $\boldsymbol{a}$、$\boldsymbol{b}$ 和 $\boldsymbol{c}$, 若点阵中的任何格矢都可表示为 $\boldsymbol{r} = x\boldsymbol{a} + y\boldsymbol{b} + z\boldsymbol{c}$, 且 x、y 和 z 为正负整数, 那么 $\boldsymbol{a}$、$\boldsymbol{b}$ 和 $\boldsymbol{c}$ 就定义为晶体点阵格矢空间的基矢。由基矢 $\boldsymbol{a}$、$\boldsymbol{b}$ 和 $\boldsymbol{c}$ 构成的平行六面体点阵定义为初基胞, 初基胞内只有 1 个格点。从坐标原点出发, 无限重复初基胞, 可复制出晶体点阵。

4.1 倒易点阵和晶面指数

晶体点阵称为正点阵, 与此相应的还有倒易点阵。倒易点阵基矢的定义如下:

$$\boldsymbol{a}^* = \frac{\boldsymbol{b} \times \boldsymbol{c}}{V},$$
$$\boldsymbol{b}^* = \frac{\boldsymbol{c} \times \boldsymbol{a}}{V},$$
$$\boldsymbol{c}^* = \frac{\boldsymbol{a} \times \boldsymbol{b}}{V}$$

式中, $\boldsymbol{a}$、$\boldsymbol{b}$ 和 $\boldsymbol{c}$ 为正点阵基矢; V 为原胞体积, 可写成

$$V=\boldsymbol{a}\cdot\boldsymbol{b}\times\boldsymbol{c}=\boldsymbol{b}\cdot\boldsymbol{c}\times\boldsymbol{a}=\boldsymbol{c}\cdot\boldsymbol{a}\times\boldsymbol{b}$$

其中, $\cdot$ 表示矢量点乘运算; $\times$ 表示矢量叉乘运算。

(1) 容易证明

$$\boldsymbol{a}\cdot\boldsymbol{a}^*=\boldsymbol{b}\cdot\boldsymbol{b}^*=\boldsymbol{c}\cdot\boldsymbol{c}^*=1$$

$$\boldsymbol{a}\cdot\boldsymbol{b}^*=\boldsymbol{a}\cdot\boldsymbol{c}^*=\boldsymbol{b}\cdot\boldsymbol{a}^*=\boldsymbol{b}\cdot\boldsymbol{c}^*=\boldsymbol{c}\cdot\boldsymbol{a}^*=\boldsymbol{c}\cdot\boldsymbol{b}^*=0$$

即

$$\begin{bmatrix}\boldsymbol{a}^*\\\boldsymbol{b}^*\\\boldsymbol{c}^*\end{bmatrix}[\boldsymbol{a}\quad\boldsymbol{b}\quad\boldsymbol{c}]=\begin{bmatrix}1&0&0\\0&1&0\\0&0&1\end{bmatrix}=\boldsymbol{I}$$

这表明正点阵基矢和倒点阵基矢是互易矢量。

(2) 倒易点阵原胞体积 $V^*=\boldsymbol{a}^*\cdot\boldsymbol{b}^*\times\boldsymbol{c}^*$, 可以证明 $VV^*=1$。

证明: 在直角坐标系中,

$$\boldsymbol{a}=a_x\boldsymbol{i}+a_y\boldsymbol{j}+a_z\boldsymbol{k}$$

$$\boldsymbol{a}^*=a_x^*\boldsymbol{i}^*+a_y^*\boldsymbol{j}^*+a_z^*\boldsymbol{k}^*$$

$$\boldsymbol{a}\cdot\boldsymbol{a}^*=a_xa_x^*+a_ya_y^*+a_za_z^*=1$$

$$\boldsymbol{a}\cdot\boldsymbol{b}^*=a_xb_x^*+a_yb_y^*+a_zb_z^*=0$$

$$\boldsymbol{a}\cdot\boldsymbol{c}^*=a_xc_x^*+a_yc_y^*+a_zc_z^*=0$$

式中, $\boldsymbol{i}^*$、$\boldsymbol{j}^*$、$\boldsymbol{k}^*$ 分别是直角坐标系中基矢 $\boldsymbol{i}$、$\boldsymbol{j}$、$\boldsymbol{k}$ 的倒易基矢。对于 $\boldsymbol{b}$ 和 $\boldsymbol{c}$ 也可以得到类似的关系式。据此可得

$$\begin{aligned}VV^*&=(\boldsymbol{a}\cdot\boldsymbol{b}\times\boldsymbol{c})(\boldsymbol{a}^*\cdot\boldsymbol{b}^*\times\boldsymbol{c}^*)\\&=\begin{vmatrix}a_x&a_y&a_z\\b_x&b_y&b_z\\c_x&c_y&c_z\end{vmatrix}\cdot\begin{vmatrix}a_x^*&a_y^*&a_z^*\\b_x^*&b_y^*&b_z^*\\c_x^*&c_y^*&c_z^*\end{vmatrix}=\begin{bmatrix}a_x&a_y&a_z\\b_x&b_y&b_z\\c_x&c_y&c_z\end{bmatrix}\cdot\begin{bmatrix}a_x^*&b_x^*&c_x^*\\a_y^*&b_y^*&c_y^*\\a_z^*&b_z^*&c_z^*\end{bmatrix}\\&=\left|\begin{bmatrix}a_x&a_y&a_z\\b_x&b_y&b_z\\c_x&c_y&c_z\end{bmatrix}\cdot\begin{bmatrix}a_x^*&b_x^*&c_x^*\\a_y^*&b_y^*&c_y^*\\a_z^*&b_z^*&c_z^*\end{bmatrix}\right|=\left|\begin{bmatrix}1&0&0\\0&1&0\\0&0&1\end{bmatrix}\right|=\begin{vmatrix}1&0&0\\0&1&0\\0&0&1\end{vmatrix}=1\end{aligned}$$

在上式的推导过程中使用了以下运算规则: ① 行列式的值和它的转置行列式值相等; ② 行列式乘积的值等于它们相应矩阵乘积的行列式值。

(3) 倒易点阵格矢可表示为 $\boldsymbol{g}_{hkl}^{*}=h\boldsymbol{a}^{*}+k\boldsymbol{b}^{*}+l\boldsymbol{c}^{*}$, 可以证明 $g_{hkl}^{*}=\dfrac{1}{d_{hkl}}$, 其中 d_{hkl} 为晶面 (hkl) 间距。图 4.1 给出了晶面 (hkl) 的定义。

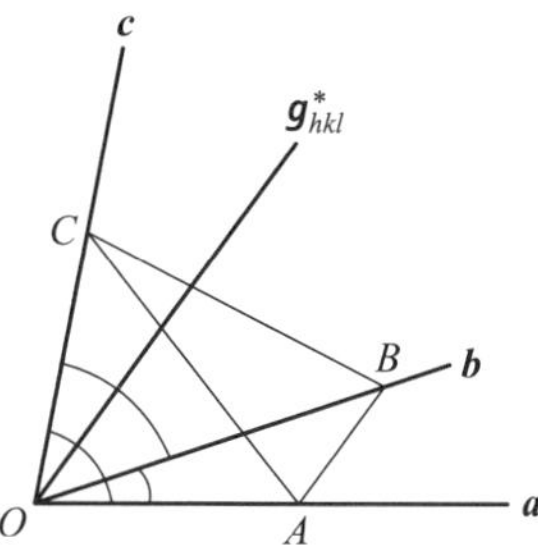

图 4.1　晶面 (hkl) 的定义

图 4.1 中, $\boldsymbol{a}$、$\boldsymbol{b}$ 和 $\boldsymbol{c}$ 为原胞基矢, $\boldsymbol{OA}=\dfrac{\boldsymbol{a}}{h}$, $\boldsymbol{OB}=\dfrac{\boldsymbol{b}}{k}$, $\boldsymbol{OC}=\dfrac{\boldsymbol{c}}{l}$。由 $\boldsymbol{g}_{hkl}^{*}\cdot(\boldsymbol{OB}-\boldsymbol{OA})=\boldsymbol{g}_{hkl}^{*}\cdot\boldsymbol{AB}=(h\boldsymbol{a}^{*}+k\boldsymbol{b}^{*}+l\boldsymbol{c}^{*})\left(\dfrac{\boldsymbol{b}}{k}-\dfrac{\boldsymbol{a}}{h}\right)=0$ 可知, $\boldsymbol{g}_{hkl}^{*}$ 与 $\boldsymbol{AB}$ 垂直。同理也可证明 $\boldsymbol{g}_{hkl}^{*}$ 与 $\boldsymbol{AC}$ 垂直, 而 $\boldsymbol{AB}$ 和 $\boldsymbol{AC}$ 是晶面 (hkl) 上的两个矢量, 所以, $\boldsymbol{g}_{hkl}^{*}$ 与晶面 (hkl) 垂直。晶面 (hkl) 间距 d_{hkl} 是 $\boldsymbol{OA}$ 在 $\boldsymbol{g}_{hkl}^{*}$ 上的投影, 所以

$$d_{hkl}=\boldsymbol{OA}\cdot\frac{\boldsymbol{g}_{hkl}^{*}}{g_{hkl}^{*}}=\frac{\boldsymbol{a}}{h}\cdot\frac{h\boldsymbol{a}^{*}+k\boldsymbol{b}^{*}+l\boldsymbol{c}^{*}}{g_{hkl}^{*}}=\frac{1}{g_{hkl}^{*}}$$

式中, hkl 称作晶面 ABC 的 Miller 指数。

4.2　倒易点阵的坐标变换和在倒易点阵中的对称操作变换

设两套倒易点阵坐标系的基矢分别为 $\boldsymbol{a}^{*}$、$\boldsymbol{b}^{*}$、$\boldsymbol{c}^{*}$ 和 $\boldsymbol{a}^{*\prime}$、$\boldsymbol{b}^{*\prime}$、$\boldsymbol{c}^{*\prime}$, 它们对应正点阵坐标系的基矢分别为 $\boldsymbol{a}$、$\boldsymbol{b}$、$\boldsymbol{c}$ 和 $\boldsymbol{a}'$、$\boldsymbol{b}'$、$\boldsymbol{c}'$。参考式 (3.11a) 可知

$$[\boldsymbol{a}'\quad\boldsymbol{b}'\quad\boldsymbol{c}']=[\boldsymbol{a}\quad\boldsymbol{b}\quad\boldsymbol{c}]\boldsymbol{W},\quad[\boldsymbol{a}\quad\boldsymbol{b}\quad\boldsymbol{c}]=[\boldsymbol{a}'\quad\boldsymbol{b}'\quad\boldsymbol{c}']\boldsymbol{W}^{-1}\tag{4.1}$$

式中, $\boldsymbol{W}^{-1}$ 是 $\boldsymbol{W}$ 的逆矩阵。正点阵坐标系的基矢和对应的倒易点阵坐标系的基矢有如下关系

$$[\boldsymbol{a}\quad\boldsymbol{b}\quad\boldsymbol{c}]\begin{bmatrix}\boldsymbol{a}^{*}\\\boldsymbol{b}^{*}\\\boldsymbol{c}^{*}\end{bmatrix}=[\boldsymbol{a}'\quad\boldsymbol{b}'\quad\boldsymbol{c}']\begin{bmatrix}\boldsymbol{a}^{*\prime}\\\boldsymbol{b}^{*\prime}\\\boldsymbol{c}^{*\prime}\end{bmatrix}$$

由式 (4.1) 可得

$$[\boldsymbol{a} \quad \boldsymbol{b} \quad \boldsymbol{c}]\begin{bmatrix}\boldsymbol{a}^*\\\boldsymbol{b}^*\\\boldsymbol{c}^*\end{bmatrix}=[\boldsymbol{a} \quad \boldsymbol{b} \quad \boldsymbol{c}]\boldsymbol{W}\begin{bmatrix}\boldsymbol{a}^{*\prime}\\\boldsymbol{b}^{*\prime}\\\boldsymbol{c}^{*\prime}\end{bmatrix}$$

$$\begin{bmatrix}\boldsymbol{a}^*\\\boldsymbol{b}^*\\\boldsymbol{c}^*\end{bmatrix}=\boldsymbol{W}\begin{bmatrix}\boldsymbol{a}^{*\prime}\\\boldsymbol{b}^{*\prime}\\\boldsymbol{c}^{*\prime}\end{bmatrix}, \quad \begin{bmatrix}\boldsymbol{a}^{*\prime}\\\boldsymbol{b}^{*\prime}\\\boldsymbol{c}^{*\prime}\end{bmatrix}=\boldsymbol{W}^{-1}\begin{bmatrix}\boldsymbol{a}^*\\\boldsymbol{b}^*\\\boldsymbol{c}^*\end{bmatrix} \tag{4.2}$$

对式 (4.1) 转置得到

$$\begin{bmatrix}\boldsymbol{a}'\\\boldsymbol{b}'\\\boldsymbol{c}'\end{bmatrix}=\boldsymbol{W}^{\mathrm{T}}\begin{bmatrix}\boldsymbol{a}\\\boldsymbol{b}\\\boldsymbol{c}\end{bmatrix} \tag{4.3}$$

式中, $\boldsymbol{W}^{\mathrm{T}}$ 是 $\boldsymbol{W}$ 的转置矩阵。与式 (4.2) 比较可以发现, 如果正点阵对称操作矩阵为 $\boldsymbol{W}^{\mathrm{T}}$, 那么, 倒点阵对称操作矩阵就为 $\boldsymbol{W}^{-1}$。从式 (3.11b) 可知, 正点阵矢量分量 $\begin{bmatrix}x'\\y'\\z'\end{bmatrix}$ 和 $\begin{bmatrix}x\\y\\z\end{bmatrix}$ 之间的对称操作变换为

$$\begin{bmatrix}x'\\y'\\z'\end{bmatrix}=\boldsymbol{W}\begin{bmatrix}x\\y\\z\end{bmatrix} \tag{4.4}$$

故倒易点阵矢量分量 $\begin{bmatrix}u'\\v'\\w'\end{bmatrix}$ 和 $\begin{bmatrix}u\\v\\w\end{bmatrix}$ 之间的对称操作变换为

$$\begin{bmatrix}u'\\v'\\w'\end{bmatrix}=(\boldsymbol{W}^{-1})^{\mathrm{T}}\begin{bmatrix}u\\v\\w\end{bmatrix} \tag{4.5}$$

比较式 (4.4) 和式 (4.5) 可知, 如果正空间矢量分量的对称操作变换矩阵为 $\boldsymbol{W}$, 那么在倒易空间矢量分量的对称操作变换矩阵是 $(\boldsymbol{W}^{-1})^{\mathrm{T}}$。据此, 我们就可以通过在倒空间的 X 衍射和电子衍射实验来确定正空间的晶体对称性。如果 $\boldsymbol{W}$ 是正交矩阵, $\boldsymbol{W}^{\mathrm{T}}=\boldsymbol{W}^{-1}$, 那么在倒空间得到矢量分量的对称操作变换矩阵为 $(\boldsymbol{W}^{-1})^{\mathrm{T}}=(\boldsymbol{W}^{\mathrm{T}})^{\mathrm{T}}=\boldsymbol{W}$, 这和正空间的是一样的。

4.3 点对称操作矩阵表

表 4.1 列出了立方、四方、正交、单斜、三斜和菱面体坐标系中的点对称操作变换矩阵和对应点对称操作元的取向。从表 4.1 可见, 立方、四方、正交、单斜、三斜和菱面体坐标系中的对称操作变换矩阵 $\boldsymbol{W}$ 是正交矩阵, 正交矩阵有如下性质:

(1) $\boldsymbol{W}^{\mathrm{T}}=\boldsymbol{W}^{-1}$, 正交矩阵的转置矩阵等于它的逆矩阵;

(2) 若 $\boldsymbol{W}$ 与 $\boldsymbol{V}$ 都是正交矩阵, 则 $\boldsymbol{WV}$ 仍是正交矩阵;

(3) $\det \boldsymbol{W}=\mp 1$;

(4) $\sum\limits_{k=1}^{n} W_{ik}W_{jk}=\begin{cases}1 & i=j\\ 0 & i\neq j\end{cases}, \sum\limits_{k=1}^{n} W_{ki}W_{kj}=\begin{cases}1 & i=j\\ 0 & i\neq j\end{cases}$。

例如, $\bar{4}^{+}\ x,0,0\,[100]$ 的对称操作变换矩阵为

$$\boldsymbol{W}=\begin{bmatrix}\bar{1} & 0 & 0\\ 0 & 0 & 1\\ 0 & \bar{1} & 0\end{bmatrix}$$

其转置矩阵为

$$\boldsymbol{W}^{\mathrm{T}}=\begin{bmatrix}\bar{1} & 0 & 0\\ 0 & 0 & \bar{1}\\ 0 & 1 & 0\end{bmatrix}=\boldsymbol{W}^{-1}$$

这是因为

$$\boldsymbol{WW}^{\mathrm{T}}=\begin{bmatrix}\bar{1} & 0 & 0\\ 0 & 0 & 1\\ 0 & \bar{1} & 0\end{bmatrix}\begin{bmatrix}\bar{1} & 0 & 0\\ 0 & 0 & \bar{1}\\ 0 & 1 & 0\end{bmatrix}=\begin{bmatrix}1 & 0 & 0\\ 0 & 1 & 0\\ 0 & 0 & 1\end{bmatrix}$$

这就是说, 在立方、四方、正交、单斜、三斜和菱面体坐标系中, 正空间和倒易空间中的点对称操作变换矩阵相同。

表 4.2 列出了六角坐标系中的点对称操作矩阵和对应点对称操作元的影响。从表 4.2 可见, 一些六角坐标系中的对称操作变换矩阵不是正交矩阵, 如 $m\quad 2x,x,z\,[010]$ 的对称操作矩阵 $\boldsymbol{W}=\begin{bmatrix}1 & 0 & 0\\ 1 & \bar{1} & 0\\ 0 & 0 & 1\end{bmatrix}$, 它的转置矩阵为 $\boldsymbol{W}^{\mathrm{T}}=$

表 4.1　点对称操作矩阵表

点对称操作元符号及取向	变换后的坐标	变换矩阵 $\boldsymbol{W}$	点对称操作元符号及取向	变换后的坐标	变换矩阵 $\boldsymbol{W}$	点对称操作元符号及取向	变换后的坐标	变换矩阵 $\boldsymbol{W}$	点对称操作元符号及取向	变换后的坐标	变换矩阵 $\boldsymbol{W}$
1	x,y,z	$\begin{bmatrix}1&0&0\\0&1&0\\0&0&1\end{bmatrix}$	$2\ 0,0,z$ $[001]$	$\bar{x},\bar{y},z$	$\begin{bmatrix}\bar{1}&0&0\\0&\bar{1}&0\\0&0&1\end{bmatrix}$	$2\ 0,y,0$ $[010]$	$\bar{x},y,\bar{z}$	$\begin{bmatrix}\bar{1}&0&0\\0&1&0\\0&0&\bar{1}\end{bmatrix}$	$2\ x,0,0$ $[100]$	$x,\bar{y},\bar{z}$	$\begin{bmatrix}1&0&0\\0&\bar{1}&0\\0&0&\bar{1}\end{bmatrix}$
$3^+\ x,x,x$ $[111]$	z,x,y	$\begin{bmatrix}0&0&1\\1&0&0\\0&1&0\end{bmatrix}$	$3^+\ x,\bar{x},\bar{x}$ $[1\bar{1}\bar{1}]$	$\bar{z},\bar{x},y$	$\begin{bmatrix}0&0&\bar{1}\\\bar{1}&0&0\\0&1&0\end{bmatrix}$	$3^+\ \bar{x},x,\bar{x}$ $[\bar{1}1\bar{1}]$	$z,\bar{x},\bar{y}$	$\begin{bmatrix}0&0&1\\\bar{1}&0&0\\0&\bar{1}&0\end{bmatrix}$	$3^+\ \bar{x},\bar{x},x$ $[\bar{1}\bar{1}1]$	$\bar{z},x,\bar{y}$	$\begin{bmatrix}0&0&\bar{1}\\1&0&0\\0&\bar{1}&0\end{bmatrix}$
$3^-\ x,x,x$ $[111]$	y,z,x	$\begin{bmatrix}0&1&0\\0&0&1\\1&0&0\end{bmatrix}$	$3^-\ x,\bar{x},\bar{x}$ $[1\bar{1}\bar{1}]$	$\bar{y},z,\bar{x}$	$\begin{bmatrix}0&\bar{1}&0\\0&0&1\\\bar{1}&0&0\end{bmatrix}$	$3^-\ \bar{x},x,\bar{x}$ $[\bar{1}1\bar{1}]$	$\bar{y},\bar{z},x$	$\begin{bmatrix}0&\bar{1}&0\\0&0&\bar{1}\\1&0&0\end{bmatrix}$	$3^-\ \bar{x},\bar{x},x$ $[\bar{1}\bar{1}1]$	$y,\bar{z},\bar{x}$	$\begin{bmatrix}0&1&0\\0&0&\bar{1}\\\bar{1}&0&0\end{bmatrix}$
			$2\ x,\bar{x},0$ $[110]$	$y,x,\bar{z}$	$\begin{bmatrix}0&1&0\\1&0&0\\0&0&\bar{1}\end{bmatrix}$	$2\ x,0,x$ $[101]$	$z,\bar{y},x$	$\begin{bmatrix}0&0&1\\0&\bar{1}&0\\1&0&0\end{bmatrix}$	$2\ 0,y,y$ $[011]$	$\bar{x},z,y$	$\begin{bmatrix}\bar{1}&0&0\\0&0&1\\0&1&0\end{bmatrix}$
			$2\ x,\bar{x},0$ $[1\bar{1}0]$	$\bar{y},\bar{x},\bar{z}$	$\begin{bmatrix}0&\bar{1}&0\\\bar{1}&0&0\\0&0&\bar{1}\end{bmatrix}$	$2\ \bar{x},0,x$ $[\bar{1}01]$	$\bar{z},\bar{y},\bar{x}$	$\begin{bmatrix}0&0&\bar{1}\\0&\bar{1}&0\\\bar{1}&0&0\end{bmatrix}$	$2\ 0,y,\bar{y}$ $[01\bar{1}]$	$\bar{x},\bar{z},\bar{y}$	$\begin{bmatrix}\bar{1}&0&0\\0&0&\bar{1}\\0&\bar{1}&0\end{bmatrix}$

续表

点对称操作元符号及取向	变换后的坐标	变换矩阵 $\boldsymbol{W}$	点对称操作元符号及取向	变换后的坐标	变换矩阵 $\boldsymbol{W}$	点对称操作元符号及取向	变换后的坐标	变换矩阵 $\boldsymbol{W}$	点对称操作元符号及取向	变换后的坐标	变换矩阵 $\boldsymbol{W}$
			$4^+\ 0,0,z$ [001]	$\bar{y},x,z$	$\begin{bmatrix}0&\bar{1}&0\\1&0&0\\0&0&1\end{bmatrix}$	$4^+\ 0,y,0$ [010]	$z,y,\bar{x}$	$\begin{bmatrix}0&0&1\\0&1&0\\\bar{1}&0&0\end{bmatrix}$	$4^+\ x,0,0$ [100]	$x,\bar{z},y$	$\begin{bmatrix}1&0&0\\0&0&\bar{1}\\0&1&0\end{bmatrix}$
			$4^-\ 0,0,z$ [001]	$y,\bar{x},z$	$\begin{bmatrix}0&1&0\\\bar{1}&0&0\\0&0&1\end{bmatrix}$	$4^-\ 0,y,0$ [010]	$\bar{z},y,x$	$\begin{bmatrix}0&0&\bar{1}\\0&1&0\\1&0&0\end{bmatrix}$	$4^-\ x,0,0$ [100]	$x,z,\bar{y}$	$\begin{bmatrix}1&0&0\\0&0&1\\0&\bar{1}&0\end{bmatrix}$
$\bar{1}\ 0,0,0$	$\bar{x},\bar{y},\bar{z}$	$\begin{bmatrix}\bar{1}&0&0\\0&\bar{1}&0\\0&0&\bar{1}\end{bmatrix}$	$m\ x,y,0$ [001]	$x,y,\bar{z}$	$\begin{bmatrix}1&0&0\\0&1&0\\0&0&\bar{1}\end{bmatrix}$	$m\ x,0,z$ [010]	$x,\bar{y},z$	$\begin{bmatrix}1&0&0\\0&\bar{1}&0\\0&0&1\end{bmatrix}$	$m\ 0,y,z$ [100]	$\bar{x},y,z$	$\begin{bmatrix}\bar{1}&0&0\\0&1&0\\0&0&1\end{bmatrix}$
$\bar{3}^+\ x,x,x$ [111]	$\bar{z},\bar{x},\bar{y}$	$\begin{bmatrix}0&0&\bar{1}\\\bar{1}&0&0\\0&\bar{1}&0\end{bmatrix}$	$\bar{3}^+\ x,\bar{x},\bar{x}$ [$1\bar{1}\bar{1}$]	$z,x,\bar{y}$	$\begin{bmatrix}0&0&1\\1&0&0\\0&\bar{1}&0\end{bmatrix}$	$\bar{3}^+\ \bar{x},x,\bar{x}$ [$\bar{1}1\bar{1}$]	$\bar{z},x,y$	$\begin{bmatrix}0&0&\bar{1}\\1&0&0\\0&1&0\end{bmatrix}$	$\bar{3}^+\ \bar{x},\bar{x},x$ [$\bar{1}\bar{1}1$]	$z,\bar{x},y$	$\begin{bmatrix}0&0&1\\\bar{1}&0&0\\0&1&0\end{bmatrix}$
$\bar{3}^-\ x,x,x$ [111]	$\bar{y},\bar{z},\bar{x}$	$\begin{bmatrix}0&\bar{1}&0\\0&0&\bar{1}\\\bar{1}&0&0\end{bmatrix}$	$\bar{3}^-\ x,\bar{x},\bar{x}$ [$1\bar{1}\bar{1}$]	$y,\bar{z},x$	$\begin{bmatrix}0&1&0\\0&0&\bar{1}\\1&0&0\end{bmatrix}$	$\bar{3}^-\ \bar{x},x,\bar{x}$ [$\bar{1}1\bar{1}$]	$y,z,\bar{x}$	$\begin{bmatrix}0&1&0\\0&0&1\\\bar{1}&0&0\end{bmatrix}$	$\bar{3}^-\ \bar{x},\bar{x},x$ [$\bar{1}\bar{1}1$]	$\bar{y},z,x$	$\begin{bmatrix}0&\bar{1}&0\\0&0&1\\1&0&0\end{bmatrix}$

续表

点对称操作元符号及取向	变换后的坐标	变换矩阵 $\boldsymbol{W}$	点对称操作元符号及取向	变换后的坐标	变换矩阵 $\boldsymbol{W}$	点对称操作元符号及取向	变换后的坐标	变换矩阵 $\boldsymbol{W}$	点对称操作元符号及取向	变换后的坐标	变换矩阵 $\boldsymbol{W}$
			$m\ x,\bar{x},z$ [110]	$\bar{y},\bar{x},z$	$\begin{bmatrix}0&\bar{1}&0\\\bar{1}&0&0\\0&0&1\end{bmatrix}$	$m\ \bar{x},y,x$ [101]	$\bar{z},y,\bar{x}$	$\begin{bmatrix}0&0&\bar{1}\\0&1&0\\\bar{1}&0&0\end{bmatrix}$	$m\ x,y,\bar{y}$ [011]	$x,\bar{z},\bar{y}$	$\begin{bmatrix}1&0&0\\0&0&\bar{1}\\0&\bar{1}&0\end{bmatrix}$
			$m\ x,x,z$ [1$\bar{1}$0]	y,x,z	$\begin{bmatrix}0&1&0\\1&0&0\\0&0&1\end{bmatrix}$	$m\ x,y,x$ [$\bar{1}$01]	z,y,x	$\begin{bmatrix}0&0&1\\0&1&0\\1&0&0\end{bmatrix}$	$m\ x,y,y$ [01$\bar{1}$]	x,z,y	$\begin{bmatrix}1&0&0\\0&0&1\\0&1&0\end{bmatrix}$
			$\bar{4}^{+}\ 0,0,z$ [001]	$y,\bar{x},\bar{z}$	$\begin{bmatrix}0&1&0\\\bar{1}&0&0\\0&0&\bar{1}\end{bmatrix}$	$\bar{4}^{+}\ 0,y,0$ [010]	$\bar{z},\bar{y},x$	$\begin{bmatrix}0&0&\bar{1}\\0&\bar{1}&0\\1&0&0\end{bmatrix}$	$\bar{4}^{+}\ x,0,0$ [100]	$\bar{x},z,\bar{y}$	$\begin{bmatrix}\bar{1}&0&0\\0&0&1\\0&\bar{1}&0\end{bmatrix}$
			$\bar{4}^{-}\ 0,0,z$ [001]	$\bar{y},x,\bar{z}$	$\begin{bmatrix}0&\bar{1}&0\\1&0&0\\0&0&\bar{1}\end{bmatrix}$	$\bar{4}^{-}\ 0,y,0$ [010]	$z,\bar{y},\bar{x}$	$\begin{bmatrix}0&0&1\\0&\bar{1}&0\\\bar{1}&0&0\end{bmatrix}$	$\bar{4}^{-}\ x,0,0$ [100]	$\bar{x},\bar{z},y$	$\begin{bmatrix}\bar{1}&0&0\\0&0&\bar{1}\\0&1&0\end{bmatrix}$

表 4.2 在六角坐标系中的点对称操作矩阵和对应点对称操作元的取向

点对称操作元符号及取向	变换后的坐标	变换矩阵 $\boldsymbol{W}$	点对称操作元符号及取向	变换后的坐标	变换矩阵 $\boldsymbol{W}$	点对称操作元符号及取向	变换后的坐标	变换矩阵 $\boldsymbol{W}$
1	x, y, z	$\begin{bmatrix} 1 & 0 & 0 \\ 0 & 1 & 0 \\ 0 & 0 & 1 \end{bmatrix}$	$3^{+}\ 0, 0, z$ [001]	$\bar{y}, x-y, z$	$\begin{bmatrix} 0 & \bar{1} & 0 \\ 1 & \bar{1} & 0 \\ 0 & 0 & 1 \end{bmatrix}$	$3^{-}\ 0, 0, z$ [001]	$y-x, \bar{x}, z$	$\begin{bmatrix} \bar{1} & 1 & 0 \\ \bar{1} & 0 & 0 \\ 0 & 0 & 1 \end{bmatrix}$
$2\ 0, 0, z$ [001]	$\bar{x}, \bar{y}, z$	$\begin{bmatrix} \bar{1} & 0 & 0 \\ 0 & \bar{1} & 0 \\ 0 & 0 & 1 \end{bmatrix}$	$6^{+}\ 0, 0, z$ [001]	$x-y, x, z$	$\begin{bmatrix} 1 & \bar{1} & 0 \\ 1 & 0 & 0 \\ 0 & 0 & 1 \end{bmatrix}$	$6^{-}\ 0, 0, z$ [001]	$y, y-x, z$	$\begin{bmatrix} 0 & 1 & 0 \\ \bar{1} & 1 & 0 \\ 0 & 0 & 1 \end{bmatrix}$
$2\ x, x, 0$ [110]	$y, x, \bar{z}$	$\begin{bmatrix} 0 & \bar{1} & 0 \\ \bar{1} & 0 & 0 \\ 0 & 0 & \bar{1} \end{bmatrix}$	$2\ x, 0, 0$ [100]	$x-y, \bar{y}, \bar{z}$	$\begin{bmatrix} 1 & \bar{1} & 0 \\ 0 & \bar{1} & 0 \\ 0 & 0 & \bar{1} \end{bmatrix}$	$2\ 0, y, 0$ [010]	$\bar{x}, y-x, \bar{z}$	$\begin{bmatrix} \bar{1} & 0 & 0 \\ \bar{1} & 1 & 0 \\ 0 & 0 & \bar{1} \end{bmatrix}$
$2\ x, \bar{x}, 0$ [1$\bar{1}$0]	$\bar{y}, \bar{x}, \bar{z}$	$\begin{bmatrix} 0 & 1 & 0 \\ 1 & 0 & 0 \\ 0 & 0 & \bar{1} \end{bmatrix}$	$2\ x, 2x, 0$ [120]	$y-x, y, \bar{z}$	$\begin{bmatrix} \bar{1} & 1 & 0 \\ 0 & 1 & 0 \\ 0 & 0 & \bar{1} \end{bmatrix}$	$2\ 2x, x, 0$ [210]	$x, x-y, \bar{z}$	$\begin{bmatrix} 1 & 0 & 0 \\ 1 & \bar{1} & 0 \\ 0 & 0 & \bar{1} \end{bmatrix}$
$\bar{1}\ 0, 0, 0$	$\bar{x}, \bar{y}, \bar{z}$	$\begin{bmatrix} \bar{1} & 0 & 0 \\ 0 & \bar{1} & 0 \\ 0 & 0 & \bar{1} \end{bmatrix}$	$\bar{3}^{+}\ 0, 0, z$ [001]	$y, y-x, \bar{z}$	$\begin{bmatrix} 0 & 1 & 0 \\ \bar{1} & 1 & 0 \\ 0 & 0 & \bar{1} \end{bmatrix}$	$\bar{3}^{-}\ 0, 0, z$ [001]	$x-y, x, \bar{z}$	$\begin{bmatrix} 1 & \bar{1} & 0 \\ 1 & 0 & 0 \\ 0 & 0 & \bar{1} \end{bmatrix}$

续表

点对称操作元符号及取向	变换后的坐标	变换矩阵 $\boldsymbol{W}$	点对称操作元符号及取向	变换后的坐标	变换矩阵 $\boldsymbol{W}$	点对称操作元符号及取向	变换后的坐标	变换矩阵 $\boldsymbol{W}$
$m\ x,y,0$ [001]	$x,y,\bar{z}$	$\begin{bmatrix}1&0&0\\0&1&0\\0&0&\bar{1}\end{bmatrix}$	$\bar{6}^{+}\ 0,0,z$ [001]	$y-x,\bar{x},\bar{z}$	$\begin{bmatrix}\bar{1}&1&0\\\bar{1}&0&0\\0&0&\bar{1}\end{bmatrix}$	$\bar{6}^{-}\ 0,0,z$ [001]	$\bar{y},x-y,\bar{z}$	$\begin{bmatrix}0&\bar{1}&0\\1&\bar{1}&0\\0&0&\bar{1}\end{bmatrix}$
$m\ x,\bar{x},z$ [110]	$\bar{y},\bar{x},z$	$\begin{bmatrix}0&\bar{1}&0\\\bar{1}&0&0\\0&0&1\end{bmatrix}$	$m\ x,2x,z$ [100]	$y-x,y,z$	$\begin{bmatrix}\bar{1}&1&0\\0&1&0\\0&0&1\end{bmatrix}$	$m\ 2x,x,z$ [010]	$x,x-y,z$	$\begin{bmatrix}1&0&0\\1&\bar{1}&0\\0&0&1\end{bmatrix}$
$m\ x,x,z$ [$1\bar{1}0$]	y,x,z	$\begin{bmatrix}0&1&0\\1&0&0\\0&0&1\end{bmatrix}$	$m\ x,0,z$ [120]	$x-y,\bar{y},z$	$\begin{bmatrix}1&\bar{1}&0\\0&\bar{1}&0\\0&0&1\end{bmatrix}$	$m\ 0,y,z$ [210]	$\bar{x},y-x,z$	$\begin{bmatrix}\bar{1}&0&0\\\bar{1}&1&0\\0&0&1\end{bmatrix}$

$\begin{bmatrix} 1 & 1 & 0 \\ 0 & \bar{1} & 0 \\ 0 & 0 & 1 \end{bmatrix}$, 而它的逆矩阵为 $\boldsymbol{W}^{-1} = \boldsymbol{W} = \begin{bmatrix} 1 & 0 & 0 \\ 1 & \bar{1} & 0 \\ 0 & 0 & 1 \end{bmatrix}$, 即 $\boldsymbol{W}^{\mathrm{T}} \neq \boldsymbol{W}^{-1}$。设六角坐标系倒易空间的对称操作变换矩阵为 $\boldsymbol{W}_1$, 在这种情况下, 六角坐标系中的对称操作变换矩阵为 $\boldsymbol{W} = (\boldsymbol{W}_1^{-1})^{\mathrm{T}}$。

4.4 初基胞、惯用单胞和 W–S (Winger–Seitz) 原胞

$OAEB$ 为二维点阵初基胞, 基矢为 $\boldsymbol{OA}$、$\boldsymbol{OB}$, 初基胞内只包含 1 个格点。$ABCD$ 为惯用单胞, 惯用单胞是既保持晶体点阵对称性而体积又最小的点阵单元, 惯用单胞内的格点数是初基胞内格点数的整数倍 (图 4.2 中为 2), $ABCD$ 惯用单胞的基矢为 $\boldsymbol{AB}$、$\boldsymbol{AD}$。W–S 原胞是以 1 个格点为原点, 并与最紧邻格点连线的中垂面 (中垂线) 所围成的最小体积 (面积) 的点阵单元 (如图 4.2 中的 $A'B'C'D'$)。它虽然与惯用单胞晶体点阵对称性相同, 但 W–S 原胞内只包含 1 个格点。在倒易点阵中, W–S 原胞就是第一布里渊区 (Brillouin zone)。

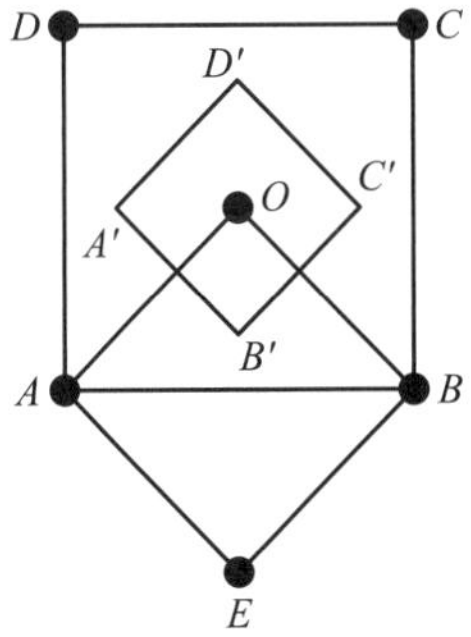

图 4.2 二维点阵初基胞和二维 c 心矩形点阵

参考文献

[1] Hahn T. International tables for crystallography, Vol. A. 5th ed. Heidelberg: Springer, 2005.

[2] 王仁卉, 郭可信. 晶体中的对称群. 北京: 科学出版社, 1990.

第 5 章 三维晶体学点群

5.1 三维晶体中的旋转操作

2.1 节中已经证明, 由于晶体点阵格矢周期性平移的制约, 晶体点阵中只能存在 1、2、3、4 和 6 次轴。除了全同操作的 1 次轴外, 三维点阵中可以同时存在 3 条轴 (2、3、4 和 6 次轴), 但它们是互相制约的。

图 5.1 中, 点 A、B、C 是球面上的 3 个点, 它们组成球面三角形 $\triangle ABC$, 点 O 是球心。球面三角形 $\triangle ABC$ 绕轴 $\boldsymbol{OA}$、$\boldsymbol{OB}$ 或 $\boldsymbol{OC}$ 旋转后, 可分别得到球面三角形 $\triangle ABC'$、球面三角形 $\triangle AB'C$ 和球面三角形 $\triangle A'BC$。图中, u、v 和 w 分别表示各球面三角形的弧长, $\dfrac{\alpha}{2}$、$\dfrac{\beta}{2}$、$\dfrac{\gamma}{2}$ 是二面角 (α、β、γ 分别为绕 $\boldsymbol{OA}$、$\boldsymbol{OB}$、$\boldsymbol{OC}$ 的旋转角), $\triangle ABC \cong \triangle ABC' \cong \triangle AB'C \cong \triangle A'BC$, 例如, $\triangle ABC$ 和 $\triangle ABC'$ 共有 1 条弧 w, 二面角 $\angle CAB = \angle C'AB = \dfrac{\alpha}{2}$, 二面角 $\angle CBA = \angle C'BA = \dfrac{\beta}{2}$, 所以 $\triangle ABC \cong \triangle ABC'$。当 $\triangle ABC$ 绕轴 $\boldsymbol{OA}$ 逆时针旋转 α 时, $\boldsymbol{OA}$ 不动, 则 $C \to C'$, $B \to B'$; 当 $\triangle ABC$ 绕轴 $\boldsymbol{OB}$ 顺时针旋转 β 时, $\boldsymbol{OB}$ 不动, 则 $C' \to C$, $A \to A'$; 当 $\triangle ABC$ 沿 $\boldsymbol{OA}$ 和 $\boldsymbol{OB}$ 组合旋转后, $\boldsymbol{OC}$ 轴

复位 (不动), 则 $A \to A'$, $B \to B'$; 当 $\triangle ABC$ 绕轴 $\boldsymbol{OC}$ 逆时针旋转时, $\boldsymbol{OC}$ 不动, 则 $A \to A'$, $B \to B'$, 这与 $\boldsymbol{OA}$ 和 $\boldsymbol{OB}$ 组合旋转的结果一样, 所以, $\boldsymbol{OA}$、$\boldsymbol{OB}$、$\boldsymbol{OC}$ 轴是可以在三维点阵中同时存在的。u、v 和 w 分别表示轴 $\boldsymbol{OB}$ 与 $\boldsymbol{OC}$、轴 $\boldsymbol{OC}$ 与 $\boldsymbol{OA}$ 和轴 $\boldsymbol{OA}$ 与 $\boldsymbol{OB}$ 之间的夹角, 根据球面三角形余弦定理, 可得

$$\cos\frac{\gamma}{2} = -\cos\frac{\alpha}{2}\cos\frac{\beta}{2} + \sin\frac{\alpha}{2}\sin\frac{\beta}{2}\cos w$$

所以

$$\cos w = \frac{\cos\dfrac{\gamma}{2} + \cos\dfrac{\alpha}{2}\cos\dfrac{\beta}{2}}{\sin\dfrac{\alpha}{2}\sin\dfrac{\beta}{2}}$$

同理

$$\cos u = \frac{\cos\dfrac{\alpha}{2} + \cos\dfrac{\beta}{2}\cos\dfrac{\gamma}{2}}{\sin\dfrac{\beta}{2}\sin\dfrac{\gamma}{2}},$$

$$\cos v = \frac{\cos\dfrac{\beta}{2} + \cos\dfrac{\gamma}{2}\cos\dfrac{\alpha}{2}}{\sin\dfrac{\gamma}{2}\sin\dfrac{\alpha}{2}}。$$

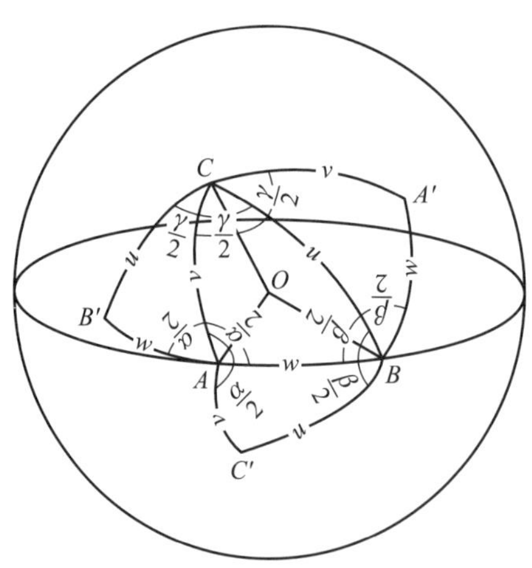

图 5.1　三维点阵中可以共存的 3 条轴 $\boldsymbol{OA}$、$\boldsymbol{OB}$、$\boldsymbol{OC}$ 构成的球面三角形 $\triangle ABC$

通过以上 3 式, 我们就可以根据 $\boldsymbol{OA}$、$\boldsymbol{OB}$ 和 $\boldsymbol{OC}$ 轴的旋转角 α、β 和 γ 求出轴 $\boldsymbol{OB}$ 与 $\boldsymbol{OC}$、轴 $\boldsymbol{OC}$ 与 $\boldsymbol{OA}$ 和轴 $\boldsymbol{OA}$ 与 $\boldsymbol{OB}$ 之间的夹角 u、v 和 w。

表 5.1 给出了计算结果。

表 5.1　三维晶体中 3 条旋转轴的可能组合

旋转轴次			$\cos w$	可能性
OC	***OA***	***OB***		
2	2	2	0	可能
		3	$1/2$	可能
		4	$1/\sqrt{2}$	可能
		6	$\sqrt{3}/2$	可能
	3	3	$1/\sqrt{3}$	可能
		4	$2/\sqrt{6}$	可能
		6	1	二轴合一
	4	4	1	二轴合一
		6	$\sqrt{6}/2>1$	不可能
	6	6	$\sqrt{3}>1$	不可能
3	3	3	1	二轴合一
		4	$(2\sqrt{2}+1)/3>1$	不可能
		6	$(2\sqrt{3}+1)/3>1$	不可能
	4	4	$\sqrt{3}>1$	不可能
		6	$(\sqrt{6}+1)/\sqrt{3}>1$	不可能
	6	6	3	不可能
4	4	4	$\sqrt{2}+1>1$	不可能
		6	$\sqrt{3}+1>1$	不可能
	6	6	$\sqrt{3}(\sqrt{2}+1)>1$	不可能
6	6	6	$2\sqrt{3}+3>1$	不可能

2.2.1 节已说明 1、2、3、4、6 轴的旋转操作是点群, 6 种可能的 3 条旋转轴的组合操作也是点群, 称为三维晶体中的纯旋转点群。表 5.3 给出了点群 23 的乘法表。

5.2　三维晶体中的纯旋转点群

三维晶体中的纯旋转点群 (以下简称纯旋转点群) 有 11 种, 如表 5.2 所示。

表 5.2　11 种纯旋转点群 (第一类操作)

点群 G	HM 符号			三维点阵
	完全	简略	符号中数字和符号顺序对应的格矢方向	
$1=\{1\}$	1	1		aP
$2=\{1,2[010]\}$ 或 $\{1,2[001]\}$	121 或 112	2	$[100],[010],[001]$	mP, $mB(mC)$
$3=\{1,3^+[001],3^-[001]\}$	3	3	$[001],\{[100][010][\bar{1}\bar{1}0]\}$, $\{[1\bar{1}0][120][\bar{2}\bar{1}0]\}$	hP
			$[001],\{[100][010][\bar{1}\bar{1}0]\}$	hR
$4=\{1,2[001],4^+[001],4^-[001]\}$	4	4	$[001],\{[100][010]\}$ $\{[1\bar{1}0][110]\}$	tP,tI
$6=\{1,3^+[001],3^-[001],2[001]$, $6^-[001],6^+[001]\}$	6	6	$[001],\{[100][010][\bar{1}\bar{1}0]\}$, $\{[1\bar{1}0][120][\bar{2}\bar{1}0]\}$	hP
$222=\{1,2,[001],2[010],2[100]\}$	222	222	$[100],[010],[001]$	oP, $oA(oB,oC)$, oI,oF
$312=\{1,3^+[001],3^-[001],2[1\bar{1}0]$, $2[120],2[210]\}$	312	312	$[001],\{[100][010][\bar{1}\bar{1}0]\}$, $\{[1\bar{1}0][120][\bar{2}\bar{1}0]\}$	hP
$321=\{1,3^+[001],3^-[001],2[110]$, $2[100],2[010]\}$	321	321	$[001],\{[100][010][\bar{1}\bar{1}0]\}$	hR
$422=\{1,2[001],4^+[001],4^-[001]$, $2[010],2[100],2[110],2[1\bar{1}0]\}$	422	422	$[001]\{[100][010]\},\{[1\bar{1}0][110]\}$	tP,tI
$622=\{1,3^+[001],3^-[001],2[001]$, $6^-[001],6^+[001],2[110],2[100]$, $2[010],2[1\bar{1}0],2[120],2[210]\}$	622	622	$[001]\{[100][010][\bar{1}\bar{1}0]\}$, $\{[1\bar{1}0][120][\bar{2}\bar{1}0]\}$	hp
$23=\{1,2[001],2[010],2[100]$, $3^+[111],3^+[\bar{1}1\bar{1}],3^+[1\bar{1}\bar{1}],3^+[\bar{1}\bar{1}1]$, $3^-[111],3^-[1\bar{1}\bar{1}],3^-[\bar{1}\bar{1}1],3^-[\bar{1}1\bar{1}]\}$	23	23	$\{[100][010][001]\}$, $\{[111][1\bar{1}\bar{1}][\bar{1}1\bar{1}][\bar{1}\bar{1}1]\}$, $\{[1\bar{1}0][01\bar{1}][\bar{1}01][110][011][101]\}$	cP,cI,cF
$432=\{1,2[001],2[010],2[100]$, $3^+[111],3^+[\bar{1}1\bar{1}],3^+[1\bar{1}\bar{1}],3^+[\bar{1}\bar{1}1]$, $3^-[111],3^-[1\bar{1}\bar{1}]3^-[\bar{1}\bar{1}1]3^-[\bar{1}1\bar{1}]$, $2[110],2[1\bar{1}0],4^-[001],4^+[001]$, $4^-[100],2[011],2[01\bar{1}],4^+[100]$, $4^+[010],2[101],4^-[010],2[\bar{1}01]\}$	432	432	$\{[100][010][001]\}$, $\{[111][1\bar{1}\bar{1}][\bar{1}1\bar{1}][\bar{1}\bar{1}1]\}$, $\{[1\bar{1}0][01\bar{1}][\bar{1}01][110][011][101]\}$	cP,cI,cF

注: HM 符号的数字表示对应的格矢方向的对称性, 如 121 表示沿 [100] 方向是 1 次轴, 沿 [010] 方向是 2 次轴, 沿 [001] 方向是 1 次轴。除了 hR 表示六角坐标系中的三角晶系 (菱面体晶系) 外, 三维点阵中的第一个小写字母表示晶系: a 表示三斜晶系, m 表示单斜晶系, o 表示正交晶系, t 表示四方晶系, h 表示六角晶系, R 表示三角晶系, c 表示立方晶系; 第二个大写字母表示点阵: P 表示简单点阵, A、B、C 表示侧心点阵, I 表示体心点阵, F 表示面心点阵。

5.2.1 纯旋转点群的几何表示

极射赤平投影可以把三维空间的几何要素如旋转轴和它们之间的取向关系、等效点等投影到赤平面上，是一种简便、直观的定量图解方法。图 5.2(a) 以点群 23 为例示意了如何进行极射赤平投影。

点群 $23 = \{1, 2[001], 2[010], 2[100], 3^+[111], 3^+[\bar{1}1\bar{1}], 3^+[1\bar{1}\bar{1}], 3^+[\bar{1}\bar{1}1], 3^-[111], 3^-[1\bar{1}\bar{1}], 3^-[\bar{1}\bar{1}1], 3^-[\bar{1}1\bar{1}]$。图 5.2 (a) 中, 点 P 是南极点, 与点 P 正对着的是北极点。2[001], 2[010], 2[100], 3[111], $3[\bar{1}11]$, $3[\bar{1}\bar{1}1]$, $3[1\bar{1}1]$ 与球面的交点如图中所示, 这些交点是极点连线 (图中虚线) 和赤平面的交点, 如 [111] 就是 3[111] 的与球面的交点。图 5.2 (b) 给出了点群 23 的极射赤平投影图。图中, $3^+[111]$、2[001] 等表示 $3^+[111]$ 轴、2[001] 轴等的极射赤平投影点; ( ) 内的轴表示与 ( ) 前轴等价的轴。

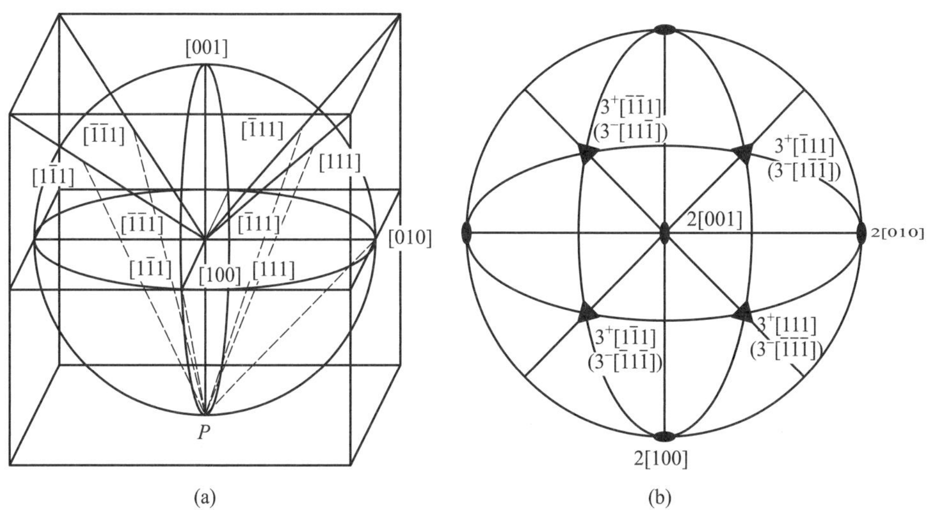

图 5.2 (a) 以点群 23 为例示意如何进行极射赤平投影; (b) 点群 23 的极射赤平投影图

从南极投影, 只能得到北半球面上点的赤平投影点, 从北极投影, 才能得到南半球面上点的赤平投影点。图 5.3(a) 中的 I 通过 2[100] 操作, 可以得到 II, 它们是对于 2[100] 的两个等效点。从图可见, I 与南半球面相交 (空心圈), II 与北半球面相交 (实心点), 从北极投影 I 、从南极投影 II 就会得到两个等效的极射赤平投影点。图 5.3(b) 中实心点是与北半球面交点的赤平投影点, 空心圈是与南半球面交点的赤平投影点。图中还给出了通过其他对称轴操作得到的等效点的赤平投影点。

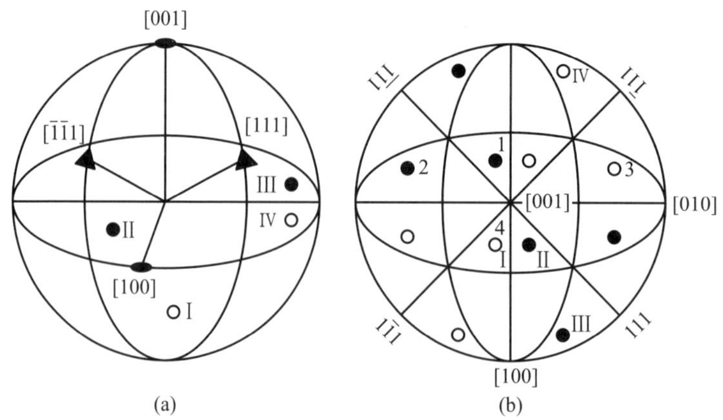

图 5.3　(a) 分别图示了 2[100] 两个等效点 I 和 II 和 2[010] 两个等效点 III 和 IV 与北半球面交点 (实心点) 和南半球面交点 (空心圈), 以及 2[001]、2[010]、2[100]、$3^+[111]$、$3^+[\bar{1}\bar{1}1]$ 方与北半球面的交点; (b) 等效点的赤平投影点, 111、$\bar{1}11$、$\bar{1}\bar{1}1$、$1\bar{1}1$ 分别表示 3[111]、3[$\bar{1}11$]、3[$\bar{1}\bar{1}1$]、3[$1\bar{1}1$] 所在象限

图 5.3(b) 中实心点和空心圈分别表示通过 2[100]、2[010]、2[001]、3[111]、3[$\bar{1}11$]、3[$\bar{1}\bar{1}1$] 和 3[$1\bar{1}1$] 等联系起来的等效点, 如 1 和 4 是通过 2[010]、I 和 II 是通过 2[100] 联系起来的等效点。通过图 5.3(b) 所示的等效点图可以给出 2 个操作的组合操作结果, 如 $3^+[111]2[100] = 3^+[\bar{1}\bar{1}1]$, 可由 I → II → III → IV 得到: 2[100] 操作将 I → II, $3^+[111]$ 操作将 II → III, $3^+[111]$ 同时将 2[100] 转到 2[010], 所以, 与 2[100] 一起, 得到 III → IV, 故 $3^+[111]2[100]$ 组合操作结果是 I → IV, 这正是 $3^+[\bar{1}\bar{1}1]$ 操作, 表示 $3^+[111]2[100]$ 组合操作结果是 $3^+[\bar{1}\bar{1}1]$。

$3^+[111]3^-[\bar{1}\bar{1}1] = 2[010]$ 可由 $1 \to 2 \to 3 \to 4$ 得到: $3^-[\bar{1}\bar{1}1]$ 操作将 $1 \to 2$, 接着的 $3^+[111]$ 操作将 $2 \to 3 \to 4$, 所以, $3^+[111]3^-[\bar{1}\bar{1}1]$ 组合操作结果是 $1 \to 4$, 这正是 2[010] 操作, 故 $1 \to 4$ 表示 $3^+[111]3^-[\bar{1}\bar{1}1]$ 组合操作结果是 2[010]。上述组合操作也可以通过矩阵变换的方法得到:

$$3^+[111]2[100] = \begin{bmatrix} 0 & 0 & 1 \\ 1 & 0 & 0 \\ 0 & 1 & 0 \end{bmatrix} \begin{bmatrix} 1 & 0 & 0 \\ 0 & \bar{1} & 0 \\ 0 & 0 & \bar{1} \end{bmatrix} \begin{bmatrix} 0 & 0 & \bar{1} \\ 1 & 0 & 0 \\ 0 & \bar{1} & 0 \end{bmatrix} = 3^+[\bar{1}\bar{1}1]$$

$$3^+[111]3^-[\bar{1}\bar{1}1] = \begin{bmatrix} 0 & 0 & 1 \\ 1 & 0 & 0 \\ 0 & 1 & 0 \end{bmatrix} \begin{bmatrix} 0 & 1 & 0 \\ 0 & 0 & \bar{1} \\ \bar{1} & 0 & 0 \end{bmatrix} = \begin{bmatrix} \bar{1} & 0 & 0 \\ 0 & 1 & 0 \\ 0 & 0 & \bar{1} \end{bmatrix} = 2[010]$$

与矩阵变换相比, 利用等效点图, 通过几何方法得到组合操作结果更形象、直观。上述操作结果也表明, 通过母群两个子群操作元组合操作可列出母群的乘法表。据此我们得到了点群 23 的乘法表, 如表 5.3 所示。

表 5.3 点群 23 的乘法表

	1	2[001]	2[010]	2[100]	$3^+[111]$	$3^+[\bar{1}1\bar{1}]$	$3^+[1\bar{1}\bar{1}]$	$3^+[\bar{1}\bar{1}1]$	$3^-[111]$	$3^-[1\bar{1}\bar{1}]$	$3^-[\bar{1}\bar{1}1]$	$3^-[\bar{1}1\bar{1}]$
1	1	2[001]	2[010]	2[001]	$3^+[111]$	$3^+[\bar{1}1\bar{1}]$	$3^+[1\bar{1}\bar{1}]$	$3^+[\bar{1}\bar{1}1]$	$3^-[111]$	$3^-[1\bar{1}\bar{1}]$	$3^-[\bar{1}\bar{1}1]$	$3^-[\bar{1}1\bar{1}]$
2[001]	2[001]	1	2[100]	2[010]	$3^+[1\bar{1}\bar{1}]$	$3^+[\bar{1}\bar{1}1]$	$3^+[111]$	$3^+[\bar{1}1\bar{1}]$	$3^-[\bar{1}1\bar{1}]$	$3^-[\bar{1}\bar{1}1]$	$3^-[1\bar{1}\bar{1}]$	$3^-[111]$
2[010]	2[010]	2[100]	1	2[001]	$3^+[\bar{1}\bar{1}1]$	$3^+[1\bar{1}\bar{1}]$	$3^+[\bar{1}1\bar{1}]$	$3^+[111]$	$3^-[1\bar{1}\bar{1}]$	$3^-[111]$	$3^-[\bar{1}1\bar{1}]$	$3^-[\bar{1}\bar{1}1]$
2[100]	2[100]	2[010]	2[001]	1	$3^+[\bar{1}1\bar{1}]$	$3^+[111]$	$3^+[\bar{1}\bar{1}1]$	$3^+[1\bar{1}\bar{1}]$	$3^-[\bar{1}\bar{1}1]$	$3^-[\bar{1}1\bar{1}]$	$3^-[111]$	$3^-[1\bar{1}\bar{1}]$
$3^+[111]$	$3^+[111]$	$3^+[\bar{1}1\bar{1}]$	$3^+[1\bar{1}\bar{1}]$	$3^+[\bar{1}\bar{1}1]$	$3^-[111]$	$3^-[1\bar{1}\bar{1}]$	$3^-[\bar{1}\bar{1}1]$	$3^-[\bar{1}1\bar{1}]$	1	2[001]	2[010]	2[100]
$3^+[\bar{1}1\bar{1}]$	$3^+[\bar{1}1\bar{1}]$	$3^+[111]$	$3^+[\bar{1}\bar{1}1]$	$3^+[1\bar{1}\bar{1}]$	$3^-[\bar{1}\bar{1}1]$	$3^-[\bar{1}1\bar{1}]$	$3^-[111]$	$3^-[1\bar{1}\bar{1}]$	2[100]	2[010]	2[001]	1
$3^+[1\bar{1}\bar{1}]$	$3^+[1\bar{1}\bar{1}]$	$3^+[\bar{1}\bar{1}1]$	$3^+[111]$	$3^+[\bar{1}1\bar{1}]$	$3^-[\bar{1}1\bar{1}]$	$3^-[\bar{1}\bar{1}1]$	$3^-[1\bar{1}\bar{1}]$	$3^-[111]$	2[001]	1	2[100]	2[010]
$3^+[\bar{1}\bar{1}1]$	$3^+[\bar{1}\bar{1}1]$	$3^+[1\bar{1}\bar{1}]$	$3^+[\bar{1}1\bar{1}]$	$3^+[111]$	$3^-[1\bar{1}\bar{1}]$	$3^-[111]$	$3^-[\bar{1}1\bar{1}]$	$3^-[\bar{1}\bar{1}1]$	2[010]	2[100]	1	2[001]
$3^-[111]$	$3^-[111]$	$3^-[1\bar{1}\bar{1}]$	$3^-[\bar{1}\bar{1}1]$	$3^-[\bar{1}1\bar{1}]$	1	2[001]	2[010]	2[100]	$3^+[111]$	$3^+[\bar{1}1\bar{1}]$	$3^+[1\bar{1}\bar{1}]$	$3^+[\bar{1}\bar{1}1]$
$3^-[1\bar{1}\bar{1}]$	$3^-[1\bar{1}\bar{1}]$	$3^-[111]$	$3^-[\bar{1}1\bar{1}]$	$3^-[\bar{1}\bar{1}1]$	2[010]	2[100]	1	2[001]	$3^+[\bar{1}\bar{1}1]$	$3^+[1\bar{1}\bar{1}]$	$3^+[\bar{1}1\bar{1}]$	$3^+[111]$
$3^-[\bar{1}\bar{1}1]$	$3^-[\bar{1}\bar{1}1]$	$3^-[\bar{1}1\bar{1}]$	$3^-[111]$	$3^-[1\bar{1}\bar{1}]$	2[100]	2[010]	2[001]	1	$3^+[\bar{1}1\bar{1}]$	$3^+[111]$	$3^+[\bar{1}\bar{1}1]$	$3^+[1\bar{1}\bar{1}]$
$3^-[\bar{1}1\bar{1}]$	$3^-[\bar{1}1\bar{1}]$	$3^-[\bar{1}\bar{1}1]$	$3^-[1\bar{1}\bar{1}]$	$3^-[111]$	2[001]	1	2[100]	2[010]	$3^+[1\bar{1}\bar{1}]$	$3^+[\bar{1}\bar{1}1]$	$3^+[111]$	$3^+[\bar{1}1\bar{1}]$

表 5.3 列出了 $W = W_1W_2$ 的组合操作结果 W 的乘法表。其中, $W_1 = 222 = \{1, 2[001], 2[010], 2[100]\}$, $W_2 = 3 = \{1, 3^+[111], 3^-[111]\}$, $W = 23$。表 5.3 表明, $W = 23$ 满足乘法表, 所以它是母群, W_1 和 W_2 是它的子群。通过表 5.3 的实例, 我们知道通过群的乘积 (组合操作) 可以生成新群, 这就是下面将要介绍的乘积群。

5.2.2　纯旋转点群及其子群

表 5.4 列出了 11 种纯旋转点群及其子群。

表 5.4　11 种纯旋转点群及其子群

点群	阶 (元的个数)	子群										
1	1	1										
2	2	[1]	2									
3	3	1		3								
4	4	1	[2]		4							
6	6	1	2	[3]		6						
222	4	1	[2]				222					
32	6	1	2	[3]				32				
422	8	1	2		[4]		[222]		422			
622	12	1	2	3		[6]	222	[32]		622		
23	12	1	2	3			222				23	
432	24	1	2	3	4		222	32	422		[23]	432

注: [ ] 内的数字表示母群中指数为 2 的子群 (指数 = 母群阶数/子群阶数), 它是母群的不变子群。

5.3　如何通过 r 阶的群和 s 阶的群构成 $r \cdot s$ 阶的乘积群

为了推导出 11 种纯旋转点群以外的 21 种点群, 需要介绍乘积群, 并说明为什么利用乘积群可以生成阶数更高的群。

5.3.1　外直积群

设 r 阶群 $H = \{1, h_1, h_2, \cdots, h_r\}$, s 阶群 $P = \{1, p_1, p_2, \cdots, p_s\}$, 如果

(1) H 和 P 的元中除单位元外没有公共元;

(2) 对于 H 和 P 的任意 2 元, 都满足 $h_ip_j = p_jh_i$(交换律);

则 H 和 P 的乘积集合 $G = H \otimes P = \{1, p_1, p_2, \cdots, p_s, h_1, h_1p_1, h_1p_2, \cdots,$

$h_1p_s,\cdots,h_r,h_rp_1,h_rp_2,\cdots,h_rp_s\}$ 构成 $r\cdot s$ 阶群, 称为 H 和 P 的外直积群, 也可写成 $G=P\otimes H$、$G=H\times P$ 或 $G=P\times H$。

下面按照群的定义证明 G 为群。

(1) 封闭性: 首先用反证法证明 G 中的元均不同。

假设

$$h_mp_n=h_up_v$$

那么

$$h_mp_nh_m^{-1}p_v^{-1}=h_up_vh_m^{-1}p_v^{-1}$$

即

$$p_np_v^{-1}=h_uh_m^{-1}$$

则

$$p_q=h_r$$

这和外直积群的定义条件 (1) 矛盾。

由外直积群的定义条件 (2) 可知, $(h_ip_j)(h_kp_l)=(h_ih_k)(p_jp_l)=h_mp_n\in G$。

(2) 结合律: $(h_ip_jh_kp_l)h_mp_n=(h_ih_kp_jp_l)h_mp_n=h_ih_kh_mp_jp_lp_n$,

$h_ip_j(h_kp_lh_mp_n)=h_ip_j(h_kh_mp_lp_n)=h_ih_kh_mp_jp_lp_n$。

(3) 单位元: H 和 P 的公共元。

(4) 逆元: h_ip_j 的逆元是 $h_i^{-1}p_j^{-1}$, 因为 $h_ip_jh_i^{-1}p_j^{-1}=h_ih_i^{-1}p_jp_j^{-1}=1$。

综上所述, G 为群, 而且 H 和 P 是 G 的不变子群。

5.3.2 半直积群

设 r 阶群 $H=\{1,h_1,h_2,\cdots,h_r\}$, s 阶群 $P=\{1,p_1,p_2,\cdots,p_s\}$, 如果

(1) H 和 P 的元中除单位元外没有公共元;

(2) 对于 $\forall p_i\in P$ 都满足 $p_iHp_i^{-1}=H$, 即 $p_iH=Hp_i$ (和外直积不同, 这里只要求 H 中的任何两个元 h_j 和 h_k 满足 $p_ih_j=h_kp_i$);

则 H 和 P 的乘积集合 $G=H\Lambda P=\{1,p_1,p_2,\cdots,p_s,h_1,h_1p_1,h_1p_2,\cdots,h_1p_s,\cdots,h_r,h_rp_1,h_rp_2,\cdots,h_rp_s\}$ 构成 $r\cdot s$ 阶群, 称为 H 和 P 的半直积群。H 是 G 的不变子群。

下面按照群的定义证明 G 为群。

(1) 封闭性: 首先, 可以利用半直积群的定义条件 (1), 采用反证法证明

G 中的元均不同, 具体过程见 5.3.1 节。由半直积群的定义条件 (2) 可知, $(h_ip_j)(h_kp_l)=(h_ih_g)(p_jp_l)=h_mp_n\in G$。

(2) 结合律:

$$(h_ap_bh_cp_d)h_ep_f=(h_ap_bp_dh_g)h_ep_f=(h_ah_hp_bp_d)h_ep_f$$
$$=h_ah_hp_bp_dh_ep_f$$
$$h_ap_b(h_cp_dh_ep_f)=h_ap_b(p_dh_gh_ep_f)=h_ap_bp_b^{-1}(p_bp_dh_gh_ep_f)$$
$$=h_a(h_hp_bp_dh_ep_f)=h_ah_hp_bp_dh_ep_f\text{。}$$

(3) 单位元: H 和 P 的公共元。

(4) 逆元: h_ip_j 的逆元是 $(p_j^{-1}h_i^{-1}p_j)p_j^{-1}$, 因为 $h_ip_j(p_j^{-1}h_i^{-1}p_j)p_j^{-1}=h_ih_i^{-1}p_jp_j^{-1}=1$。

综上所述, G 是群, 且 H 是 G 的不变子群。

5.3.3 弱直积群

设 r 阶群 $H=\{1,h_1,h_2,\cdots,h_r\}$, s 阶群 $P=\{1,p_1,p_2,\cdots,p_s\}$, 且 H 和 P 中除单位元 1 外没有公共元, 则 H 和 P 的乘积集合 $G=H\cdot P$ 或 $P\cdot H$ 构成 $r\cdot s$ 阶群。

证明如下:

因为 $H\cdot P$ 所得到元 h_ip_j 一定是群 G 的元, 这里需要证明的只是 $r\cdot s$ 个 h_ip_j 都不一样。在 1.2.3 节, 我们已经证明对于 $\forall h_k\in H$, h_kP 是不同的, 现在需要证明的是, 群 $G=H\cdot P$ 中的 $r\cdot s$ 个元都不相同。下面分两个方面进行证明。

(1) 对于 $\forall p_k\in P$, 任何两个 $h_i\neq h_j$, $h_ip_k\neq h_jp_k$ 是成立的。

假设 $h_ip_k=h_jp_k$, 则 $h_ip_kp_k^{-1}=h_jp_kp_k^{-1}$, $h_i=h_j$, 这和 $h_i\neq h_j$ 假设矛盾。

(2) 对于 $\forall h_k\neq h_l$、$\forall p_i\neq p_j$, $h_kp_i\neq h_lp_j$ 总是成立的。

假设 $h_kp_i=h_lp_j$, 则 $h_k^{-1}h_kp_ip_i^{-1}=1=h_k^{-1}h_lp_jp_i^{-1}$, 显然这个等式只能在 $h_k=h_l$ 且 $p_j=p_i$ 的条件下成立, 所以, 群 $G=H\cdot P$ 中有 $r\cdot s$ 个元, 且都不相同。同样也可以证明, $G=P\cdot H$ 中也包含了群 G 的 $r\cdot s$ 个不相同的元。由于 $H\cdot P\in G$, $P\cdot H\in G$, 它们中包含了 G 中所有不相同的元, 所以一定能找到一个 $h_ip_k\in H\cdot P$ 和一个 $p_lh_j\in P\cdot H$, 满足 $h_ip_k=p_lh_j$。

从上述证明可知, 通过 $H\cdot P$ 或 $P\cdot H$ 都可以得到群 G 的 $r\cdot s$ 个各不相同的元, 所以

(1) $H\cdot P=P\cdot H\in G$, G 满足封闭性。这里 $H\cdot P=P\cdot H$ 并不表示 $\forall h_k\in H$, $h_kP=Ph_k$ 成立。

(2) 如果 $(h_ip_kh_jp_l)h_mp_n=(h_ip_kp_ah_b)h_mp_n=(h_ih_cp_dp_e)h_mp_n=h_ih_cp_d\cdot p_eh_mp_n$, 则有 $h_ip_k(h_jp_lh_mp_n)=h_ip_k(p_ah_bh_mp_n)=h_ip_kp_k^{-1}(p_kp_ah_bh_mp_n)=h_i(p_kp_ah_bh_mp_n)=h_i(h_cp_dp_eh_mp_n)=h_ih_cp_dp_eh_mp_n$, 满足结合律。

(3) G 的单位元是 H 和 P 的公共单位元 1。

(4) $h_ip_k(h_ip_k)^{-1}=h_ip_kp_k^{-1}h_i^{-1}=1$, 即 h_ip_k 存在逆元 $(h_ip_k)^{-1}$。这说明通过弱直积的确可以构成群 G。

5.3.4 通过乘积群生成新群的例子

为了加深对乘积群的理解, 下面举一个例子: 点群 622$=\{1,3^+[001],3^-[001],2[001],6^-[001],6^+[001],2[110],2[100],2[010],2[1\bar{1}0],2[120],2[210]\}$ 可以通过 $6=\{1,3^+[001],3^-[001],2[001],6^-[001],6^+[001]\}$ 和 $2=\{1,2[100]\}$ 半直积的生成。

图 5.4 给出了点群 622 的对称元: 点群 6 垂直纸面, 纸面上的黑线表示与点群 6 中的轴垂直的 2 次轴。图中的实心点和空心点表示等效点。点群 $H=6=\{1,6^+[001],3^+[001],2[001],3^-[001],6^-[001]\}$ 和 $P=2=\{1,2[100]\}$ 中除了单位元 1 外, 没有共同元, 满足半直积的要求:$p_iH=Hp_i$, 所以 $622=6\wedge 2$ 是半直积群。622 中 2[110]、2[010]、2[1$\bar{1}$0]、2[120] 和 2[210] 是新生成的元。以下说明半直积生成点群 622 的过程。2[100] 通过 $3^+[001]$ 可生成 2[110]。从图 5.4 可知,

$$3^+[001]2[100]=2[100]3^-[001]=2[110]$$

对于 $3^+[001]2[100]$ 来说, 2[100] 将 $1\rightarrow 2$, $3^+[001]$ 将 $2\rightarrow 3$, 相当于 2[110] 的操作 $1\rightarrow 3$; 对于 $2[100]3^-[001]$ 来说, $3^-[001]$ 将 $1\rightarrow 2'$, 2[100] 将 $2'\rightarrow 3$, 相当于 2[110] 的操作 $1\rightarrow 3$。设 $H=6=\{1,6^+[001],3^+[001],2[001],3^-[001],6^-[001]\}$, $P=2=\{1,2[100]\}$, 从上例来看, $p_iH=Hp_i$ 中 H 指的是 H 中的任何元, 它们分别是 $3^+[001]$ 或 $3^-[001]$, 而不一定是相同元, 这与外直积要求的满足 $p_ih_j=h_jp_i$ 不同。读者可尝试半直积生成 2[1$\bar{1}$0]、2[120] 和 2[210]。

222、312、321、422、622 称为双面点群。双面点群定理是指, 如果有一个 2 次轴和一个 n 次轴垂直, 就会生成 n 个与它垂直的 2 次轴。

如图 5.5 所示, 给出了垂直于纸面的 α 角旋转轴, 且沿 $\boldsymbol{OA}$ 的 2 次轴与它垂直。图中, 点 P、Q、Q' 为等效点。由图可知, 沿 $\boldsymbol{OA}$ 的 2 次轴将 $P\rightarrow Q$, 垂直于纸面的 α 角旋转轴将 $Q\rightarrow Q'$。$P\rightarrow Q'$ 相当于沿 $\boldsymbol{OB}$ 的 2 次轴操作, 换句话说, 垂直于纸面的 α 角旋转轴和与它垂直的 2 次轴组合操作生成了新的沿 $\boldsymbol{OB}$ 的 2 次轴, 它与沿 $\boldsymbol{OA}$ 的 2 次轴的夹角为 $\alpha/2$。图 5.5 所示的点群 622 中第一个 2 指的是 2[100]、2[010] 和 2[1$\bar{1}$0], 第二个 2 指的是由它们生成

的 2[110]、2[120] 和 2[210]。

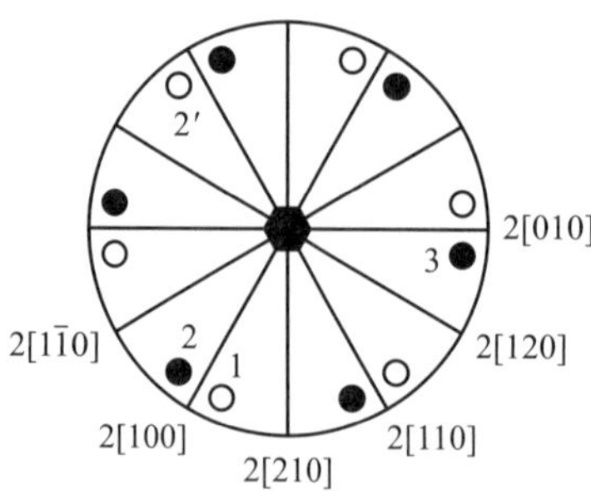

图 5.4　点群 6 和点群 2 半直积生成点群 622

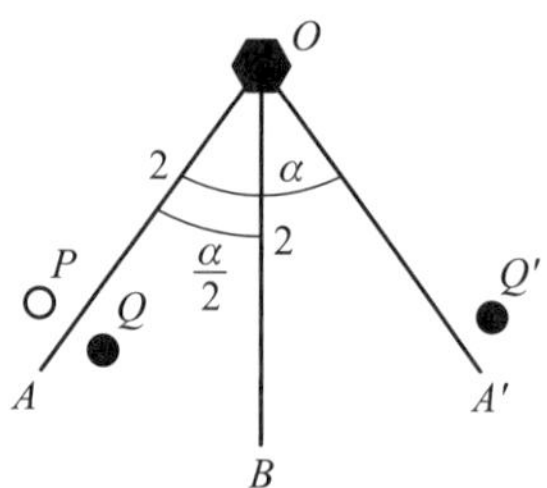

图 5.5　双面点群 622

5.4　非纯旋转点群

所谓非纯旋转点群就是包括倒反或反映操作的点群。

5.4.1　包含倒反中心的非纯旋转点群

点群 $\bar{1}=\{1,\bar{1}\}$ 和表 5.2 所列的 11 种纯旋转点群 H 满足 $H\bar{1}=\bar{1}H$，参考 5.3 节可知，表 5.5 所示的 11 个非纯旋转点群 $\bar{G}$ 可以通过乘积群 $\bar{G}=H\Lambda\{1,\bar{1}\}$ 生成。

表 5.5　包含倒反中心的 11 种非纯旋转点群

<table>
<tr><th rowspan="2">点群 $\overline{G}$</th><th colspan="3">HM 符号</th><th rowspan="2">三维点阵</th></tr>
<tr><th>完全</th><th>简略</th><th>符号中数字和符号顺序对应的矢量方向</th></tr>
<tr><td>$\bar{1}=\{1,\bar{1}\}$</td><td>$\bar{1}$</td><td>$\bar{1}$</td><td></td><td>aP</td></tr>
<tr><td>$2/m=\{1,2[010],\bar{1}[000],m[010]\}$
或 $\{1,2[001],\bar{1}[000],m[001]\}$</td><td>$12/m1$
或
$112/m$</td><td>$2/m$</td><td>[100], [010], [001]</td><td>mP,
$mB(mC)$</td></tr>
<tr><td rowspan="2">$\bar{3}=\{1,3^{+}[001],3^{-}[001],$
$\bar{1}[000],\overline{3^{+}}[001],\overline{3^{-}}[001]\}$</td><td rowspan="2">$\bar{3}$</td><td rowspan="2">$\bar{3}$</td><td>[001], {[100][010][$\bar{1}\bar{1}$0]},
{[1$\bar{1}$0][120][$\bar{2}\bar{1}$0]}</td><td>hP</td></tr>
<tr><td>[001], {[100][010][$\bar{1}\bar{1}$0]}</td><td>hR</td></tr>
<tr><td>$4/m=\{1,2[001],4^{+}[001],4^{-}[001],$
$\bar{1}[000],m[001],\overline{4^{+}}[001],\overline{4^{-}}[001]\}$</td><td>$4/m$</td><td>$4/m$</td><td>[001], {[100][010]},
{[1$\bar{1}$0][110]}</td><td>tP, tI</td></tr>
</table>

续表

<table>
<tr><th rowspan="2">点群 $\overline{G}$</th><th colspan="3">HM 符号</th><th rowspan="2">三维点阵</th></tr>
<tr><th>完全</th><th>简略</th><th>符号中数字和符号顺序对应的矢量方向</th></tr>
<tr><td>$6/m=\{1,3^+[001],3^-[001],2[001],$
$6^-[001],6^+[001],\bar{1}[000],\overline{3^+}[001],$
$\overline{3^-}[001],m[001],\overline{6^-}[001],\overline{6^+}[001]\}$</td><td>$6/m$</td><td>$6/m$</td><td>$[001],\{[100][010][\bar{1}\bar{1}0]\},$
$\{[1\bar{1}0][120][\bar{2}\bar{1}0]\}$</td><td>$hP$</td></tr>
<tr><td>$mmm=\{1,2[001],2[010],2[100],$
$\bar{1}[000],m[001],m[010],m[100]\}$</td><td>$2/m2/m$
$2/m$</td><td>mmm</td><td>$[100],[010],[001]$</td><td>$oP,$
$oA(oB,$
$oC),$
oI,oF</td></tr>
<tr><td>$\bar{3}1m=\{1,3^+[001],3^-[001],2[1\bar{1}0],$
$2[120],2[210],\bar{1}[000],\overline{3^+}[001],$
$\overline{3^-}[001],m[1\bar{1}0],m[120],m[210]\}$</td><td>$\bar{3}12/m$</td><td>$\bar{3}1m$</td><td>$[001],\{[100][010][\bar{1}\bar{1}0]\},$
$\{[1\bar{1}0][120][\bar{2}\bar{1}0]\}$</td><td>$hP$</td></tr>
<tr><td>$4/mmm=\{1,2[001],4^+[001],4^-[001],$
$2[010],2[100],2[110],2[1\bar{1}0],\bar{1}[000],$
$m[001],\overline{4^+}[001],\overline{4^-}[001],m[010],$
$m[100],m[110],m[1\bar{1}0]\}$</td><td>$4/m2/m$
$2/m$</td><td>$4/mmm$</td><td>$[001],\{[100][010]\},$
$\{[1\bar{1}0][110]\}$</td><td>tP,tI</td></tr>
<tr><td>$6/mmm=\{1,3^+[001],3^-[001],$
$2[001],6^-[001],6^+[001],2[110],$
$2[100],2[010],2[1\bar{1}0],2[120],2[210],$
$\bar{1}[000],\overline{3^+}[001],\overline{3^-}[001],m[001],$
$\overline{6^-}[001],\overline{6^+}[001],m[110],m[100],$
$m[010],m[1\bar{1}0],m[120],m[210]\}$</td><td>$6/m2/m$
$2/m$</td><td>$6/mmm$</td><td>$[001],\{[100][010][\bar{1}\bar{1}0]\},$
$\{[1\bar{1}0][120][\bar{2}\bar{1}0]\}$</td><td>$hp$</td></tr>
<tr><td>$m\bar{3}=\{1,2[001],2[010],2[100],$
$3^+[111],3^+[\bar{1}1\bar{1}],3^+[1\bar{1}\bar{1}],3^+[\bar{1}\bar{1}1],$
$3^-[111],3^-[1\bar{1}\bar{1}],3^-[\bar{1}\bar{1}1],3^-[\bar{1}1\bar{1}],$
$\bar{1}[000],m[001],m[010],m[100],$
$\overline{3^+}[111],\overline{3^+}[\bar{1}1\bar{1}],\overline{3^+}[1\bar{1}\bar{1}],\overline{3^+}[\bar{1}\bar{1}1],$
$\overline{3^-}[111],\overline{3^-}[1\bar{1}\bar{1}],\overline{3^-}[\bar{1}\bar{1}1],\overline{3^-}[\bar{1}1\bar{1}]\}$</td><td>$2/m\bar{3}$</td><td>$m\bar{3}$</td><td>$\{[001][010][100]\},$
$\{[111][1\bar{1}\bar{1}][\bar{1}1\bar{1}][\bar{1}\bar{1}1]\},$
$\{[110][1\bar{1}0][011][01\bar{1}]$
$[101][\bar{1}01]\}$</td><td>cP,cI,cF</td></tr>
<tr><td>$m\bar{3}m=\{1,2[001],2[010],2[100],$
$3^+[111],3^+[\bar{1}1\bar{1}],3^+[1\bar{1}\bar{1}],3^+[\bar{1}\bar{1}1],$
$3^-[111],3^-[1\bar{1}\bar{1}],3^-[\bar{1}\bar{1}1],3^-[\bar{1}1\bar{1}],$
$2[110],2[1\bar{1}0],4^-[001],4^+[001],$
$4^-[100],2[011],2[01\bar{1}],4^+[100],$
$4^+[010],2[101],4^-[010],2[\bar{1}01],$
$\bar{1}[000],m[001],m[010],m[100],$
$\overline{3^+}[111],\overline{3^+}[\bar{1}1\bar{1}],\overline{3^+}[1\bar{1}\bar{1}],3^+[\bar{1}\bar{1}1],$
$\overline{3^-}[111],\overline{3^-}[1\bar{1}\bar{1}],\overline{3^-}[\bar{1}\bar{1}1],$
$\overline{3^-}[\bar{1}1\bar{1}],m[110],m[1\bar{1}0],\overline{4^-}[001],$
$\overline{4^+}[001],\overline{4^-}[100],m[011],m[01\bar{1}],$
$\overline{4^+}[100],\overline{4^+}[010],m[101],$
$\overline{4^-}[010],m[\bar{1}01]\}$</td><td>$4/m\bar{3}2/m$</td><td>$m\bar{3}m$</td><td>$\{[001][010][100]\},$
$\{[111][\bar{1}1\bar{1}][1\bar{1}\bar{1}][\bar{1}\bar{1}1]\},$
$\{[110][1\bar{1}0][011][01\bar{1}]$
$[101][\bar{1}01]\}$</td><td>cP,cI,cF</td></tr>
</table>

5.4.2 不包含倒反中心的非纯旋转点群

$G=\{1,h_1,h_2,\cdots,h_n,g_1,g_2,\cdots,g_n\}=\{H,g_1,g_2,\cdots,g_n\}$, 如果用 $\bar{1}$ 左乘或右乘集合 $\{g_1,g_2,\cdots,g_n\}$ 中的每一个元就会得到 $G'=\{H,\bar{1}g_1,\bar{1}g_2,\cdots,\bar{1}g_n\}=\{H,g_1\bar{1},g_2\bar{1},\cdots,g_n\bar{1}\}$, G' 中不包括倒反中心。由于 G 是群, 并且 G' 和 G 有相同的乘法表 (和 G 同构), 因此 G' 也是群。下面以点群 312 为例进行说明。

表 5.6 给出了点群 312 的乘法表, 点群 $312=\{1,3^+[001],3^-[001],2[1\bar{1}0],2[120],2[210]\}$, 如果用 $\bar{1}$ 乘 312 中的 $2[1\bar{1}0]$、$2[120]$ 和 $2[210]$, 就会得到点群 $31m=\{1,3^+[001],3^-[001],\bar{1}\cdot2[1\bar{1}0],\bar{1}\cdot2[120],\bar{1}\cdot2[210]=\{1,3^+[001],3^-[001],m[1\bar{1}0],m[120],m[210]\}$。表 5.7 给出了 $31m$ 的乘法表。

表 5.6　312 的乘法表

	1	$3^+[001]$	$3^-[001]$	$2[1\bar{1}0]$	$2[120]$	$2[210]$
1	1	$3^+[001]$	$3^-[001]$	$2[1\bar{1}0]$	$2[120]$	$2[210]$
$3^+[001]$	$3^+[001]$	$3^-[001]$	1	$2[210]$	$2[1\bar{1}0]$	$2[120]$
$3^-[001]$	$3^-[001]$	1	$3^+[001]$	$2[120]$	$2[210]$	$2[1\bar{1}0]$
$2[1\bar{1}0]$	$2[1\bar{1}0]$	$2[120]$	$2[210]$	1	$3^+[001]$	$3^-[001]$
$2[120]$	$2[120]$	$2[210]$	$[1\bar{1}0]$	$3^+[001]$	$3^-[001]$	1
$2[210]$	$2[210]$	$2[1\bar{1}0]$	$2[120]$	$3^-[001]$	1	$3^+[001]$

表 5.7　$31m$ 的乘法表

	1	$3^+[001]$	$3^-[001]$	$m[1\bar{1}0]$	$m[120]$	$m[210]$
1	1	$3^+[001]$	$3^-[001]$	$m[1\bar{1}0]$	$m[120]$	$m[210]$
$3^+[001]$	$3^+[001]$	$3^-[001]$	1	$m[210]$	$m[1\bar{1}0]$	$m[120]$
$3^-[001]$	$3^-[001]$	1	$3^+[001]$	$m[120]$	$m[210]$	$m[1\bar{1}0]$
$m[1\bar{1}0]$	$m[1\bar{1}0]$	$m[120]$	$m[210]$	1	$3^+[001]$	$3^-[001]$
$m[120]$	$m[120]$	$m[210]]$	$m[1\bar{1}0]$	$3^+[001]$	$3^-[001]$	1
$m[210]$	$m[210]$	$m[1\bar{1}0]$	$m[120]$	$3^-[001]$	1	$3^+[001]$

由于表 5.6 和表 5.7 具有相同的乘法表, 可知 312 和 $31m$ 是同构的, 312 是群, $31m$ 也是群。图中黑框所圈部分是 312 和 $31m$ 的指数为 2 的子群 $3=\{1,3^+[001],3^-[001]\}$, 它是 G 或 G' 的不变子群, 也是交换群。

同理, 除了 $1=\{1\}$ 外, 通过上述的方法, 利用表 5.2 所示的 11 种纯旋转点群, 可以得到和 11 种纯旋转点群同构的 11 种不包含倒反中心的非纯旋转点群, 如表 5.8 所示。表中 $1m1$ 和 $11m$、$31m$ 和 $3m1$、$\bar{4}2m$ 和 $\bar{4}m2$ 为同一类群。表 5.2、表 5.5 和表 5.8 给出了 32 种三维晶体学点群。

表 5.8 11 种不包含倒反中心的非纯旋转点群

点群 G'	HM 符号			三维点阵
	完全	简略	符号中数字和符号顺序对应的矢量方向	
$m=\{1,m[010]\}$ 或 $\{1,m[001]\}$	$1m1$ 或 $11m$	m	$[100],[010],[001]$	mP, $mB(mC)$
$\bar{4}=\{1,2[001],\overline{4^+}[001],\overline{4^-}[001]\}$	$\bar{4}$	$\bar{4}$	$[001],\{[100][010]\},\{[1\bar{1}0][110]\}$	tP,tI
$\bar{6}=\{1,3^+[001],3^-[001],m[001],\overline{6^-}[001],\overline{6^+}[001]\}$	$\bar{6}$	$\bar{6}$	$[001],\{[100][010][\bar{1}\bar{1}0]\},\{[1\bar{1}0][120][\bar{2}\bar{1}0]\}$	hP
$mm2=\{1,2[001],m[010],m[100]\}$	$mm2$	$mm2$	$[100],[010],[001]$	oP, $oA(oB$, $oC)$, oI,oF
$31m=\{1,3^+[001],3^-[001],m[1\bar{1}0],m[120],m[210]\}$	$31m$ 或 $3m1$	$31m$ 或 $3m1$	$[001],\{[100][010][\bar{1}\bar{1}0]\},\{[1\bar{1}0][120][\bar{2}\bar{1}0]\}$	hP
$3m1=1,3^+[001],3^-[001],m[110],m[100],m[010]\}$			$[001],\{[100][010][\bar{1}\bar{1}0]\}$	hR
$4mm=\{1,2[001],4^+[001],4^-[001],m[010],m[100],m[110],m[1\bar{1}0]\}$	$4mm$	$4mm$	$[001],\{[100][010]\},\{[1\bar{1}0][110]\}$	tP,tI
$\bar{4}2m=\{1,2[001],\overline{4^+}[001],\overline{4^-}[001],2[010],2[100],m[110],m[1\bar{1}0]\}$	$\bar{4}2m$ 或 $\bar{4}m2$	$\bar{4}2m$ 或 $\bar{4}m2$	$[001],\{[100][010]\},\{[1\bar{1}0][110]\}$	tP,tI
$\bar{4}m2=\{1,2[001],\overline{4^+}[001],\overline{4^-}[001]\ m[010],m[100],2[110],2[1\bar{1}0]\}$				
$6mm=\{1,3^+[001],3^-[001],2[001],6^-[001],6^+[001],m[110],m[100],m[010],m[1\bar{1}0],m[120],m[210]\}$	$6mm$	$6mm$	$[001],\{[100][010][\bar{1}\bar{1}0]\},\{[1\bar{1}0][120][\bar{2}\bar{1}0]\}$	hp
$\bar{6}m2=\{1,3^+[001],3^-[001],m[001],\overline{6^-}[001],\overline{6^+}[001],m[110],m[100],m[010],2[1\bar{1}0],2[120],2[210]\}$	$\bar{6}m2$	$\bar{6}m2$	$[001],\{[100][010][\bar{1}\bar{1}0]\},\{[1\bar{1}0][120][\bar{2}\bar{1}0]\}$	hp
$\bar{4}3m=\{1,2[001],2[010],2[100],3^+[111],3^+[\bar{1}1\bar{1}],3^+[1\bar{1}\bar{1}],3^+[\bar{1}\bar{1}1],3^-[111],3^-[1\bar{1}\bar{1}],3^-[\bar{1}\bar{1}1],3^-[\bar{1}1\bar{1}],m[110],m[1\bar{1}0],\overline{4^+}[001],\overline{4^-}[001],m[011],\overline{4^+}[100],\overline{4^-}[100],m[01\bar{1}],m[101],\overline{4^-}[010],m[\bar{1}01],\overline{4^+}[010]\}$	$\bar{4}3m$	$\bar{4}3m$	$\{[100][010][001]\},\{[111][1\bar{1}\bar{1}][\bar{1}1\bar{1}][\bar{1}\bar{1}1]\},\{[1\bar{1}0][01\bar{1}][\bar{1}01][110]011[101]\}$	cP, cI, cF

5.5 晶体学点群中母群和子群的关系

5.5.1 二维晶体学点群中母群和子群的关系

如表 2.5 所示, 二维晶体点群共 11 个, 图 5.6 显示了这 11 个点群的母群和子群的关系。图中, 实线连接最小母群和它的最大不变子群, 双实线连接最小母群和它的 2 个同 HM 符号的最大不变子群, 虚线连接母群和它的互为共轭的子群。最小母群在最大子群的上方。

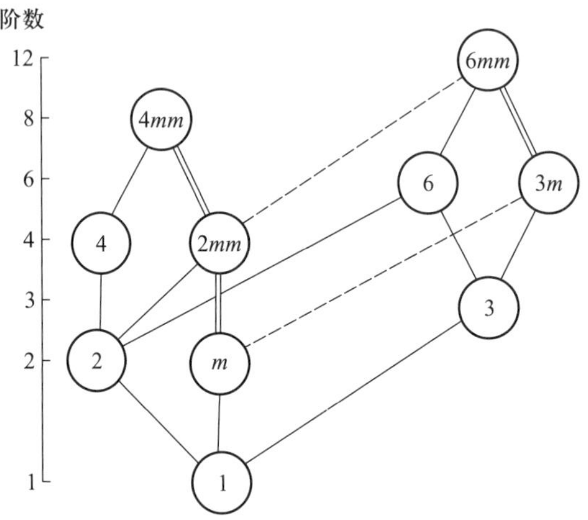

图 5.6　二维晶体学点群母群与子群的关系

为了理解实线连接、双实线连接和虚线连接的物理意义, 给出如下实例。例如在简单平面六角点阵中, $6=\{1,6^+,3^+,2,3^-,6^-\}$ 是 $6mm=\{1,6^+,3^+,2,3^-,6^-,m_{\rm d}^1,m_{\rm v}^1,m_{\rm d}^2,m_{\rm v}^2,m_{\rm d}^3,m_{\rm v}^3\}$ (图 2.8 和表 2.4) 的指数为 2 (12/6) 的最大不变 (正规) 子群, $6mm$ 是它的最小母群, 它们之间用实线连接。参考图 2.25、表 2.4 和表 2.5 可知, $6mm$ 中的 6 表示垂直二维晶面的 6 次轴, 6 后的第 1 个 m 指的是垂直于 [10] 的 $m_{\rm d}^1$、垂直于 [01] 的 $m_{\rm d}^2$、垂直于 [11] 的 $m_{\rm d}^3$, $m_{\rm d}^1$ 与 $m_{\rm d}^2$ 和 $m_{\rm d}^3$ 呈 3^+ 关系, 第 2 个 m 指的是垂直于 $[1\bar{1}]$ 的 $m_{\rm v}^1$、垂直于 [12] 的 $m_{\rm v}^2$、垂直于 [21] 的 $m_{\rm v}^3$、$m_{\rm v}^1$ 与 $m_{\rm v}^2$ 和 $m_{\rm v}^3$ 呈 3^+ 关系。参考表 2.5 可知, $6mm$ 的最大不变子群 $3m$ 的完全 HM 符号为 $3m1$ 和 $31m$, $3m1$ 中的 3 表示垂直于二维晶面的 3 次轴, 3 后的第 1 个 m 指的是垂直于 [10] 的 $m_{\rm d}^1$、垂直于 [01] 的 $m_{\rm d}^2$、垂直于 [11] 的 $m_{\rm d}^3$, $m_{\rm d}^1$、$m_{\rm d}^2$ 和 $m_{\rm d}^3$ 呈 3^+ 关系, 第 2 个 1 指的是垂直于 $[1\bar{1}]$、垂直于 [12] 和垂直于 [21] 方向无对称元存在。$31m$ 的 3 表示垂直于

二维晶面的 3 次轴, 第 1 个指的是垂直于 [10]、垂直于 [01] 和垂直于 [11] 方向无对称元存在, 第 2 个 m 指的是垂直于 $[1\bar{1}]$ 的 m_{v}^1、垂直于 [12] 的 m_{v}^2 和垂直于 [21] 的 m_{v}^3, m_{v}^1、m_{v}^2 和 m_{v}^3 呈 3^+ 关系。所以, 最小母群 $6mm$ 和它的 2 个同 HM 符号的最大不变子群 $3m1$ 和 $31m$ 用双实线连接。

母群 $3m1 = \{1, 3^+, 3^-, m_1, m_2, m_3\}$ 的 3 个子群 $m = \{1, m_1\}$、$\{1, m_2\}$、$\{1, m_3\}$ 通过母群中的 3^+ 联系着, 满足 $3^- m_1 3^+ = m_3$、$3^- m_2 3^+ = m_1$、$3^- m_3 3^+ = m_2$ (参考表 1.2), 这 3 个子群互为共轭子群, 它们之间用虚线连接。

5.5.2 三维晶体学点群中母群和子群的关系

如表 5.2、表 5.5 和表 5.8 所示, 三维晶体学点群有 32 种, 图 5.7 显示了这 32 种点群的母群和子群的关系。图中, 实线连接最小母群和它的最大不变子群, 双 (三) 实线连接最小母群和它的 2(3) 个同 HM 符号的最大不变子群, 虚线连接母群和它的互为共轭的子群。最小母群在最大子群的上方。

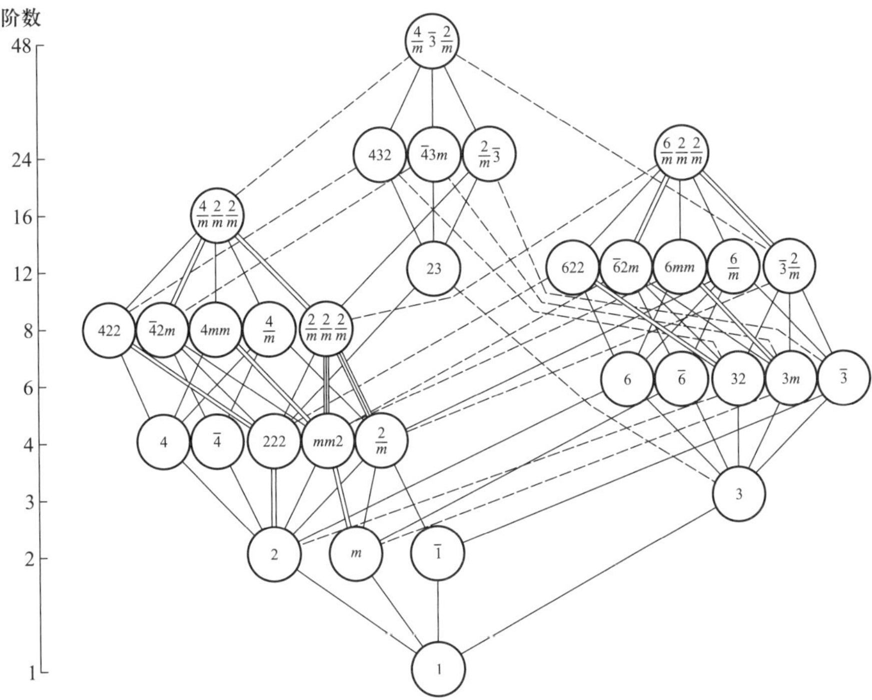

图 5.7 三维晶体学点群中的母群与子群的关系

为了理解实线连接、双 (三) 实线连接和虚线连接的物理意义, 给出如下实例并予以说明。例如, 图 5.7 中 $\frac{4}{m}\bar{3}\frac{2}{m}(m\bar{3}m)$ 的阶数为 48 (表 5.5), 432 (表 5.2)、$\frac{2}{m}\bar{3}(m\bar{3})$ (表 5.5) 和 $\bar{4}3m$ (表 5.8) 的阶数都是 24, 它们都是最小母群 $\frac{4}{m}\bar{3}\frac{2}{m}$ 的指数为 2 的最大不变子群, 在图 5.7 中最小母群和它的最大不变子群之间用实线连接。由于 432 和 $\bar{4}3m$ 是 $\frac{4}{m}\bar{3}\frac{2}{m}$ 的不变子群, $\{1,\bar{1}\}$ 也是群, 432 或 $\bar{4}3m$ 和 $\{1,\bar{1}\}$ 满足 5.3.1 节的外直积群条件。所以,

$$\frac{4}{m}\bar{3}\frac{2}{m}=432\times\{1,\bar{1}\}=\{1,\bar{1}\}\times 432$$
$$\frac{4}{m}\bar{3}\frac{2}{m}=\bar{4}3m\times\{1,\bar{1}\}=\{1,\bar{1}\}\times\bar{4}3m$$

另外, $\bar{1}\in\frac{4}{m}\bar{3}\frac{2}{m}\notin 432$ 或 $\bar{4}3m$, 所以 $\frac{4}{m}\bar{3}\frac{2}{m}$ 也可以用 432 或 $\bar{4}3m$ 的陪集展开表示:

$$\frac{4}{m}\bar{3}\frac{2}{m}=432\cup\bar{1}\cdot 432=432\cup 432\cdot\bar{1}$$
$$\frac{4}{m}\bar{3}\frac{2}{m}=\bar{4}3m\cup\bar{1}\cdot\bar{4}3m=\bar{4}3m\cup\bar{4}3m\cdot\bar{1}$$

$\frac{2}{m}\bar{3}$ 是 $\frac{4}{m}\bar{3}\frac{2}{m}$ 的不变子群, $\{1,2[110]\}$ 也是群, $\frac{2}{m}\bar{3}$ 和 $\{1,2[110]\}$ 满足 5.3.2 节的半直积群条件。所以,

$$\frac{2}{m}\bar{3}\Lambda\{1,2[110]\}=\{1,2[110]\}\Lambda\frac{2}{m}\bar{3}$$

同理,

$$\frac{4}{m}\bar{3}\frac{2}{m}=\frac{2}{m}\bar{3}\Lambda\{1,m[110]\}=\{1,m[110]\}\Lambda\frac{2}{m}\bar{3}$$

式中, $\frac{2}{m}\bar{3}$ 是 $\frac{4}{m}\bar{3}\frac{2}{m}$ 的不变子群, $2[110]$ 或 $m[110]\in\frac{4}{m}\bar{3}\frac{2}{m}\notin\frac{2}{m}\bar{3}$, 所以, $\frac{4}{m}\bar{3}\frac{2}{m}$ 也可以用 $\frac{2}{m}\bar{3}$ 的陪集展开表示:

$$\frac{4}{m}\bar{3}\frac{2}{m}=\frac{2}{m}\bar{3}\cup 2[110](\text{或 } m[110])\cdot\frac{2}{m}\bar{3}=2[110](\text{或 } m[110])\cdot\frac{2}{m}\bar{3}\cup\frac{2}{m}\bar{3}$$

最小母群 $\frac{2}{m}\frac{2}{m}\frac{2}{m}$ 有 3 个具有相同 HM 符号 $\frac{2}{m}$ 的指数为 2 的最大不变子群:

$\{1, 2[100], \bar{1}[000], m[100]\}$, $\{1, 2[010], \bar{1}[000], m[010]\}$ 和 $\{1, 2[001], \bar{1}[000], m[001]\}$, 所以最小母群和最大不变子群之间用三实线连接。$622 = \{1, 3^+[001], 3^-[001], 2[001], 6^-[001], 6^+[001], 2[110], 2[100], 2[010], 2[1\bar{1}0], 2[120], 2[210]\}$ 有 3 个相同 HM 符号子群: $222 = \{1, 2[001], 2[100], 2[120]\}$, $222 = \{1, 2[001], 2[110], 2[1\bar{1}0]\}$ 和 $222 = \{1, 2[001], 2[010], 2[210]\}$, 这 3 个子群互为共轭子群, 622 和 3 个子群 222 之间用虚线连接。

$\frac{4}{m}\bar{3}\frac{2}{m}(m\bar{3}m)$ 也可以通过弱直积分解为 $m\bar{3}m = 32 \cdot 4mm = \frac{4}{m} \cdot 3m = 422 \cdot 3m = \bar{4}2m \cdot 3m = \bar{3} \cdot 4mm$。5.3 节仅介绍过如何通过乘积群构造母群, 实际上, 母群通过乘积群的分解在晶体的结构转变, 如相变中的应用也很重要: 通过母群分解可以预知母相可能转变生成的新相的晶体结构。综上所述, 通过母群和子群的关系图可以知道:

(1) 最小母群和它的最大子群的阶数以及子群对母群的指数;

(2) 最小母群和它的最大不变子群 (实线)、最小母群和它的相同 HM 符号的最大不变子群 [双 (三) 实线] 以及最小母群和它的相同 HM 符号的共轭子群 (虚线)。

参考文献

[1] Hahn T. International tables for crystallography, Vol. A. 5th ed. Heidelberg: Springer, 2005.

[2] 唐有祺. 对称性原理 (一). 北京: 科学出版社, 1977.

[3] 王仁卉，郭可信. 晶体中的对称群. 北京: 科学出版社, 1990.

[4] Giacovazza C. Fundamentals of crystallography.Oxford: Oxford University Press, 2002.

第 6 章 点群和晶体物理性质的关系

6.1 点群与晶体外形和原子配位数的关系

组成点群组元的个数是有限的, 在矢量空间中进行点群中的任何组元操作时, 空间中至少有一个点是保持不动的。如进行 $\bar{1}$ 时, 倒反中心是保持不动的; 绕轴旋转时, 轴上的点是保持不动的; 进行反映面反映时, 反映面上的点是保持不动的。晶体中的点群分为晶体学点群和非晶体学点群两种。从晶体学角度来看, 晶体是由结构单元或原子集团和晶体点阵组成的, 结构单元满足点群对称性, 又受点阵周期性平移制约, 因此, 在严格周期性平移点阵中描述结构单元对称性的点群只能包含元 1、2、3、4、$\bar{1}$、$\bar{2}(m)$、$\bar{3}$、$\bar{4}$ 和 $\bar{6}$ 以及它们的组合操作, 点群操作将点阵映射到它本身 (不改变点阵), 这种点群称为晶体学点群。反之, 如果晶体中结构单元的点群中出现了除 1、2、3、4、$\bar{1}$、$\bar{2}(m)$、$\bar{3}$、$\bar{4}$ 和 $\bar{6}$ 以外的轴, 如 5 次轴, 那么晶体点阵就不能保持严格的周期性平移性, 而成为具有准周期性的准晶体, 描述准晶体中结构单元的点群称为非晶体学点群。

(1) 晶形: 晶体学点群反映自然或人造晶体外形的对称性, 在矢量空间, 晶体的外表面可用一系列与之平行的晶面的倒易矢量

g^*_{hkl} (晶面指数 hkl) 来表示, 并定义这样一组满足晶体学点群对称性的等效面为晶形。实际上, 对于同一晶体学点群而言, 晶形表示一系列对称性等价的等效面。例如对于点群 4, 一般晶形 $\{hkl\}$ 是一套金字塔形状的四棱锥, hkl 取整数, l 为正时四棱锥向上, 棱面的晶面指数为 (hkl)、$(\bar{h}\bar{k}l)$、$(\bar{k}hl)$ 和 $(k\bar{h}l)$, l 为负时四棱锥向下, 棱面的晶面指数为 $(hk\bar{l})$、$(\bar{h}\bar{k}\bar{l})$、$(\bar{k}h\bar{l})$ 和 $(k\bar{h}\bar{l})$, 具有点群 4 的晶体的外形为四棱锥。

(2) 点形: 在点阵中围绕原子团中心原子的原子也具有点群对称性, 设其中一个原子的坐标为 (x,y,z), 通过点群对称操作, 就会得到一组 (x,y,z) 的等效点, 这一组等效点称为点形, 将这些等效点连起来就构成配位多面体。例如对于点群 4, 点形 $\{xyz\}$ 由 (x,y,z)、$(\bar{x},\bar{y},z)$、$(\bar{y},x,z)$ 和 $(y,\bar{x},z)$ 4 个等效点组成, x、y、z 可取任何有理数, 将这 4 个等效点连起来就构成配位正方形。当 z 为正时, 配位正方形位于坐标原点上方; 当 z 为负时, 配位正方形位于坐标原点下方。

(3) 抽象点群: 如果将具有相同乘法表 (同构) 的点群归为一类, 32 个晶体学点群可分成 18 类, 即 32 个晶体学点群可分为 18 个抽象点群, 如表 6.1 所示。从物理上来看, 同一抽象点群中的每个晶体学点群是不一样的, 但从群论的角度来看, 它们是一样的。

表 6.1　18 个晶体学抽象点群

阶数	1	2	3	4	4	6	6	8	8	8	12	12	12	16	24	24	24	48
抽象点群的子群	1	$\bar{1}$	3	$2/m$	4	$\bar{3}$	32	mmm	$4/m$	422	$6/m$	$\bar{3}m$	23	$4/mmm$	$6/mmm$	$m\bar{3}$	432	$m\bar{3}m$
		2		222	$\bar{4}$	6	$3m$			$4mm$		622					$\bar{4}3m$	
		m		$mm2$		$\bar{6}$				$\bar{4}2m$		$6mm$						
												$\bar{6}2m$						

参考文献 [1] 中 768 ~ 790 页给出了 11 个二维晶体学点群图表和 32 个三维晶体学点群图表。作为例子, 图 6.1 给出了点群 $4mm$ 的点群图表, 并在表 6.2 中说明了图 6.1 中各项的含义。图 6.1 中, $4mm$ 是点群的 Hermann-Mauguin(HM) 符号, $C_{4\text{v}}$ 是它的 Schoenflies 符号, 右上插图为 $4mm$ 的一般等效点和对称操作元的极射赤平投影图, 可参考图 5.2、图 5.3、图 5.4。

图 6.2 给出了具有点群 $4mm$ 晶体的可能晶形, 它与图 6.1 和表 6.2 相对应。

图 6.1 和图 6.2 中, a、b、c、d 是表 6.2 中所示的 Wyckoff 字母, 通过它们可以知道晶形等效面的法线在 $4mm$ 的哪个对称操作元上。其中, a 表示 g^*_{00l}

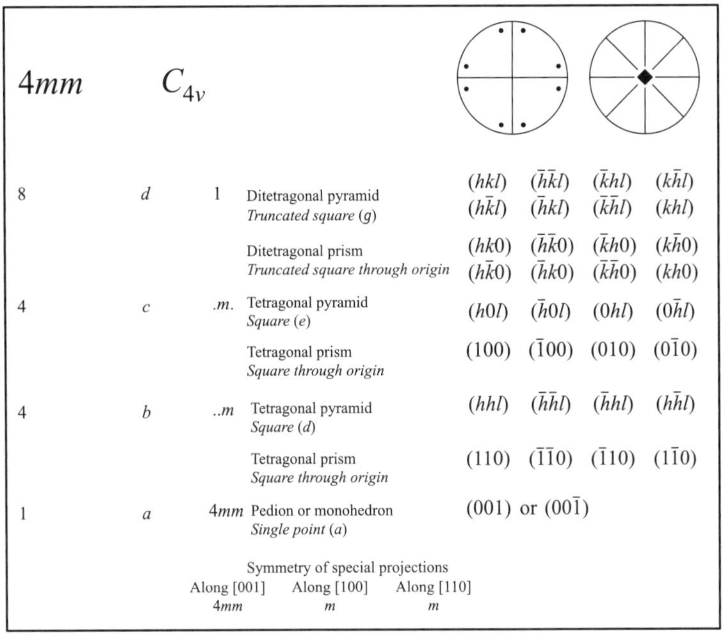

$4mm$ C_{4v}

8	d	1	Ditetragonal pyramid *Truncated square* (g)	(hkl) $(h\bar{k}l)$	$(\bar{h}\bar{k}l)$ $(\bar{h}kl)$	$(\bar{k}hl)$ $(\bar{k}\bar{h}l)$	$(k\bar{h}l)$ (khl)
			Ditetragonal prism *Truncated square through origin*	$(hk0)$ $(h\bar{k}0)$	$(\bar{h}\bar{k}0)$ $(\bar{h}k0)$	$(\bar{k}h0)$ $(\bar{k}\bar{h}0)$	$(k\bar{h}0)$ $(kh0)$
4	c	$.m.$	Tetragonal pyramid *Square* (e)	$(h0l)$	$(\bar{h}0l)$	$(0hl)$	$(0\bar{h}l)$
			Tetragonal prism *Square through origin*	(100)	$(\bar{1}00)$	(010)	$(0\bar{1}0)$
4	b	$..m$	Tetragonal pyramid *Square* (d)	(hhl)	$(\bar{h}\bar{h}l)$	$(\bar{h}hl)$	$(h\bar{h}l)$
			Tetragonal prism *Square through origin*	(110)	$(\bar{1}\bar{1}0)$	$(\bar{1}10)$	$(1\bar{1}0)$
1	a	$4mm$	Pedion or monohedron *Single point* (a)	(001) or $(00\bar{1})$			

Symmetry of special projections

Along [001] $4mm$ Along [100] m Along [110] m

图 6.1 点群 $4mm$ 的点群图表

表 6.2 图 6.1 中其他各项的含义

多重性 (multiplicity)	Wyckoff 字母 (Wyckoff Letter)	等效面 (点) 对称性	晶形	点形
8	d	1	复四方双锥	截角正方形 (g)
			(hkl) $(\bar{h}\bar{k}l)$ $(\bar{k}hl)$ $(k\bar{h}l)$ $(h\bar{k}l)$ $(\bar{h}kl)$ $(\bar{k}\bar{h}l)$ (khl)	xyz $\bar{x}\bar{y}z$ $\bar{y}xz$ $y\bar{x}z$ $x\bar{y}z$ $\bar{x}yz$ $\bar{y}\bar{x}z$ yxz
			复四方柱	过原点截角正方形
			$(hk0)$ $(\bar{h}\bar{k}0)$ $(\bar{k}h0)$ $(k\bar{h}0)$ $(h\bar{k}0)$ $(\bar{h}k0)$ $(\bar{k}\bar{h}0)$ $(kh0)$	$xy0$ $\bar{x}\bar{y}0$ $\bar{y}x0$ $y\bar{x}0$ $x\bar{y}0$ $\bar{x}y0$ $\bar{y}\bar{x}0$ $yx0$
4	c	$.m.$	四方锥	正方形 (e)
			$(h0l)$ $(\bar{h}0l)$ $(0hl)$ $(0\bar{h}l)$	$x0z$ $\bar{x}0z$ $0xz$ $0\bar{x}z$
			四方柱	过原点正方形
			(100) $(\bar{1}00)$ (010) $(0\bar{1}0)$	$x00$ $\bar{x}00$ $0x0$ $0\bar{x}0$
4	b	$..m$	四方锥	正方形 (d)
			(hhl) (hhl) $(\bar{h}hl)$ $(h\bar{h}l)$	xxz $x\bar{x}z$ $\bar{x}xz$ $x\bar{x}z$
			四方柱	过原点正方形
			(110) $(\bar{1}\bar{1}0)$ $(\bar{1}10)$ $(1\bar{1}0)$	$xx0$ $\bar{x}\bar{x}0$ $\bar{x}x0$ $x\bar{x}0$
1	a	$4mm$	单面	单点 (a)
			(001) 或 $(00\bar{1})$	$00z$

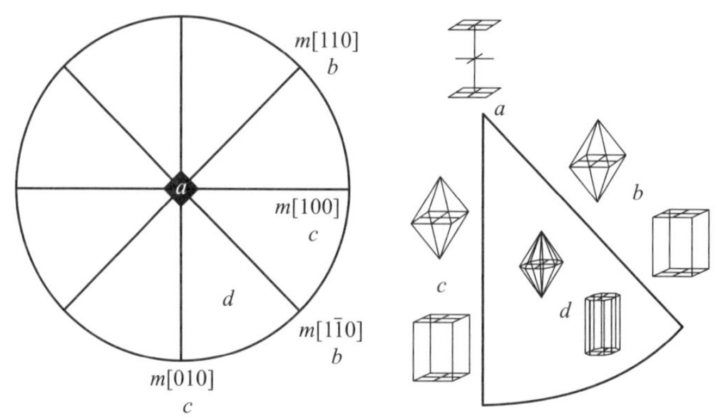

图 6.2　具有点群 $4mm$ 晶体的可能晶形 (晶体的外形)

沿着 4 次轴, 并在 $m[010]$、$m[100]$、$m[1\bar{1}0]$ 和 $m[110]$ 的交线上, 晶形为平行双面; b 表示 g^*_{hhl} 和 $g^*_{\bar{h}\bar{h}l}$ 在 $m[1\bar{1}0]$ 上, $g^*_{\bar{h}hl}$ 和 $g^*_{h\bar{h}l}$ 在 $m[110]$ 上, 晶形为四方锥或四方柱; c 表示 g^*_{100} 和 $g^*_{\bar{1}00}$ 在 $m[010]$ 上, g^*_{010} 和 $g^*_{0\bar{1}0}$ 在 $m[100]$ 上, 晶形为四方锥或四方柱; d 表示晶形等效面的法线不在 8 个 $4mm$ 的任何元上, 晶形为复四方双锥或复四方柱。

点群 $4mm = \{1, 2[001], 4^+[001], 4^-[001], m[100], m[010], m[1\bar{1}0], m[110]\}$, 有 8 个 (对称操作) 元。从表 6.2 可见

(1) 第 1 行第 4 列的 Wyckoff 字母为 d 的晶形为复四方双锥或复四方柱。由于组成复四方双锥的向上复四方锥等效面 (hkl)、$(\bar{h}\bar{k}l)$、$(\bar{k}hl)$、$(k\bar{h}l)$、$(h\bar{k}l)$、$(\bar{h}kl)$、$(\bar{k}\bar{h}l)$、(khl) 中的任何 1 个面如 (hkl) 的法线 g^*_{hkl} 都不在 $4mm$ 的 8 个元上, 所以等效面对称性为 1, 称为一般面。等效面中的任何 1 个面通过 $4mm$ 的 8 个元的操作, 都会生成这 8 个等效面, 所以多重性为 8。第 1 行第 4 列的复四方柱由等效面 $(hk0)$、$(\bar{h}\bar{k}0)$、$(\bar{k}h0)$、$(k\bar{h}0)$、$(h\bar{k}0)$、$(\bar{h}k0)$、$(\bar{k}\bar{h}0)$、$(kh0)$ 组成, 其生成原则与复四方双锥相同。复四方双锥和复四方柱不同的是, 复四方柱的晶面指数 $l = 0$, 而复四方双锥的晶面指数 l 可为正值或负值, 当 l 为正值时, 为向上复四方锥, 由 (hkl)、$(\bar{h}\bar{k}l)$、$(\bar{k}hl)$、$(k\bar{h}l)$、$(h\bar{k}l)$、$(\bar{h}kl)$、$(\bar{k}\bar{h}l)$、(khl) 组成; 当 l 为负值时, 为向下复四方锥, 由 $(hk\bar{l})$、$(\bar{h}\bar{k}\bar{l})$、$(\bar{k}h\bar{l})$、$(k\bar{h}\bar{l})$、$(h\bar{k}\bar{l})$、$(\bar{h}k\bar{l})$、$(\bar{k}\bar{h}\bar{l})$、$(kh\bar{l})$ 组成。Wyckoff 字母为 d 的晶形是复四方双锥, 由向上和向下复四方锥组成, 有 (hkl)、$(\bar{h}\bar{k}l)$、$(\bar{k}hl)$、$(k\bar{h}l)$、$(h\bar{k}l)$、$(\bar{h}kl)$、$(\bar{k}\bar{h}l)$、(khl)、$(hk\bar{l})$、$(\bar{h}\bar{k}\bar{l})$、$(\bar{k}h\bar{l})$、$(k\bar{h}\bar{l})$、$(h\bar{k}\bar{l})$、$(\bar{h}k\bar{l})$、$(\bar{k}\bar{h}\bar{l})$、$(kh\bar{l})$ 16 个面 (参考图 6.2 中 d)。

(2) 第 1 行第 5 列的 Wyckoff 字母为 d 的点形为截角正方形和过原点截角正方形。前者是通过连接 8 个一般等效点 xyz、$\bar{x}\bar{y}z$、$\bar{y}xz$、$y\bar{x}z$、$x\bar{y}z$、$\bar{x}yz$、$\bar{y}\bar{x}z$、yxz 生成的, 如表 6.2 截角正方形 (g) 所示, 这些等效点的坐标位置可从

参考文献 [1] 中的空间群 $p4mm(p383)$ 中的 Wyckoff 字母为 g 处查到。当 z 取负值时, 连接 xyz、$\bar{x}\bar{y}z$、$\bar{y}xz$、$y\bar{x}z$、$x\bar{y}z$、$\bar{x}yz$、$\bar{y}\bar{x}z$、yxz、$xy\bar{z}$、$\bar{x}\bar{y}\bar{z}$、$\bar{y}x\bar{z}$、$y\bar{x}\bar{z}$、$x\bar{y}\bar{z}$、$\bar{x}y\bar{z}$、$\bar{y}\bar{x}\bar{z}$、$yx\bar{z}$ 共 16 个点后, 截角正方形点形就变成了复四方柱点形。后者是通过连接 8 个过原点的一般等效点 $xy0$、$\bar{x}\bar{y}0$、$\bar{y}x0$、$y\bar{x}0$、$x\bar{y}0$、$\bar{x}y0$、$\bar{y}\bar{x}0$、$yx0$ 生成的。

(3) 第 2 行第 4 列 Wyckoff 字母为 c 的晶形为四方锥或四方柱。等效面对称性为 $.m.$, 这表明等效面 $(h0l)$ 和 $(\bar{h}0l)$ 的法线 $\boldsymbol{g}^*_{h0l}$ 和 $\boldsymbol{g}^*_{\bar{h}0l}$ 在 $m[010]$ 上, $m[010]$ 反映面操作对 $\boldsymbol{g}^*_{h0l}$ 和 $\boldsymbol{g}^*_{\bar{h}0l}$ 不起作用; $(0hl)$ 和 $(0\bar{h}l)$ 的法线 $\boldsymbol{g}^*_{0hl}$ 和 $\boldsymbol{g}^*_{0\bar{h}l}$ 在 $m[100]$ 上, $m[100]$ 反映面操作对 $\boldsymbol{g}^*_{0hl}$ 和 $\boldsymbol{g}^*_{0\bar{h}l}$ 不起作用, 所以多重性为 4, 向上四方锥由 $(h0l)$、$(\bar{h}0l)$、$(0hl)$、$(0\bar{h}l)$4 个面构成。如 (1) 所述, 当 l 为正值和负值时, 就会生成由 $(h0l)$、$(\bar{h}0l)$、$(0hl)$、$(0\bar{h}l)$、$(h0\bar{l})$、$(\bar{h}0\bar{l})$、$(0h\bar{l})$、$(0\bar{h}\bar{l})$ 共 8 个面构成的四方锥晶形 (参考图 6.2 中 c)。同理, 等效面 (100) 和 $(\bar{1}00)$ 的法线 $\boldsymbol{g}^*_{100}$ 和 $\boldsymbol{g}^*_{\bar{1}00}$ 在 $m[010]$ 上, (010) 和 $(0\bar{1}0)$ 的法线 $\boldsymbol{g}^*_{010}$ 和 $\boldsymbol{g}^*_{0\bar{1}0}$ 在 $m[100]$ 上, 多重性为 4, 所以生成由 (100)、$(\bar{1}00)$、(010)、$(0\bar{1}0)$ 构成的四方柱晶形 (参考图 6.2 中 c)。

(4) 第 2 行第 5 列 Wyckoff 字母为 c 的点形为正方形或过原点正方形。如表 6.2 正方形 (e) 所示, 从参考文献 [1] 中的空间群 $p4mm$ ($p383$) 中的 Wyckoff 字母为 e 处查到点形正方形的等效点坐标为 $x0z$、$\bar{x}0z$、$0xz$、$0\bar{x}z$ 以及过原点正方形点形坐标为 $x00$、$\bar{x}00$、$0x0$、$0\bar{x}0$。

(5) 第 3 行第 4 列 Wyckoff 字母为 b 的晶形为四方锥或四方柱。第 3 行第 5 列点形为正方形或过原点正方形。晶形和点形生成原则与 (1) 和 (2) 相同。这时等效面对称性为 $..m$, 表示晶面法线 $\boldsymbol{g}^*_{hhl}$ 和 $\boldsymbol{g}^*_{\bar{h}\bar{h}l}$ 在 $m[1\bar{1}0]$ 上, $\boldsymbol{g}^*_{\bar{h}hl}$ 和 $\boldsymbol{g}^*_{h\bar{h}l}$ 在 $m[110]$ 上, 所以多重性为 4(参考图 6.2 中 b)。

(6) 第 4 行第 4 列 Wyckoff 字母为 a 的晶形为单面, 第 4 行第 5 列点形为单点。晶面法线 $\boldsymbol{g}^*_{hkl}$ 沿 $00l$ 方向, 也在 $m[010]$、$m[100]$、$m[1\bar{1}0]$ 和 $m[110]$ 交点上, 等效面对称性为 $4mm$, 多重性为 1。当 l 为正值和负值时, 晶形为平行双面 (参考图 6.2 中 a)。第 4 行第 5 列 Wyckoff 字母为 a 的晶形为单点。如表 6.2 单点 (a) 所示, 点形的坐标可从参考文献 [1] 中的空间群 $p4mm$ (p383) 中的 Wyckoff 字母为 a 处查到为 $00z$ (参考图 6.2 中 a)。

6.2 晶体学点群的实验测定

Bragg 定律给出了 X 射线或电子衍射角 θ 与晶面间距 d 的关系: $2d\sin\theta = n\lambda$, 其中, λ 表示 X 射线波长, $n = 1, 2, 3, \cdots\cdots$, 表示衍射级数。通过测量 θ 角就

可以得到面间距 d 或 $\frac{d}{n}$。(hkl) 晶面的衍射强度 $I(hkl) = C|F(hkl)|^2 = F(hkl) \cdot F(hkl)^*$, 式中, C 是比例常数; $F(hkl)$ 是结构因子, $F(hkl) = \sum_{n=1}^{N} f_n \exp[2\pi i(hx_n + ky_n + lz_n)]$, 该式表明参与衍射的单胞内共有 N 个相同的原子 (或原子集团), 其中第 n 个原子的坐标为 (x_n, y_n, z_n), 散射因子为 f_n。如果不考虑动力学衍射效应并用特殊的方法测量这些效应, 那么常规的 X 射线或电子衍射只能测得衍射斑点强度 I, 不能直接得到 $F(hkl)$ 和 $F(hkl)^*$, 故不能区分 $F(hkl)$ 和 $F(\bar{h}\bar{k}\bar{l})$ $\left(F(\bar{h}\bar{k}\bar{l}) = \sum_{n=1}^{N} f_n \mathrm{e}^{-2\pi i(hx_n + ky_n + lz_n)} = F(hkl)^*\right)$。实验得到的 $I(hkl) = I(\bar{h}\bar{k}\bar{l})$, 即测得的 (hkl) 晶面族和 $(\bar{h}\bar{k}\bar{l})$ 晶面族的 X 射线或电子衍射强度相同, 被称为 Friedel 定律。Friedel 定律意味着从 X 射线或电子衍射结果来判断, 倒易点阵 "一定" 存在倒反中心, 那么, 如 4.2 节所述, 正空间也存在倒反中心。这就是说, 通过常规的 X 射线或电子衍射实验是不能测定 11 个非中心对称的点群的。

6.2.1 Laue 类和点阵点群

通过常规的 X 射线或电子衍射实验可以测得的 11 个具有倒反中心的点群被称为 Laue 类, 不过对于不具有倒反中心的点群, 例如六角晶系中的具有点群 622、$6mm$、$\bar{6}m2$ 晶体的 X 射线或电子衍射测量结果与 Laue 类 $6/mmm$ 晶体的测量结果是一样的。常规的 X 射线或电子衍射实验测得的是一系列周期排列的晶面的衍射强度, 即晶面的衍射强度, 其中一定包含与晶体点群互相制约的平移群或晶体点阵本身对称性的信息, 我们称描述晶体点阵本身对称性的点群为点阵点群。一般来说, 点阵点群是同一晶系中对称性最高 (holosymmetry) 的点群。表 6.3 和表 6.4 分别为二维和三维 Laue 类和点阵点群。

表 6.3 二维 Laue 类和点阵点群

二维晶系	二维 Laue 类	相同衍射结果的二维点群	点阵点群
斜交	2	1, 2	2
矩形	$2mm$	$m, 2mm$	$2mm$
正方	4	4	$4mm$
	$4mm$	$4mm$	
六角	6	3,6	$6mm$
	$6mm$	$3m, 6mm$	

表 6.4 三维 Laue 类和点阵点群

晶系	Laue 类	相同衍射结果的三维点群	点阵点群
三斜	$\bar{1}$	$\bar{1}$	$\bar{1}$
单斜	$2/m$	$m, 2$	$2/m$
正交	mmm	$mm2, 222$	mmm
四方	$4/m$	$4, \bar{4}$	$4/mmm$
	$4/mmm$	$422, 4mm, \bar{4}2m$	
三角	$\bar{3}$	3	$\bar{3}m$
	$\bar{3}m$	$32, 3m$	
六角	$6/m$	$6, \bar{6}$	$6/mmm$
	$6/mmm$	$622, 6mm, \bar{6}m2$	
立方	$m\bar{3}$	23	$m\bar{3}m$
	$m\bar{3}m$	$432, \bar{4}3m$	

6.2.2 无倒反中心晶体点群的实验测定原理

本节主要从物理上介绍无倒反中心点群与有倒反中心点群晶体电子 (或 X 射线) 衍射的区别。如参考文献 [2] 所述, 在不考虑相对论修正的情况下, 通过高电压 E 加速的高能电子可以用波函数 $\Psi(\boldsymbol{r})$ 表示, 高能电子在晶体周期势场 $V(\boldsymbol{r})$ 中运动时, 满足稳态 Schrödinger 方程

$$\nabla^2\Psi(\boldsymbol{r})+\left(\frac{8\pi^2 me}{\mathrm{h}^2}\right)[E+V(\boldsymbol{r})]\Psi(\boldsymbol{r})=0 \tag{6.1}$$

由于 $E\sim 10^5\ V$ 或更高 $\gg V(\boldsymbol{r})\sim 10\ V$, 所以可以认为 e$E$ 是系统的总能量。式中, h 是普朗克 (Planck) 常量; m 是电子质量; e 是电子电荷。

在直角坐标系中

$$\nabla^2\Psi(\boldsymbol{r})=\frac{\partial^2\Psi(r)}{\partial x^2}+\frac{\partial^2\Psi(r)}{\partial y^2}+\frac{\partial^2\Psi(r)}{\partial z^2}$$

当 $V(\boldsymbol{r})=0$ 时, 表示电子在真空中运动, 此时,

$$\Psi(\boldsymbol{r})=\exp(2\pi i\boldsymbol{\chi}\boldsymbol{r}) \tag{6.2}$$

式中, $\boldsymbol{\chi}$ 为真空中的波矢, 并有

$$\frac{h^2\boldsymbol{\chi}^2}{2m}=\mathrm{e}E \tag{6.3}$$

为了求解晶体内高能电子运动的波函数方程 (6.1), 将周期晶体势 $V(\boldsymbol{r})$ 展开成 Fourier 级数

$$V(\boldsymbol{r})=\frac{h^2}{2me}\sum_g U_g\exp(2\pi\mathrm{i}\boldsymbol{g}\boldsymbol{r}) \tag{6.4}$$

式中, $\boldsymbol{g}$ 是倒易格矢, 求和遍及所有倒易格矢。从式 (6.4) 可知, 当 $\boldsymbol{r}'=\boldsymbol{R}+\boldsymbol{r}$ ($\boldsymbol{R}$ 是正格矢) 时, 由于 $\boldsymbol{g}\boldsymbol{R}$ 是整数, 所以 $V(\boldsymbol{R}+\boldsymbol{r})=V(\boldsymbol{r})$, 即 $V(\boldsymbol{r})$ 是以 $\boldsymbol{R}$ 为周期的函数。由于 $V(\boldsymbol{r})$ 是实数, 即 $V(\boldsymbol{r})=V^*(\boldsymbol{r})$, 所以 $U_{-g}=U_g^*$。如果晶体具有倒反中心, 则 $V(\boldsymbol{r})=V(-\boldsymbol{r})$, 可得 $U_g=U_{-g}=U_g^*$, 其中, U_g 是正实数。在晶体中, 方程 (6.1) 的解为

$$\Psi(\boldsymbol{r})=b(\boldsymbol{k},\boldsymbol{r})=\sum_g C_g(\boldsymbol{k})\exp[2\pi\mathrm{i}(k+g)\boldsymbol{r}] \tag{6.5}$$

式中, $b(\boldsymbol{k},\boldsymbol{r})$ 表示 $\Psi(\boldsymbol{r})$ 是波矢为 $\boldsymbol{k}$ 的 Bloch 波。将式 (6.5) 代入式 (6.1), 整理合并成

$$\sum_g D_g(\boldsymbol{k})\exp[2\pi\mathrm{i}(\boldsymbol{k}+\boldsymbol{g})\boldsymbol{r}]=0$$

显然只有系数 D_g 满足

$$D_g=[\boldsymbol{K}^2-(\boldsymbol{k}+\boldsymbol{g})^2]C_g(\boldsymbol{k})+{\sum_h}' U_hC_{g-h}(\boldsymbol{k})=0 \tag{6.6}$$

才可能成立。式 (6.6) 中, ${\sum\limits_h}'$ 表示 h 求和且不包括 $h=0$ 项; $\boldsymbol{K}^2=\dfrac{2meE}{h^2}+U_0=\chi^2+U_0$。如果式 (6.5) 有 N 项, 就表明 $b(\boldsymbol{k},\boldsymbol{r})$ 有 N 个平面波组成。若式 (6.5) 用双束近似, 就变成 $b(\boldsymbol{k},\boldsymbol{r})=C_0(\boldsymbol{k})\exp(2\pi\mathrm{i}\boldsymbol{k}\boldsymbol{r})+C_g(\boldsymbol{k})\exp[2\pi\mathrm{i}(\boldsymbol{k}+\boldsymbol{g})\boldsymbol{r}]$, 代入式 (6.1) 得到

$$\begin{aligned}(\boldsymbol{K}^2-\boldsymbol{k}^2)C_0(\boldsymbol{k})+U_{-g}C_g(\boldsymbol{k})=0\\ U_gC_0(\boldsymbol{k})+[\boldsymbol{K}^2-(\boldsymbol{k}+\boldsymbol{g})^2]C_g(\boldsymbol{k})=0\end{aligned} \tag{6.7}$$

欲联立方程 (6.7) 有解, 其系数行列式必为 0

$$\begin{vmatrix}\boldsymbol{K}^2-\boldsymbol{k}^2 & U_{-g}\\ U_g & \boldsymbol{K}^2-(\boldsymbol{k}+\boldsymbol{g})^2\end{vmatrix}=(\boldsymbol{k}^2-\boldsymbol{K}^2)[(\boldsymbol{k}+\boldsymbol{g})^2-\boldsymbol{K}^2]-U_gU_{-g}=0 \tag{6.8}$$

式中, 通常 $k\approx K\approx|\boldsymbol{k}+\boldsymbol{g}|$, 可以认为 $(\boldsymbol{k}+\boldsymbol{K})(|\boldsymbol{k}+\boldsymbol{g}|+K)\approx 4K^2$, 所以

$$(\boldsymbol{k}-\boldsymbol{K})(|\boldsymbol{k}+\boldsymbol{g}|-K)\approx\frac{U_gU_{-g}}{4K^2}=\frac{|U_g|^2}{4K^2} \tag{6.9}$$

当 $\boldsymbol{k}=\boldsymbol{k}+\boldsymbol{g}$ 时, 即 Bragg 衍射发生时,

$$k=\mp\frac{U_g}{2K}+K \tag{6.10}$$

即存在两套 Bloch 波:

$$b(\boldsymbol{k},\boldsymbol{r})^{(1)}=C_0^{(1)}(\boldsymbol{k})\exp(2\pi\mathrm{i}\boldsymbol{k}^{(1)}\boldsymbol{r})+C_g^{(1)}(\boldsymbol{k})\exp[2\pi\mathrm{i}(\boldsymbol{k}^{(1)}+\boldsymbol{g})\boldsymbol{r}] \tag{6.11}$$

$$b(\boldsymbol{k},\boldsymbol{r})^{(2)}=C_0^{(2)}(\boldsymbol{k})\exp(2\pi\mathrm{i}\boldsymbol{k}^{(2)}\boldsymbol{r})+C_g^{(2)}(\boldsymbol{k})\exp[2\pi\mathrm{i}(\boldsymbol{k}^{(2)}+\boldsymbol{g})\boldsymbol{r}] \tag{6.12}$$

式中, $\boldsymbol{k}^{(1)}=-\dfrac{U_g}{2\boldsymbol{K}}+\boldsymbol{K}$, $\boldsymbol{k}^{(2)}=\dfrac{U_g}{2\boldsymbol{K}}+\boldsymbol{K}$。从式 (6.7) 可知,

$$\frac{C_g^{(1)}(\boldsymbol{k})}{C_0^{(1)}(\boldsymbol{k})}=\frac{\boldsymbol{k}^2-\boldsymbol{K}^2}{U_{-g}}\approx\frac{2\boldsymbol{K}(\boldsymbol{k}-\boldsymbol{K})}{U_{-g}}=-1$$

$$\frac{C_g^{(2)}(\boldsymbol{k})}{C_0^{(2)}(\boldsymbol{k})}=\frac{\boldsymbol{k}^2-\boldsymbol{K}^2}{U_{-g}}\approx\frac{2\boldsymbol{K}(\boldsymbol{k}-\boldsymbol{K})}{U_{-g}}=1$$

据此, (6.11) 和 (6.12) 可写成

$$\begin{aligned}b(\boldsymbol{k},\boldsymbol{r})^{(1)}&=C_0^{(1)}(\boldsymbol{k})\left\{\exp(2\pi\mathrm{i}\boldsymbol{k}^{(1)}\boldsymbol{r})-\exp[2\pi\mathrm{i}(\boldsymbol{k}^{(1)}+g)\boldsymbol{r}]\right\}\\&=2\mathrm{i}C_0^{(1)}(\boldsymbol{k})\sin\pi\boldsymbol{g}\boldsymbol{r}\exp\left[2\pi\mathrm{i}\left(\boldsymbol{k}^{(1)}+\frac{g}{2}\right)\boldsymbol{r}\right]\end{aligned} \tag{6.13}$$

$$\begin{aligned}b(\boldsymbol{k},\boldsymbol{r})^{(2)}&=C_0^{(2)}(\boldsymbol{k})\left\{\exp(2\pi\mathrm{i}\boldsymbol{k}^{(2)}\boldsymbol{r})+\exp[2\pi\mathrm{i}(\boldsymbol{k}^{(2)}+g)\boldsymbol{r}]\right\}\\&=2C_0^{(2)}(\boldsymbol{k})\cos\pi\boldsymbol{g}\boldsymbol{r}\exp\left[2\pi\mathrm{i}\left(\boldsymbol{k}^{(2)}+\frac{g}{2}\right)\boldsymbol{r}\right]\end{aligned} \tag{6.14}$$

式中, $C_0^{(1)}(\boldsymbol{k})$ 和 $C_0^{(2)}(\boldsymbol{k})$ 可通过半无限晶体边界条件确定。图 6.3 给出了 Bloch 波 $\boldsymbol{k}_0^{(i)}$, $\boldsymbol{k}_g^{(i)}$ $(i=1,2)$ 在晶体中传播的示意图。

图 6.3 中 $\boldsymbol{k}_0^{(i)}$ 和 $\boldsymbol{k}_g^{(i)}$ $(i=1,2)$ 表示 $b(\boldsymbol{k},\boldsymbol{r})^{(1)}$ 和 $b(\boldsymbol{k},\boldsymbol{r})^{(2)}$ 的入射和衍射波矢。$\boldsymbol{g}$ 表示产生 Bragg 衍射晶面的倒易矢量, $\boldsymbol{R}$ 表示平行于 $\boldsymbol{g}$ 的正空间格矢。黑点表示参与衍射的原子。$|b^{(1)}|^2$ 和 $|b^{(2)}|^2$ 表示 $b(\boldsymbol{k},\boldsymbol{r})^{(1)}$ 和 $b(\boldsymbol{k},\boldsymbol{r})^{(2)}$ 沿 $\boldsymbol{R}$ 方向强度的变化, 也表示 $b(\boldsymbol{k},\boldsymbol{r})^{(1)}$ 和 $b(\boldsymbol{k},\boldsymbol{r})^{(2)}$ 电子在正空间出现的概率, 图 6.3 表明 $b(\boldsymbol{k},\boldsymbol{r})^{(1)}$ 电子流主要集中在两个原子面之间, 而 $b(\boldsymbol{k},\boldsymbol{r})^{(2)}$ 电子流主要集中在原子面附近, 后者与散射原子作用更强烈, 由于高能电子流的冲击, 此处容易产生电子激发并引起晶格振动而产生声子散射, 此处原子也易被高能电子流电离等, 这就是反常吸收效应 (非弹性散射) 造成弹性散射能量损失的原因。尽管没有波动力学微扰理论那么严格, 但我们仍可用简单的方法, 唯象且合理地计算反常吸收效应引起的弹性散射能量的损失。

为此, 将式 (6.4) 中的 $V(\boldsymbol{r})$ 改为 $V(\boldsymbol{r})+iV'(\boldsymbol{r})$ $\left[V'(\boldsymbol{r})\approx\dfrac{V(\boldsymbol{r})}{10}\sim\dfrac{V(\boldsymbol{r}')}{30}\right]$。

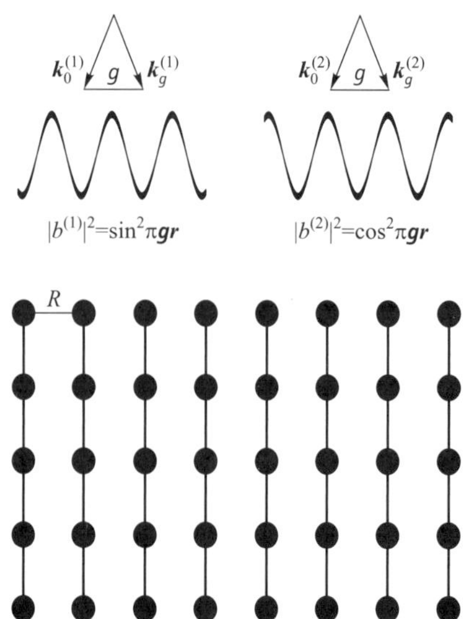

图 6.3　Block 波 $\boldsymbol{k}_0^{(i)},\boldsymbol{k}_g^{(i)}$ $(i=1,2)$ 在晶体中传播的示意图

这里 $V(\boldsymbol{r})$ 和 $V'(\boldsymbol{r})$ 不一定满足中心对称条件: $V(\boldsymbol{r}) = V(-\boldsymbol{r})$, $V'(\boldsymbol{r}) = V(-\boldsymbol{r})$, 但都满足周期函数条件。故 $V'(\boldsymbol{r})$ 可以表示为

$$V'(\boldsymbol{r}) = \frac{h^2}{2m\mathrm{e}}\sum_g U'_g \exp(2\pi\mathrm{i}\boldsymbol{g}\boldsymbol{r}) \tag{6.15}$$

$iV'(\boldsymbol{r})$ 所引起体系的能量衰减为

$$i\mathrm{e}\Delta E = i\int b^{(i)*}(\boldsymbol{k}^{(i)},\boldsymbol{r})\mathrm{e}V'b^{(i)}(\boldsymbol{k}^{(i)},\boldsymbol{r})\mathrm{d}\tau$$

由于 $\dfrac{h^2k^{(i)2}}{2m}=\mathrm{e}E$, 所以 $\Delta k^{(i)} = \dfrac{m}{h^2k^{(i)}}\mathrm{e}\Delta E$, 相应的 $k^{(i)}$ 的变化为

$$\begin{aligned}
i\Delta k^{(i)} &= \frac{im}{h^2k^{(i)}}\int b^{(i)*}(\boldsymbol{k}^{(i)},\boldsymbol{r})\mathrm{e}V'b^{(i)}(\boldsymbol{k}^{(i)},\boldsymbol{r})\mathrm{d}\tau \\
&= i[U'_0(|C_0^{(i)}|^2+|C_g^{(i)}|^2)+U'_gC_0^{(i)}C_g^{(i)*}+U'_{-g}C_g^{(i)}C_0^{(i)*}] \\
&= i|C_0^{(i)}|^2[2U'_0\mp(U'_g+U'_{-g})]
\end{aligned} \tag{6.16}$$

在式 (6.16) 推导过程中, 使用了如下关系式 (一维形式)

$$\int_{-\Delta x}^{\Delta x}\exp(2\pi\mathrm{i}\boldsymbol{g}\boldsymbol{x})\mathrm{d}x = \frac{2\sin(2\pi g\Delta x)}{2\pi g}$$

在 $g=0$ 时为极大值, 所以 $\displaystyle\int_{-\Delta x}^{\Delta x} f(\boldsymbol{g})\exp(2\pi\mathrm{i}\boldsymbol{g}\boldsymbol{x})\mathrm{d}x \approx f(0)$。

从图 6.3 可见, 尽管 $b(\boldsymbol{k},\boldsymbol{r})^{(1)}$ 电子流主要在两个原子面之间、$b(\boldsymbol{k},\boldsymbol{r})^{(2)}$ 电子流主要在原子面附近, 但 $\boldsymbol{k}_0^{(i)}$ 和 $\boldsymbol{k}_g^{(i)}$ 沿 $\boldsymbol{g}$ 的分量是不变, 只有沿垂直 $\boldsymbol{g}$ 的 z 方向分量是变化的, 换句话说, $\Delta\boldsymbol{k}^{(i)}$ 是沿 z 方向变化的。令式 (6.13) 和式 (6.14) 中的 $\boldsymbol{k}^{(i)}=\boldsymbol{k}^{(i)}+i\Delta\boldsymbol{k}^{(i)}$, 可得

$$b(\boldsymbol{k},\boldsymbol{r})^{(1)}=2\mathrm{i}C_0^{(1)}(\boldsymbol{k})\sin(\pi\boldsymbol{g}\boldsymbol{r})\exp\left[2\pi\mathrm{i}\left(\boldsymbol{k}^{(1)}+\frac{\boldsymbol{g}}{2}\right)\boldsymbol{r}\right]\cdot \left\{\exp-2\pi|C_0^{(1)}|^2[2U_0'-(U_g'+U_{-g}')]z\right\} \tag{6.17}$$

$$b(\boldsymbol{k},\boldsymbol{r})^{(2)}=2C_0^{(2)}(\boldsymbol{k})\cos(\pi\boldsymbol{g}\boldsymbol{r})\exp\left[2\pi\mathrm{i}\left(\boldsymbol{k}^{(2)}+\frac{\boldsymbol{g}}{2}\right)\boldsymbol{r}\right]\cdot \left\{\exp-2\pi|C_0^{(2)}|^2[2U_0'+(U_g'+U_{-g}')]z\right\} \tag{6.18}$$

从式 (6.17) 和式 (6.18) 最后一项可知, 由于在传播过程中, $b(\boldsymbol{k},\boldsymbol{r})^{(1)}$ 和 $b(\boldsymbol{k},\boldsymbol{r})^{(2)}$ 的波矢不断变化, 产生非弹性散射电子, 因此它们都在不断以指数衰减。比较式 (6.17) 和式 (6.18) 的指数衰减项可以发现, 由于 $b(\boldsymbol{k},\boldsymbol{r})^{(2)}$ 电子流主要在原子面附近, $b(\boldsymbol{k},\boldsymbol{r})^{(2)}$ 的指数衰减项

$$\exp\left\{-2\pi|C_0^{(1)}|^2[2U_0'+(U_g'+U_{-g}')]z\right\}$$

比 $b(\boldsymbol{k},\boldsymbol{r})^{(1)}$ 的指数衰减项

$$\exp\left\{-2\pi|C_0^{(1)}|^2[2U_0'-(U_g'+U_{-g}')]z\right\}$$

更大, 指数衰减得更快。

作为反常吸收的重要部分, 等离子体散射主要和 U_0' 有关, 声子散射主要和 U_g' 和 U_{-g}' 有关。通常, 随着散射角 (入射方向和散射方向的夹角) 的增加, 非弹性散射强度急速衰减。非弹性散射电子位于弹性散射电子形成的衍射斑点周围, 决定了电子衍射花样背底的强度。如果非弹性散射电子满足 Bragg 定律, 就会在传播过程中被晶面衍射, 引起背底强度的重新分配, 形成亮–暗线对构成的 Kikuchi 线花样。图 6.4 简单说明了 Kikuchi 线花样的形成原因。

图 6.4 会聚束衍射光路简图。左面圆圈中的小图描述了在晶体内部非弹性散射电子被晶面 Bragg 衍射的状况。其中, Θ_g^c 和 Θ_{-g}^c 是非弹性散射角, θ 是 Bragg 衍射角。图中仅给出 $\boldsymbol{g}$ 衍射盘和 $-\boldsymbol{g}$ 衍射盘中的亮–暗线对如图 6.4 所示, 从光源发出的非相干电子, 经会聚镜会聚成晶体样品上的光斑 P。沿 OP 方向的非相干电子在晶体内发生非弹性散射, 沿 PQ' 方向非弹性散射角 Θ_g^c 比沿 PR' 方向的散射角 Θ_{-g}^c 小, 所以沿 PQ' 方向的非弹性散射强度比沿 PR' 方向的非弹性散射强度高, 具有较高强度的非弹性散射电子在传播过程中经晶面族 $\boldsymbol{g}$ 的 Bragg 衍射后, 沿 $Q'Q$ 方向行进, 在物镜后焦面的 Q 点形成亮点,

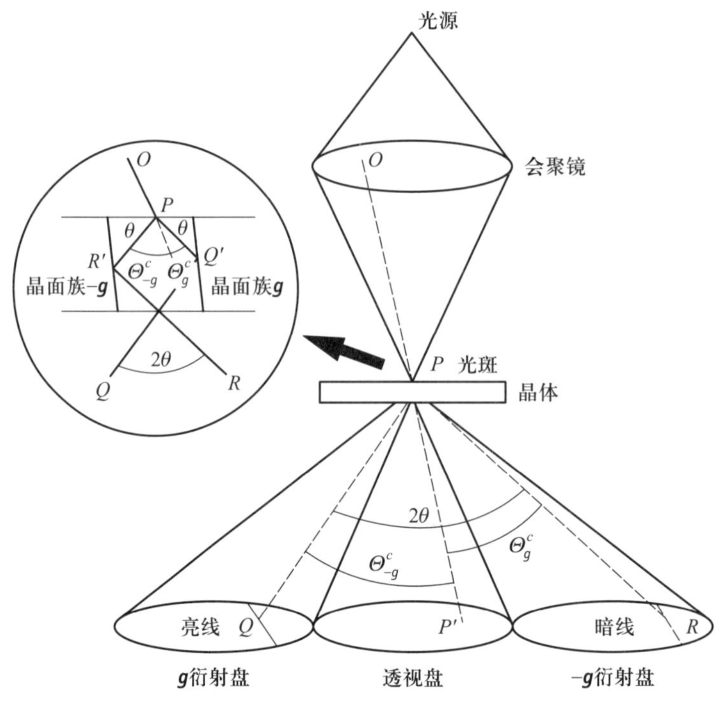

图 6.4　Kikuchi 线花样形成原理

所有具有相同散射角 Θ_g^c 的非散射电子经晶面族 $\boldsymbol{g}$ 的 Bragg 衍射后, 形成了一条过 Q 点的亮线。反之, 沿 PR' 方向、具有较低强度的非弹性散射电子经晶面族 $-\boldsymbol{g}$ 的 Bragg 衍射后, 沿 $R'R$ 方向行进, 在物镜后焦面的 R 点形成暗点, 所有具有相同散射角 Θ_{-g}^c 的非散射电子, 形成了一条过点 R 的暗线。PQ 和 PR 之间的夹角为 2θ。对于没有倒反中心的晶体 $V(\boldsymbol{r}) \neq V(-\boldsymbol{r})$, $\boldsymbol{g}$ 衍射盘和 $-\boldsymbol{g}$ 衍射盘中的亮–暗线对和具有倒反中心的晶体不同, 对亮–暗线对进行分析就可以确定晶体是否具有倒反中心。会聚束衍射除了能测定晶体对称群外, 还能测定微区晶格常数、晶体缺陷、局部应变、晶体极化矢量和畴结构等, 欲了解详情, 请参考有关的专著和文献。

6.3　点群与描述晶体平衡态物理性质张量的关系

6.3.1　标量、矢量和二阶张量

如果物体的物理性质和方向无关, 或者说, 沿任意方向测量这些物理性质时, 在误差范围内结果都是一样的, 如各向同性的气体、液体或多晶体的密度或温度等。可用标量表示这些与方向无关的物理量, 标量也可视为零阶张量。

许多物理量是和方向有关的, 如在空间一点上作用的力, 在空间一点上的电场强度、磁偶极距或在空间一点上的温度梯度等, 都可用矢量表示这些与方向有关的物理量。矢量也可视为一阶张量。

下面以电流 $\boldsymbol{j}$ 和电场 $\boldsymbol{E}$ 的关系为例, 说明二阶张量的含义。对于各向同性的物体, 电流 $\boldsymbol{j}$ 和电场 $\boldsymbol{E}$ 的物理关系可表示为 $\boldsymbol{j}=\sigma\boldsymbol{E}$, σ 称为电导率。不过, 对于各向异性物体, 在直角坐标系中, $\boldsymbol{j}=[\boldsymbol{j}_x \quad \boldsymbol{j}_y \quad \boldsymbol{j}_z]$ 与 $\boldsymbol{E}=[\boldsymbol{E}_x \quad \boldsymbol{E}_y \quad \boldsymbol{E}_z]$ 关系的一般表达式为

$$\boldsymbol{j}_x=\sigma_{11}\boldsymbol{E}_x+\sigma_{12}\boldsymbol{E}_y+\sigma_{13}\boldsymbol{E}_z \tag{6.19}$$

$$\boldsymbol{j}_y=\sigma_{21}\boldsymbol{E}_x+\sigma_{22}\boldsymbol{E}_y+\sigma_{23}\boldsymbol{E}_z \tag{6.20}$$

$$\boldsymbol{j}_z=\sigma_{31}\boldsymbol{E}_x+\sigma_{32}\boldsymbol{E}_y+\sigma_{33}\boldsymbol{E}_z \tag{6.21}$$

这里 $\boldsymbol{\sigma}=\begin{bmatrix}\sigma_{11} & \sigma_{12} & \sigma_{13}\\ \sigma_{21} & \sigma_{22} & \sigma_{23}\\ \sigma_{31} & \sigma_{32} & \sigma_{33}\end{bmatrix}$, 表示各向异性的物体的电导率, 它是二阶张量。式 (6.19)、式 (6.20)、式 (6.21) 可写成矩阵形式 (6.22):

$$\begin{bmatrix}\boldsymbol{j}_x\\ \boldsymbol{j}_y\\ \boldsymbol{j}_z\end{bmatrix}=\begin{bmatrix}\sigma_{11} & \sigma_{12} & \sigma_{13}\\ \sigma_{21} & \sigma_{22} & \sigma_{23}\\ \sigma_{31} & \sigma_{32} & \sigma_{33}\end{bmatrix}\begin{bmatrix}\boldsymbol{E}_x\\ \boldsymbol{E}_y\\ \boldsymbol{E}_z\end{bmatrix} \tag{6.22}$$

可用二阶张量表示的物理量有许多, 如应力、应变、热导率、介电常数、电介质极化率、磁导率和磁化率等。二阶张量有 9 个分量。一般来说, 在三维空间中的物理量可用 r 阶张量表示, 它有 3^r 个分量。下面以二阶张量为例讨论一下晶体的对称性对晶体物理性质的影响。例如, 式 (6.22) 描述了物理量 $\boldsymbol{j}$ 与 $\boldsymbol{E}$ 之间的关系, 一旦坐标系确定, $\boldsymbol{E}=[\boldsymbol{E}_x \quad \boldsymbol{E}_y \quad \boldsymbol{E}_z]$ 就能确定, 通过 3×3 矩阵 $\boldsymbol{\sigma}$ 就可以求出 $\boldsymbol{j}=[\boldsymbol{j}_x \quad \boldsymbol{j}_y \quad \boldsymbol{j}_z]$。改变 $\boldsymbol{j}$ 和 $\boldsymbol{E}$ 时, 它们的分量会改变, 但 $\boldsymbol{j}$ 与 $\boldsymbol{E}$ 之间的关系保持不变, 即二阶张量 $\boldsymbol{\sigma}=\begin{bmatrix}\sigma_{11} & \sigma_{12} & \sigma_{13}\\ \sigma_{21} & \sigma_{22} & \sigma_{23}\\ \sigma_{31} & \sigma_{32} & \sigma_{33}\end{bmatrix}$ 保持不变, 换句话说, 二阶张量的形式只与测量的坐标系选择有关, 一旦测量的坐标系选定, 二阶张量的形式就固定了。

6.3.2 晶体点群对晶体物理性质的影响

关于晶体对称性和晶体物理性质的关系, Neumann 提出了一个被称作 Neumann 原理的基本假设: 晶体物理性质对称操作元包含了晶体点群 (不是

空间群) 的对称操作元, 这就是说, 不仅晶体物理性质对称操作元包含所有晶体点群的对称操作元, 而且可能比晶体点群的对称操作元还要多。如表 5.8 所列的晶体点群中有 11 种是不包含倒反中心的晶体, 如立方晶系的 $\bar{4}3m$。如果我们沿某一方向测量具有点群 $\bar{4}3m$ 晶体样品的弹性, 就需要沿这个方向加载, 并测量这个方向的应力和相应的应变, 不过, 沿这个方向的相反方向加载, 测量结果也是一样的。也就是说, 晶体物理性质对称操作元比点群 $\bar{4}3m$ 称操作元多了一个倒反中心。同样, 如果式 (6.22) 中 $\boldsymbol{E}$ 反向, $\boldsymbol{j}$ 也同时反向, 但 $\boldsymbol{\sigma}$ 是不变的。这说明不管晶体有无倒反中心, 以二阶张量表征的晶体物理性质都具有中心对称性。实际上, 多数表征的晶体物理性质的二阶张量是 3×3 对称矩阵。

6.3.3　二阶张量的矩阵表示和矩阵变换

6.3.3.1　坐标变换

3.5 节已讨论过同一矢量在不同坐标系分量之间的关系。这一节给出一种具体变换。在基矢为 $[\boldsymbol{e}_1\quad \boldsymbol{e}_2\quad \boldsymbol{e}_3]$ 的坐标系中, 矢量可表示为

$$\boldsymbol{P} = x_1\boldsymbol{e}_1 + x_2\boldsymbol{e}_2 + x_3\boldsymbol{e}_3$$

在基矢为 $[\boldsymbol{e}_1'\quad \boldsymbol{e}_2'\quad \boldsymbol{e}_3']$ 的坐标系中, 矢量可表示为

$$\boldsymbol{P} = x_1'\boldsymbol{e}_1' + x_2'\boldsymbol{e}_2' + x_3'\boldsymbol{e}_3'$$

在基矢为 $[\boldsymbol{e}_1\quad \boldsymbol{e}_2\quad \boldsymbol{e}_3]$ 的坐标系和基矢为 $[\boldsymbol{e}_1'\quad \boldsymbol{e}_2'\quad \boldsymbol{e}_3']$ 的坐标系中, 同一矢量 $\boldsymbol{P}$ 的分量 $[x_1\quad x_2\quad x_3]^{\mathrm{T}}$ 和 $[x_1'\quad x_2'\quad x_3']^{\mathrm{T}}$ 的关系为

$$x_1' = x_1\cos\widehat{\boldsymbol{e}_1\boldsymbol{e}_1'} + x_2\cos\widehat{\boldsymbol{e}_2\boldsymbol{e}_1'} + x_3\cos\widehat{\boldsymbol{e}_3\boldsymbol{e}_1'}$$

$$x_2' = x_1\cos\widehat{\boldsymbol{e}_1\boldsymbol{e}_2'} + x_2\cos\widehat{\boldsymbol{e}_2\boldsymbol{e}_2'} + x_3\cos\widehat{\boldsymbol{e}_3\boldsymbol{e}_2'}$$

$$x_3' = x_1\cos\widehat{\boldsymbol{e}_1\boldsymbol{e}_3'} + x_2\cos\widehat{\boldsymbol{e}_2\boldsymbol{e}_3'} + x_3\cos\widehat{\boldsymbol{e}_3\boldsymbol{e}_3'}$$

改写成

$$x_1' = a_{11}x_1 + a_{12}x_2 + a_{13}x_3 \tag{6.23}$$

$$x_2' = a_{21}x_1 + a_{22}x_2 + a_{23}x_3 \tag{6.24}$$

$$x_3' = a_{31}x_1 + a_{32}x_2 + a_{33}x_3 \tag{6.25}$$

式 (6.23)、式 (6.24) 和式 (6.25) 可以写成矩阵或哑标形式:

$$\begin{bmatrix} x_1' \\ x_2' \\ x_3' \end{bmatrix} = \begin{bmatrix} a_{11} & a_{12} & a_{13} \\ a_{21} & a_{22} & a_{23} \\ a_{31} & a_{32} & a_{33} \end{bmatrix} \begin{bmatrix} x_1 \\ x_2 \\ x_3 \end{bmatrix} \tag{6.26}$$

$$x_i' = a_{ij} x_j \tag{6.27}$$

$$\begin{bmatrix} x_1 \\ x_2 \\ x_3 \end{bmatrix} = \begin{bmatrix} a_{11} & a_{21} & a_{31} \\ a_{12} & a_{22} & a_{32} \\ a_{13} & a_{23} & a_{33} \end{bmatrix} \begin{bmatrix} x_1' \\ x_2' \\ x_3' \end{bmatrix} \tag{6.28}$$

$$x_i = a_{ji} x_j' \tag{6.29}$$

式 (6.27) 和式 (6.29) 分别是式 (6.26) 和式 (6.28) 的哑标形式, 哑标运算规则是, 对相同下标 j 项求和, 这里 $j = 1$、2 或 3。

6.3.3.2 二阶张量的矩阵变换

在基矢为 $[\boldsymbol{e}_1 \quad \boldsymbol{e}_2 \quad \boldsymbol{e}_3]$ 的坐标系中的两个物理量, 比如电场 $\boldsymbol{E}$ 和电流 $\boldsymbol{j}$ 的分量 $[E_1 \quad E_2 \quad E_3]^{\mathrm{T}}$ 和 $[j_1 \quad j_2 \quad j_3]^{\mathrm{T}}$ 的物理关系可以写成二阶张量形式

$$\begin{bmatrix} j_1 \\ j_2 \\ j_3 \end{bmatrix} = \begin{bmatrix} T_{11} & T_{12} & T_{13} \\ T_{21} & T_{22} & T_{23} \\ T_{31} & T_{32} & T_{33} \end{bmatrix} \begin{bmatrix} E_1 \\ E_2 \\ E_3 \end{bmatrix} \tag{6.30}$$

那么, 在基矢为 $[\boldsymbol{e}_1' \quad \boldsymbol{e}_2' \quad \boldsymbol{e}_3']$ 的坐标系中, 这两个物理量分量 $[E_1' \quad E_2' \quad E_3']^{\mathrm{T}}$ 和 $[j_1' \quad j_2' \quad j_3']^{\mathrm{T}}$ 的物理关系可以写成

$$\begin{bmatrix} j_1' \\ j_2' \\ j_3' \end{bmatrix} = \begin{bmatrix} T_{11}' & T_{12}' & T_{13}' \\ T_{21}' & T_{22}' & T_{23}' \\ T_{31}' & T_{32}' & T_{33}' \end{bmatrix} \begin{bmatrix} E_1' \\ E_2' \\ E_3' \end{bmatrix} \tag{6.31}$$

6.3.3.1 节的矩阵 $\boldsymbol{A} = \begin{bmatrix} a_{11} & a_{21} & a_{31} \\ a_{12} & a_{22} & a_{32} \\ a_{13} & a_{23} & a_{33} \end{bmatrix}$ 是从基矢为 $[\boldsymbol{e}_1 \quad \boldsymbol{e}_2 \quad \boldsymbol{e}_3]$ 的坐标系到基矢为 $[\boldsymbol{e}_1' \quad \boldsymbol{e}_2' \quad \boldsymbol{e}_3']$ 的坐标系同一矢量分量的坐标变换矩阵 [相当于式 (3.14) 的 $\boldsymbol{P}^{-1}$], 那么, 参考式 (3.20) 可知, 在基矢为 $[\boldsymbol{e}_1 \quad \boldsymbol{e}_2 \quad \boldsymbol{e}_3]$ 的坐标系中坐标变换矩阵为 $\boldsymbol{T} = \begin{bmatrix} T_{11} & T_{12} & T_{13} \\ T_{21} & T_{22} & T_{23} \\ T_{31} & T_{32} & T_{33} \end{bmatrix}$, 在基矢为 $[\boldsymbol{e}_1' \quad \boldsymbol{e}_2' \quad \boldsymbol{e}_3']$ 的坐标系中为 $\boldsymbol{T}' =$

$\begin{bmatrix} T'_{11} & T'_{12} & T'_{13} \\ T'_{21} & T'_{22} & T'_{23} \\ T'_{31} & T'_{32} & T'_{33} \end{bmatrix}$ 参考式 (3.20) 可知二阶张量 $\boldsymbol{T}'$ 和 $\boldsymbol{T}$ 的关系为

$$\begin{bmatrix} T'_{11} & T'_{12} & T'_{13} \\ T'_{21} & T'_{22} & T'_{23} \\ T'_{31} & T'_{32} & T'_{33} \end{bmatrix} = \begin{bmatrix} a_{11} & a_{12} & a_{13} \\ a_{21} & a_{22} & a_{23} \\ a_{31} & a_{32} & a_{33} \end{bmatrix} \begin{bmatrix} T_{11} & T_{12} & T_{13} \\ T_{21} & T_{22} & T_{23} \\ T_{31} & T_{32} & T_{33} \end{bmatrix} \begin{bmatrix} a_{11} & a_{12} & a_{13} \\ a_{21} & a_{22} & a_{23} \\ a_{31} & a_{32} & a_{33} \end{bmatrix}^{-1} \tag{6.32}$$

由于矩阵 $\boldsymbol{A}$ 是正交矩阵, 所以 $\boldsymbol{A}^{-1} = \boldsymbol{A}^{\mathrm{T}}$, 即矩阵 $\boldsymbol{A}$ 的逆矩阵等于它的转置矩阵。由此, 式 (6.32) 可以改写成

$$\begin{bmatrix} T'_{11} & T'_{12} & T'_{13} \\ T'_{21} & T'_{22} & T'_{23} \\ T'_{31} & T'_{32} & T'_{33} \end{bmatrix} = \begin{bmatrix} a_{11} & a_{12} & a_{13} \\ a_{21} & a_{22} & a_{23} \\ a_{31} & a_{32} & a_{33} \end{bmatrix} \begin{bmatrix} T_{11} & T_{12} & T_{13} \\ T_{21} & T_{22} & T_{23} \\ T_{31} & T_{32} & T_{33} \end{bmatrix} \begin{bmatrix} a_{11} & a_{21} & a_{31} \\ a_{12} & a_{22} & a_{32} \\ a_{13} & a_{23} & a_{33} \end{bmatrix} \tag{6.33}$$

式 (6.33) 写成哑标形式

$$T'_{kl} = a_{ki} T_{ij} a_{lj} \tag{6.34}$$

式中, 先对 i 求和, 再对 j 求和。i、k 和 $l = 1$、2 或 3。

6.3.4 二阶张量的几何表示

从 6.3.1 节所述的电导率测量中我们可以知道, 除了相反方向外, 许多晶体物理性质的测量和测量方向有关, 这表明表征晶体物理性质的张量和晶体对称性有关。下面以二阶张量为例介绍张量的几何表示。

二次曲面方程

$$\begin{aligned} &T_{11}x_1^2 + T_{12}x_1x_2 + T_{13}x_1x_3 + T_{21}x_2x_1 + T_{22}x_2^2 + \\ &T_{23}x_2x_3 + T_{31}x_3x_1 + T_{32}x_3x_2 + T_{33}x_3^2 = 1 \end{aligned} \tag{6.35}$$

写成哑标形式

$$T_{ij}x_ix_j = 1 \tag{6.36}$$

下面用二阶张量 $\boldsymbol{T} = \begin{bmatrix} T_{11} & T_{12} & T_{13} \\ T_{21} & T_{22} & T_{23} \\ T_{31} & T_{32} & T_{33} \end{bmatrix}$ 的元作为式 (6.35) 的系数, 探讨一下

二阶张量和二次曲面方程之间的关系。由于表征晶体物理性质的二阶张量满足 $T_{ij}=T_{ji}$, 具有对称矩阵形式, 所以式 (6.35) 可以写成

$$T_{11}x_1^2+T_{22}x_2^2+T_{33}x_3^2+2T_{12}x_1x_2+2T_{23}x_2x_3+2T_{31}x_3x_1=1 \tag{6.37}$$

式 (6.37) 是二次曲面方程: 椭球面或双曲面。利用式 (6.33), 可以从基矢为 $[\boldsymbol{e}_1\quad \boldsymbol{e}_2\quad \boldsymbol{e}_3]$ 的坐标系变换到基矢为 $[\boldsymbol{e}_1'\quad \boldsymbol{e}_2'\quad \boldsymbol{e}_3']$ 的坐标系, 在基矢为 $[\boldsymbol{e}_1'\quad \boldsymbol{e}_2'\quad \boldsymbol{e}_3']$ 的坐标系中, 式 (6.36) 变成

$$T_{ij}a_{ki}a_{lj}x_k'x_l'=1 \tag{6.38}$$

由式 (6.34), 式 (6.38) 可以改写成

$$T_{kl}'x_k'x_l'=1 \tag{6.39}$$

式 (6.39) 形式上和式 (6.36) 一样。这表明以二阶张量 $\boldsymbol{T}$ 元为系数的二次曲面方程在坐标变换时不改变二次曲面方程形式。

通常, 二次曲面一定存在主轴 (详见参考文献 [3])。主轴是三维空间互相垂直的 3 条轴, 它们构成直角坐标系。在主轴构成的直角坐标系中, 式 (6.37) 可写成

$$T_1x_1^2+T_2x_2^2+T_3x_3^2=1 \tag{6.40}$$

当系数 T_1、T_2 和 T_3 全是正数时, 二次曲面方程为椭球面方程 $\dfrac{x_1^2}{a^2}+\dfrac{x_2^2}{b^2}+\dfrac{x_3^2}{c^2}=1$, 这时半主轴长 $a=\dfrac{1}{\sqrt{T_1}}$, $b=\dfrac{1}{\sqrt{T_2}}$, $c=\dfrac{1}{\sqrt{T_3}}$, $\boldsymbol{a}$、$\boldsymbol{b}$ 和 $\boldsymbol{c}$ 是主轴直角坐标系 (x_1,x_2,x_3) 方向基矢。当系数 T_1、T_2 和 T_3 中两个是正数一个是负数时, 二次曲面方程为单叶双曲面方程; 设 T_1、$T_2>0$, $T_3<0$, 则 $\dfrac{x_1^2}{a^2}+\dfrac{x_2^2}{b^2}-\dfrac{x_3^2}{c^2}=1$, 这时半主轴长 $a=\dfrac{1}{\sqrt{T_1}}$, $b=\dfrac{1}{\sqrt{T_2}}$, 虚半主轴长 $c=\dfrac{1}{\sqrt{-T_3}}$。当系数 T_1、T_2 和 T_3 中一个是正数两个是负数时, 二次曲面方程为双叶双曲面方程; 设 T_1、$T_2<0$, $T_3>0$, 则 $\dfrac{x_1^2}{a^2}+\dfrac{x_2^2}{b^2}-\dfrac{x_3^2}{c^2}=-1$, 这时半主轴长 $a=\dfrac{1}{\sqrt{-T_1}}$, $b=\dfrac{1}{\sqrt{-T_2}}$, 虚半主轴长 $c=\dfrac{1}{\sqrt{T_3}}$。平行于 x_3 轴的平面与单、双叶双曲面的交线为双曲线, 垂直于 x_3 轴的平面与单叶双曲面的交线为椭圆, 垂直于 x_3 轴的平面与双叶双曲面的交线为虚椭圆。图 6.5 给出了主轴直角坐标系中二次曲面 $T_1x_1^2+T_2x_2^2+T_3x_3^2=1$ 的示意图。

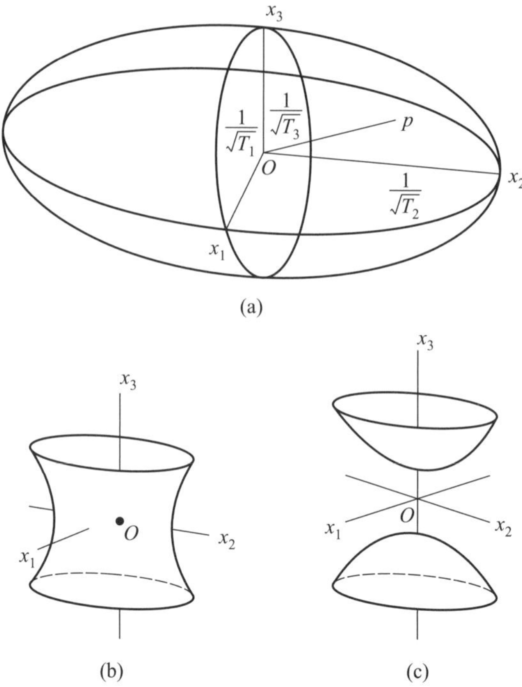

图 6.5　主轴直角坐标系中二次曲面 $T_1x_1^2+T_2x_2^2+T_3x_3^2=1$ 的示意图。其中, x_1、x_2、x_3 为二次曲面上点 P 在主轴直角坐标系基矢 $\boldsymbol{a}$、$\boldsymbol{b}$ 和 $\boldsymbol{c}$ 方向的分量。(a) 椭球面 $\dfrac{x_1^2}{a^2}+\dfrac{x_2^2}{b^2}+\dfrac{x_3^2}{c^2}=1$ (设 T_1、T_2 和 $T_3>0$); (b) 单叶双曲面方程 $\dfrac{x_1^2}{a^2}+\dfrac{x_2^2}{b^2}-\dfrac{x_3^2}{c^2}=1$ (设 T_1、$T_2>0, T_3<0$); (c) 双叶双曲面方程 $\dfrac{x_1^2}{a^2}+\dfrac{x_2^2}{b^2}-\dfrac{x_3^2}{c^2}=-1$ (设 T_1、$T_2<0, T_3>0$)

大多数二阶张量是对称张量, 有 6 个独立的元。如果二次曲面的主轴“固定”在晶体的某个旋转轴方向, 二阶张量的元的个数就可以大大减少。比如立方晶系有 4 个 3 次轴、3 个 4 次轴, 如果 3 个 4 次轴沿着二次曲面的主轴方向, 为满足立方晶系点群的对称性, 二次曲面是球面, 主轴 $a=b=c=\dfrac{1}{\sqrt{T}}$。这时二阶张量可以写成

$$\begin{bmatrix} T & 0 & 0 \\ 0 & T & 0 \\ 0 & 0 & T \end{bmatrix}$$

四方晶系点群有唯一 4 次轴, 三角晶系有唯一 3 次轴, 六角晶系有唯一 6 次轴, 如果将二次曲面的主轴 c“固定”在这些晶系的唯一轴方向, 二阶张量就会

简化。下面以六角晶系为例说明二阶张量的简化过程。

如果六角晶系有唯一 6 次轴沿 $\boldsymbol{c}$ 方向, 那么绕 $\boldsymbol{c}$ 旋转 120° (坐标变换), 表征六角晶系的二阶张量应该不变, 依据式 (6.33) 可以得到如下关系

$$\boldsymbol{T}' = \boldsymbol{A}\boldsymbol{T}\boldsymbol{A}^{\mathrm{T}}$$

$$\begin{bmatrix} T_{11} & T_{12} & T_{13} \\ T_{21} & T_{22} & T_{23} \\ T_{31} & T_{32} & T_{33} \end{bmatrix}$$
$$= \begin{bmatrix} \cos 120^\circ & \sin 120^\circ & 0 \\ -\sin 120^\circ & \cos 120^\circ & 0 \\ 0 & 0 & 1 \end{bmatrix} \begin{bmatrix} T_{11} & T_{12} & T_{13} \\ T_{21} & T_{22} & T_{23} \\ T_{31} & T_{32} & T_{33} \end{bmatrix} \begin{bmatrix} \cos 120^\circ & -\sin 120^\circ & 0 \\ \sin 120^\circ & \cos 120^\circ & 0 \\ 0 & 0 & 1 \end{bmatrix}$$

即

$$\begin{bmatrix} T_{11} & T_{12} & T_{13} \\ T_{21} & T_{22} & T_{23} \\ T_{31} & T_{32} & T_{33} \end{bmatrix} = \begin{bmatrix} -\frac{1}{2} & \frac{\sqrt{3}}{2} & 0 \\ -\frac{\sqrt{3}}{2} & -\frac{1}{2} & 0 \\ 0 & 0 & 1 \end{bmatrix} \begin{bmatrix} T_{11} & T_{12} & T_{13} \\ T_{21} & T_{22} & T_{23} \\ T_{31} & T_{32} & T_{33} \end{bmatrix} \begin{bmatrix} -\frac{1}{2} & -\frac{\sqrt{3}}{2} & 0 \\ \frac{\sqrt{3}}{2} & -\frac{1}{2} & 0 \\ 0 & 0 & 1 \end{bmatrix} \tag{6.41}$$

据此, 可以得到

$$\begin{cases} 4T_{11} = T_{11} - 2\sqrt{3}T_{12} + 3T_{22} \\ 4T_{12} = \sqrt{3}T_{11} - 2T_{12} - \sqrt{3}T_{22} \\ 4T_{22} = 3T_{11} + 2\sqrt{3}T_{12} + T_{22} \end{cases} \tag{6.42}$$

$$\begin{cases} 2T_{13} = -T_{13} + \sqrt{3}T_{23} \\ 2T_{23} = -\sqrt{3}T_{13} - T_{23} \end{cases} \tag{6.43}$$

$$T_{33} = T_{33} \tag{6.44}$$

式 (6.42) 和式 (6.43) 都是线性齐次方程组, 前者系数行列式为 0, 有非零解: $T_{11} = T_{22}$, $T_{12} - 0$; 后者系数行列式不为 0, $T_{13} = T_{23} = 0$。所以, 六角晶系二阶张量为

$$\begin{bmatrix} T_1 & 0 & 0 \\ 0 & T_1 & 0 \\ 0 & 0 & T_3 \end{bmatrix}$$

表 6.5 列出了点群对二阶张量的简化结果。前面描述了六角晶系的二阶张量简化方法。对于表 6.5 所示的单斜晶系，当其 2 次轴与轴 $\boldsymbol{b}$ 重合时，

$$\boldsymbol{A}=\begin{bmatrix}-1 & 0 & 0\\ 0 & 1 & 0\\ 0 & 0 & -1\end{bmatrix}$$

对于三斜晶系，其倒反中心在表 6.5 的原点 O 时，

$$\boldsymbol{A}=\begin{bmatrix}-1 & 0 & 0\\ 0 & -1 & 0\\ 0 & 0 & -1\end{bmatrix}$$

表 6.5　点群对二阶张量的简化

光学分类	晶系	点群对称性特征	二次曲面形式	独立系数个数	二阶张量形式
各向同性(无光轴)	立方	4 个 3 次轴	球面	1	$\begin{bmatrix}T & 0 & 0\\ 0 & T & 0\\ 0 & 0 & T\end{bmatrix}$
单轴	正方	1 个 4 次轴	绕 $\boldsymbol{c}$ 轴旋转的二次曲面	2	$\begin{bmatrix}T_1 & 0 & 0\\ 0 & T_2 & 0\\ 0 & 0 & T_3\end{bmatrix}$
	六角	1 个 6 次轴			
	三角	1 个 3 次轴			
双轴	正交	3 个互相垂直 2 次轴	3 个 2 次轴在主轴的二次曲面	3	$\begin{bmatrix}T_1 & 0 & 0\\ 0 & T_2 & 0\\ 0 & 0 & T_3\end{bmatrix}$
	单斜	1 个 2 次轴	2 次轴平行 $\boldsymbol{b}$ 轴的二次曲面	4	$\begin{bmatrix}T_{11} & 0 & T_{13}\\ 0 & T_{22} & 0\\ T_{13} & 0 & T_{33}\end{bmatrix}$
	三斜	1 个倒反中心	一般二次曲面	6	$\begin{bmatrix}T_{11} & T_{12} & T_{13}\\ T_{12} & T_{22} & T_{23}\\ T_{13} & T_{23} & T_{33}\end{bmatrix}$

利用 Fumi 规则可以使张量的简化过程比式 (6.41) 更简单。下面以单斜晶系为例来说明如何利用 Fumi 规则计算 $\boldsymbol{T}'$。当 2 次轴与轴 $\boldsymbol{b}$ 重合时，有

$$\begin{bmatrix} x_1' \\ x_2' \\ x_3' \end{bmatrix} = \begin{bmatrix} -1 & 0 & 0 \\ 0 & 1 & 0 \\ 0 & 0 & -1 \end{bmatrix} \begin{bmatrix} x_1 \\ x_2 \\ x_3 \end{bmatrix}$$

故 $x_1 \to -x_1'$, $x_2 \to x_2'$, $x_3 \to -x_3'$, 可以写成下标形式: $1 \to -1$, $2 \to 2$, $3 \to -3$。

对于双下标可写成

$$11 \to 11, 12 \to -12, 13 \to 13$$

$$21 \to -21, 22 \to 22, 23 \to -23$$

$$31 \to 31, 32 \to -32, 33 \to 33$$

凡是双下标变号者, 如 $T_{12} = 0$, 就得到 $\boldsymbol{T}' = \begin{bmatrix} T_{11} & 0 & T_{13} \\ 0 & T_{22} & 0 \\ T_{13} & 0 & T_{33} \end{bmatrix}$

6.3.5 描述晶体物理性质的三阶张量例子

正压电效应指的是某些晶体受到外加应力后所产生的晶体极化现象。极化矢量 $\boldsymbol{p}$ 与压电系数 $\boldsymbol{d}$ 和应力 $\boldsymbol{\sigma}$ 的关系为 $p_i = d_{ijk}\sigma_{jk}$, 写成矩阵形式为

$$\begin{bmatrix} p_1 \\ p_2 \\ p_3 \end{bmatrix} = \begin{bmatrix} d_{111} & d_{112} & d_{113} & d_{112} & d_{122} & d_{123} & d_{113} & d_{123} & d_{133} \\ d_{211} & d_{212} & d_{213} & d_{212} & d_{222} & d_{223} & d_{213} & d_{223} & d_{233} \\ d_{311} & d_{312} & d_{313} & d_{312} & d_{322} & d_{323} & d_{313} & d_{323} & d_{333} \end{bmatrix} \begin{bmatrix} \sigma_{11} \\ \sigma_{12} \\ \sigma_{13} \\ \sigma_{21} \\ \sigma_{22} \\ \sigma_{23} \\ \sigma_{31} \\ \sigma_{32} \\ \sigma_{33} \end{bmatrix} \tag{6.45}$$

式中, 压电系数张量 $\boldsymbol{d}$ 是三阶张量, 它的 27 个元素中仅有 18 个是不相同的。张量 $\boldsymbol{\sigma}$ 是对称的二阶张量, 它的 9 个元素中仅有 6 个是不相同的。令 $d_{i1} = d_{i11}$, $d_{i2} = d_{i22}$, $d_{i3} = d_{i33}$, $d_{i4} = 2d_{i32}$, $d_{i5} = 2d_{i13}$, $d_{i6} = 2d_{i12}$ ($i = 1, 2$ 或 3) 以及 $\sigma_1 = \sigma_{11}$, $\sigma_2 = \sigma_{22}$, $\sigma_3 = \sigma_{33}$, $\sigma_4 = \sigma_{32}$, $\sigma_5 = \sigma_{13}$, $\sigma_6 = \sigma_{12}$ 就可以将式 (6.45)

简化为

$$\begin{bmatrix} p_1 \\ p_2 \\ p_3 \end{bmatrix} = \begin{bmatrix} d_{11} & d_{12} & d_{13} & d_{14} & d_{15} & d_{16} \\ d_{21} & d_{22} & d_{23} & d_{24} & d_{25} & d_{26} \\ d_{31} & d_{32} & d_{33} & d_{34} & d_{35} & d_{36} \end{bmatrix} \begin{bmatrix} \sigma_1 \\ \sigma_2 \\ \sigma_3 \\ \sigma_4 \\ \sigma_5 \\ \sigma_6 \end{bmatrix} \tag{6.46}$$

利用晶系点群的对称性和 Fumi 规则还可以将式 (6.46) 进一步简化。例如对具有 4 次轴的四方晶系, 如果“固定” 4 次轴在 $\boldsymbol{c}$ 方向, 那么

$$x_1 \to x_2', \quad x_2 \to -x_1', \quad x_3 \to x_3'$$

$$d_{111} \to d_{222} \to -d_{111}, \quad 所以\ d_{11} = d_{22} = 0$$

$$d_{122} \to d_{211} \to -d_{122}, \quad 所以\ d_{12} = d_{21} = 0$$

$$d_{133} \to d_{233} \to -d_{133}, \quad 所以\ d_{13} = d_{23} = 0$$

$$d_{123} \to -d_{213} \to d_{123}, \quad 所以\ d_{14} = -d_{25}$$

$$d_{131} \to d_{232} \to d_{131}, \quad 所以\ d_{15} = d_{24}$$

$$d_{112} \to -d_{221} \to -d_{112}, \quad 所以\ d_{16} = d_{26} = 0$$

$$d_{311} \to d_{322} \to d_{311}, \quad 所以\ d_{31} = d_{32}$$

$$d_{33} = d_{33}$$

$$d_{323} \to -d_{313} \to -d_{323}, \quad 所以\ d_{34} = d_{35} = 0$$

$$d_{312} \to -d_{321}, \quad 所以\ d_{36} = 0。$$

这时, 压电系数张量 $\boldsymbol{d}$ 三阶张量可以写成

$$\begin{bmatrix} p_1 \\ p_2 \\ p_3 \end{bmatrix} = \begin{bmatrix} 0 & 0 & 0 & d_{14} & d_{15} & 0 \\ 0 & 0 & 0 & d_{15} & -d_{24} & 0 \\ d_{31} & d_{31} & d_{33} & 0 & 0 & 0 \end{bmatrix} \begin{bmatrix} \sigma_1 \\ \sigma_2 \\ \sigma_3 \\ \sigma_4 \\ \sigma_5 \\ \sigma_6 \end{bmatrix}$$

这一节我们仔细描述了点群与描述晶体平衡态物理性质张量的关系, 并介

绍了利用点群对称性简化描述物理性质二阶张量和三阶张量的方法。对于高阶张量的简化这些方法也是适用的。表 6.6 给出了一些描述物理量和物质理化常数的张量。

表 6.6 一些描述物理量和物质理化常数的张量

张量的秩	物理量	物质理化常数
标量	温度 T, 体积 V 质量 m, 熵 S, 浓度 c 内能 U, 吉布斯自由能 G	密度 $\rho = m/V$ 热容量 $C = \frac{T\mathrm{d}s}{\rho\mathrm{d}T}$
矢量	电场强度 $\boldsymbol{E}$, 电极化强度 $\boldsymbol{P}$ 电位移矢量 $\boldsymbol{D}$, 电流密度 $\boldsymbol{j}$ 磁场强度 $\boldsymbol{H}$, 磁化矢量 $\boldsymbol{I}$ 磁感应强度 $\boldsymbol{B}$, 热流密度 $\boldsymbol{h}$, 温度梯度 $\nabla\boldsymbol{T}$ 物质流量 $\boldsymbol{J}$, 浓度梯度 $\nabla\boldsymbol{c}$	热电系数 p, $\Delta P = p\Delta T$
二阶张量	应力 σ_{ij}, 应变 ε_{ij}	热膨胀系数 α_{ij}, $\varepsilon_{ij} = \alpha_{ij}\Delta T$ 极化率 χ_{ij}, $p_i = \chi_{ij}E_j$ 介电常数 κ_{ij}, $D_i = \kappa_{ij}E_j$ 逆介电常数 β_{ij}, $E_i = \beta_{ij}D_j$ 电导率 σ_{ij}, $j_i = \sigma_{ij}E_j$ 磁化率 ψ_{ij}, $I_i = \psi_{ij}H_j$ 导磁率 μ_{ij}, $B_i = \mu_{ij}H_j$ 热导率 k_{ij}, $h_i = -k_{ij}\frac{\partial T}{\partial x_j}$ 扩散系数 D_{ij}, $j_i = -D_{ij}\frac{\partial c}{\partial x_j}$
三阶张量		压电系数 d_{ijk}, $p_i = d_{ijk}\sigma_{jk}$, $\varepsilon_{jk} = d_{ijk}E_i$ Pockels 效应电光系数 r_{ijk}, $\Delta\beta_{ij} = r_{ijk}E_k$
四阶张量		弹性顺度系数 s_{ijkl}, $\varepsilon_{ij} = s_{ijkl}\sigma_{kl}$ 弹性劲度系数 c_{ijkl}, $\sigma_{ij} = c_{ijkl}\varepsilon_{kl}$ Kerr 效应电光系数 g_{ijkl}, $\Delta\beta_{ij} = g_{ijkl}E_kE_l$ 压光系数 π_{ijkl}, $\Delta\beta_{ij} = \pi_{ijkl}\sigma_{kl}$ 弹光系数 p_{ijkl}, $\Delta\beta_{ij} = p_{ijkl}\sigma_{kl}$

参考文献

[1] Hahn T. International tables for crystallography, Vol. A. 5th ed. Heidelberg: Springer, 2005.

[2] Hirsch P B, Howie A, Nicholson R B, et al. Electron microscopy of thin crystals. 2nd ed. New York: Krieger Pulishing, 1977.

[3] Eisenhart L. P. Coordinate geometry. Boston: Ginn, 1939.

[4] Nye J. F. Physical properties of crystals. Oxford: Oxford University Press, 1985.

[5] 王仁卉, 郭可信. 晶体中的对称群. 北京: 科学出版社, 1990.

第 7 章 晶系和 Bravais 点阵

前 6 章主要讨论了晶体学点群、点群对称操作的矩阵表示、在不同坐标系之间对称操作的变换、正点阵和倒易点阵的概念以及它们之间的关系等。这一章主要讨论点群和点阵的关系。点阵反映出构成晶体的结构单元的平移对称性, 由于晶体学点群和晶体平移群是互相制约的, 受点群制约晶体的点阵不可能是任何形状的六面体。点群和平移的组合操作还会产生新的对称操作, 如螺旋轴和滑移面等。

7.1 晶系

表 6.4 已给出了 7 种点阵点群: $\bar{1}$、$\dfrac{2}{m}$、mmm、$\bar{3}m$、$\dfrac{4}{mmm}$、$\dfrac{6}{mmm}$、$m\bar{3}m$, 它们是各晶族点群中对称性最高 (Holosymmetry) 的点群, 如 $m\bar{3}m$ 是 23、$m3$、432、$\bar{4}3m$、$m\bar{3}m$ 中对称性最高的点群, 只要所选的点阵和点阵点群 "相容", 也就是说点阵和点阵点群不矛盾, 那么该晶族的所有点群都可以和这个点阵 "相容" 。由于点阵点群有 7 种, 所以点阵可分为 7 个晶系。(下文中所指的点阵单胞都是简单单胞, $\boldsymbol{a}$、$\boldsymbol{b}$ 和 $\boldsymbol{c}$ 为基矢, $\boldsymbol{b}$、$\boldsymbol{c}$ 之间夹角为 α, $\boldsymbol{a}$、$\boldsymbol{c}$

之间夹角为 β, $\boldsymbol{a}$、$\boldsymbol{b}$ 之间夹角为 γ, 为了读懂下文请参考表 5.5 和表 7.1, 建议读者先读 7.1.7 节内容。

7.1.1　三斜晶系

点群 $\bar{1}$ 可以放在原点或其他格点上, 它可以与任何形状的平行六面体点阵 "相容": 将 $\bar{1}$ 放在点阵的原点或其他格点上进行对称操作时不改变平行六面体点阵单胞。这类点阵属于三斜晶系。

7.1.2　单斜晶系

点群 $\dfrac{2}{m}$ 的反演中心 $\bar{1}$ 放在原点或其他格点上 (2 次轴和与它垂直的反映面组合操作会生成反演中心), 2 次轴沿着 $\boldsymbol{b}$ (或 $\boldsymbol{c}$) 轴, $\boldsymbol{a}$、$\boldsymbol{c}$ (或 $\boldsymbol{a}$、$\boldsymbol{b}$) 在反映面 m 上, 满足单斜点阵 $\alpha=\gamma=90^\circ$ (或 $\alpha=\beta=90^\circ$) 的条件, 即将 $\dfrac{2}{m}$ 放在原点或其他格点上进行对称操作时不改变单斜点阵平移群。这类点阵属于单斜晶系。

7.1.3　正交晶系

点群 mmm $\left(\text{完全 HM 符号为 } \dfrac{2}{m}\dfrac{2}{m}\dfrac{2}{m}\right)$ 的反演中心 $\bar{1}$ 放在原点或其他格点上, 3 个 2 次轴沿着 $\boldsymbol{a}$、$\boldsymbol{b}$ 和 $\boldsymbol{c}$ 轴, $\boldsymbol{b}$ 和 $\boldsymbol{c}$、$\boldsymbol{a}$ 和 $\boldsymbol{c}$ 以及 $\boldsymbol{a}$ 和 $\boldsymbol{b}$ 分别放在与 2 次轴垂直的 3 个反映面上, 满足 $a\neq b\neq c$, $\alpha=\beta=\gamma=90^\circ$ 的正交点阵条件, 即 $\dfrac{2}{m}\dfrac{2}{m}\dfrac{2}{m}$ 放在原点或其他格点上进行对称操作时不改变正交点阵平移群。这类点阵属于正交晶系。

7.1.4　四方晶系

点群 $\dfrac{4}{mmm}$ $\left(\text{完全 HM 符号为 } \dfrac{4}{m}\dfrac{2}{m}\dfrac{2}{m}\right)$ 的反演中心 $\bar{1}$ 放在原点或其他格点上, 4 次轴和 4 次反演轴 $\bar{4}$ 沿着 c 轴, 5 个反映面与上述 2 次轴 5 个 2 次轴 2[001]、2[010]、2[100]、2[110] 和 2[1$\bar{1}$0] 垂直。将 $\dfrac{4}{mmm}$ 放在原点或其他格点上进行对称操作时满足 $a=b\neq c$、$\alpha=\beta=\gamma=90^\circ$ 条件, 而不改变四方点阵平移群。这类点阵属于四方晶系。读者可验证: 在四方晶系的简单点阵中进行点群 $\dfrac{4}{mmm}$ 的所有对称操作时都不会改变简单四方单胞结构。

7.1.5 三角晶系

点群 $\bar{3}m$ 可以放在简单菱面体点阵 $(a=b=c,\alpha=\beta=\gamma)$ 和简单六角点阵 $(a=b\neq c,\alpha=\beta=90^\circ,\gamma=120^\circ)$ 中。点群 $\bar{3}m$ 中的反演中心 $\bar{1}$ 放在原点或其他格点上, 在简单菱面体点阵中, 3 次轴和 3 次反演轴沿着 $\boldsymbol{a}+\boldsymbol{b}+\boldsymbol{c}$ 方向, 在简单六角点阵中, 3 次轴和 3 次反演轴 $\bar{3}$ 沿着 $\boldsymbol{c}$ 轴。在简单菱面体点阵中, $\boldsymbol{a}+\boldsymbol{b}$、$\boldsymbol{b}+\boldsymbol{c}$ 和 $\boldsymbol{a}+\boldsymbol{c}$ 在反映面上 (见 3.5.1.1 节); 在简单六角点阵中, 3 个平行于 $\boldsymbol{c}$ 的反映面 $m[1\bar{1}0]$、$m[120]$ 和 $m[210]$ 分别垂直于 $2[1\bar{1}0]$、$2[120]$ 和 $2[210]$。三角晶系中有菱面体点阵和六角点阵两种点阵。

7.1.6 六角晶系

点群 $\dfrac{6}{mmm}$ 的完全符号是 $\dfrac{6}{m}\dfrac{2}{m}\dfrac{2}{m}$, $\dfrac{6}{mmm}$ 的反演中心 $\bar{1}$ 放在原点或其他格点上, 6 次轴和 6 次反演轴以及 3 次轴和 3 次反演轴沿着 $\boldsymbol{c}$ 轴。有 7 个 2 次轴 ($2[001]$、$2[100]$、$2[010]$、$2[110]$、$2[1\bar{1}0]$、$2[120]$ 和 $2[210]$), 以及 7 个与它们垂直的反映面 ($m[001]$、$m[100]$、$m[010]$、$m[110]$、$m[1\bar{1}0]$、$m[120]$ 和 $m[210]$)。将 $\dfrac{6}{mmm}$ 放在原点或其他格点上进行对称操作时不改变六角点阵平移群。这类点阵属于六角晶系。

7.1.7 立方晶系

$m\bar{3}m$ 的完全符号是 $\dfrac{4}{m}\bar{3}\dfrac{2}{m}$, 共包含 48 个对称操作。为了加深读者对什么是点阵和点群 “相容” 的理解, 这一节我们描述在立方点阵中, 即满足 $a=b=c$ 和 $\alpha=\beta=\gamma=90^\circ$ 的条件下, $\dfrac{4}{m}\bar{3}\dfrac{2}{m}$ 中各对称操作之间的关系。对称操作 $\bar{1}$ 可以在原点或其他格点上, 因为在格点上进行 $\bar{1}$ 操作时, 不改变 $a=b=c$ 和 $\alpha=\beta=\gamma=90^\circ$ 的条件, 即不改变立方点阵的平移对称性, 所以 $\bar{1}$ 操作和立方点阵是 “相容” 的。在不改变立方点阵的平移对称性条件下, 3^+ 和 3^-、$\overline{3^+}$ 和 $\overline{3^-}$ 可以沿 $[111]$、$[\bar{1}11]$、$[\bar{1}\bar{1}1]$、$[1\bar{1}1]$、$[11\bar{1}]$、$[\bar{1}1\bar{1}]$、$[\bar{1}\bar{1}\bar{1}]$ 和 $[1\bar{1}\bar{1}]$ 放置, 4^+ 和 4^-、$\overline{4^+}$ 和 $\overline{4^-}$ 可以沿 $[100]$、$[010]$ 和 $[001]$ 放置。3^+ 和 3^-、$\overline{3^+}$ 和 $\overline{3^-}$ 与 4^+ 和 4^-、$\overline{4^+}$ 和 $\overline{4^-}$ 是 “相容” 的, 例如 $4^+[001]$ 可将 $[111]([\bar{1}\bar{1}\bar{1}])\rightarrow[\bar{1}11]([1\bar{1}\bar{1}])\rightarrow[\bar{1}\bar{1}1]([11\bar{1}])\rightarrow[1\bar{1}1]([\bar{1}1\bar{1}])$, $3^+[111]$ 可将 $4^+[001]\rightarrow4^+[100]\rightarrow4^+[010]$, $2[001]\rightarrow2[100]\rightarrow2[010]$, $2[110]\rightarrow2[011]\rightarrow2[101]$。参考 5.3.4 节双面群定理可知, $2[110]$、$2[1\bar{1}0]$、$2[011]$、$2[01\bar{1}]$、$2[101]$、$2[\bar{1}01]$ 是 4 次轴和与它垂直的 2 次轴生成的。$\overline{3^+}$ 和 $\overline{3^-}$ 是 3^+ 和 3^- 分别与 $\bar{1}$ 生成的, $\overline{4^+}$ 和 $\overline{4^-}$

是 4^+ 和 4^- 分别与 $\bar{1}$ 生成的。与 4 和 2 次轴垂直的反映面分别为 $m[001]$、$m[100]$、$m[010]$ 和 $m[110]$、$m[1\bar{1}0]$、$m[011]$、$m[01\bar{1}]$、$m[101]$ 和 $m[\bar{1}01]$, 它们与 3^+、3^-、$\overline{3^+}$、$\overline{3^-}$、4^+、4^-、$\overline{4^+}$ 和 $\overline{4^-}$ 也是相容的, 如 $m[001]$ 将 $[111] \to [11\bar{1}]$, $[\bar{1}11] \to [\bar{1}1\bar{1}]$, $[1\bar{1}1] \to [1\bar{1}\bar{1}]$, $[\bar{1}\bar{1}1] \to [\bar{1}\bar{1}\bar{1}]$。从上述分析可知, 点群 $\dfrac{4}{m}\bar{3}\dfrac{2}{m}$ 中放在点阵格点上的 $\bar{1}$、沿着点阵平移矢量 $\langle 100\rangle$ 和 $\langle 111\rangle$ 旋转轴操作, 以及放在点阵平面上的反映面操作之间是相容的, 而且点群操作不破坏点阵的平移群操作, 所以点群 $\dfrac{4}{m}\bar{3}\dfrac{2}{m}$ 与立方点阵是相容的, 这类点阵属于立方晶系。

7.2　Bravais 点阵

Bravais 点阵是从原点出发的平移的集合, 相当于三维格子在空间中无缝隙重复形成的几何体, 利用 Bravais 点阵可以将点阵平移群分类。Bravais 点阵的格点是由原子或原子团簇组成的, 它们满足全对称点群 (holosymmetric point group), 即点阵点群的要求。放在相应的 Bravais 点阵格点上的点阵点群操作元包括放在格点上的 $\{\bar{1}\}$、沿着平移矢量的旋转轴和放在点阵平面上的反映面。如果对它们进行对称操作, 各对称操作是相容的 (见 7.1.7 节), 满足点群的要求, 也满足点阵的平移群, 这个点阵就是存在的。Bravais 点阵, 特别是特殊结构的 Bravais 点阵, 和点阵格点的选择密切相关 (参考 2.3.2 节)。Bravais 点阵包括简单点阵和有心点阵 (面心、体心、侧心) 两大类。7.1 节已讨论了点阵点群放在简单 Bravais 点阵格点上的情况, 这一节重点讨论放在有心点阵上的情况。

7.2.1　三斜晶系点阵

三斜晶系的有心点阵, 不论是侧心、体心或面心点阵, 都可以满足点群 $\{\bar{1}\}$ 放在格点情况下进行点群 $\{\bar{1}\}$ 对称操作时, 不破坏点阵的平移群操作的要求。不过所有的有心点阵都可以在不改变三斜晶系点阵特征 $(a \neq b \neq c, \alpha \neq \beta \neq \gamma \neq 90°)$ 的情况下变成简单的平行六面体点阵 (aP), 所以三斜晶系只有简单点阵一种。

7.2.2　单斜晶系点阵

关于单斜晶系的点阵可参考图 7.1。图中, 点群 $\dfrac{2}{m}$ 的 2 次轴可以沿着 $\boldsymbol{c}$ 轴, 也可以沿着 $\boldsymbol{b}$ 轴, 分别称为唯一性 $\boldsymbol{c}$ 轴和唯一性 $\boldsymbol{b}$ 轴的单斜晶系。对于唯一性 $\boldsymbol{c}$ 轴的单斜晶系而言, 对着 $\boldsymbol{a}$ 轴侧面的是侧心 A, 对着 $\boldsymbol{b}$ 轴侧面的是侧心 B, 垂直 $\boldsymbol{c}$ 轴侧面的是侧心 C (图中只给出了一个面的侧心) 和体心 I。$\boldsymbol{a}$、

$\boldsymbol{b}$ 和 $\boldsymbol{c}$ 是点阵单胞基矢 ($\boldsymbol{oa}=\boldsymbol{a}$, $\boldsymbol{ob}=\boldsymbol{b}$, $\boldsymbol{oc}=\boldsymbol{c}$), $\boldsymbol{c}$ 垂直于 $\boldsymbol{a}$ 和 $\boldsymbol{b}$, 侧心 A 在平行于 $\boldsymbol{c}$ 轴的矩形 $adeh$ 的中心, 侧心 B 在平行于 $\boldsymbol{c}$ 轴的矩形 $dbje$ 的中心, 点群 $\dfrac{2}{m}$ 可以放在侧心 A 或 B 上, 2 次轴过 A 或 B, 且平行于 $\boldsymbol{c}$ 轴, m 在垂直于 $\boldsymbol{c}$ 轴的点阵平面上。点群 $\dfrac{2}{m}$ 中的各对称操作是相容的, 也不破坏侧心点阵 (mA 和 mB) 的平移群, 所以 mA 和 mB 是存在的。侧心 C 在垂直于 $\boldsymbol{c}$ 轴的平行四边形 $hejc$ 的中心, 点群 $\dfrac{2}{m}$ 是可以放在侧心 C 上的, 不过如果取 $C\boldsymbol{j}=\boldsymbol{a}$, $C\boldsymbol{e}=\boldsymbol{b}$, 基矢 $\boldsymbol{a}$、$\boldsymbol{b}$ 和 $\boldsymbol{c}$ 组成的点阵是简单点阵且满足单斜晶系点阵特征 ($a\neq b\neq c, \alpha=\beta=90^\circ\neq\gamma$), 所以侧心 C 点阵可变成简单点阵。体心 I 在平行于 $\boldsymbol{c}$ 轴的矩形 $odec$ 的中心, 点群 $\dfrac{2}{m}$ 是可以放在 I 上的, 不过如果取 $\boldsymbol{ce}=\boldsymbol{a}$, 基矢 $\boldsymbol{a}$、$\boldsymbol{b}$ 和 $\boldsymbol{c}$ 组成的点阵是 mB, 故单斜晶系有两种点阵: 简单点阵 (mP) 和侧心点阵 (mS 包括 mA 和 mB)。

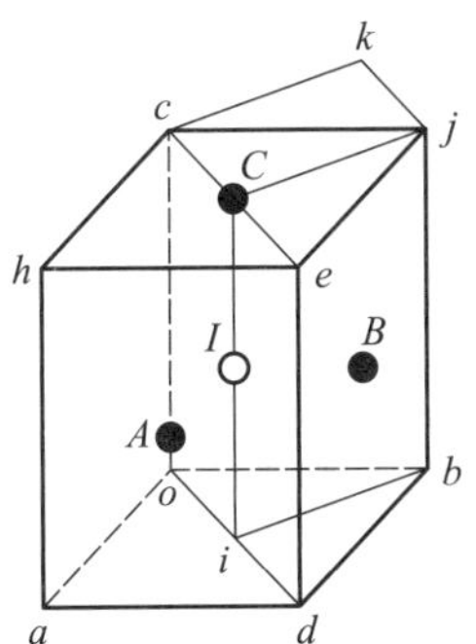

图 7.1　唯一性 $\boldsymbol{c}$ 轴的单斜晶系可能有心点阵

7.2.3　正交晶系点阵

正交晶系的可能点阵有简单、侧心、体心和面心点阵 4 种。不论侧心、体心或面心, 它们都处在平行或垂直于基矢 $\boldsymbol{a}$、$\boldsymbol{b}$ 和 $\boldsymbol{c}$ 组成的矩形的中心 (参考图 7.1)。点群 $\dfrac{2}{m}\dfrac{2}{m}\dfrac{2}{m}$ 的 $\bar{1}$ 可放在格点或有心格点上, 3 个 2 次轴沿着 $\boldsymbol{a}$、$\boldsymbol{b}$ 和 $\boldsymbol{c}$ 轴, 反映面垂直于 $\boldsymbol{a}$、$\boldsymbol{b}$ 和 $\boldsymbol{c}$ 轴。点群 $\dfrac{2}{m}\dfrac{2}{m}\dfrac{2}{m}$ 中的各对称操作是相容的, 也满足正交点阵平移群的 $\alpha=\beta=\gamma=90^\circ$ 的条件。在该条件的限制下, 如图 7.1 那样变换是不可能的, 如侧心 C 正交点阵, 不可能变换成简单点阵, 原因是变换后的简单点阵的 $\gamma\neq 90^\circ$, 所以它不属于正交晶系的点阵。正交晶系点阵

有简单 (oP)、侧心 (oS)、体心 (oI) 和面心点阵 (oF) 4 种。

7.2.4　四方晶系点阵

图 7.2 给出了四方晶系可能的面心点阵在过原点 (001) 面上的投影图。图中, $\boldsymbol{oa}=\boldsymbol{a}$, $\boldsymbol{ob}=\boldsymbol{b}$, $\boldsymbol{oc}=\boldsymbol{c}$ 为基矢 (图中未画出点 c), 基矢长度 $a=b\neq c$, 基矢间夹角 $\alpha=\beta=\gamma=90^\circ$。图中给出了 5 个面心格点的坐标 (第 6 个与点 o 重合): 点 o 的坐标是 $(0,0,0)$, 点 d 的坐标是 $\left(\frac{a}{2},0,\frac{c}{2}\right)$, 点 e 的坐标是 $\left(0,\frac{b}{2},\frac{c}{2}\right)$, 点 f 的坐标是 $\left(-\frac{a}{2},0,\frac{c}{2}\right)$, 点 g 的坐标是 $\left(0,-\frac{b}{2},\frac{c}{2}\right)$。图中还给出了部分 4 次轴和 2 次轴。

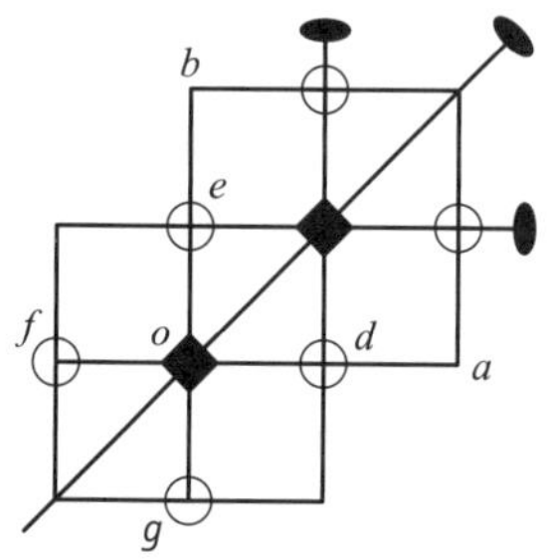

图 7.2　四方晶系可能的面心点阵在过原点 (001) 面上的投影图, $\boldsymbol{c}$ 垂直于 (001) 面

从图 7.2 可见, 点群 $\dfrac{4}{mmm}$ $\left(\text{完全 HM 符号为 } \dfrac{4}{m}\dfrac{2}{m}\dfrac{2}{m}\right)$ 能放在四方晶系点阵格点上。由于沿 $\boldsymbol{c}$ 轴 4 次轴的存在, 所以四方晶系中不可能存在侧心 A 和 B 点阵, 如果保持 $\boldsymbol{c}$ 轴不变, 取 $\boldsymbol{ef}=\boldsymbol{a}$ 和 $\boldsymbol{ed}=\boldsymbol{b}$, 图中所示的侧心点阵就变成体心点阵, 同理, 侧心 C 点阵可在满足基矢长度 $a=b\neq c$ 且基矢间夹角 $\alpha=\beta=\gamma=90^\circ$ 的条件下变成简单点阵。因此四方晶系点阵有简单 (tP) 和体心 (tI) 两种。

7.2.5　三角晶系点阵

图 7.3 给出了正放置的三角晶系菱面体点阵在六角坐标系过原点的 (0001) 上的投影图。图中, 采用 4 指数表示点阵矢量 [3 指数 ijk 变成 4 指数 $ijlk$, $l=-(i+j)$]。其中, $\boldsymbol{a}_h$ 和 $\boldsymbol{b}_h$ 是六角坐标系中点阵基矢, $m[ijlk]$ 表示与格矢 $[ijlk]$ 垂直的反映面。实心点表示菱面体点阵基矢 $\boldsymbol{a}_r=\frac{2}{3}\boldsymbol{a}_h+\frac{1}{3}\boldsymbol{b}_h+\frac{1}{3}\boldsymbol{c}_h$ 端点的投影, 空心圈表示 $\boldsymbol{a}_r+\boldsymbol{b}_r=\frac{1}{3}\boldsymbol{a}_h+\frac{2}{3}\boldsymbol{b}_h+\frac{2}{3}\boldsymbol{c}_h$ 端点的投影。图中的 3 次轴沿着 $\boldsymbol{c}_h$ (或 $\boldsymbol{a}_r+\boldsymbol{b}_r+\boldsymbol{c}_r$) 方向 (参考图 3.5)。同时, 图 7.3 还给出了点群 $\bar{3}1m=$

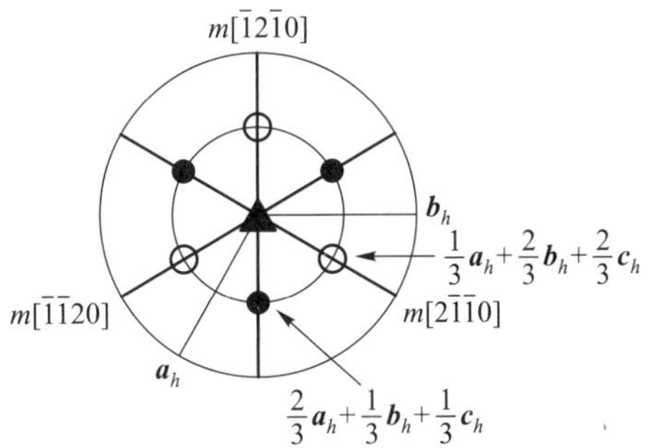

图 7.3 正放置的三角晶系菱面体点阵在六角坐标系过原点的 (0001) 上的投影图

$\{1, 3^+[001], 3^-[001], 2[1\bar{1}0], 2[120], 2[210], \bar{1}[000], \bar{3}^+[001], \bar{3}^-[001], m[1\bar{1}0], m[120], m[210]\}$ 各对称操作的投影位置, 从图可见, 菱面体点阵是满足点群 $\bar{3}m1$ 对称性的。菱面体点阵只有简单点阵 (hR)。满足点群 $\bar{3}1m$ 对称性的六角简单点阵 (hP) 对称操作关系比较简单, 这里不再赘述了。

7.2.6 六角晶系点阵

点群 $\dfrac{6}{mmm}$ 的完全 HM 符号是 $\dfrac{6}{m}\dfrac{2}{m}\dfrac{2}{m}$, $\dfrac{6}{mmm}$ 的点群 $\bar{1}$ 放在原点或其他格点上, 6^+、6^-、3^+、3^- 和 $\overline{6^+}$、$\overline{6^-}$、$\overline{3^+}$、$\overline{3^-}$ 沿着 $\boldsymbol{c}$ 轴, 2[100] 沿着 $\boldsymbol{a}$ 轴, 2[010] 沿着 $\boldsymbol{b}$ 轴, 2[001] 沿着 $\boldsymbol{c}$ 轴, 另外还有 6 个 2 次轴和垂直于 6 次轴和 2 次轴的反映面存在 (见 7.1.6 节)。不过六角晶系的点阵只有简单点阵。图 7.4 举例说明了六角体心点阵是不可能存在的。

图 7.4 中, $\boldsymbol{oa} = \boldsymbol{a}$ 和 $\boldsymbol{ob} = \boldsymbol{b}(a = b)$ 是基矢, 在 (001) 面上的投影点用实心点表示, 不在 (001) 面上的体心点用空心圈表示。图中给出了过点 O 并垂直于 (001) 面的 6 次轴和体心点 T。体心 T 的六角坐标是 $\left(\dfrac{1}{2}, \dfrac{1}{2}, \dfrac{1}{2}\right)$, 如果可以将点群 $\dfrac{6}{mmm}$ 放在点 T 上, 就意味着过点 T 有平行于过点 O 的 6 次轴的存在, 绕这个轴旋转 $\dfrac{\pi}{3}$, 则 $O \to B$, 就会产生新的格点 B, 这破坏了六角点阵的

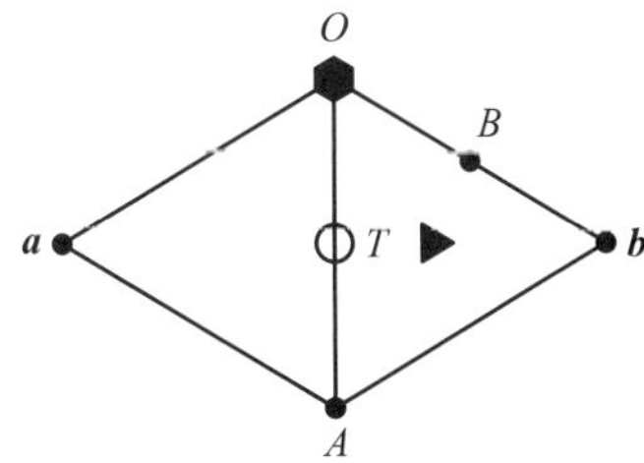

图 7.4 六角体心点阵在过原点 (001) 面上的投影图

平移群, 所以点群 $\dfrac{6}{mmm}$ 不可能放在体心格点上。用同样的方法也可证明点群 $\dfrac{6}{mmm}$ 是不可能放在侧心和面心格点上的, 所以六角点阵只有简单六角点阵 (hP)。密排六方结构是简单六角点阵。

7.2.7 立方晶系点阵

$m\bar{3}m$ 的完全 HM 符号是 $\dfrac{4}{m}\bar{3}\dfrac{2}{m}$。点群 $\bar{1}$ 放在原点或其他格点上, 3^+、3^- 和 $\overline{3^+}$、$\overline{3^-}$ 沿着 $[111]$、$[\bar{1}1\bar{1}]$、$[1\bar{1}\bar{1}]$、$[\bar{1}\bar{1}1]$, 4^+、4^- 和 $\overline{4^+}$、$\overline{4^-}$ 沿着 $[100]$、$[010]$、$[001]$, 还有 9 个 2 次轴: $2[001]$、$2[100]$、$2[010]$、$2[110]$、$2[1\bar{1}0]$、$2[011]$、$2[01\bar{1}]$、$2[101]$、$2[\bar{1}01]$ 及与它们垂直的反映面。由于 4 次轴制约, 侧心点阵都会变成面心点阵, 故立方晶系的可能点阵只有简单、体心和面心点阵三种。容易理解为什么点群 $m\bar{3}m$ 可以放在体心格点上, 图 7.5 说明了立方晶系面心点阵存在的原因。

图 7.5 中示出过格点的部分对称操作, 用实心符号表示垂直和平行于 (001) 面的轴, 如 4 次轴和 2 次轴; 不平行于 (001) 面的轴用空心符号表示, 如 $\bar{3}$、$2[0\bar{1}1]$ 和 $2[11\bar{1}]$。图中 $\boldsymbol{a}$、$\boldsymbol{b}$ 是面心立方点阵惯用单胞基矢并给出了过面心 F、垂直于 (001) 面的 4^+。以下我们说明过面心 F、垂直于 (001) 面的 4^+ 和过格点的 $\dfrac{4}{m}\bar{3}\dfrac{2}{m}$ 的对称操作是相容的。从图 7.5 可见, 通过 4^+ 操作 $1 \to 2 \to 3 \to 4$, $2[110] \to 2[\bar{1}10] \to 2[\bar{1}\bar{1}0] \to 2[1\bar{1}0]$, $2[100] \to 2[010] \to 2[\bar{1}00] \to 2[0\bar{1}0]$, $3^+[\bar{1}\bar{1}1] \to 3^+[1\bar{1}1] \to 3^+[111] \to 3^+[\bar{1}11]$。$4^+[100] \to 4^+[010] \to 4^+[\bar{1}00] \to 4^+[0\bar{1}0]$。这表明过面心 F 的 4^+ 和过格点的 2 次轴、3 次轴是相容的。用同

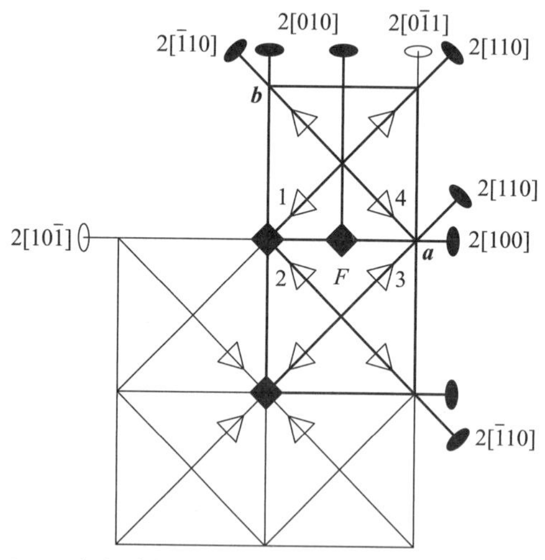

图 7.5　面心立方点阵部分对称操作在过原点 (001) 面上的投影图

样的方法可以说明过面心 F 的 $\frac{4}{m}\bar{3}\frac{2}{m}$ 操作和过格点的 $\frac{4}{m}\bar{3}\frac{2}{m}$ 操作是相容的，反之亦然。读者可以用同样的方法尝试说明立方体心点阵也是存在的。对于 $m\bar{3}m$ 的其他对称元，读者可自行验证。这说明点群 $m\bar{3}m$ 放在面心格点上时，满足面心点阵平移对称性，各对称操作之间是相容的，立方晶系面心点阵是存在的。故立方晶系的点阵只有简单 (cP)、体心 (cI) 和面心 (cF) 点阵 3 种。

7.3 Bravais 点阵的惯用单胞和晶体学参数

7.3.1 Bravais 点阵的惯用单胞

如图 7.6 所示，为 Bravais 点阵的惯用单胞，图中仅图示了唯一性 $\boldsymbol{b}$ 轴沿 2 次轴，基矢 $\boldsymbol{a}$ 和 $\boldsymbol{c}$ 在垂直于 $\boldsymbol{b}$ 轴的反映面上。

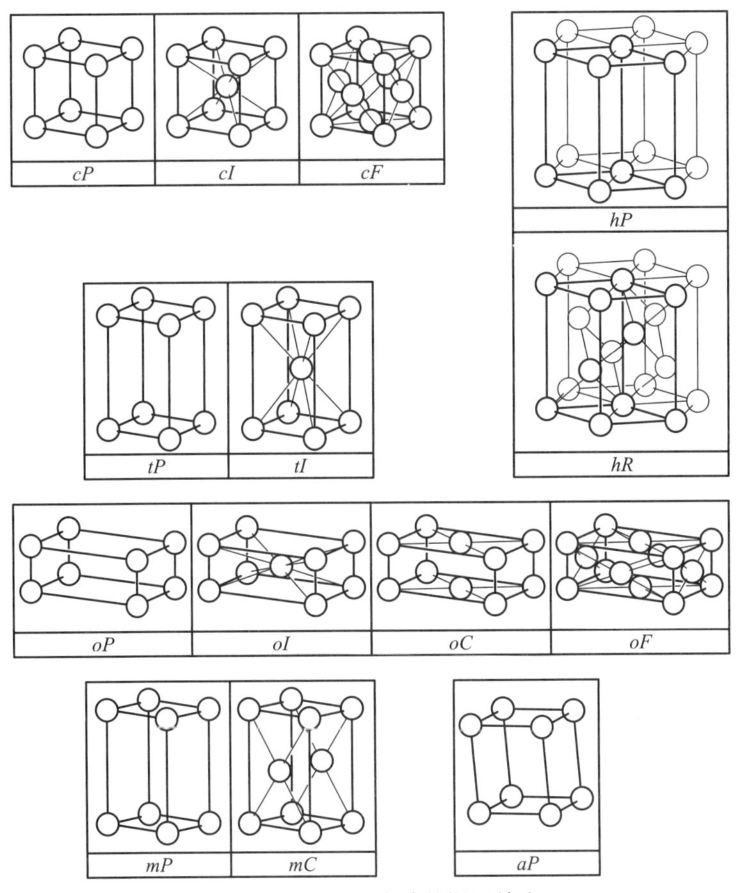

图 7.6　Bravais 点阵的惯用单胞

7.3.2　与 Bravais 点阵有关的晶体学参数

表 7.1 给出了与 Bravais 点阵有关的晶体学参数。表 7.2 给出了简单点阵中的点阵矢量之间的夹角 ρ、点阵矢量长度 r、点阵平面夹角 φ 和倒易点阵矢量长度 $\boldsymbol{r}^*$ 和相应的晶面间距 d。表 7.2 中所指的坐标系是惯用单胞坐标系。$\boldsymbol{a}$、$\boldsymbol{b}$ 和 $\boldsymbol{c}$ 是相应点阵的基矢, $\boldsymbol{a}$、$\boldsymbol{b}$ 之间的夹角为 γ, $\boldsymbol{a}$、$\boldsymbol{c}$ 之间的夹角为 β, $\boldsymbol{b}$、$\boldsymbol{c}$ 之间的夹角为 α。u, v, w 是点阵矢量 $\boldsymbol{r}$ 在相应点阵惯用坐标系中的投影分量, (hkl) 是垂直于倒易点阵矢量 $\boldsymbol{r}^*$ 的晶面指数。表中的参数说明也适用表 7.3。

表 7.1　与 Bravais 点阵有关的晶体学参数

晶族	晶系	点阵点群	相容点群	Bravais 点阵	单胞内的代表格点	缩写
三斜	三斜 (anorthic)	$\bar{1}$	$1, \bar{1}$	简单三斜	$(0,0,0)$	aP
单斜	单斜 (monoclinic) $\alpha=\beta=90^\circ$ 或 $\alpha=\gamma=90^\circ$	$\dfrac{2}{m}$	2, m, 2/m	简单单斜	$(0,0,0)$	mP
				侧心单斜	$(0,0,0)$, $\left(0,\dfrac{b}{2},\dfrac{c}{2}\right)$ 或 $\left(\dfrac{a}{2},0,\dfrac{c}{2}\right)$ 或 $\left(\dfrac{a}{2},\dfrac{b}{2},0\right)$	mS mA mB mC
正交	正交 (orthorhombic) $\alpha=\beta=\gamma=90^\circ$	$\dfrac{2}{m}\dfrac{2}{m}\dfrac{2}{m}$	222, mm2, mmm	简单正交	$(0,0,0)$	oP
				侧心正交	$(0,0,0)$, $\left(0,\dfrac{b}{2},\dfrac{c}{2}\right)$ 或 $\left(\dfrac{a}{2},0,\dfrac{c}{2}\right)$ 或 $\left(\dfrac{a}{2},\dfrac{b}{2},0\right)$	oS oA oB oC
				体心正交	$(0,0,0)$, $\left(\dfrac{a}{2},\dfrac{b}{2},\dfrac{c}{2}\right)$	oI
				面心正交	$(0,0,0)$, $\left(0,\dfrac{b}{2},\dfrac{c}{2}\right)$, $\left(\dfrac{a}{2},0,\dfrac{c}{2}\right)$, $\left(\dfrac{a}{2},\dfrac{b}{2},0\right)$	oF

续表

<table>
<tr><th>晶族</th><th>晶系</th><th>点阵点群</th><th>相容点群</th><th>Bravais 点阵</th><th>单胞内的代表格点</th><th>缩写</th></tr>
<tr><td rowspan="2">四方</td><td rowspan="2">四方 (tetragonal)
$a=b$,
$\alpha=\beta=\gamma=90^\circ$</td><td rowspan="2">$\frac{4}{m}\frac{2}{m}\frac{2}{m}$</td><td rowspan="2">$4,\bar{4},4/m,422,$
$4mm,\bar{4}2m,$
$4/mmm$</td><td>简单四方</td><td>$(0,0,0)$</td><td>tP</td></tr>
<tr><td>体心四方</td><td>$(0,0,0),\left(\frac{a}{2},\frac{b}{2},\frac{c}{2}\right)$</td><td>$tI$</td></tr>
<tr><td rowspan="3">六角</td><td>三角晶系菱面体坐标 (rhombohedral)
$\alpha=\beta=\gamma$, $a=b=c$</td><td rowspan="2">$\bar{3}m$</td><td rowspan="2">$3,\bar{3},32,$
$3m,\bar{3}m$</td><td>简单菱面体 (六角坐标系)</td><td>$(0,0,0),$
$\left(\frac{2}{3},\frac{1}{3},\frac{1}{3}\right),\left(\frac{1}{3},\frac{2}{3},\frac{2}{3}\right)$</td><td>$hR$</td></tr>
<tr><td>三角晶系六角 (hexagonal) 坐标
$a=b,\alpha=\beta=90^\circ,$
$\gamma=120^\circ$</td><td>简单六方</td><td>$(0,0,0)$</td><td>hP</td></tr>
<tr><td>六角 (hexagonal)
$a=b,\alpha=\beta=90^\circ,$
$\gamma=120^\circ$</td><td>$\frac{6}{m}\frac{2}{m}\frac{2}{m}$</td><td>$6,\bar{6},6/m,622,$
$6mm,\bar{6}2m,$
$6/mmm$</td><td>简单六方</td><td>$(0,0,0)$</td><td>hP</td></tr>
<tr><td rowspan="3">立方</td><td rowspan="3">立方 (cubic)
$a=b=c$,
$\alpha=\beta=\gamma=90^\circ$</td><td rowspan="3">$\frac{4}{m}\bar{3}\frac{2}{m}$</td><td rowspan="3">$23,m\bar{3},432,$
$\bar{4}3m,m\bar{3}m$</td><td>简单立方</td><td>$(0,0,0)$</td><td>cP</td></tr>
<tr><td>体心立方</td><td>$(0,0,0),\left(\frac{a}{2},\frac{b}{2},\frac{c}{2}\right)$</td><td>$cI$</td></tr>
<tr><td>面心立方</td><td>$(0,0,0),\left(0,\frac{b}{2},\frac{c}{2}\right),$
$\left(\frac{a}{2},0,\frac{c}{2}\right),\left(\frac{a}{2},\frac{b}{2},0\right)$</td><td>$cF$</td></tr>
</table>

表 7.2 简单点阵中的点阵矢量之间的夹角 ρ、点阵矢量长度 r、点阵平面夹角 φ 以及倒易点阵矢量长度 r^* 和相应的晶面间距 d

坐标系	立方	四方	正交	六角	单斜	三斜
点阵矢量夹角 ρ	$\cos\rho=\dfrac{a^2(u_1u_2+v_1v_2+w_1w_2)}{r_1r_2}$	$\cos\rho=\dfrac{a^2(u_1u_2+v_1v_2)+c^2w_1w_2}{r_1r_2}$	$\cos\rho=\dfrac{a^2u_1u_2+b^2v_1v_2+c^2w_1w_2}{r_1r_2}$	$\cos\rho=\dfrac{a^2(u_1u_2+v_1v_2)-\frac{a^2}{2}(u_1v_2+v_1u_2)+c^2w_1w_2}{r_1r_2}$	$\cos\rho=\dfrac{C}{r_1r_2}$ $C=a^2u_1u_2+b^2v_1v_2+c^2w_1w_2+ac(w_1u_2+w_2u_1)\cos\beta$	$\cos\rho=\dfrac{D}{r_1r_2}$ $D=a^2u_1u_2+b^2v_1v_2+c^2w_1w_2+$ $bc(v_1w_2+w_1v_2)\cos\alpha+$ $ca(w_1u_2+u_1w_2)\cos\beta+$ $ab(u_1v_2+v_1u_2)\cos\gamma$
r	$r^2=a^2(u^2+v^2+w^2)$	$r^2=a^2(u^2+v^2)+c^2w^2$	$r^2=a^2u^2+b^2v^2+c^2w^2$	$r^2=a^2(u^2-uv+v^2)+c^2w^2$	$r^2=a^2u^2+b^2v^2+c^2w^2+2acuw\cos\beta$	$r^2=a^2u^2+b^2v^2+c^2w^2+2bcvw\cos\alpha+$ $2cawu\cos\beta+2abuv\cos\gamma$
点阵平面夹角 φ	$\cos\varphi=\dfrac{h_1h_2+k_1k_2+l_1l_2}{a^2r_1^*r_2^*}$	$\cos\varphi=\dfrac{(h_1h_2+k_1k_2)/a^2+l_1l_2/c^2}{r_1^*r_2^*}$	$\cos\varphi=\dfrac{h_1h_2/a^2+k_1k_2/b^2+l_1l_2/c^2}{r_1^*r_2^*}$	$\cos\varphi=\dfrac{\frac{4}{3a^2}\left[h_1h_2+k_1k_2+\frac{1}{2}(h_1k_2+k_1h_2)\right]+l_1l_2/c^2}{r_1^*r_2^*}$	$\cos\varphi=\left(\dfrac{h_1h_2}{a^2\sin^2\beta}+\dfrac{k_1k_2}{b^2}+\dfrac{l_1l_2}{c^2\sin^2\beta}-\dfrac{(l_1h_2+l_2h_1)\cos\beta}{ac\sin^2\beta}\right)\Big/(r_1^*r_2^*)$	$\cos\varphi=\dfrac{A/V^2}{r_1^*r_2^*}$ $A=h_1h_2b^2c^2\sin^2\alpha+$ $k_1k_2a^2c^2\sin^2\beta+l_1l_2a^2b^2\sin^2\gamma+$ $abc^2(\cos\alpha\cos\beta-\cos\gamma)(h_1k_2+k_1h_2)+$ $ab^2c(\cos\gamma\cos\alpha-\cos\beta)(l_1h_2+h_1l_2)+$ $a^2bc(\cos\beta\cos\gamma-\cos\alpha)(k_1l_2+l_1k_2)$
r^* 和 d	$r^{*2}=\dfrac{1}{d^2}=\dfrac{1}{a^2}(h^2+k^2+l^2)$	$r^{*2}=\dfrac{1}{d^2}=\dfrac{1}{a^2}(h^2+k^2)+\dfrac{l^2}{c^2}$	$r^{*2}=\dfrac{1}{d^2}=\dfrac{h^2}{a^2}+\dfrac{k^2}{b^2}+\dfrac{l^2}{c^2}$	$r^{*2}=\dfrac{1}{d^2}=\dfrac{4}{3a^2}(h^2+hk+k^2)+\dfrac{l^2}{c^2}$	$r^{*2}=\dfrac{1}{d^2}=\dfrac{1}{a^2}\dfrac{h^2}{\sin^2\beta}+\dfrac{k^2}{b^2}+\dfrac{l^2}{c^2\sin^2\beta}-\dfrac{2hl\cos\beta}{ac\sin^2\beta}$	$r^{*2}=\dfrac{1}{d^2}=\dfrac{1}{V^2}[h^2b^2c^2\sin^2\alpha+$ $k^2a^2c^2\sin^2\beta+l^2a^2b^2\sin^2\gamma+$ $2hkabc^2(\cos\alpha\cos\beta-\cos\gamma)+$ $2kla^2bc(\cos\beta\cos\gamma-\cos\alpha)+$ $2lhab^2c(\cos\gamma\cos\alpha-\cos\beta)]$ $V^2=a^2b^2c^2(1-\cos^2\alpha-\cos^2\beta-\cos^2\gamma+$ $2\cos\alpha\cos\beta\cos\gamma)$

表 7.3 简单点阵的倒易点阵的基本参数

	单斜	正交	六角	菱面体	四方	立方
正点阵单胞参数	$a\neq b\neq c$ $\alpha=\gamma=90^\circ<\beta$	$a\neq b\neq c$ $\alpha=\beta=\gamma=90^\circ$	$a=b\neq c$ $\alpha=\beta=90^\circ$ $\gamma=120^\circ$	$a=b=c$ $90^\circ\neq\alpha=\beta=\gamma<120^\circ$	$a=b\neq c$ $\alpha=\beta=\gamma=90^\circ$	$a=b=c$ $\alpha=\beta=\gamma=90^\circ$
正点阵体积	$abc\sin\beta$	abc	$\frac{\sqrt{3}}{2}a^2c$	$a^3\sqrt{1-3\cos^2\alpha+2\cos^2\alpha}$	a^2c	a^3
a^*	$\frac{1}{a\sin\beta}$	$\frac{1}{a}$	$\frac{2}{a\sqrt{3}}$	$\frac{\sin\alpha}{a\sqrt{1-3\cos^2\alpha+2\cos^2\alpha}}$	$\frac{1}{a}$	$\frac{1}{a}$
b^*	$\frac{1}{b}$	$\frac{1}{b}$	$\frac{2}{a\sqrt{3}}$	$\frac{\sin\alpha}{a\sqrt{1-3\cos^2\alpha+2\cos^2\alpha}}$	$\frac{1}{a}$	$\frac{1}{a}$
c^*	$\frac{1}{c\sin\beta}$	$\frac{1}{c}$	$\frac{1}{c}$	$\frac{\sin\alpha}{a\sqrt{1-3\cos^2\alpha+2\cos^2\alpha}}$	$\frac{1}{c}$	$\frac{1}{a}$
α^*	90°	90°	90°	$\arccos\left(-\frac{\cos\alpha}{1+\cos\alpha}\right)$	90°	90°
β^*	$180^\circ-\beta$	90°	90°	$\arccos\left(-\frac{\cos\alpha}{1+\cos\alpha}\right)$	90°	90°
γ^*	90°	90°	60°	$\arccos\left(-\frac{\cos\alpha}{1+\cos\alpha}\right)$	90°	90°
倒易点阵单胞参数	$a^*\neq b^*\neq c^*$ $\alpha^*=\gamma^*=90^\circ>\beta$	$a^*\neq b^*\neq c^*$ $\alpha^*=\beta^*=\gamma^*=90^\circ$	$a^*=b^*\neq c^*$ $\alpha^*=\beta^*=90^\circ$ $\gamma^*=60^\circ$	$a^*=b^*=c^*$ $\alpha^*=\beta^*=\gamma^*\neq 90^\circ$	$a^*\neq b^*\neq c^*$ $\alpha^*=\beta^*=\gamma^*=90^\circ$	$a^*=b^*=c^*$ $\alpha^*=\beta^*=\gamma^*=90^\circ$

7.3.3　简单点阵的倒易点阵的基本参数

表 7.3 给出了简单点阵的倒易点阵的基本参数. 表中的参数说明同表 7.2。比较表 7.3 中的正点阵单胞参数和倒易点阵单胞参数可见正点阵单胞和倒易点阵单胞具有相同的结构特征, 例如, 对于唯一性 $\boldsymbol{b}$ 轴单斜正点阵, $a \neq b \neq c$、$\alpha = \gamma = 90° < \beta$, 与它对应的唯一性 $\boldsymbol{b}^*$ 轴单斜倒易点阵则有 $a^* \neq b^* \neq c^*$、$\alpha^* = \gamma^* = 90° > \beta$; 对于六角正点阵, 有 $a = b \neq c$、$\alpha = \beta = 90°$、$\gamma = 120°$, 与它对应的六角倒易点阵则有 $a^* = b^* \neq c^*$、$\alpha^* = \beta^* = 90°$、$\gamma^* = 60°$; 对于立方正点阵, 有 $a = b = c$、$\alpha = \beta = \gamma = 90°$, 与它对应的立方倒易点阵则有 $a^* = b^* = c^*$、$\alpha^* = \beta^* = \gamma^* = 90°$。

7.3.4　非简单点阵 (非初基胞) 的倒易点阵的基本参数

表 7.4 给出了非简单点阵的倒易点阵的基本参数。为了读懂表 7.4, 请参考 3.5 节和 4.2 节。例如, 如果正空间为面心点阵 (正交、立方), 那么在面心点阵的倒易点阵中, 倒易矢量 $\boldsymbol{g}^*$ 在倒易初基胞基矢 $\boldsymbol{a}^*$、$\boldsymbol{b}^*$、$\boldsymbol{c}^*$ 分量为 hkl (晶面指数), 它在倒易惯用胞基矢 $\boldsymbol{a}'^*$、$\boldsymbol{b}'^*$、$\boldsymbol{c}'^*$ 的分量为 $h'k'l'$ (晶面指数), 并满足 $(h'k'l') = (hkl)\begin{bmatrix} -1 & 1 & 1 \\ 1 & -1 & 1 \\ 1 & 1 & -1 \end{bmatrix}$, 所以

$$\begin{aligned} h' &= -h + k + l \\ k' &= h - k + l \\ l' &= h + k - l, \end{aligned}$$

得到 $h' + k' = 2l$, $k' + l' = 2h$, $l' + h' = 2k$, 即 h'、k'、l' 全奇或全偶。对于表 7.4 的其他结果, 读者可自行验证。

表 7.4　非简单点阵 (非初基胞) 的倒易点阵的基本参数

正空间点阵	初基胞 → 惯用胞 基矢变换矩阵 $\boldsymbol{p}$	惯用胞 → 初基胞 基矢变换矩阵 $\boldsymbol{p}^{-1}$	存在的 hkl	倒易点阵
面心 (正交、立方)	$\begin{bmatrix} -1 & 1 & 1 \\ 1 & -1 & 1 \\ 1 & 1 & -1 \end{bmatrix}$	$\begin{bmatrix} 0 & \frac{1}{2} & \frac{1}{2} \\ \frac{1}{2} & 0 & \frac{1}{2} \\ \frac{1}{2} & \frac{1}{2} & 0 \end{bmatrix}$	h,k,l 全奇或全偶, $h+k=2n$, $k+l=2n$, $l+h=2n$	体心 (正交、四方、立方)

续表

正空间点阵	初基胞 → 惯用胞基矢变换矩阵 $\boldsymbol{p}$	惯用胞 → 初基胞基矢变换矩阵 $\boldsymbol{p}^{-1}$	存在的 hkl	倒易点阵
体心(正交、四方、立方)	$\begin{bmatrix}0 & 1 & 1\\1 & 0 & 1\\1 & 1 & 0\end{bmatrix}$	$\begin{bmatrix}-\frac{1}{2} & \frac{1}{2} & \frac{1}{2}\\\frac{1}{2} & -\frac{1}{2} & \frac{1}{2}\\\frac{1}{2} & \frac{1}{2} & -\frac{1}{2}\end{bmatrix}$	$h+k+l=2n$	面心(正交、立方)
底心(正交)	$\begin{bmatrix}1 & -1 & 0\\1 & 1 & 0\\0 & 0 & 1\end{bmatrix}$	$\begin{bmatrix}\frac{1}{2} & \frac{1}{2} & 0\\-\frac{1}{2} & \frac{1}{2} & 0\\0 & 0 & 1\end{bmatrix}$	$h+k=2n$	底心(正交)
正放置菱面体	$\begin{bmatrix}1 & 0 & 1\\-1 & 1 & 1\\0 & -1 & 1\end{bmatrix}$	$\begin{bmatrix}\frac{2}{3} & -\frac{1}{3} & -\frac{1}{3}\\\frac{1}{3} & \frac{1}{3} & -\frac{2}{3}\\\frac{1}{3} & \frac{1}{3} & \frac{1}{3}\end{bmatrix}$	$-h+k+l=3n$	菱面体
逆放置菱面体	$\begin{bmatrix}0 & 1 & 1\\-1 & 0 & 1\\1 & -1 & 1\end{bmatrix}$	$\begin{bmatrix}\frac{1}{3} & -\frac{2}{3} & \frac{1}{3}\\\frac{2}{3} & -\frac{1}{3} & -\frac{1}{3}\\\frac{1}{3} & \frac{1}{3} & \frac{1}{3}\end{bmatrix}$	$h-k+l=3n$	菱面体

图 7.7 给出了正空间惯用点阵的倒易点阵。参考表 7.3 和表 7.4 可以发现: 正空间分为 7 个晶系, 倒易空间也分为 7 个“晶系”, 而且具有正空间三斜

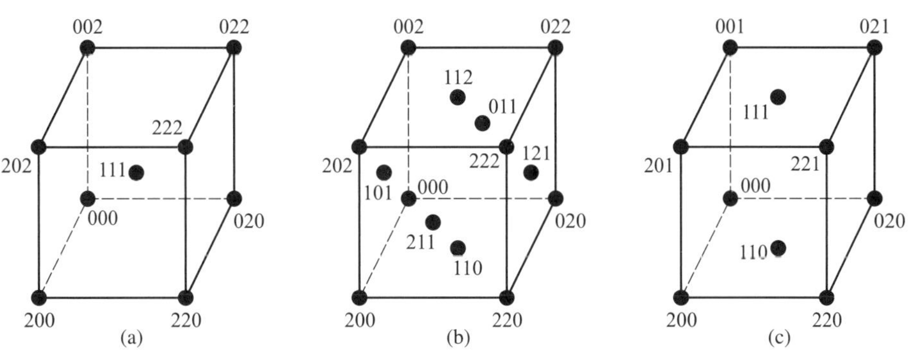

图 7.7 正空间惯用点阵的倒易点阵。(a) 正空间面心点阵 (正交、立方) 的倒易体心点阵; (b) 正空间体心点阵 (正交、四方、立方) 的倒易面心点阵; (c) 正空间底心点阵 (正交) 的倒易底心点阵

对应倒易空间三斜、正空间单斜对应倒易空间单斜、正空间正交对应倒易空间正交、正空间四方对应倒易空间四方、正空间三角对应倒易空间三角、正空间六角对应倒易空间六角和正空间正方对应倒易空间正方关系。显然它们具有相同的点阵点群以及点阵点群子群的对称性。正空间分为 14 个 Bravais 点阵，倒易空间也分为 14 个 "Bravais 点阵"，不过这些晶系的点阵不一定总是一一对应的，正空间面心点阵对应倒易空间体心点阵，正空间体心点阵对应倒易空间面心点阵等，这种情况下正空间和倒易空间中的点阵平移操作是不同的。

参考文献

[1] Hahn T. International tables for crystallography, Vol. A. 5th ed. Heidelberg: Springer, 2005.

第 8 章 三维晶体学空间群

为了和 2.3 节的 17 个二维晶体学空间群相区别, 这一章标题为“三维晶体学空间群”。前 7 章我们主要讨论了和晶体学点群有关的内容, 从这一章开始讨论晶体学点群和点阵平移群组合操作生成 230 个晶体学空间群的基本原则。

8.1 晶体学群和点阵平移群的组合操作

用 Seitz 符号, 晶体学群 G 中的任何一个操作元可以写成 $(\boldsymbol{W}, \boldsymbol{w})$。其中, $\boldsymbol{W}$ 表示倒反中心、1、2、3、4、6 次轴或反映面 (点群操作); $\boldsymbol{w} = \boldsymbol{w}_p + \boldsymbol{w}_v$, $\boldsymbol{w}_p$ 表示平行轴或反映面的平移, $\boldsymbol{w}_v$ 表示垂直轴或反映面的平移, $\boldsymbol{w}_p$ 或 $\boldsymbol{w}_v$ 只能是格矢或格矢的真分数。2.3.2.1 节已讨论过反映面和 $\boldsymbol{w} = \boldsymbol{w}_p + \boldsymbol{w}_v$ 的组合操作的结果: 在 $\dfrac{1}{2}\boldsymbol{w}_v$ 处生成 $\dfrac{1}{2}\boldsymbol{w}_p$ 滑移面, 这是一个晶体学空间群操作元。下面讨论旋转轴和 $\boldsymbol{w} = \boldsymbol{w}_p + \boldsymbol{w}_v$ 的组合操作生成另一个晶体学空间群操作元——螺旋轴的过程。

按照国际晶体学表的规定, $4^+\left(0, 0, \dfrac{1}{4}\right)00z$ 表示 4 次螺旋轴沿 $[00z]$ 方向 ($\boldsymbol{c}$ 轴方向), 每逆时针旋转 $\dfrac{\pi}{4}$, 移动 $\boldsymbol{w}_p = \dfrac{\boldsymbol{c}}{4}$, 本书用

4_1^+00z 简写之。图 8.1 给出了简单四方点阵中沿 $\boldsymbol{c}$ 方向的螺旋轴 4_1^+00z 操作，图中已标出 $\boldsymbol{a}$、$\boldsymbol{b}$ 和 $\boldsymbol{c}$ 轴。从图 8.1 可见，$0 \to 1$，逆时针旋转 $\dfrac{\pi}{4}$，沿虚线移动 $\dfrac{\boldsymbol{c}}{4}$ 到点 $1'$，$1 \to 2$，逆时针旋转 $\dfrac{\pi}{4}$，沿虚线移动 $\dfrac{\boldsymbol{c}}{4}$ 到点 $2'$，相当于 $0 \to 2$，逆时针旋转 $\dfrac{\pi}{2}$，从点 2 移动 $\dfrac{\boldsymbol{c}}{2}$，这与 $2_1\,00z$ 操作相同；$2 \to 3$，逆时针旋转 $\dfrac{\pi}{4}$，沿虚线移动 $\dfrac{\boldsymbol{c}}{4}$ 到点 $3'$，相当于从点 3 移动 $\dfrac{3\boldsymbol{c}}{4}$，这与 $0 \to 3$，顺时针旋转 $\dfrac{\pi}{4}$，在点 3 移动 $\dfrac{3\boldsymbol{c}}{4}$ 的 $4_3^-\,00z$ 相同。换句话说，$4_1^+\,00z$、$2_1\,00z$、$4_3^-\,00z$ 都是沿着 $[00z]$ 的，它们构成非点式空间群 $P4_1 = \{1, 2_1\,00z, 4_1^+\,00z, 4_3^-\,00z\}$，其中 $4_1^+\,00z$ 是 $P4_1$ 的生成元，其原因是

$$1 = (4_1^+\,00z)(4_1^+\,00z)(4_1^+\,00z)(4_1^+\,00z)$$

$$2_1\,00z = (4_1^+\,00z)(4_1^+\,00z)$$

$$4_3^-\,00z = (4_1^+\,00z)(4_1^+\,00z)(4_1^+\,00z)$$

只要熟悉了 $P4_1$，包含 3 次和 6 次旋转轴的晶体学空间群操作元——螺旋轴的生成过程也就容易理解了。

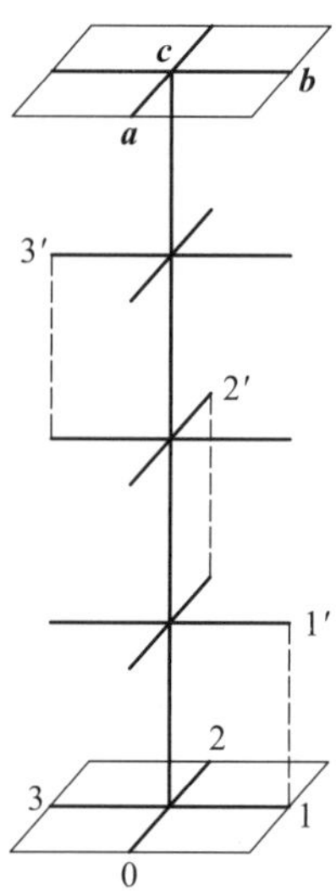

图 8.1　简单四方点阵中沿 $\boldsymbol{c}$ 轴的螺旋轴 $4_1^+\,00z$ 操作

上述仅是一个特例，下面我们证明集合 $G = \{(\boldsymbol{I}, \boldsymbol{0})(\boldsymbol{W}_1\boldsymbol{w}_1)(\boldsymbol{W}_2\boldsymbol{w}_2), \cdots, (\boldsymbol{W}_i\boldsymbol{w}_i)\}$ 构成晶体学空间群。首先，点群 $H = \{\boldsymbol{I}, \boldsymbol{W}_1, \cdots, \boldsymbol{W}_i\} \in G$，参考 3.3 节可知，

$$(\boldsymbol{W}_i\boldsymbol{w}_i)(\boldsymbol{W}_j\boldsymbol{w}_j) = (\boldsymbol{W}_i\boldsymbol{W}_j, \boldsymbol{W}_i\boldsymbol{w}_j + \boldsymbol{w}_i)$$

其中, $\boldsymbol{W}_i\boldsymbol{W}_j \in H$ 是对称操作, $\boldsymbol{W}_i\boldsymbol{w}_j + \boldsymbol{w}_i$ 是与群 H 相容点阵内的平移操作也 $\in G$, 所以

(1) $\boldsymbol{W}_i\boldsymbol{W}_j \in H \in G$, $\boldsymbol{W}_i\boldsymbol{w}_j + \boldsymbol{w}_i \in G$, $(\boldsymbol{W}_i\boldsymbol{W}_j, \boldsymbol{W}_i\boldsymbol{w}_j + \boldsymbol{w}_i) \in G$, 即 G 满足封闭性。

(2)
$$\begin{aligned}(\boldsymbol{W}_i\boldsymbol{w}_i)[(\boldsymbol{W}_j\boldsymbol{w}_j)(\boldsymbol{W}_l\boldsymbol{w}_l)] &= (\boldsymbol{W}_i\boldsymbol{w}_i)(\boldsymbol{W}_j\boldsymbol{W}_l, \boldsymbol{W}_j\boldsymbol{w}_l + \boldsymbol{w}_j)\\ &= (\boldsymbol{W}_i\boldsymbol{W}_j\boldsymbol{W}_l, \boldsymbol{W}_i\boldsymbol{W}_j\boldsymbol{w}_l + \boldsymbol{W}_i\boldsymbol{w}_j + \boldsymbol{w}_i)\\ &= (\boldsymbol{W}_i\boldsymbol{W}_j, \boldsymbol{W}_i\boldsymbol{w}_j + \boldsymbol{w}_i)(\boldsymbol{W}_l\boldsymbol{w}_l)\\ &= [(\boldsymbol{W}_i\boldsymbol{w}_i)(\boldsymbol{W}_j\boldsymbol{w}_j)](\boldsymbol{W}_l\boldsymbol{w}_l),\end{aligned}$$

即 G 满足结合律。

(3) 由于 $(\boldsymbol{W}_i, \boldsymbol{w}_j)(\boldsymbol{W}_i, \boldsymbol{w}_j)^{-1} = (\boldsymbol{W}_i, \boldsymbol{w}_j)(\boldsymbol{W}_i^{-1}, -\boldsymbol{W}_i^{-1}\boldsymbol{w}_j) = (\boldsymbol{I}, \boldsymbol{0})$, 即 $(\boldsymbol{W}_i, \boldsymbol{w}_j)$ 的逆元是 $(\boldsymbol{W}_i, \boldsymbol{w}_j)^{-1}$。

(4) $(I, 0)$ 是单位元。

故 $G = \{(\boldsymbol{I}, \boldsymbol{0}), (\boldsymbol{W}_1\boldsymbol{w}_1), (\boldsymbol{W}_2\boldsymbol{w}_2), \cdots, (\boldsymbol{W}_i\boldsymbol{w}_i)\}$ 是群。这里需要说明的是, 如果 $\boldsymbol{w} = \boldsymbol{w}_p + \boldsymbol{w}_v$ 限定在点阵单胞内取值, 晶体学空间群是有限群。

实际上我们也可以通过半直积生成晶体学空间群: 由于 $H = \{(\boldsymbol{I}, \boldsymbol{0}), (\boldsymbol{W}_1, \boldsymbol{0}), \cdots, (\boldsymbol{W}_i, 0)\}$ 是点群, $T = \{\boldsymbol{I}, \cdots, \boldsymbol{w}_i, \cdots, \boldsymbol{W}_i\boldsymbol{w}_i, \cdots\}$ 是平移群, 因此有

$$(\boldsymbol{W}_i, \boldsymbol{0})(\boldsymbol{I}, \boldsymbol{w}_i) = (\boldsymbol{W}_i, \boldsymbol{W}_i\boldsymbol{w}_i)$$
$$(\boldsymbol{I}, \boldsymbol{W}_i\boldsymbol{w}_i)(\boldsymbol{W}_i, \boldsymbol{0}) = (\boldsymbol{W}_i, \boldsymbol{W}_i\boldsymbol{w}_i)$$

满足半直积定义, 所以, 晶体学空间群 $G = H\Lambda T$。

8.2 点式空间群

8.1 节已经证明晶体学点群和平移群半直积 $G = H\Lambda T$ 可以构成晶体学空间群, 这种空间群称为点式空间群。如表 8.1 所示, 为 73 个点式空间群。关于点式空间群的生成细节请参考 8.3.1 节。

表 8.1 73 个点式空间群

晶系	点群 $(W, 0)$	Bravais 点阵 $(I, \boldsymbol{t})$	点式空间群 $G = (W, 0)\Lambda(I, \boldsymbol{t})$
三斜	$1, \bar{1}$	P	$P1, P\bar{1}$
单斜 (唯一轴 b)	$2, m, 2/m$	P P 或 A	$P2, Pm, P2/m$ $C2, Cm, C2/m$

续表

晶系	点群 $(W,0)$	Bravais 点阵 $(I,\boldsymbol{t})$	点式空间群 $G=(W,0)\Lambda(I,\boldsymbol{t})$
正交	$222, mm2, mmm$	P C, A 或 B I F	$P222, Pmm2, Pmmm$ $C222, Cmm2, Cmmm, Amm2$ $I222, Imm2, Immm$ $F222, Fmm2, Fmmm$
四方	$4, 4/m, 4mm, 422,$ $\bar{4}, \bar{4}2m, 4/mmm$	P I	$P4, P4/m, P4mm, P4/mmm,$ $P422, P\bar{4}, P\bar{4}2m, P\bar{4}m2$ $I4, I4/m, I4mm, I4/mmm,$ $I422, I\bar{4}, I\bar{4}2m, I\bar{4}m2$
三角	$3, 3m, 32,$ $\bar{3}, \bar{3}m$	P R	$P3, P3m1, P312, P\bar{3}, P\bar{3}1m,$ $P31m, P321, P\bar{3}m1$ $R3, R3m, R32, R\bar{3}, R\bar{3}m$
六角	$6, 6/m, 6mm, 622,$ $\bar{6}, \bar{6}m2, 6/mmm$	P	$P6, P6/m, P6mm, P6/mmm,$ $P622, P\bar{6}, P\bar{6}m2, P\bar{6}2m$
立方	$23, m\bar{3}, \bar{4}3m, 432,$ $m\bar{3}m$	P I F	$P23, Pm3, P\bar{4}3m, P432, Pm3m$ $I23, Im3, I\bar{4}3m, I432, Im3m$ $F23, Fm3, F\bar{4}3m, F432, Fm3m$

8.3 推导 230 个晶体学空间群的具体方法之一——空间群同形不变引申原理

非点式空间群可以从点式空间群引申出来。

表 8.2 列出的以唯一性 $\boldsymbol{b}$ 轴为 2 次轴方向的简单单斜点阵中, 基矢 $\boldsymbol{a}$ 沿 $\boldsymbol{x}$ 方向, 基矢 $\boldsymbol{b}$ 沿 $\boldsymbol{y}$ 方向, 基矢 $\boldsymbol{c}$ 沿 $\boldsymbol{z}$ 方向。按照国际晶体学表规定, $2\left(0,\dfrac{1}{2},0\right)0,y,0$ 表示沿 $\boldsymbol{b}$ 方向有一个螺距 $\dfrac{1}{2}\boldsymbol{b}$ 的 2 次螺旋轴存在, 在 $\dfrac{1}{4}$ 处存在一个垂直于 $\boldsymbol{b}$ 的反映面, 在原点存在一个倒反中心。通过表 8.2 我们可以看出, 非点式空间群 $P2_1/m$ 可以从点式空间群 $P2/m$ 出发引申出来——将点式空间群操作换成与它同形的空间群操作, 即旋转轴 → 螺旋轴、反映面 → 滑移面, 就可以同形不变引申出非点式空间群。2.3 节已给出了平面群同形不变引申的例子, 为了加深理解, 我们再给出三维点阵同形不变引申的例子。

表 8.2 点式空间群 $P2/m$ 和非点式空间群 $P2_1/m$ 之间的同构关系

点式空间群 $P2/m$	点式空间群 $P2_1/m$
1	1
$2\,0,y,0$	$2\left(0,\dfrac{1}{2},0\right)\,0,y,0$
$\bar{1}\,0,0,0$	$\bar{1}\,0,0,0$
$m\,x,0,z$	$m\,x,\dfrac{1}{4},z$

如图 8.2 所示, 为从点式空间群 $P4$ 和 $I4$ 同形不变引申出非点式空间群 $P4_1$、$P4_2$、$P4_3$ 和 $I4_1$ 的对称操作分布图。以下将分别进行说明。

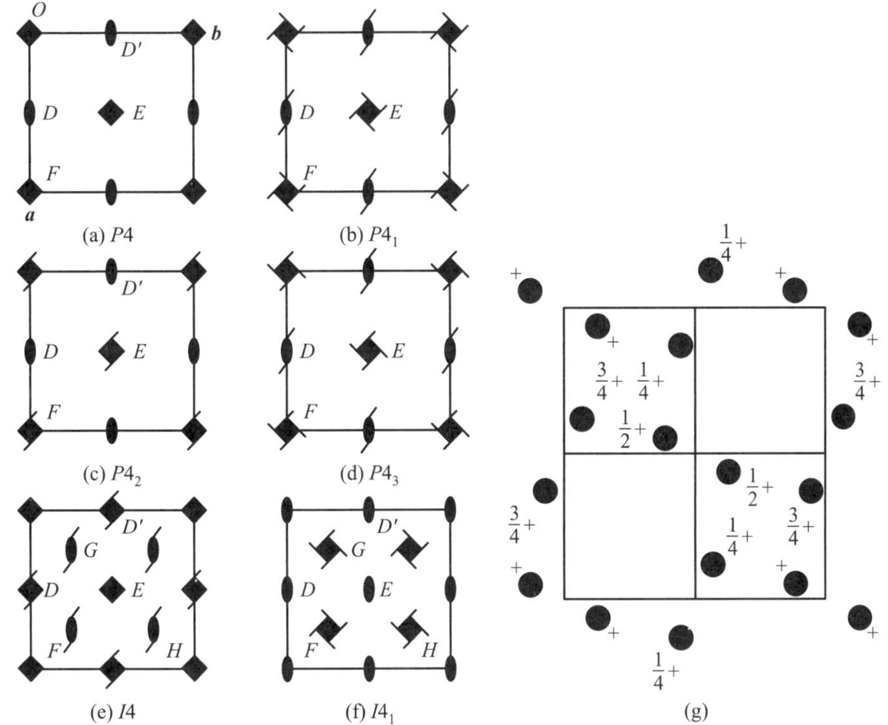

图 8.2 从点式空间群 $P4$(a) 和 $I4$(e) 同形不变引申 $P4_1$(b)、$P4_2$(c)、$P4_3$(d) 和 $I4_1$(f) 的对称操作分布图。只有图 (a) 中给出了原点 O 和惯用单胞基矢 $\boldsymbol{a}$ 和 $\boldsymbol{b}$。图中 D、E、F、D'、G 和 H 表示操作元位置。图 (g) 给出了 $I4_1$ 的等效点图

图 8.2(a) 给出了简单四方点阵中沿 $\boldsymbol{c}$ 轴的 4 次轴生成的点式空间群 $P4$, 操作过程为 $G=(\boldsymbol{W},\boldsymbol{0})\Lambda(\boldsymbol{I},\boldsymbol{t})$, 这里 $\boldsymbol{W}_1=\{1,2\,00z,4^{+}00z,4^{-}00z\}$,

其中不包含非点式操作元。这时, 4^+00z (或 4^-00z) 是生成元, 原因是通过 4^+00z 或 4^-00z 可以生成 W_1: $1=(4^+00z)(4^+00z)(4^+00z)(4^+00z)$, $2\,00z=(4^+00z)(4^+00z)$, $4^-00z=(4^+00z)(4^+00z)(4^+00z)$。另外, 在格点 (000) 上的 $\boldsymbol{W}_1$ 还可以:

(1) 通过 $(4^+\,00z,0)\cdot(\boldsymbol{I},[100])=4^+\,\frac{1}{2}\frac{1}{2}z$, 在点 $E\left(\frac{1}{2},\frac{1}{2},0\right)$ 生成 $4^+\,\frac{1}{2}\frac{1}{2}z$ (参考图 2.3.1)。$4^+\,\frac{1}{2}\frac{1}{2}z$ 是生成元, 在点 $E\left(\frac{1}{2}\frac{1}{2}0\right)$ 生成 $\boldsymbol{W}_E=\left\{1,2\,\frac{1}{2}\frac{1}{2}z,\right.$ $\left.4^+\,\frac{1}{2}\frac{1}{2}z,4^-\,\frac{1}{2}\frac{1}{2}z\right\}$。

(2) 通过 $(2\,00z,0)\cdot(I,[100])=2\,\frac{1}{2}0z$, 在点 $D\left(\frac{1}{2},0,0\right)$ 生成 $2\,\frac{1}{2}0z$。$2\,\frac{1}{2}0z$ 是生成元, 所以在点 $D\left(\frac{1}{2},0,0\right)$ 生成 $\boldsymbol{W}_D=\left\{1,2\,\frac{1}{2}0z\right\}$, 同理, 点群 $\boldsymbol{W}_1$ 的 $(2\,00z,0)$ 通过 $\boldsymbol{W}_1$ 中的 $(2\,00z,0)\cdot(I,[010])=2\,0\frac{1}{2}z$, 在点 $D'\left(0,\frac{1}{2},0\right)$ 生成点群 $\boldsymbol{W}_{D'}=\{1,2\,0\frac{1}{2}z\}$。可以发现通过 $(2\,00z,0)\cdot(I,[110])$ 在点 $E\left(\frac{1}{2},\frac{1}{2},0\right)$ 也会生成 $2\,\frac{1}{2}\frac{1}{2}z$, 不过它已在 $\boldsymbol{W}_E=\left\{1,2\,\frac{1}{2}\frac{1}{2}z,4^+\,\frac{1}{2}\frac{1}{2}z,4^-\,\frac{1}{2}\frac{1}{2}z\right\}$ 中, 并非新的空间群对称元, 这说明对称元的生成是自洽的。

(3) 通过 [100] 平移到格点 $F(1,0,0)$。至此, 空间群 $P4$ 已经给出。

图 8.2(b) 给出了简单四方点阵中 $P4$ 同形不变引申出非点式空间群 $P4_1$ 的结果, 这里点群 $\boldsymbol{W}_2=\{1,2_1\,00z,4_1^+00z,4_3^-00z\}$, $\boldsymbol{W}_2$ 中包含空间群操作元 4_1^+00z 和 4_3^-00z, 所以会生成非点式空间群。点 D、E、F 和 D' 上对称元的生成过程和图 8.2(a) 相似, 只需将 $2\,00z\rightarrow 2_1\,00z$, $4^+00z\rightarrow 4_1^+00z$, $4^-00z\rightarrow 4_3^-00z$ 即可。

图 8.2(c) 给出了简单四方点阵中 $P4$ 同形不变引申出非点式空间群 $P4_2$ 的结果, 这里点群 $\boldsymbol{W}_3=\{1,2\,00z,4_2^+00z,4_2^-00z\}$。$\boldsymbol{W}_3$ 中包含空间群操作元 4_2^+00z 和 4_2^-00z。点 D、E、F 和 D' 上对称元的生成过程和图 8.2(a) 相似, 只需将 $2\,00z\rightarrow 2\,00z$, $4^+00z\rightarrow 4_2^+00z$, $4^-00z\rightarrow 4_2^-00z$ 即可。

图 8.2(d) 给出了简单四方点阵中 $P4$ 同形不变引申出非点式空间群 $P4_3$ 的结果, 这里点群 $\boldsymbol{W}_4=\{1,2\,00z,4_3^+00z,4_1^-00z\}$。点 E、F、F 上对称元的生成过程和图 8.2(a) 相似, 只需将 $4^+00z\rightarrow 4_3^+00z$, $4^-00z\rightarrow 4_1^-00z$ 即可。

图 8.2(e)、(f) 给出了体心四方点阵点式空间群 $I4$、$I4_1$。$I4$ 和 $I4_1$ 中点 D、E、F、D'、G 和 H 上对称元的生成过程和图 8.2(a) 相似, 只是增加了平

移 $\left[\frac{1}{2},\frac{1}{2},\frac{1}{2}\right]$。下面以 $I4_1$ 为例重点讨论一下对称操作元之间的关系。如 $I4_1$ 的对称操作元 [1] 为

(1) 在格点 $(0,0,0)$ 上的空间群操作元:

$$1;2_1\,\frac{1}{4},\frac{1}{4},z;4_1^+\,-\frac{1}{4},\frac{1}{4},z;4_3^-\,\frac{1}{4},-\frac{1}{4},z \tag{8.1}$$

(2) 在格点 $\left(\frac{1}{2},\frac{1}{2},\frac{1}{2}\right)$ 上的空间群操作元:

$$t\left(\frac{1}{2},\frac{1}{2},\frac{1}{2}\right);2\,0,0,z;4_3^+\,\frac{1}{4},\frac{1}{4},z;4_1^-\,\frac{1}{4},\frac{1}{4},z \tag{8.2}$$

依据式 (8.1) 和式 (8.2), 有

$$\begin{aligned}I4_1 =&\left\{1;2_1\,\frac{1}{4},\frac{1}{4},z;4_1^+\,-\frac{1}{4},\frac{1}{4},z;4_3^-\,\frac{1}{4},-\frac{1}{4},z;\right.\\&\left.t\left(\frac{1}{2},\frac{1}{2},\frac{1}{2}\right);2\,0,0,z;\;4_3^+\,\frac{1}{4},\frac{1}{4},z;\;4_1^-\,\frac{1}{4},\frac{1}{4},z\right\}\end{aligned}$$

$I4_1$ 是 $I4$ 同形不变引申出非点式空间群, 它与 $I4$ 同构。表 8.3 给出了 $I4_1$ 的乘法表, 从表 8.3 可见, $I4_1$ 包含的 8 个操作元的确满足乘法表, 由于只取单胞内的平移矢量, 所以 $I4_1$ 的阶数是有限的。表中操作元 +[∗∗∗] 表示操作元是平移 [∗∗∗] 后得到的。式 (8.1) 的 4 个操作元构成了 $I4_1$ 的子群, 乘法表如表 8.3 黑框所示。在表 8.3 的制表过程中, 需要求出 $I4_1$ 中任意两个对称操作组合操作后的操作元, 过去我们都用几何方法或矩阵运算求组合操作后的操作元, 实际上, 利用一般位置等效点 [如图 8.2(g) 所示] 的坐标和对称操作的关系, 也可以得到这一结果。

$$2_1: x,y,z \rightarrow \bar{x}+\frac{1}{2},\bar{y}+\frac{1}{2},z+\frac{1}{2} \tag{8.3}$$

$$4_1^+: x,y,z \rightarrow \bar{y},x+\frac{1}{2},z+\frac{1}{4} \tag{8.4}$$

$$4_3^-: x,y,z \rightarrow y+\frac{1}{2},\bar{x},z+\frac{3}{4} \tag{8.5}$$

$$t\left(\frac{1}{2},\frac{1}{2},\frac{1}{2}\right): x,y,z \rightarrow x+\frac{1}{2},y+\frac{1}{2},z+\frac{1}{2} \tag{8.6}$$

$$2: x,y,z \rightarrow \bar{x},\bar{y},z \tag{8.7}$$

$$4_3^+: x,y,z \rightarrow \bar{y}+\frac{1}{2},x,z+\frac{3}{4} \tag{8.8}$$

$$4_1^- : x, y, z \to y, \bar{x} + \frac{1}{2}, z + \frac{1}{4} \tag{8.9}$$

比如, 求 $4_1^+ \cdot 2$ 的组合操作后的操作元, 先用式 (8.4) 得到 $4_1^+ : x, y, z \to \bar{y}, x + \frac{1}{2}, z + \frac{1}{4}$, 再用式 (8.7) 得到 $2 : \bar{y}, x + \frac{1}{2}, z + \frac{1}{4} \to y, \bar{x} - \frac{1}{2}, z + \frac{1}{4}$, 由于

$$\left(y, \bar{x} - \frac{1}{2}, z + \frac{1}{4}\right) + \left(\frac{1}{2}, \frac{1}{2}, \frac{1}{2}\right) = 4_3^-$$

所以 $4_1^+ \cdot 2 = 4_3^-$, 如表 8.3 中 3 行 5 列所示。利用上述方法, 我们就可以得到表 8.3。

表 8.3　$I4_1$ 的乘法表

	1	2_1	4_1^+	4_3^-	t	2	4_3^+	4_1^-
1	1	2_1	4_1^+	4_3^-	t	2	4_3^+	4_1^-
2_1	2_1	1	$4_3^- + [100]$	$4_1^+ + [010]$	2	$t + [110]$	4_1^-	4_3^+
4_1^+	4_1^+	4_3^-	$2_1 + [100]$	1	4_3^+	$4_3^- + \left[\frac{1}{2}, \frac{1}{2}, \frac{1}{2}\right]$	2	t
4_3^-	4_3^-	$4_1^+ + [010]$	1	2_1	4_1^-	$4_3^+ + [100]$	t	2
t	t	2	$4_3^+ + [100]$	$4_1^- + [010]$	1	$2_1 + [110]$	4_1^+	4_3^-
2	2	t	$4_3^- + \left[\frac{1}{2}, \frac{1}{2}, \frac{1}{2}\right]$	4_3^+	2_1	1	4_3^-	4_1^+
4_3^+	4_3^+	4_1^-	2	$t + [010]$	$4_1^- + [010]$	$4_3^- + [100]$	2_1	1
4_1^-	4_1^-	4_3^+	$t + [100]$	2	4_3^-	$4_3^+ + \left[\frac{1}{2}, \frac{1}{2}, \frac{1}{2}\right]$	1	2_1

本书的重点是晶体空间群在晶体学研究中的应用。关于空间群的推导原则, 参考文献 [1] 和 [2] 中已有介绍, 这里就不再赘述了。

参考文献

[1] Hahn T. International tables for crystallography, Vol. A. 5th ed. Heidelberg:Springer, 2005.

[2] 王仁卉, 郭可信. 晶体中的对称群. 北京: 科学出版社, 1990.

第 9 章 国际晶体学表各项的含义

《国际晶体学表》是晶体学和结构科学的权威书籍, 它是关于对称性的完全开放互动的数据库。《国际晶体学表》共分 10 卷:

A 卷: 空间群对称性

A1 卷: 空间群之间的对称关系

B 卷: 倒易空间

C 卷: 数学、物理学和化学表

D 卷: 晶体的物理性质

E 卷: 部分周期群 (层、棒和带群, 以及高于 3 维的对称群)

F 卷: 生物大分子晶体学

G 卷: 晶体学数据的定义和转换

H 卷: 粉末衍射

I 卷: X 衍射吸收光谱学及相关技术

《国际晶体学表》的出版得到了国际晶体学联盟的资助和指导。从 1935 年第一版问世以来, 直到 2022 年,《国际晶体学表》一直在更新, 本书是对《国际晶体学表》A 卷 2005 年版的解读。

本章将按照国际晶体学表构成, 分段详细介绍各部分的内容。每段都附有国际晶体学表的原文, 以便读者阅读和理解。

9.1　国际晶体学表标题

本节以空间群 $C2/c$ 为例来介绍国际晶体学表标题。如图 9.1 所示, 标题包括 2 行, 第 1 行中的 $C2/c$ 表示这个空间群的标准 Hermann–Mauguin (HM) 简略符号 (其中, C 表示 C 心点阵, A 表示 A 心点阵, B 表示 B 心点阵, P 表示简单点阵, I 表示体心点阵, F 表示面心点阵)。C_{2h}^6 表示相应的 Schoenflies 符号, $2/m$ 表示简略的 HM 符号。Monoclinic 表示单斜晶系。第 2 行中的 No. 15 表示 $C2/c$ 在国际晶体学表中的序号。$C12/c1$ 表示 HM 完全符号, 其中, C 后的数字和符号表示对称操作顺序所对应的矢量方向 (参阅表 5.2, 5.5, 5.8), 对于 $C12/c1$ 而言, C 后的第一个 1 表示 1 次轴沿 [100] 方向, $2/c$ 中 2 次轴沿 [010] 方向, c 滑移面垂直于 [010] 方向, 最后一个 1 表示 1 次轴沿 [001] 方向。Patterson symmetry 表示 Patterson 函数的对称性。

$C2/c$	C_{2h}^6	$2/m$	Monoclinic
No.15	$C12/c1$		Patterson symmetry $C12/m1$

图 9.1　国际晶体学表中第 15 号空间群 $C2/c$ 的标题

9.2　Patterson 函数

本节在介绍 Patterson 函数之前, 先回忆一下和它有关的晶体电子衍射的基本概念。当被电压 E 加速的电子入射到具有晶体势 $V_r(\boldsymbol{r}_i)$ 的晶体中, 且 $E \gg V_r(\boldsymbol{r}_i)$ 时, 晶体单胞内在 $\boldsymbol{r}_i$ 处的所有原子在 $|\boldsymbol{r}| \gg |\boldsymbol{r}_i|$ 处的总衍射振幅可表示为

$$A_0 = \frac{\exp(2\pi \mathrm{i}\boldsymbol{k}\boldsymbol{r})}{r} \sum_{i(\text{unit cell})} f_i(\theta)\exp(-2\pi\mathrm{i}\boldsymbol{K}'\boldsymbol{r}) = \frac{\exp(2\pi\mathrm{i}\boldsymbol{k}\boldsymbol{r})}{r} F(\theta) \tag{9.1}$$

式中, $f_i(\theta)$ 是单胞内原子在 θ 方向的原子散射因子; $F(\theta)$ 是单胞的结构因子; $\boldsymbol{K}' = \boldsymbol{k} - \boldsymbol{k}'$ 是入射波矢 $\boldsymbol{k}$ 与散射波矢 $\boldsymbol{k}'$ 之差。当 Bragg 衍射发生时, 有

$$\frac{2\sin\theta}{\lambda} = \frac{1}{d_{hkl}} \quad 或 \quad \boldsymbol{K}' = \boldsymbol{k} - \boldsymbol{k}' = \boldsymbol{g}_{hkl}^*$$

由于晶体具有周期性, $F(\theta)$ 可以展开成晶体势 $V_r(\boldsymbol{r}_i) = V_r[u_i \quad v_i \quad w_i]$ 的 Fourier 级数关系:

$$F(\theta) = F_{hkl} = \frac{2\pi m_0 \mathrm{e}}{h^2} \sum_{i(\text{unit cell})} V_{u_i v_i w_i} \exp[-2\pi\mathrm{i}(hu_i + kv_i + lw_i)] \tag{9.2}$$

$$V_r(\boldsymbol{r}_i) = V_{u_iv_iw_i} = \frac{h^2}{2\pi m_0 \mathrm{e}} \sum_{h,k,l=-\infty}^{\infty} F_{hkl} \exp[2\pi\mathrm{i}(hu_i + kv_i + lw_i)] \tag{9.3}$$

式中, m_0 是入射电子的静止质量; e 是入射电子的电荷; $V_{u_iv_iw_i}$ 是在 $\boldsymbol{r}_i = r[u_i \quad v_i \quad w_i]$ 处晶体的势。由于 $V_r(\boldsymbol{r}_i)$ 是实数, $V_r(\boldsymbol{r}_i) = V_r^*(\boldsymbol{r}_i)$, 所以 $F_{-h,-k,-l} = F_{hkl}^*$, 如果晶体有反演中心, 则有 $V_r(\boldsymbol{r}_i) = V_r(-\boldsymbol{r}_i)$, $F_{hkl} = F_{-h,-k,-l} = F_{hkl}^*$。

Hartree 势的定义为

$$V_r(\boldsymbol{r}_i) = e^2 \int_{i(\text{unit cell})} \frac{\rho(\boldsymbol{r}_i)}{|\boldsymbol{r} - \boldsymbol{r}_i|} d\boldsymbol{r}_i = e^2 \rho_r(\boldsymbol{r}_i)$$

代入式 (9.3), 有

$$\rho_r(\boldsymbol{r}_i) = \rho_{u_iv_iw_i} = \frac{1}{V_\mathrm{c}} \sum_{h,k,l=-\infty}^{\infty} F_{hkl} \exp[2\pi\mathrm{i}(hu_i + kv_i + lw_i)] \tag{9.4}$$

式中, V_c 为单胞体积, 式 (9.4) 中略去了式 (9.3) 中的常数系数。

Patterson 函数定义为

$$\begin{aligned} P(\boldsymbol{r}_i) = P_{u_iv_iw_i} &= \frac{1}{V_\mathrm{c}} \sum_{h,k,l=-\infty}^{\infty} |F_{hkl}|^2 \exp[2\pi\mathrm{i}(hu_i + kv_i + lw_i)] \\ &= \frac{1}{V_\mathrm{c}} \sum_{h,k,l=-\infty}^{\infty} F_{hkl} \cdot F_{-h,-k,-l} \exp[2\pi\mathrm{i}(hu_i + kv_i + lw_i)] \end{aligned} \tag{9.5}$$

由于 $\rho_r(\boldsymbol{r}_i)$ 是实数, $\rho_r(\boldsymbol{r}_i) = \rho_r^*(\boldsymbol{r}_i)$, 所以 $|F_{hkl}|^2 = F_{hkl} \cdot F_{hkl}^* = F_{hkl} \cdot F_{-h,-k,-l}$。按照 Fourier 变换的性质 “乘积的 Fourier 变换是它们 Fourier 变换的卷积”, 式 (9.5) 可写成

$$P(\boldsymbol{R}) = \int_{V_\mathrm{c}} \rho_r(\boldsymbol{r}_i) \rho_r(\boldsymbol{r}_i + \boldsymbol{R}) d\boldsymbol{r}_i \tag{9.6}$$

从式 (9.6) 可见, Patterson 函数是 “对相关函数”, 与原子之间的间距有关, 所以具有倒反中心, 而且是点式的, Patterson 函数的对称性高于原子结构中的电荷密度的对称性。为了更好地理解 Patterson 函数的对称性, 我们给出了图 9.2。

通过图 9.2(c) 并结合式 (9.6) 可见, $P(\boldsymbol{R})$ 与相距 $\boldsymbol{R}$ 的原子的电子密度有关, 而并不是实验测量的电子密度分布 $\rho_r^2(\boldsymbol{r}_i)$。比较图 9.2(a) 和 9.2(c), 可以直观地看出 $\rho_r^2(\boldsymbol{r}_i)$ 和 $\rho(R)$ 是不同的。从 Patterson 函数得到 $\rho_r^2(\boldsymbol{r}_i)$ 的常用方法有模型尝试法、Patterson 函数向量空间法、电子密度函数法和直接法等。另外, 目前的电镜大都配有将显微像 Fourier 变换的软件, 也就是将 $\rho_r^2(\boldsymbol{r}_i)$ 进行 Fourier 变换的软件。根据上述介绍可知, 这个软件得到的结果是

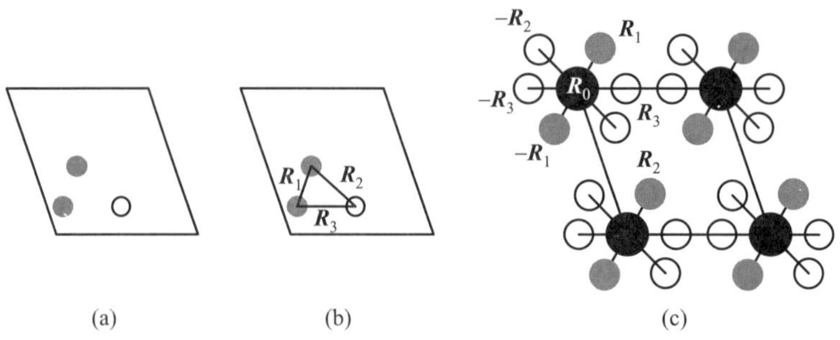

图 9.2 (a) 二维单胞内格点附近的 3 个原子, 灰度大致表示电子密度; (b) 原子之间的矢量 $\boldsymbol{R}_1, \boldsymbol{R}_2, \boldsymbol{R}_3$; (c) Patterson 函数, 灰度大致表示 Patterson 函数值

$F_{hkl} * F_{-h,-k,-l}$ (F_{hkl} 与 $F_{-h,-k,-l}$ 的卷积), 而不是实验可测量的电子衍射斑点强度 $|F_{hkl}|^2$, 这点请读者注意。平面群有 7 种 Patterson 函数, 空间群有 24 种 Patterson 函数。表 9.1 给出了二维和三维 Patterson 函数的对称性。

表 9.1 二维和三维 Patterson 函数的对称性

Laue 类型	晶格类型	Patterson 函数对称性				
		二维				
2	p	$p2(2)$				
$2mm$	$p\ c$	$p2mm(6)$	$c2mm(9)$			
4	p	$p4(10)$				
$4mm$	p	$p4mm(11)$				
6	p	$p6(16)$				
$6mm$	p	$p6mm(17)$				
		三维				
$\bar{1}$	P	$P\bar{1}(2)$				
$2/m$	$P\ C$	$P2/m(10)$	$C2/m(12)$			
mmm	$P\ C\ I\ F$	$Pmmm(47)$	$Cmmm(65)$	$Immm(71)$	$Fmmm(69)$	
$4/m$	$P\ \ I$	$P4/m(83)$		$I4/m(87)$		
$4/mmm$	$P\ \ I$	$P4/mmm(123)$		$I4/mmm(139)$		
$\bar{3}$	$P\ \ R$	$P\bar{3}(147)$				$R\bar{3}(148)$
$\bar{3}m1$	$P\ \ R$	$P\bar{3}m1(164)$				$R\bar{3}m(166)$
$\bar{3}1m$	P	$P\bar{3}1m(162)$				
$6/m$	P	$P6/m(175)$				
$6/mmm$	P	$P6/mmm(191)$				
$m\bar{3}$	$P\ \ I\ F$	$Pm\bar{3}(200)$		$Im\bar{3}(204)$	$Fm\bar{3}(202)$	
$m\bar{3}m$	$P\ \ I\ F$	$Pm\bar{3}m(221)$		$Im\bar{3}m(229)$	$Fm\bar{3}m(225)$	

注: 表中 ( ) 内的数字表示这个群在国际晶体学表中的序号。

9.3 空间群投影图中的基矢和高度

空间群投影图中给出了空间群以及与其等效的对称操作的位置和取向。所有的空间群投影图采用正交投影, 投影方向垂直于图面, 除菱面体空间群沿 $(\boldsymbol{a}+\boldsymbol{b}+\boldsymbol{c})$ 方向外, 其他点阵投影方向始终沿着单胞的基矢 $\boldsymbol{a}$、$\boldsymbol{b}$ 或 $\boldsymbol{c}$ 方向, 如果除投影方向的基矢外, 其他方向的基矢如 $\boldsymbol{a}$ 不平行于投影面, 则写成 $\boldsymbol{a}_p$。在空间群投影图中用高度 h 标出平行投影面的对称面、对称轴和对称中心等相对于投影面的高度, 它是垂直投影面最短格矢的真分数。

9.3.1 平面群投影图中的基矢方向

除平面群 $\boldsymbol{p}_1$ 外, 单斜、矩形、正方、三角和六角点阵投影方向沿垂直投影面的 2、4、3 和 6 次轴, 基矢都平行于投影面。

9.3.2 三维空间群投影图中的基矢方向

图 9.3 给出了三斜晶系空间群投影图中的基矢方向。图 9.3 中, $\boldsymbol{G}$ 表示常规投影图中的基矢方向, 此图沿 $\boldsymbol{c}(\boldsymbol{z})$ 轴投影, $\boldsymbol{a}$ 轴和 $\boldsymbol{b}$ 轴不在投影面上, 所以写作 $\boldsymbol{a}_p$ 和 $\boldsymbol{b}_p$。

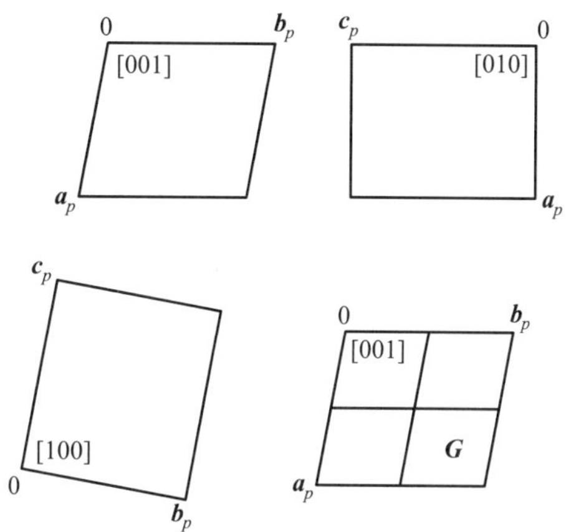

图 9.3　三斜晶系空间群投影图中的基矢方向

图 9.4 给出了单斜晶系空间群投影图中的基矢方向。其中, 图 9.4(a) 给出了单斜晶系 2 次轴分别沿 2 个基矢中的任一个投影时的基矢方向。如果除投影方向外, 其他基矢不在投影面上, 用下标标注, 如沿 $\boldsymbol{c}(\boldsymbol{z})$ 轴投影时, $\boldsymbol{a}$ 轴不在投影面上, 用 $\boldsymbol{a}_p$ 表示。图中的 $\boldsymbol{G}$ 表示常规投影图中的基矢方向, 从图可见常

规的投影图就是沿唯一 $\boldsymbol{b}$ 轴的投影图。图 9.4(b) 给出了单斜晶系 2 次轴分别沿 2 个基矢中的任一个投影时的投影图, 基矢标注与图 9.4(a) 相同。图 9.4(b) 中的 $\boldsymbol{G}$ 表示常规的投影图中的基矢方向, 从图 9.4(b) 可见, 常规的投影图就是沿唯一 $\boldsymbol{c}$ 轴的投影图。

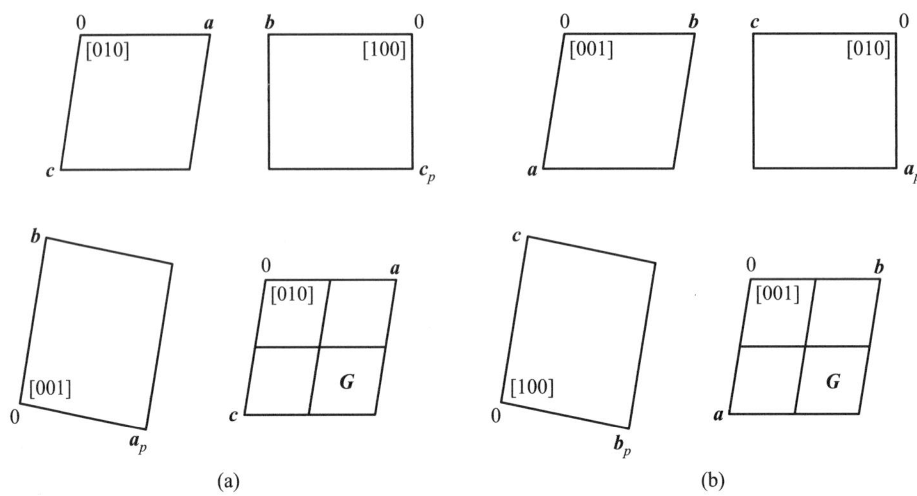

图 9.4　单斜晶系空间群投影图中基矢方向 (a) 和投影图 (b)

图 9.5 给出了正交晶系空间群投影图中的基矢方向。由图可知, 3 个基矢互相垂直。图中的 $\boldsymbol{G}$ 表示沿 $\boldsymbol{c}(\boldsymbol{z})$ 轴投影是常规投影。

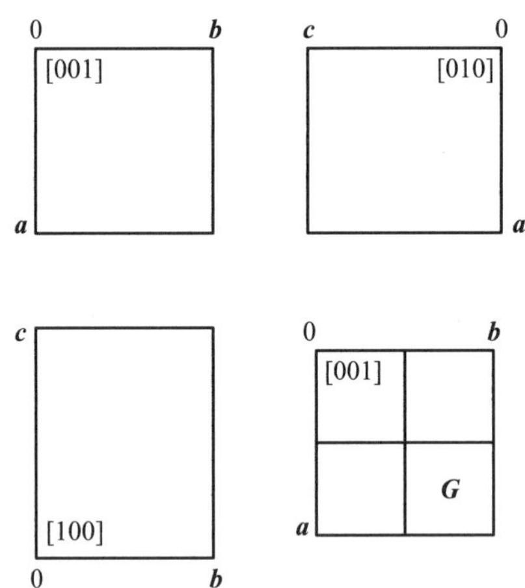

图 9.5　正交晶系空间群投影图中的基矢方向

图 9.6 给出了四方晶系空间群投影图中的基矢方向。图中的 $\boldsymbol{G}$ 表示沿

$\boldsymbol{c}(\boldsymbol{z})$ 轴投影是常规投影。

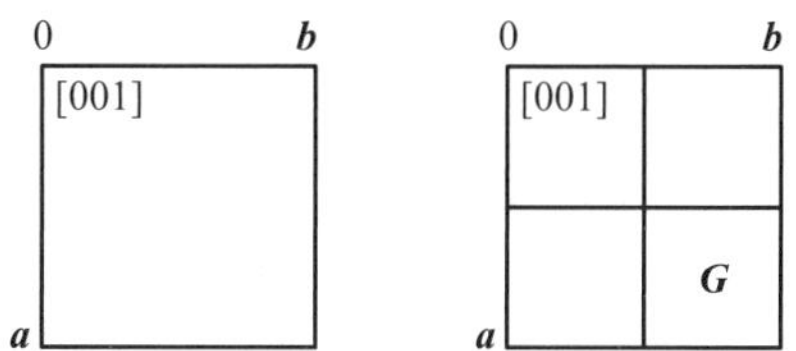

图 9.6　四方晶系空间群投影图中的基矢方向

图 9.7 给出了三角和六角晶系空间群投影图中的基矢方向。如图所示, 沿 $\boldsymbol{c}(\boldsymbol{z})$ 轴投影, 图中的 $\boldsymbol{G}$ 表示常规的投影图中基矢方向。

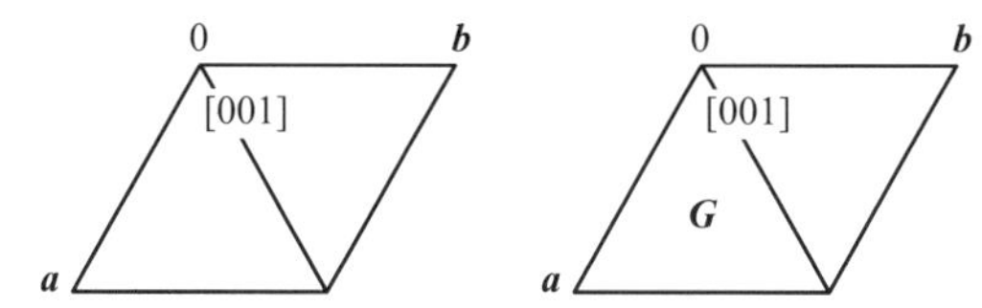

图 9.7　三角和六角晶系空间群投影图中的基矢方向

图 9.8 给出了正放置的菱面体点阵在六角坐标系中空间群投影图中的基矢方向。如图所示, 沿六角坐标系 $\boldsymbol{c}(\boldsymbol{z})$ 轴 [即菱面体点阵的 $(\boldsymbol{a}+\boldsymbol{b}+\boldsymbol{c})$ 方向] 投影, 图中的 $\boldsymbol{G}$ 表示常规的投影图中 (六角点阵的) 基矢方向。菱面体点阵的基矢均不在投影面上, 所以写成 $\boldsymbol{a}_p$、$\boldsymbol{b}_p$ 或 $\boldsymbol{c}_p$。

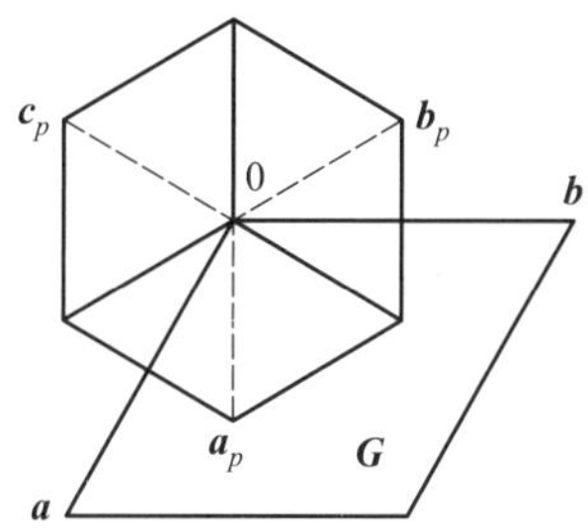

图 9.8　正放置的菱面体点阵在六角坐标系中空间群投影图中的基矢方向

图 9.9 给出了正方晶系空间群投影图中基矢方向。如图所示, 空间群沿 $\boldsymbol{c}(z)$ 轴投影, 图中的 $\boldsymbol{G}$ 表示常规的投影图中基矢方向。

这里需要说明的是, 对于立方晶系空间群, 图 9.10 还给出了在格点附近一般等效点分布的立体图 (以 $Im\bar{3}$ 为例)。图 9.10(a)、图 9.10(b)、图 9.10(c) 分别对应上面沿 $\boldsymbol{c}(z)$ 轴投影的 3 张常规的投影图, 图 9.10(a) 给出了格点附近

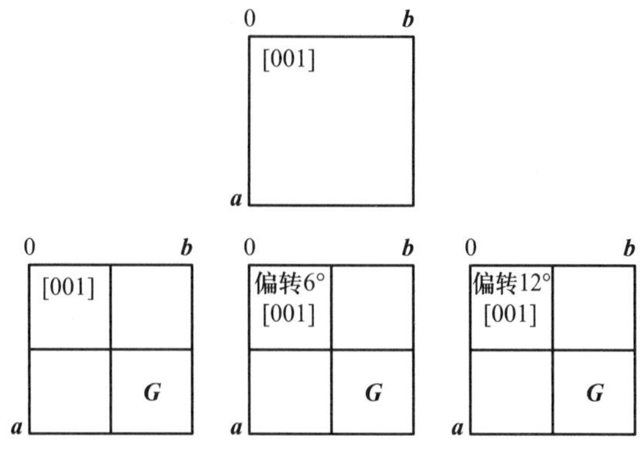

图 9.9　正方晶系空间群投影图中基矢方向

一般等效点分布的立体图, 图中 $\frac{1}{2}$ 表示立体图的高度。图 9.10(b) 给出了图 9.10(a) 的立体图偏转 6°(6° off) 的立体图与它复合的立体图, 图 9.10(c) 给出了图 9.10(a) 的立体图偏转 12°(12° off) 的立体图与它复合的立体图, 这样一来就可以把格点附近重合的和不重合的一般等效点的分布立体图区别开。

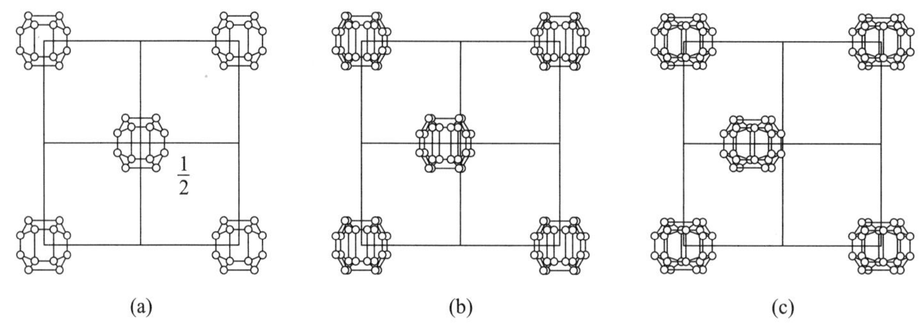

图 9.10　$Im\bar{3}$ 格点附近一般等效点分布的立体图

9.4　原点

为了合理地描述晶体结构, 特别是当用直接法确定晶体结构和缺陷对称性 (第 11 章) 时, 选择合适的原点 (origin) 至关重要。选择合适的原点有利于比较相关结构, 如确定母群和子群关系。选择原点的一般原则如下:

(1) 所有中心对称的空间群选择倒反中心为原点。对于对称中心不是高对称位置的情况, 如空间群 $Fddd$(70) 就给出了两个原点, 一个是倒反中心, 另一个是高对称位置。国际晶体学表中 $Fddd$(70) 的原点说明为:

$$\textbf{Origin} \text{ at } 222, \text{ at } -\frac{1}{8}, -\frac{1}{8}, -\frac{1}{8} \text{ from } \bar{1},$$

$$\textbf{Origin} \text{ at } \bar{1} \text{ at } ddd, \text{ at } \frac{1}{8}, \frac{1}{8}, \frac{1}{8} \text{ from } 222$$

(2) 所有非中心对称的空间群选择高对称位置作为原点, 如果没有对称性高于 1 的位置, 原点选在螺旋轴或滑移面上, 或若干这样对称操作的交点。另一种选法以 $P2_12_12_1(19)$ 为例予以介绍, 国际晶体学表中 $P2_12_12_1$ 原点及说明如下:

Origin at midpoint of three non-intersecting pairs of parallel 2_1 axes

表示原点选在 3 对不相交的 2_1 轴的中点。除了 $P2_12_12_1$ 外, 它的母群, 如 $P2_13(198)$、$I2_13(199)$、$F4_132(210)$、$I2_12_12_1(24)$、$P4_332(212)$、$P4_132(213)$ 和 $I4_132(214)$ 也选择其子群 $P2_12_12_1$ 的原点为原点。

表 9.2 举例说明了部分空间群的原点。由表可知, $E1 \sim E3$ 原点的对称性和点群的对称性一样, $E4 \sim E11$ 对称性和点群子群的对称性一样。$E6 \sim E7$ 的 “short for:” 适用于具有点群 $mm2, 4mm, \bar{4}2m, 3m, 6mm$ 和 $\bar{6}2m$ 的空间群。关于表 9.2 的详细说明请参阅参考文献 [1]。

表 9.2 原点说明举例

例子编号	空间群号	原点说明	$E4 - E11$ 中最后符号的含义
$E1$	$P\bar{1}(2)$	在 $\bar{1}$ 上	
$E2$	$P2/m(10)$	在 2 和 m 交点	
$E3$	$P222(16)$	在 222 上	
$E4$	$Pcca(54)$	在 $1ca$ 中的 $\bar{1}$ 上	$c \perp [010], a \perp [001]$
$E5$	$Cmcm(63)$	在 $2/mc2_1$ 中的 2 和 m 交点	$2 \parallel [100], m \perp [100], c \perp [010], 2_1 \parallel [001]$
$E6$	$Pcc2(27)$	在 $cc2$ 上; 简写: 在 $cc2$ 中的 2 上	$c \perp [100]$, $c \perp [010]$, $2 \parallel [001]$
$E7$	$P4bm(100)$	在 $41g$ 上; 简写: 在 $41g$ 的 4 上	$4 \parallel [001]$, $g \perp [1\bar{1}0]$ 和 $g \perp [110]$
$E8$	$P4_2mc(105)$	在 4_2mc 中的 $2mm$ 上	$4_2 \parallel [001]$, $m \perp [100]$ 和 $m \perp [010]$, $c \perp [1\bar{1}0]$ 和 $c \perp [110]$
$E9$	$P4_32_12(96)$	在 $2_11(1,2)$ 中的 $2[110]$ 上	$2_1 \parallel [001]$, 1 在 $[1\bar{1}0]$ 中, $2 \parallel [110]$
$E10$	$P3_121(152)$	在 $3_1(1,1,2)1$ 中的 $2[110]$ 上	$3_1 \parallel [001]$, $2 \parallel [110]$
$E11$	$P3_112(151)$	在 $3_11(1,1,2)$ 中的 $2[210]$ 上	$3_1 \parallel [001]$, $2 \parallel [210]$

9.5 无对称单元

无对称单元 (asymmetric unit) 是空间中最小的 “基本” 区域, 从它出发施以空间群的所有对称操作可以填满整个空间。这表明反映面必然是无对称单元的界面, 旋转轴必然是它的棱边, 2 次轴平分它的界面, 倒反中心要么位于它的顶点, 要么位于界面或棱边的中点。不过上述限制并不适用于滑移面和螺旋轴。

对于空间群 $Pmmm(47)$, 国际晶体学表关于无对称单元说明如下:

$$\textbf{Asymmetric unit}\quad 0\leqslant x\leqslant \frac{1}{2};\quad 0\leqslant y\leqslant \frac{1}{2};\quad 0\leqslant z\leqslant \frac{1}{2}$$

由此可见, 这是一个有 6 个反映面包围的空间区域。

对于空间群 $P2_12_12_1(19)$, 国际晶体学表关于无对称单元说明如下:

$$\textbf{Asymmetric unit}\quad 0\leqslant x\leqslant \frac{1}{2};\quad 0\leqslant y\leqslant \frac{1}{2};\quad 0\leqslant z\leqslant 1$$

由此可见, 无对称单元是初基胞体积的 1/4。

当无对称单元不能唯一确定时, 如果按照使用空间群的目的选择无对称单元, 如在分析分子结构时, 所选取的无对称单元应该包含一个或更多的分子。

对于三斜、单斜或正交空间群, 无对称单元选为平行六面体, 顶点在初基胞原点, 界面就是平行六面体初基胞表面, 如单斜空间群 $C2/c(15)$, 国际晶体学表关于无对称单元说明如下:

$$\textbf{Asymmetric unit}\quad 0\leqslant x\leqslant \frac{1}{4};\quad 0\leqslant y\leqslant \frac{1}{2};\quad 0\leqslant z\leqslant 1$$

确定晶体结构时经常会使用 Fourier 变换, 对于复杂的空间群无对称单元的选择要考虑所选的平行六面体是否有利于 Fourier 变换, 而不是增加界面改变平行六面体形状。图 9.11 以 $P4mm(99)$ 为例说明了无对称单元是如何确定的。

对于空间群 $P4mm(99)$, 国际晶体学表关于无对称单元说明如下:

$$\textbf{Asymmetric unit}\quad 0\leqslant x\leqslant \frac{1}{2};\quad 0\leqslant y\leqslant \frac{1}{2};\quad 0\leqslant z\leqslant 1;\quad x\leqslant y$$

其中, $x\leqslant y$ 表示所选取的平行六面体等于或小于无对称单元。

对于空间群 $R32(155)$, 国际晶体学表关于无对称单元说明如下:

$$\textbf{Asymmetric unit}\quad 0\leqslant x\leqslant \frac{2}{3};0\leqslant y\leqslant \frac{2}{3};0\leqslant z\leqslant \frac{1}{6};x\leqslant \frac{1+y}{2};y\leqslant \min\left(1-x,\frac{1+x}{2}\right)$$

$$\begin{array}{llllll}\text{Vertices} & 0,0,0 & \frac{1}{2},0,0 & \frac{2}{3},\frac{1}{3},0 & \frac{1}{3},\frac{2}{3},0 & 0,\frac{1}{2},0\\ & 0,0,\frac{1}{6} & \frac{1}{2},0,\frac{1}{6} & \frac{2}{3},\frac{1}{3},\frac{1}{6} & \frac{1}{3},\frac{2}{3},\frac{1}{6} & 0,\frac{1}{2},\frac{1}{6}\end{array}$$

该说明不仅给出了无对称单元大小, 而且还给出了界面方程和顶点坐标, 易于

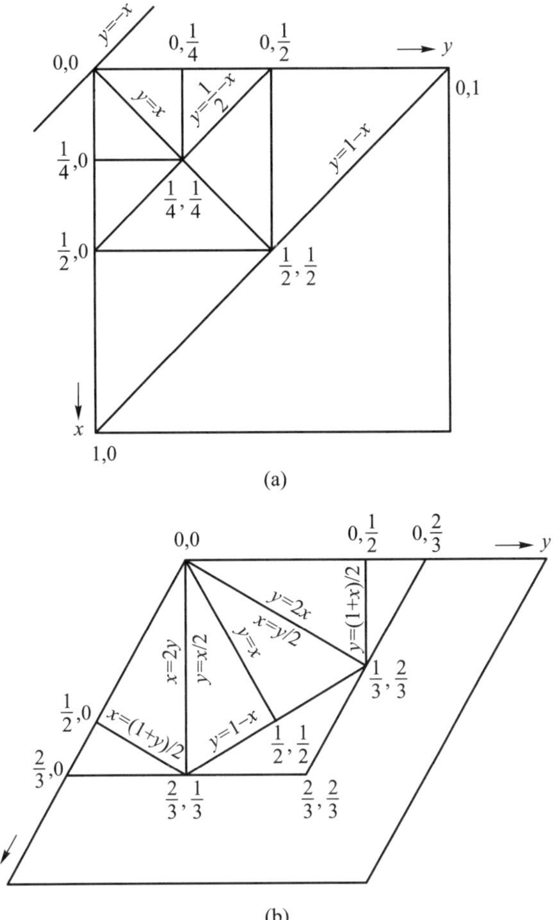

图 9.11　国际晶体学表中 $z=0$ 平面上四方晶系 (a) 和六角晶系 (b) 的界面和相应的界面方程, 图中还给出了原点和交点的坐标

方便地画出无对称单元。

9.6　对称操作

在本节正文之前先举例介绍一下国际晶体学表中代表性对称操作 (symmetry operation) 的表示方式:

(1) $t\left(\frac{1}{2},\frac{1}{2},\frac{1}{2}\right)$ 表示平移 $\left(\frac{1}{2}\boldsymbol{a}+\frac{1}{2}\boldsymbol{b}+\frac{1}{2}\boldsymbol{c}\right)$, 即从原点到体心的平移。

(2) 在国际晶体学表中, a、b 和 c 后的用括号括起来的字母和数字表示滑移量, 没有用括号括起来的表示滑移面的位置。$a\left(\frac{1}{2},0,0\right)\equiv a$, $b\left(0,\frac{1}{2},0\right)\equiv b$, $c\left(0,0,\frac{1}{2}\right)\equiv c$, 如果滑移面 a、b 和 c 的滑移量略去, 如 $a\,x,y,\frac{1}{4}$, 表示在 $x,y,\frac{1}{4}$ 处有 1 个滑移面 a, 滑移量为 $\left(\frac{1}{2},0,0\right)$。

(3) $g\left(\frac{1}{3},\frac{1}{6},\frac{1}{6}\right)2x-\frac{1}{2},y,z$ 表示在六角坐标系中的滑移面 g 在 $2x-\frac{1}{2},y,z$ 处, 滑移量为 $\left(\frac{1}{3},\frac{1}{6},\frac{1}{6}\right)$。

(4) $\overline{4^+}\,\frac{1}{4},\frac{1}{4},z;\ \frac{1}{4},\frac{1}{4},\frac{1}{4}$ 表示绕 $\frac{1}{4},\frac{1}{4},z$ 轴, 逆时针旋转的 4 次倒反轴, 倒反中心在 $\frac{1}{4},\frac{1}{4},\frac{1}{4}$ 处, 每逆时针旋转 $\frac{\pi}{4}$, 倒反一次。

(5) $\overline{4^-}\,\frac{1}{4},\frac{1}{4},z;\ \frac{1}{4},\frac{1}{4},\frac{1}{4}$ 表示绕 $\frac{1}{4},\frac{1}{4},z$ 轴, 顺时针旋转的 4 次倒反轴, 倒反中心在 $\frac{1}{4},\frac{1}{4},\frac{1}{4}$ 处, 每顺时针旋转 $\frac{\pi}{4}$, 倒反一次。

(6) $4^+\left(0,0,\frac{1}{4}\right);\ 0,0,z$ 表示绕 $0,0,z$ 轴 ($\boldsymbol{c}$ 轴), 逆时针旋转的 4 次螺旋轴, 每逆时针旋转 $\frac{\pi}{4}$, 移动 $\frac{\boldsymbol{c}}{4}$。

(7) $4^-\left(0,0,\frac{3}{4}\right);\ 0,0,z$ 表示绕 $0,0,z$ 轴 ($\boldsymbol{c}$ 轴), 顺时针旋转的 4 次螺旋轴, 每顺时针旋转 $\frac{\pi}{4}$, 移动 $\frac{3}{4}\boldsymbol{c}$。

空间群 $I4_1(80)$ 的国际晶体学表的前 4 项如图 9.12 所示, 其中, 标题、原点、无对称单元已介绍, 标题下方有两个图, 左图是对称操作元配置图, 右图是等效点图。

对称操作下的 “For$(u,v,w)+$set” 表示对称操作和平移操作组合操作的结果, “For$(0,0,0)+$set” 下所列的操作是基本操作, 如在 $I4_1$ 中, “For$(0,0,0)+$set” 下的 “(1)”“(2)”“(3)” 和 “(4)” 是空间群 $I4_1(80)$ 的基本操作。“For$\left(\frac{1}{2},\frac{1}{2},\frac{1}{2}\right)+$set” 下的 4 个操作是上述基本操作与平移 $\left(\frac{\boldsymbol{a}}{2}+\frac{\boldsymbol{b}}{2}+\frac{\boldsymbol{c}}{2}\right)$ 组合操作的结果。8.3.1 节已详细介绍了组合操作过程, 这里就不再赘述了。

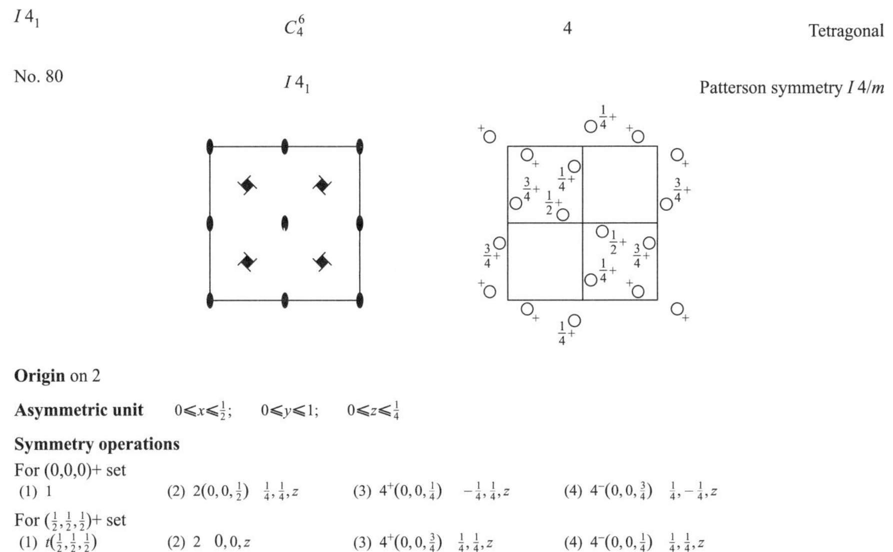

图 9.12 国际晶体学表中的空间群 $I4_1(80)$ (节录)

9.7 所选的生成操作

通过所选的生成操作 (generators selected) 所列的操作就可以从空间的一般位置坐标 (x, y, z) 得到它所有等效位置的坐标。空间群 $I4_1(80)$ 所选的生成操作如下:

Generators selected (1); $t(1,0,0)$; $t(0,1,0)$; $t(0,0,1)$; $t\left(\frac{1}{2},\frac{1}{2},\frac{1}{2}\right)$; (2); (3)

这里的 (1)、(2)、(3) 指的是 “For$(0,0,0)+$set” 下的 “(1)” “(2)” “(3)” 。

9.8 Wyckoff 位置

和 Wyckoff 位置 (Wyckoff position) 相关的概念在 6.1 节已有所介绍, 为了加深理解, 这里再结合具体的国际空间群图表予以详细说明。国际空间群图表中关于 $P4(75)$ 的 Wyckoff 位置说明如图 9.13 所示。

图 9.13 中, 从左到右依次为:

(1) 位置 (position), 其中包括多重性 (multiplicity)、Wyckoff 字母 (Wyckoff letter)、位置对称性 (site symmetry) 3 项。

Positions Multiplicity, Wyckoff letter, Site symmetry			Coordinates				Reflection conditions
							General:
4	*d*	1	(1) x,y,z	(2) $\bar{x},\bar{y},z$	(3) $\bar{y},x,z$	(4) $y,\bar{x},z$	no conditions
							Special:
2	*c*	2 . .	$0,\frac{1}{2},z$	$\frac{1}{2},0,z$			hkl : $h+k=2n$
1	*b*	4 . .	$\frac{1}{2},\frac{1}{2},z$				no extra conditions
1	*a*	4 . .	$0,0,z$				no extra conditions

图 9.13　国际晶体学表关于空间群 $P4(75)$ 的 Wyckoff 位置说明

(2) 坐标 (coordinates)。

(3) 反射条件 (reflection conditions)。

下面先说明 (1) 和 (2), 在位置和坐标下的第 1 行是

$$4 \quad d \quad 1 \qquad (1)\ x,y,z \qquad (2)\ \bar{x},\bar{y},z \qquad (3)\ \bar{y},x,z \qquad (4)\ y,\bar{x},z$$

这里, 4 是多重性; d 是 Wyckoff 字母; 1 是位置对称性; 后面的 “(1)” “(2)” “(3)” 和 “(4)” 给出 4 个坐标。$P4(75)$ 的对称操作为 “$(1)1(2)2\,0,0,z(3)4^+\,0,0,z(4)4^-\,0,0,z$” 。位置对称性 1 表明 “$(1)\,x,y,z$” 位置的对称性为 1, 是一般位置, “$(1)\,x,y,z$” 通过 “(1)1” 得到本身, 通过 “$(2)2\,0,0,z$” 得到 “$(2)\,\bar{x},\bar{y},z$”, 通过 “$(3)4^+\,0,0,z$” 得到 “$(3)\,\bar{y},x,z$”, 通过 “$(4)4^-\,0,0,z$” 得到 “$(4)y,\bar{x},z$” 。多重性是 4。Wyckoff 字母是从下向上以 a、b、c··· 顺序排列的, 这是倒数第 4 个, 所以为 d。

在位置和坐标下的第 2 行是

$$2 \quad c \quad 2.. \qquad 0,\frac{1}{2},z \qquad \frac{1}{2},0,z$$

从表 5.2 可知, $P4$ 中对称操作元的排列顺序为 [001], {[100][010]}[1$\bar{1}$0][110]}, “2..” 表示只有 [001] 方向有 2 次轴; “..” 表示在 {[100][010]}, {[1$\bar{1}$0][110]} 方向没有对称操作; $\left(0,\dfrac{1}{2},z\right)$ 表示 Wyckoff 位置 $\boldsymbol{c}$ 原子在 $\left(0,\dfrac{1}{2},0\right)$ 位置沿 z 方向的 2 次轴上, 通过 $(3)4^+\,0,0,z(4)4^-\,0,0,z$ 操作, 它从 $\left(0,\dfrac{1}{2},z\right)$ 变到 $\left(\dfrac{1}{2},0,z\right)$、$\left(0,-\dfrac{1}{2},z\right)$ 和 $\left(-\dfrac{1}{2},0,z\right)$, 不过 $\left(-\dfrac{1}{2},0,z\right)$ 也可以由 $\left(\dfrac{1}{2},0,z\right)$ 通过 $\boldsymbol{a}$ 得到, 它们是同一坐标位置, $\left(0,-\dfrac{1}{2},z\right)$ 可以由 $\left(0,\dfrac{1}{2},z\right)$ 通过 $\boldsymbol{b}$ 得到, 它们也是同一坐标位置。因为只有 2 个坐标位置, 所以多重性为 2。

在位置和坐标下的第 3、4 行是,

$$1 \quad b \quad 4.. \qquad \frac{1}{2}, \frac{1}{2}, z$$

$$1 \quad a \quad 4.. \qquad 0, 0, z$$

坐标 $\left(\frac{1}{2}, \frac{1}{2}, z\right)$ 表明 Wyckoff 位置 $\boldsymbol{b}$ 原子在过 $\left(\frac{1}{2}, \frac{1}{2}, 0\right)$ 位置沿 z 轴的 4 次轴上, 坐标 $(0, 0, z)$ 表明 Wyckoff 位置 $\boldsymbol{a}$ 原子在过 $(0, 0, 0)$ 位置沿 z 轴的 4 次轴上, 通过 (2)2 $0, 0, z$ 操作和平移 $\boldsymbol{a}$ 或 $\boldsymbol{b}$ 后, 它们的坐标位置不变, 故它们的多重性均为 1。

国际晶体学表中关于空间群 $I4_1(80)$ 的 Wyckoff 位置说明 (图 9.14) 与 $P4(75)$ 的不同。坐标 (Coordinates) 下有 $(0, 0, 0)+$ 和 $\left(\frac{1}{2}, \frac{1}{2}, \frac{1}{2}\right)+$, 这表明, 除了其下的 4 个坐标外, 每个坐标 "$+\left(\frac{1}{2}, \frac{1}{2}, \frac{1}{2}\right)$" 还会得到另外 4 个坐标, 这是与平移 $\left(\frac{\boldsymbol{a}}{2} + \frac{\boldsymbol{b}}{2} + \frac{\boldsymbol{c}}{2}\right)$ 组合操作的结果。多重性变成 8。如果空间群点群的阶为 h, 惯用单胞内的格点数为 n, 多重性 $M = h \cdot n$。

Positions

Multiplicity, Wyckoff letter, Site symmetry				Coordinates $(0,0,0)+ \quad (\frac{1}{2},\frac{1}{2},\frac{1}{2})+$			
8	b	1	(1) x,y,z	(2) $\bar{x}+\frac{1}{2},y+\frac{1}{2},z+\frac{1}{2}$	(3) $\bar{y},x+\frac{1}{2},z+\frac{1}{4}$	(4) $y+\frac{1}{2},\bar{x},z+\frac{3}{4}$	

图 9.14 国际晶体学表关于空间群 $I4_1(80)$ 的 Wyckoff 位置说明

9.9 反射条件

反射条件 (reflection conditions) 是指 Bragg 衍射发生时晶面指数应该满足的条件。包括一般条件 (general) 和特殊条件 (special: as above, plus)。一般反射条件对空间群的所有的 Wyckoff 位置都适用, 不论晶体结构中的原子占据什么样的 Wyckoff 位置, 包括有心 (A、B、C、I、F) 点阵的反射条件。对于简单 (P) 点阵对晶面指数没有限制 (no conditions)。特殊反射条件是指当滑移面或螺旋轴存在时的反射出现的条件, 这里 (special: as above, plus) 表示, 特殊反射条件是满足一般反射条件基础上另加的条件。

空间群 $I4_1(80)$ 的 Wyckoff 位置, 坐标和反射条件表示如图 9.15 所示。由图可知, Wyckoff 位置 $\boldsymbol{a}$ 的原子 $(0,0,z)$ 在沿 [001] 轴的 2 次轴上, 先通过螺旋轴 $4^+\left(0,0,\frac{1}{4}\right)\ -\frac{1}{4},\frac{1}{4},z$ 或 $4^-\left(0,0,\frac{3}{4}\right)\ \frac{1}{4},-\frac{1}{4},z$ 的操作, 从原子 $(0,0,z)$ 得到原子 $\left(0,\frac{1}{2},z+\frac{1}{4}\right)$, 然后通过平移 $\frac{\boldsymbol{a}}{2}+\frac{\boldsymbol{b}}{2}+\frac{\boldsymbol{c}}{2}$, 从原子 $(0,0,z)$ 得到原子 $\left(\frac{1}{2},\frac{1}{2},z+\frac{1}{2}\right)$, 从原子 $\left(0,\frac{1}{2},z+\frac{1}{4}\right)$ 得到原子 $\left(\frac{1}{2},1,z+\frac{3}{4}\right)$。从式 (9.2) 可知,

$$F(hkl)=\sum_{i(\text{unit cell})} f_i(\theta)\mathrm{e}^{-2\pi\mathrm{i}(hx_i+ky_i+lz_i)}$$

Positions

Multiplicity, Wyckoff letter, Site symmetry			Coordinates				Reflection conditions
				$(0,0,0)+\quad(\frac{1}{2},\frac{1}{2},\frac{1}{2})+$			General:
8	b	1	(1) x,y,z	(2) $\bar{x}+\frac{1}{2},\bar{y}+\frac{1}{2},z+\frac{1}{2}$	(3) $\bar{y},x+\frac{1}{2},z+\frac{1}{4}$	(4) $y+\frac{1}{2},\bar{x},z+\frac{3}{4}$	hkl : $h+k+l=2n$ $hk0$: $h+k=2n$ $0kl$: $k+l=2n$ hhl : $l=2n$ $00l$: $l=4n$ $h00$: $h=2n$
							Special: as above, plus
4	a	2 . .	$0,0,z$	$0,\frac{1}{2},z+\frac{1}{4}$			hkl : $l=2n+1$ or $2h+l=4n$

图 9.15　国际晶体学表关于空间群 $I4_1(80)$ 的 Wyckoff 位置、坐标和反射条件说明

假定单胞内的原子是相同的, 将上述 4 个原子的坐标 (x_i,y_i,z_i) 代入上式可得

$$\begin{aligned}F(hkl)&=f(\theta)\mathrm{e}^{-2\pi\mathrm{i}(hx_i+ky_i+lz_i)}\left[1+\mathrm{e}^{-2\pi\mathrm{i}\left(\frac{h+k+l}{2}\right)}+\mathrm{e}^{-2\pi\mathrm{i}\left(\frac{2k+l}{4}\right)}+\mathrm{e}^{-2\pi\mathrm{i}\left(\frac{2h+4k+3l}{4}\right)}\right]\\&=f(\theta)\mathrm{e}^{-2\pi\mathrm{i}(hx_i+ky_i+lz_i)}\left[1+\mathrm{e}^{-2\pi\mathrm{i}\left(\frac{h+k+l}{2}\right)}\right]\left[1+\mathrm{e}^{-2\pi\mathrm{i}\left(\frac{2k+l}{4}\right)}\right]\end{aligned}\tag{9.7}$$

式 (9.7) 的第 1 个方括号给出了体心点阵的一般反射条件: $h+k+l=2n$, 在满足 $h+k+l=2n$ 和 $2k+l=4m$ 的条件下, 就可以得到特殊条件: $2h+l=4p$ [$(2h+2k+2l)-(2k+l)=4(n-m)=4p$, 这里 m、n 和 p 都是整数]。当满足 $h+k+l=2n$ 和 $2h+l=4p$ 时,

$$F(hkl)=f(\theta)(1+1)(1+1)\mathrm{e}^{-2\pi\mathrm{i}(hx_i+ky_i+lz_i)}$$

$$|F(hkl)|^2=16f^2(\theta)$$

当满足 $h+k+l=2n$ 和 $l=2n+1$ 时,

$$F(hkl)=f(\theta)(1+1)\left(1\pm\mathrm{i}\sin\frac{\pi}{2}\right)\mathrm{e}^{-2\pi\mathrm{i}(hx_i+ky_i+lz_i)}$$

$$|F(hkl)|^2 = 16f^2(\theta)$$

故对于 Wyckoff 位置 $\boldsymbol{a}$ 的原子, 特殊条件表示为“$l = 2n+1$ 或 $2h+l=4n$”。

9.9.1 有心点阵单胞整体反射条件

表 9.3 给出了有心 (A、B、C、I、F) 点阵单胞整体反射条件, 这里“整体”表示单胞内所有原子参与的反射。

表 9.3 有心点阵单胞整体反射条件

反射条件	有心惯用胞类型	字母符号
无	初基胞	$\begin{cases}P\\R^* \text{ 菱面体 } \boldsymbol{c} \text{ 轴}\end{cases}$
$h+k=2n$	C 心	C
$k+l=2n$	A 心	A
$h+l=2n$	B 心	B
$h+k+l=2n$	体心	I
$h+k, h+l$ 和 $k+l=2n$ 或 h,k,l 全奇或全偶	面心	F
$-h+k+l=3n$	正放置有心菱面体	R^* 6 次轴
$h-k+l=3n$	逆放置有心菱面体	
$h-k=3n$	有心六方	H†

表 9.3 中“*”是指, 在六角坐标系中, 菱面体单胞有正放置和逆放置两种表示方法, 如图 3.5 所示。正放置菱面体单胞内 2 个原子的坐标分别是

(1) $\left(\dfrac{2}{3},\dfrac{1}{3},\dfrac{1}{3}\right)$, 相当于 $\left(-\dfrac{1}{3},\dfrac{1}{3},\dfrac{1}{3}\right)$;

(2) $\left(\dfrac{1}{3},\dfrac{2}{3},\dfrac{2}{3}\right)$, 相当于 $\left(\dfrac{1}{3},-\dfrac{1}{3},-\dfrac{1}{3}\right)$。

所以

$$\begin{aligned}F(hkl) &= \sum_{i(\text{unit cell})} f_i(\theta)\mathrm{e}^{-2\pi\mathrm{i}(hx_i+ky_i+lz_i)}\\ &= f(\theta)\mathrm{e}^{-2\pi\mathrm{i}(hx_i+ky_i+lz_i)}\left[1+\mathrm{e}^{2\pi\mathrm{i}\left(\frac{-h+k+l}{3}\right)}\right]\left[1+\mathrm{e}^{-2\pi\mathrm{i}\left(\frac{-h+k+l}{3}\right)}\right]\end{aligned} \tag{9.8}$$

从式 (9.8) 可知, 正放置菱面体单胞整体反射条件为 $-h+k+l=3n$, 同理可以导出逆放置菱面体单胞整体反射条件为 $h-k+l=3n$。

如表 9.3 所示, † 是指三重六角 H 单胞。如果简单六角单胞的基矢是 $\boldsymbol{a}$、

$\boldsymbol{b}$ 和 $\boldsymbol{c}$, 通过如下坐标变换,

$$H_1: \boldsymbol{a}' = \boldsymbol{a} - \boldsymbol{b}, \boldsymbol{b}' = \boldsymbol{a} + 2\boldsymbol{b}, \boldsymbol{c}' = \boldsymbol{c}$$
$$H_2: \boldsymbol{a}' = 2\boldsymbol{a} + \boldsymbol{b}, \boldsymbol{b}' = -\boldsymbol{a} + \boldsymbol{b}, \boldsymbol{c}' = \boldsymbol{c}$$
$$H_3: \boldsymbol{a}' = \boldsymbol{a} + 2\boldsymbol{b}, \boldsymbol{b}' = -2\boldsymbol{a} - \boldsymbol{b}, \boldsymbol{c}' = \boldsymbol{c}$$

就可以将它变成有心 H 单胞, H 单胞的体积是简单六角单胞的 3 倍, H 单胞内格点的坐标为 $(0,0,0)$、$\left(\dfrac{2}{3},\dfrac{1}{3},0\right)$、$\left(\dfrac{1}{3},\dfrac{2}{3},0\right)$。三重六角 H 单胞整体反射条件为 $h-k=3n$。

9.9.2　螺旋轴系列反射条件

表 9.4 所示为螺旋轴系列反射条件, 由于表中只列出了过原点的倒易棒如 $h00$、$0k0$、$00l$, 故称为“系列”反射条件。螺旋轴 $4^+\left(0,0,\dfrac{1}{4}\right)\ -\dfrac{1}{4},\dfrac{1}{4},z$ 或 $4^-\left(0,0,\dfrac{3}{4}\right)\ \dfrac{1}{4},-\dfrac{1}{4},z$ 过坐标位置 $\left(-\dfrac{1}{4},\dfrac{1}{4},0\right)$ 或 $\left(\dfrac{1}{4},-\dfrac{1}{4},0\right)$, 不过原点, 故未列在表 9.4 中。

表 9.4　螺旋轴系列反射条件

反射类型	反射条件	螺旋轴			适用反射条件的坐标系
		轴的取向	螺距	字母符号	
$h00$	$h=2n$	[100]	$\boldsymbol{a}/2$	2_1	单斜 (唯一 $\boldsymbol{a}$ 轴) 正交, 四方
				4_2	立方
	$h=4n$		$\boldsymbol{a}/4$	$4_1, 4_3$	
$0k0$	$k=2n$	[010]	$\boldsymbol{b}/2$	2_1	单斜 (唯一 $\boldsymbol{b}$ 轴) 正交, 四方
				4_2	立方
	$k=4n$		$\boldsymbol{b}/4$	$4_1, 4_3$	
$00l$	$l=2n$	[001]	$\boldsymbol{c}/2$	2_1	单斜 (唯一 $\boldsymbol{c}$ 轴) 正交
				4_2	四方 立方
	$l=4n$		$\boldsymbol{c}/4$	$4_1, 4_3$	
$000l$	$l=2n$	[001]	$\boldsymbol{c}/2$	6_3	六角
	$l=3n$		$\boldsymbol{c}/3$	$3_1, 3_2, 6_2, 6_4$	
	$l=6n$		$\boldsymbol{c}/6$	$6_1, 6_5$	

9.9.3 滑移面晶带反射条件

所谓“晶带反射”表示, 国际晶体学表所列出的滑移面反射条件仅是垂直晶带轴 $[uvw]$ 且过原点的二维倒易点阵所表示的反射, 如 $hk0, h0l, 0kl, hhl$, 故称为滑移面晶带反射条件。在列出滑移面晶带反射条件之前, 先以 $Fddd(70)$ 为例介绍一下滑移面反射条件。

$Fddd$ 的 “For$(0,0,0)+$set” 下的对称操作如图 9.16 所示。

Symmetry operations

For (0,0,0)+ set

(1) 1	(2) $2\ \ 0,0,z$	(3) $2\ \ 0,y,0$	(4) $2\ \ x,0,0$
(5) $\bar{1}\ \ \frac{1}{8},\frac{1}{8},\frac{1}{8}$	(6) $d\left(\frac{1}{4},\frac{1}{4},0\right)\ \ x,y,\frac{1}{8}$	(7) $d\left(\frac{1}{4},0,\frac{1}{4}\right)\ \ x,\frac{1}{8},z$	(8) $d\left(0,\frac{1}{4},\frac{1}{4}\right)\ \ \frac{1}{8},y,z$

图 9.16 国际晶体学表关于 $Fddd$ 的 “For(0,0,0)+set” 下的对称操作说明

$Fddd$ 的 Wyckoff 位置如图 9.17 所示。

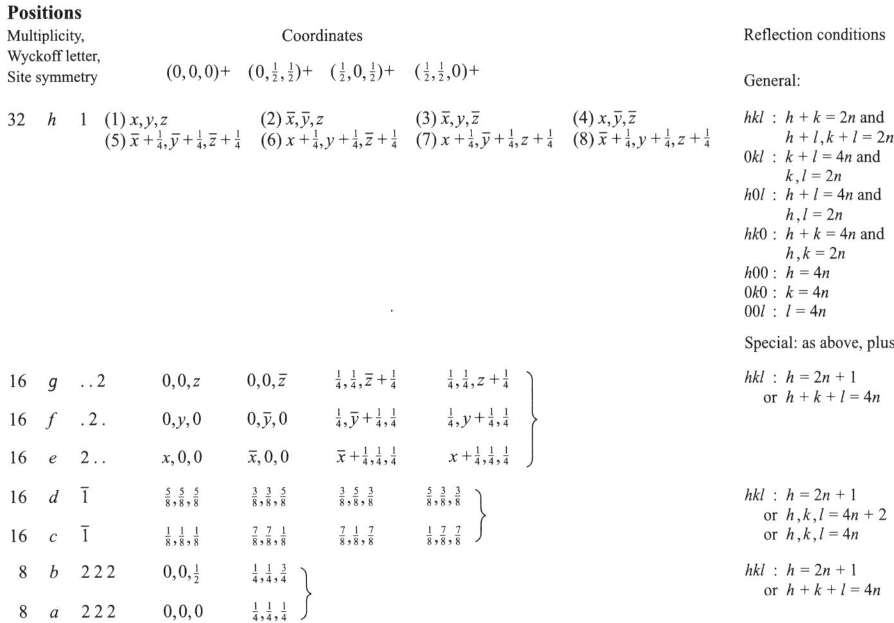

Positions

Multiplicity, Wyckoff letter, Site symmetry			Coordinates $(0,0,0)+$	$(0,\frac{1}{2},\frac{1}{2})+$	$(\frac{1}{2},0,\frac{1}{2})+$	$(\frac{1}{2},\frac{1}{2},0)+$	Reflection conditions
							General:
32	h	1	(1) x,y,z	(2) $\bar{x},\bar{y},z$	(3) $\bar{x},y,\bar{z}$	(4) $x,\bar{y},\bar{z}$	hkl : $h+k=2n$ and $h+l, k+l=2n$
			(5) $\bar{x}+\frac{1}{4},\bar{y}+\frac{1}{4},\bar{z}+\frac{1}{4}$	(6) $x+\frac{1}{4},y+\frac{1}{4},\bar{z}+\frac{1}{4}$	(7) $x+\frac{1}{4},\bar{y}+\frac{1}{4},z+\frac{1}{4}$	(8) $\bar{x}+\frac{1}{4},y+\frac{1}{4},z+\frac{1}{4}$	$0kl$: $k+l=4n$ and $k,l=2n$
							$h0l$: $h+l=4n$ and $h,l=2n$
							$hk0$: $h+k=4n$ and $h,k=2n$
							$h00$: $h=4n$
							$0k0$: $k=4n$
							$00l$: $l=4n$
							Special: as above, plus
16	g	$..2$	$0,0,z$	$0,0,\bar{z}$	$\frac{1}{4},\frac{1}{4},\bar{z}+\frac{1}{4}$	$\frac{1}{4},\frac{1}{4},z+\frac{1}{4}$	hkl : $h=2n+1$ or $h+k+l=4n$
16	f	$.2.$	$0,y,0$	$0,\bar{y},0$	$\frac{1}{4},\bar{y}+\frac{1}{4},\frac{1}{4}$	$\frac{1}{4},y+\frac{1}{4},\frac{1}{4}$	
16	e	$2..$	$x,0,0$	$\bar{x},0,0$	$\bar{x}+\frac{1}{4},\frac{1}{4},\frac{1}{4}$	$x+\frac{1}{4},\frac{1}{4},\frac{1}{4}$	
16	d	$\bar{1}$	$\frac{5}{8},\frac{5}{8},\frac{5}{8}$	$\frac{3}{8},\frac{3}{8},\frac{5}{8}$	$\frac{3}{8},\frac{5}{8},\frac{3}{8}$	$\frac{5}{8},\frac{3}{8},\frac{3}{8}$	hkl : $h=2n+1$ or $h,k,l=4n+2$ or $h,k,l=4n$
16	c	$\bar{1}$	$\frac{1}{8},\frac{1}{8},\frac{1}{8}$	$\frac{7}{8},\frac{7}{8},\frac{1}{8}$	$\frac{7}{8},\frac{1}{8},\frac{7}{8}$	$\frac{1}{8},\frac{7}{8},\frac{7}{8}$	
8	b	222	$0,0,\frac{1}{2}$	$\frac{1}{4},\frac{1}{4},\frac{3}{4}$			hkl : $h=2n+1$ or $h+k+l=4n$
8	a	222	$0,0,0$	$\frac{1}{4},\frac{1}{4},\frac{1}{4}$			

图 9.17 国际晶体学表关于 $Fddd$ 的 Wyckoff 位置说明

图 9.18 为沿 $\boldsymbol{c}$ 轴投影的 $Fddd$ 对称操作元图及面心正交点阵图。由图 9.18(a) 和图 9.18(b) 可知, Wyckoff 位置 a 的原子在 3 个 2 次轴的交点, 即原点 O, 将原点 O 处的原子简称为原子 O。原子 O 经位于滑移面 d 上的倒反操作 $\bar{1}\,\frac{1}{8},\frac{1}{8},\frac{1}{8}$ [图 9.18(b) 中空心点] 到点 $A\left(\frac{1}{4},\frac{1}{4},\frac{1}{4}\right)$, 得到原子 A。滑移面 d 过

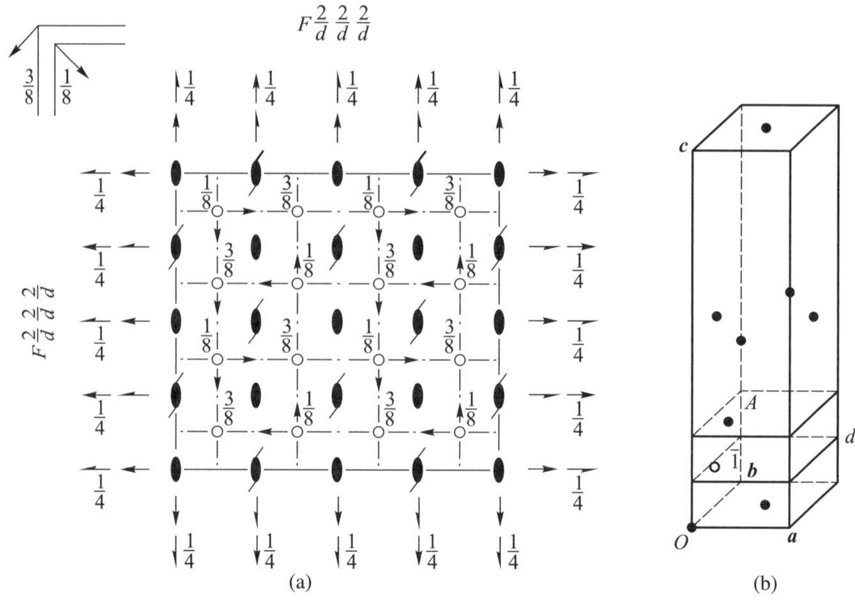

图 9.18　(a) 沿 c 轴投影的 $Fddd$ 对称操作元图; (b) 面心正交点阵示意图, 图中的滑移面 d 位于 $\left(x, y, \frac{1}{8}\right)$ 处, 倒反中心位于 $\left(\frac{1}{8}, \frac{1}{8}, \frac{1}{8}\right)$ 处。点 O 处原子经上述对称操作到点 A。$\boldsymbol{a}$、$\boldsymbol{b}$ 和 $\boldsymbol{c}$ 是单胞基矢

点 $\left(0,0,\frac{1}{8}\right)$, 原子 O 经 $d\left(\frac{1}{4},\frac{1}{4},0\right)\ x,y,\frac{1}{8}$ 操作也到达点 A, 同样得到原子 A。读者可验证原子 O 经 $d\left(\frac{1}{4},0,\frac{1}{4}\right)\ x,\frac{1}{8},z$ 和 $d\left(0,\frac{1}{4},\frac{1}{4}\right)\ \frac{1}{8},y,z$ 同样可得到原子 A。原子 O 和原子 A 经平移操作 $\left(0,\frac{1}{2},\frac{1}{2}\right)+$, $\left(\frac{1}{2},0,\frac{1}{2}\right)+$, $\left(\frac{1}{2},\frac{1}{2},0\right)+$, 还可以得到其他 6 个原子, 故 Wyckoff 位置 a 的原子多重性是 8。这 8 个原子的坐标分别是 $(0,0,0)$、$\left(\frac{1}{4},\frac{1}{4},\frac{1}{4}\right)$、$\left(0,\frac{1}{2},\frac{1}{2}\right)$、$\left(\frac{1}{4},\frac{3}{4},\frac{3}{4}\right)$、$\left(\frac{1}{2},0,\frac{1}{2}\right)$、$\left(\frac{3}{4},\frac{1}{4},\frac{3}{4}\right)$、$\left(\frac{1}{2},\frac{1}{2},0\right)$、$\left(\frac{3}{4},\frac{3}{4},\frac{1}{4}\right)$。滑移面 d 的反射条件如下

$$\begin{aligned}F(hkl) &= \sum_{i(\text{unit cell})} f_i(\theta)\mathrm{e}^{-2\pi\mathrm{i}(hx_i+ky_i+lz_i)} \\ &= f(\theta)\mathrm{e}^{-2\pi\mathrm{i}(hx_i+ky_i+lz_i)}\left[1+\mathrm{e}^{2\pi\mathrm{i}\left(\frac{h+k+l}{4}\right)}\right] \\ &\quad \left[1+\mathrm{e}^{-2\pi\mathrm{i}\left(\frac{h+k}{2}\right)}+\mathrm{e}^{-2\pi\mathrm{i}\left(\frac{h+l}{2}\right)}+\mathrm{e}^{-2\pi\mathrm{i}\left(\frac{k+l}{2}\right)}\right]\end{aligned} \tag{9.9}$$

式 (9.9) 的第 2 个方括号给出了面心正交点阵晶体一般反射条件是 $h+k=2n$, $h+l=2n$, $k+l=2n$; 第 1 个方括号给出了滑移面 d 的特殊条件是 $h+k+l=4n$, 另一个条件是 $h+k+l=2n+1$。
对于前者

$$F(hkl)=f(\theta)(1+1)(1+1+1+1)\mathrm{e}^{-2\pi\mathrm{i}(hx_i+ky_i+lz_i)}$$

$$|F(hkl)|^2=64[f(\theta)]^2$$

对于后者

$$F(hkl)=f(\theta)\left(1\pm\mathrm{i}\sin\frac{\pi}{2}\right)(1+1+1+1)\mathrm{e}^{-2\pi\mathrm{i}(hx_i+ky_i+lz_i)}$$

$$|F(hkl)|^2=64|f(\theta)|^2$$

故 Wyckoff 位置 a 的原子的特殊反射条件为 “$h=2n+1$ or $h+k+l=4n$” (要满足 $h+k+l=2n+1$, 起码有一个晶面指数, 比如 $h=2n+1$)。

表 9.5 列出了滑移面晶带反射条件。

表 9.5 滑移面晶带反射条件

<table>
<tr><th rowspan="2">反射类型</th><th rowspan="2">反射条件</th><th colspan="3">滑移面</th><th rowspan="2" colspan="2">适用反射条件的坐标系</th></tr>
<tr><th>面的取向</th><th>滑移矢量</th><th>字母符号</th></tr>
<tr><td rowspan="4">$0kl$</td><td>$k=2n$</td><td rowspan="4">(100)</td><td>$\boldsymbol{b}/2$</td><td>b</td><td rowspan="3">单斜 (唯一 $\boldsymbol{a}$)
四方</td><td rowspan="4">正交
立方</td></tr>
<tr><td>$l=2n$</td><td>$\boldsymbol{c}/2$</td><td>c</td></tr>
<tr><td>$k+l=2n$</td><td>$\boldsymbol{b}/2+\boldsymbol{c}/2$</td><td>$n$</td></tr>
<tr><td>$k+l=4n$
$(k,l=2n)^*$</td><td>$\boldsymbol{b}/4\pm\boldsymbol{c}/4$</td><td>$d$</td><td></td></tr>
<tr><td rowspan="4">$h0l$</td><td>$l=2n$</td><td rowspan="4">(010)</td><td>$\boldsymbol{c}/2$</td><td>c</td><td rowspan="3">单斜 (唯一 $\boldsymbol{b}$)
四方</td><td rowspan="4">正交
立方</td></tr>
<tr><td>$h=2n$</td><td>$\boldsymbol{a}/2$</td><td>a</td></tr>
<tr><td>$l+h=2n$</td><td>$\boldsymbol{c}/2+\boldsymbol{a}/2$</td><td>$n$</td></tr>
<tr><td>$l+h=4n$
$(l,h=2n)^*$</td><td>$\boldsymbol{c}/4\pm\boldsymbol{a}/4$</td><td>$d$</td><td></td></tr>
<tr><td rowspan="4">$hk0$</td><td>$h=2n$</td><td rowspan="4">(001)</td><td>$\boldsymbol{a}/2$</td><td>a</td><td rowspan="3">单斜 (唯一 $\boldsymbol{c}$)
四方</td><td rowspan="4">正交
立方</td></tr>
<tr><td>$k=2n$</td><td>$\boldsymbol{b}/2$</td><td>b</td></tr>
<tr><td>$h+k=2n$</td><td>$\boldsymbol{a}/2+\boldsymbol{b}/2$</td><td>$n$</td></tr>
<tr><td>$h+k=4n$
$(h,k=2n)^*$</td><td>$\boldsymbol{a}/4\pm\boldsymbol{b}/4$</td><td>$d$</td><td></td></tr>
</table>

续表

反射类型	反射条件	滑移面			适用反射条件的坐标系
		面的取向	滑移矢量	字母符号	
$h\bar{h}0l$ $0k\bar{k}l$ $\bar{h}0hl$	$l=2n$	$(11\bar{2}0)$ $(\bar{2}110)$ $(1\bar{2}10)$ } $\{11\bar{2}0\}$	$\boldsymbol{c}/2$	c	六角
$hh,\overline{2h},l$ $\overline{2h},hhl$ $h,\overline{2h},hl$	$l=2n$	$(1\bar{1}00)$ $(01\bar{1}0)$ $(\bar{1}010)$ } $\{1\bar{1}00\}$	$\boldsymbol{c}/2$	c	六角
hhl hkk hkh	$l=2n$ $h=2n$ $k=2n$	$(1\bar{1}0)$ $(01\bar{1})$ $(\bar{1}01)$ } $\{1\bar{1}0\}$	$\boldsymbol{c}/2$ $\boldsymbol{a}/2$ $\boldsymbol{b}/2$	c,n a,n b,n	菱面体*
$hhl,h\bar{h}l$	$l=2n$	$(1\bar{1}0),(110)$	$\boldsymbol{c}/2$	c,n	四方**；立方***
	$2h+l=4n$		$\boldsymbol{a}/4\pm\boldsymbol{b}/4\pm\boldsymbol{c}/4$	d	
$hkk,hk\bar{k}$	$h=2n$	$(01\bar{1}),(011)$	$\boldsymbol{a}/2$	a,n	
	$2k+h=4n$		$\pm\boldsymbol{a}/4+\boldsymbol{b}/4\pm\boldsymbol{c}/4$	d	
$hkh,\bar{h}kh$	$k=2n$	$(\bar{1}01),(101)$	$\boldsymbol{b}/2$	b,n	
	$2h+k=4n$		$\pm\boldsymbol{a}/4\pm\boldsymbol{b}/4+\boldsymbol{c}/4$	d	

注: (110), (011) 和 (001) 取向的滑移面 d 仅出现在面心正交和面心立方点阵的空间群中, 括号内所示的反射条件是满足面心点阵一般条件下, 即 h、k、l 是全奇或全偶时的滑移面 d 反射的特殊条件。

*在菱面体坐标系中, 菱面体点阵空间群的反射条件为 $h=2n,k=2n$ 和 $l=2n$ 时, $\boldsymbol{c}$ 与 $\boldsymbol{n}$ 滑移、$\boldsymbol{a}$ 与 $\boldsymbol{n}$ 滑移和 $\boldsymbol{b}$ 与 $\boldsymbol{n}$ 滑移的滑移方向和滑移量是一样的, HM 符号通常用 c。

**在四方简单点阵空间群中的 hhl 和 $h\bar{h}l$ 反射的特殊条件为 $l=2n$ 时, $\boldsymbol{c}$ 和 $\boldsymbol{n}$ 滑移的滑移方向和滑移量是一样的, HM 符号通常用 c。

***在立方点阵空间群中, 当特殊条件 $h=2n,k=2n$ 和 $l=2n$ 满足时, $\boldsymbol{c}$ 与 $\boldsymbol{n}$ 滑移、$\boldsymbol{a}$ 与 $\boldsymbol{n}$ 滑移和 $\boldsymbol{b}$ 与 $\boldsymbol{n}$ 滑移的滑移方向和滑移量是一样的, HM 符号究竟用 c 还是用 n 取决于哪个滑移面过原点, 可对比 $P\bar{4}3n(218)$ 和 $F\bar{4}3c(219)$。

9.10　特殊投影的对称性

特殊投影的对称性 (symmetry of special projections) 给出了单胞内原子电子密度沿三个方向的投影, 它可以反映三维空间群投影的对称性。每个方向的投影都是正交投影, 即单胞内原子电子密度的投影在垂直于这个方向的平面上, 在这个方向上的 “球形” 原子在投影图上是圆形的, 反之不是圆形投影的原子就不是 “球形” 。这样我们就可以通过高分辨电子显微镜拍摄的原子像的形状来判定沿投影方向的原子是否重合, 第 10 章将详细介绍如何通过高角环状暗场–扫描透射电子显微镜 (HAADF-STEM) 像确定晶体对称群和原子结构的细节。

为了使空间群对称操作元配置投影图和特殊投影图相对应, 将 7 个晶系点阵的 3 个投影方向分为第一位、第二位和第三位投影方向, 规定如下

$$\begin{cases}\text{三斜} \\ \text{单斜 (唯一 } \boldsymbol{b} \text{ 或 } \boldsymbol{c} \text{ 轴)} \quad [001],[100],[010] \\ \text{正交}\end{cases}$$

四方	$[001],[100],[110]$
六角	$[001],[100],[210]$
菱面体	$[111],[1\bar{1}0],[2\bar{1}\bar{1}]$
立方	$[001],[111],[110]$

三维简单点阵投影仍是平面简单点阵。有心点阵的投影结果可分为两种:

(1) 投影方向与点阵的有心格矢平行, 如侧心 A、B、C 和体心 I 以及六角坐标系中正、逆放置的菱面体点阵 R 投影得到平面简单点阵; 对于面心 F 点阵, 投影后的平面点阵的多重性减半。

(2) 投影方向不平行点阵的有心格矢, 投影得到的平面有心点阵与三维点阵多重性一样, 通常需要变换基矢才能得到惯用平面单胞。关于如何变换的细节如下。空间群 $I4_1(80)$ 的特殊投影对称性说明如图 9.19 所示。

Symmetry of special projections

Along [001] $p4$	Along [100] $c1m1$	Along [110] $p1m1$
$\boldsymbol{a}'=\frac{1}{2}(\boldsymbol{a}-\boldsymbol{b})$ $\quad \boldsymbol{b}'=\frac{1}{2}(\boldsymbol{a}+\boldsymbol{b})$	$\boldsymbol{a}'=\boldsymbol{b}$ $\quad \boldsymbol{b}'=\boldsymbol{c}$	$\boldsymbol{a}'=\frac{1}{2}(-\boldsymbol{a}+\boldsymbol{b})$ $\quad \boldsymbol{b}'=\frac{1}{2}\boldsymbol{c}$
Origin at $\frac{1}{4},\frac{1}{4},z$	Origin at $x,0,0$	Origin at $x,x,0$

图 9.19 国际晶体学表关于空间群 $I4_1(80)$ 的特殊投影的对称性说明

图 9.20 给出了空间群 $I4_1(80)$ 特殊投影对称性形成的细节。对照图 9.20(b) 可知, 图 9.20(c) 中沿 [001] 方向的 4 次螺旋轴的投影为 4 次轴, 2 次轴仍为 2 次轴, 参照表 2.5 和注释可知沿 [001] 方向的特殊投影图 $p4(75)$ (对称操作元后括号中的数字表示在空间晶体学表中的序号, 下同), 其中, p 表示平面简单点阵, 4 表示沿 [001] 方向的投影对称性为点群 4。平面点阵的基矢和原点如图 9.20(c) 所示。对照图 9.20(b) 可知, 沿 [100] 方向的投影图 [如图 9.20(d)] 中会形成垂直于 [01] 方向的反映面, 由于 4_1 螺旋轴垂直于投影方向, 螺距保留, 所以也形成了垂直于 [01] 方向的滑移面, $c1m1$ 中 “c” 表示平面 c 心点阵, 第一个 “1” 表示沿投影方向 [100] 无对称性, “m” 表示垂直于 [01] 方向的反映面, 第二个 “1” 表示 $\{[1\bar{1}],[11]\}$ 方向无对称性 (参照表 2.5 和注释), 平面点阵的基矢和原点如图 9.20(d) 所示。图 9.20(e) 沿 [110] 方向的特殊投影图 $p1m1$ 的形成过程和图 9.20(d) 相似, 尽管 4_1 螺旋轴垂直于投影方向, 但螺距重叠, 所以

形成反映面。“p” 表示平面简单点阵, 第一个 “1” 表示沿投影方向 [110] 无对称性, “m” 表示垂直于 [10] 方向的反映面, 第二个 “1” 表示 $\{[1\bar{1}], [11]\}$ 方向无对称性。平面点阵的基矢和原点如图 9.20(e) 所示。

图 9.20(c) 的投影方向为 [001], 该方向不平行于三维点阵体心格矢, 按理说应该得到平面有心点阵, 但当基矢为 $\boldsymbol{a}' = \dfrac{1}{2}(\boldsymbol{a} - \boldsymbol{b})$ 和 $\boldsymbol{b}' = \dfrac{1}{2}(\boldsymbol{a} + \boldsymbol{b})$, 原点在 $\left(\dfrac{1}{4}, \dfrac{1}{4}, z\right)$ 时, 平面体心点阵变成平面简单点阵。图 9.20(d) 所示的投影方向为 [100], 不平行于三维点阵体心格矢, 所以投影后得到的平面侧心 c 矩形点阵, 基矢为 $\boldsymbol{a}' = \boldsymbol{b}$ 和 $\boldsymbol{b}' = \boldsymbol{c}$, 原点在 $(x, 0, 0)$。图 9.20(e) 所示的投影方向为 [110], 平行于三维点阵体心格矢, 投影后的平面点阵为 p, 平面点阵基矢为 $\boldsymbol{a}' = \dfrac{1}{2}(-\boldsymbol{a} + \boldsymbol{b})$, $\boldsymbol{b}' = \dfrac{1}{2}\boldsymbol{c}$, 原点在 $(x, x, 0)$。

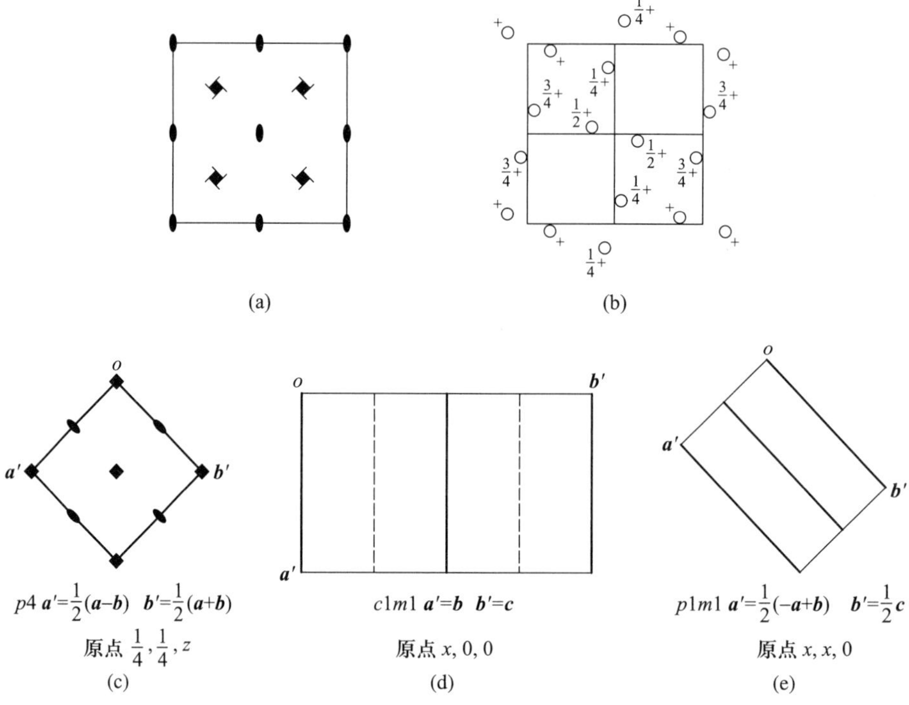

图 9.20　空间群 $I4_1(80)$ 特殊投影对称性形成的细节。(a) 沿 [001] 方向操作元配置图; (b) 与图 (a) 对应的等效点图; (c) 沿 [001] 方向的特殊投影图 $p4$; (d) 沿 [100] 方向的特殊投影图 $c1m1$; (e) 沿 [110] 方向的特殊投影图 $p1m1$

特殊的三维空间群的对称元投影后未必是对称元, 如垂直于投影方向的反映面。一般来说, 当对称元平行或垂直于投影方向时, 该元投影后仍是对称元,不过不一定和原来的对称元相同。如图 9.20(c) 中的沿 [001] 方向投影的 4 次螺旋轴变成 4 次轴; 图 9.20(d) 中投影方向为 [110] 的 2 次轴投影后变成反映面, 4 次螺旋轴投影后变成滑移面。任何平行于投影方向的平移分量均消失, 如图 9.20(c) 中的螺距, 任何垂直于投影方向的平移分量则保留, 如图 9.20(d) 和图 9.20(e) 中的螺距。表 9.6 归纳了晶体学空间群对称元投影的结果。由表 9.6 可知

表 9.6 晶体学空间群对称操作投影的结果

三维对称操作		投影的对称操作	
任意方向			
对称中心	$\bar{1}$	旋转点 2 (当中心投影时)	
旋转反演轴	$3 \equiv 3 \times \bar{1}$		
平行投影方向			
旋转轴	$2; 3; 4; 6$	旋转点	$2; 3; 4; 6$
螺旋轴	2_1	旋转点	2
	$3_1, 3_2$		3
	$4_1, 4_2, 4_3$		4
	$6_1, 6_2, 6_3, 6_4, 6_5$		6
旋转反演轴	$\bar{4}$	旋转点	4
	$\bar{6} \equiv 3/m$		3, 同时原子重叠
	$\bar{3} \equiv 3 \times \bar{1}$		6
反映面	m	反映线	m
具有垂直分量的滑移面*		滑移线	g
无垂直分量的滑移面		反映线	m
垂直投影方向			
旋转轴	$2; 4; 6$	反映线	m
	3	无	
螺旋轴	$4_2; 6_2, 6_4$	反映线	m
	$2_1; 4_1, 4_3; 6_1, 6_3, 6_5$	滑移线	g
	$3_1, 3_2$	无	
旋转反演轴	$\bar{4}$	反映线	m 平行于轴
	$\bar{6} \equiv 3/m$	反映线	m 垂直于过反演中心投影点的轴
	$\bar{3} \equiv 3 \times \bar{1}$	旋转点 2 (当中心投影时)	
反映面	m	无	同时原子重叠
具有滑移矢量 $\boldsymbol{t}$ 的滑移面		以平移矢量 $\boldsymbol{t}$ 平移	

*是指垂直投影方向的滑移分量。

(1) 平行于投影方向的 n 次旋转轴、n 次旋转倒反轴和 n 次螺旋轴投影成

n 次旋转点, 如 $\bar{3}$ 投影成 6 次旋转点, $\bar{6}$ 投影成 3 次旋转点。由于沿 3 次轴投影的 $3/m(\equiv \bar{6})$ 中有垂直于投影方向的反映面存在, 尽管反映面在投影图中消失, 但它造成的原子重叠会使投影图中的电子电荷密度投影加倍。

(2) 垂直于投影方向的 n 次旋转轴和 n 次螺旋轴, 当 n 为奇数时, 投影后不再是对称元。当 n 为偶数时, n 次旋转轴和 n 次旋转倒反轴投影成反映线。如螺旋轴 4_2、6_2 和 6_4 中包含 2 次轴, 所以投影成反映线。螺旋轴 2_1、4_1、4_3、6_1、6_3 和 6_5 中包含 2_1, 所以投影成滑移线。

(3) 垂直于投影方向的反映面投影后不再是对称元, 但投影后电子密度加倍。垂直于投影方向的滑移面的滑移量会在投影的平面点阵中增加新的平移矢量, 导致其点阵平移周期缩小。

(4) 平行于投影方向的反映面投影成反映线; 如果平行于投影方向的滑移面不包含平行投影面的分量, 则投影成反映线, 如果其中包含平行于投影面的分量, 则投影成滑移线。

(5) 沿任意方向倒反中心和 $\bar{3}$ 投影中包含 2 次轴。

9.11　最大非同构子群、指数最低的最大同构子群和最小非同构母群

9.11.1　同构子群

5.5 节已详细介绍了晶体学点群中母群和子群的关系。点群中母群阶数是有限的, 子群的阶数也是有限的。与点群不同, 由于平移群的阶数是无限的, 所以空间群中母群和子群的阶数也是无限的, 不过, 如果取相应点阵单胞内的格矢或格矢的真分数为平移矢量, 阶数则是有限的。1.2.2 节和 1.2.7 节已分别介绍过母群和子群以及同构和同态的概念: 如果两个群具有相同的乘法表, 那么它们是同构的, 如果母群和子群具有相同的乘法表, 它们也是同构的。下面以空间群 $I4_1(80)$ 为例说明空间群母群和同构子群。图 9.20(a) 给出了空间群 $I4_1(80)$ 沿 [001] 方向操作元配置图, 它是空间群 $P4_1$ (见表 8.3 黑框所示) 和平移 $\left(0, \frac{1}{2}\frac{1}{2}\frac{1}{2}\right)$ 半直积生成的。如果将 $I4_1$ 的点阵单胞基矢改为 $\boldsymbol{a}' = \boldsymbol{a}$, $\boldsymbol{b}' = \boldsymbol{b}$, $\boldsymbol{c}' = 3\boldsymbol{c}$, 就构成新的点阵单胞, 由于这个新单胞比 $\boldsymbol{a}$、$\boldsymbol{b}$ 和 $\boldsymbol{c}$ 组成的单胞大 3 倍, 如果空间群 $P4_1$ 和平移 $\left(0, \frac{1}{2}\frac{1}{2}\frac{3}{2}\right)$ 半直积就会生成新的空间群, 它的阶数是 $\boldsymbol{a}$、$\boldsymbol{b}$ 和 $\boldsymbol{c}$ 组成的单胞的三分之一。这个群与空间群 $I4_1$ 同构, 是 $I4_1$ 的

指数为 3 的子群。实际上, 空间群 $P4_1$ 与 $\boldsymbol{a}'=\boldsymbol{a}$、$\boldsymbol{b}'=\boldsymbol{b}$、$\boldsymbol{c}'=(2n+1)\boldsymbol{c}$ 为基矢构成的体心点阵单胞的平移群半直积所生成的空间群都是 $I4_1$ 的同构子群, 这表明空间群母群的这种类型的同构子群有无限多个。不过指数最低的最大同构子群 (Maximal isomorphic subgroups) 是有限的, 如空间群 $P4_1$ 与 $\boldsymbol{a}'=\boldsymbol{a}$、$\boldsymbol{b}'=\boldsymbol{b}$、$\boldsymbol{c}'=3\boldsymbol{c}$ 为基矢构成的体心点阵单胞半直积所生成的空间群就是 $I4_1$ 指数最低的同构子群, 另一个 $I4_1$ 的指数较低的最大同构子群是空间群 $P4_1$ 与 $\boldsymbol{a}'=\boldsymbol{a}+2\boldsymbol{b}$、$\boldsymbol{b}'=-2\boldsymbol{a}+\boldsymbol{b}$、$\boldsymbol{c}'=\boldsymbol{c}$ 或 $\boldsymbol{a}'=\boldsymbol{a}-2\boldsymbol{b}$、$\boldsymbol{b}'=2\boldsymbol{a}+\boldsymbol{b}$、$\boldsymbol{c}'=\boldsymbol{c}$ 为基矢构成的体心点阵单胞的平移群半直积所生成的空间群是指数为 5 的 $I4_1$ 的子群。故空间群 $I4_1(80)$ 的指数最低的最大同构子群说明如图 9.21 所示。图中, “[]” 内的数字是子群的指数, “()” 内的字母表示子群单胞的基矢是如何构成的。

Maximal isomorphic subgroups of lowest index

Ⅱc [3] $I4_1$ ($\boldsymbol{c}'=3\boldsymbol{c}$) (80); [5] $I4_1$ ($\boldsymbol{a}'=\boldsymbol{a}+2\boldsymbol{b}$, $\boldsymbol{b}'=-2\boldsymbol{a}+\boldsymbol{b}$ or $\boldsymbol{a}'=\boldsymbol{a}-2\boldsymbol{b}$, $\boldsymbol{b}'=2\boldsymbol{a}+\boldsymbol{b}$) (80)

图 9.21 国际晶体学表关于空间群 $I4_1(80)$ 的指数最低的最大同构子群说明

简单地说, 同构子群就是不改变点阵类型, 仅整数加大母群基矢 (改变平移群) 所生成的群, 除此外, 这个群 For$(0,0,0)$ + set 下的操作元和母群是一样的。

9.11.2 非同构子群

晶体学分为 32 个晶类, 具有相同点群的晶体归为一类, 所以晶体有 32 个晶类。

非同构子群分为 Ⅰ 和 Ⅱ 两类。Ⅰ 称为 t 子群, 其特点是子群与母群晶类 (点群) 不同, 平移群相同。Ⅱ 称为 k 子群, 其特点是子群与母群晶类 (点群) 相同, 平移群不同。Ⅱ 又分为 Ⅱa 和 Ⅱb 两小类, Ⅱa 的特点是母群和子群的惯用单胞一样, Ⅱb 的特点是子群的惯用单胞比母群大。作为一个例子, 空间群 $I4_1$ 的最大非同构子群 (Maximal non-isomorphic subgroups) 说明如图 9.22 所示。

Maximal non-isomorphic subgroups

Ⅰ	[2] $I2$ ($C2$, 5)	(1; 2)+
Ⅱa	[2] $P4_3$ (78)	1; 2; (3; 4) + $(\frac{1}{2},\frac{1}{2},\frac{1}{2})$
	[2] $P4_1$ (76)	1; 2; 3; 4
Ⅱb	none	

图 9.22 国际晶体学表关于空间群 $I4_1$ 的最大非同构子群说明

图中, Ⅰ 表示子群和母群的晶类不同。Ⅰ 中的 [2] 表示子群的指数, $I2$ 表示和母群坐标系和配置有关的 HM 符号, 它不一定是标准 HM 简略符号。() 内的符号才是标准 HM 简略符号, 本例中为 $I2(C2,5)$。$(1;2)+$ 表示子群和母群对称操作之间的关系。1;2 表示子群 $C2(5)(I112)$ 中只保留母群 $I4_1$ 中 4 个操作元中的 (1) 和 (2) (母群 $4_1=\{1,2_1,4_1^+,4_1^-\}$ 有 4 个操作元, 子群 $2_1=\{1,2_1\}$ 只保留 2 个操作元) 子群和母群有相同的坐标系, “+” 表示母群等效点坐标 (1) 或 (2) 加体心格矢 $\left(+\left(\frac{1}{2},\frac{1}{2},\frac{1}{2}\right)\right)$, 这样就可以从晶体学表中母群 Wyckoff 一般位置得到子群 Wyckoff 一般位置。母群 $I4_1$ 的 Wyckoff 一般位置为 (1) x,y,z (2) $\bar{x}+\frac{1}{2},\bar{y}+\frac{1}{2},z+\frac{1}{2}$, $(1;2)+$ 表示 (1) 不变, (2) $+\left(\frac{1}{2},\frac{1}{2},\frac{1}{2}\right)$, 这样就得到子群 $C2(5)(I112)$ 的 Wyckoff 一般位置为 (1) x,y,z (2) $\bar{x},\bar{y},z$。图 9.21 中, Ⅱa$[2]P4_1(76)$ $1;2;3;4$ 中子群和母群具有相同的点群, 子群 $P4_1$ 和母群 $I4_1$ 的空间群都是 $4_1=\{1,2_1,4_1^+,4_1^-\}$, 但母群 $I4_1$ 是体心点阵, 子群 $P4_1$ 是简单点阵, 它们的平移群不同。Ⅱa 下 [2] $P4_1(76)$ $1;2;3;4$ 后没有 “+”, 这表示母群 $I4_1$ 和子群 $P4_1$ 的 Wyckoff 一般位置一样, 不过 $P4_1(76)$ 的 Wyckoff 一般位置是 (1) x,y,z (2) $\bar{x},\bar{y},z+\frac{1}{2}$ (3) $\bar{y},x,z+\frac{1}{4}$ (4) $y,\bar{x},z+\frac{3}{4}$, 而国际晶体学表中 $I4_1(80)$ 的 Wyckoff 一般位置是 (1) x,y,z (2) $\bar{x}+\frac{1}{2},\bar{y}+\frac{1}{2},z+\frac{1}{2}$ (3) $\bar{y},x+\frac{1}{2},z+\frac{1}{4}$ (4) $y+\frac{1}{2},\bar{x},z+\frac{3}{4}$, 这似乎和Ⅱa 下的说明不一致。其原因是 $P4_1$ 的坐标原点在 4_1 轴上, 而 $I4_1$ 的坐标原点在 2 次轴上, 相差 $\frac{1}{4}\boldsymbol{a}+\frac{1}{4}\boldsymbol{b}$ [参考图 8.2(b) 和 (f)], 如果将 $I4_1$ 的坐标原点从 2 次轴移到 4_1 轴上, $I4_1$ 的 $\mathrm{For}(0,0,0)+\mathrm{set}$ 下的 4 个操作元, 就从 (1) 1 (2) $2\left(0,0,\frac{1}{2}\right)$ $\frac{1}{4},\frac{1}{4},z$ (3) $4^+\left(0,0,\frac{1}{4}\right)$ $-\frac{1}{4},\frac{1}{4},z$ (4) $4^-\left(0,0,\frac{3}{4}\right)$ $\frac{1}{4},-\frac{1}{4},z$ 变成 (1) 1 (2) $2\left(0,0,\frac{1}{2}\right)$ $0,0,z$ (3) $4^+\left(0,0,\frac{1}{4}\right)$ $0,0,z$ (4) $4^-\left(0,0,\frac{3}{4}\right)$ $0,0,z$, 这样 $P4_1(76)$ 和 $I4_1(80)$ 的 Wyckoff 一般位置就一样了。对于母群 $I4_1$ 的子群 $P4_3$, Ⅱa $[2]P4_3(78)$ $1;2;(3;4)+\left(\frac{1}{2},\frac{1}{2},\frac{1}{2}\right)$, 读者可参考上述两例自行验证。由于 $I4_1$ 没有Ⅱb 类, 下面以母群 $Pmm2(25)$ 为例说明之, 它的对称操作和 Wyckoff 一般位置如图 9.23 所示。

母群 $Pmm2(25)$ 在Ⅱb 下的说明如图 9.24 所示。Ⅱb 下只列出子群和母群 $Pmm2$ 不同的基矢, 并没有给出母群的全部最大子群以及子群中保留了母群的哪几个对称操作元, 所以同一个 HM 符号的 Wyckoff 一般位置

Symmetry operations

(1) 1   (2) 2 0,0,*z*   (3) *m x*,0,*z*   (4) *m* 0,*y*,*z*

Positions

Multiplicity, Wyckoff letter, Site symmetry	Coordinates			
4 *i* 1	(1) x,y,z	(2) $\bar{x},\bar{y},z$	(3) $x,\bar{y},z$	(4) $\bar{x},y,z$

图 9.23 国际晶体学表关于 $Pmm2(25)$ 的对称操作和 Wyckoff 一般位置的说明

可能是不同的。如子群 $Pma2$ 下, 如果它保留母群 $Pmm2(25)$ 对称操作元 $1;2;3+\left(0,\dfrac{1}{2},0\right)$, 就会得到 $(1)x,y,z(2)\bar{x},\bar{y},z(3)x,\bar{y}+\dfrac{1}{2},z$; 如果它保留母群 $Pmm2(25)$ 对称操作元 $1;2+\left(0,\dfrac{1}{2},0\right);3$ 就会得到 $(1)x,y,z(2)\bar{x},\bar{y}+\dfrac{1}{2},z(3)x,\bar{y},z$。但在子群 $Cmm2$ 下, 如果它保留了母群 $Pmm2(25)$ 对称操作元 $1+;2;3$, 就会得到 $(1)x,y,z(2)x+\dfrac{1}{2},y+\dfrac{1}{2},z(3)\bar{x},\bar{y},z(4)x,\bar{y},z$, 因为这里 "1+" 中的 "+" 表示加 c 侧心格矢 $\left(\dfrac{1}{2},\dfrac{1}{2},0\right)$。如果它保留了母群 $Pmm2(25)$ 对称操作元 $1+;2;3+\left(0,\dfrac{1}{2},0\right)$, 就得到 $(1)x,y,z(2)x+\dfrac{1}{2},y+\dfrac{1}{2},z(3)\bar{x},\bar{y},z(4)x,\bar{y}+\dfrac{1}{2},z$; 如果它保留了母群 $Pmm2(25)$ 对称操作元 $1+;2+\left(0,\dfrac{1}{2},0\right);3$, 就得到 $(1)x,y,z(2)x+\dfrac{1}{2},y+\dfrac{1}{2},z(3)\bar{x},\bar{y}+\dfrac{1}{2},z(4)x,\bar{y},z$; 如果它保留了母群 $Pmm2(25)$ 对称操作元 $1+;(2;3)+\left(0,\dfrac{1}{2},0\right)$, 就得到 $(1)x,y,z(2)x+\dfrac{1}{2},y+\dfrac{1}{2},z(3)\bar{x},\bar{y}+\dfrac{1}{2},z(4)x,\bar{y}+\dfrac{1}{2},z$。关于对称操作元符号如 $1+;(2;3)+\left(0,\dfrac{1}{2},0\right)$ 等可以参考文献 [1] 中的 2.2.15 节。

Ⅱb [2] $Pma2$ ($\boldsymbol{a}'=2\boldsymbol{a}$) (28); [2] $Pbm2$ ($\boldsymbol{b}'=2\boldsymbol{b}$) ($Pma2$, 28); [2] $Pcc2$ ($\boldsymbol{c}'=2\boldsymbol{c}$) (27); [2] $Pmc2_1$ ($\boldsymbol{c}'=2\boldsymbol{c}$) (26); [2] $Pbm2_1$ ($\boldsymbol{c}'=2\boldsymbol{c}$) ($Pmc2_1$, 26); [2] $Aem2$ ($\boldsymbol{b}'=2\boldsymbol{b}$, $\boldsymbol{c}'=2\boldsymbol{c}$) (39); [2] $Amm2$ ($\boldsymbol{b}'=2\boldsymbol{b}$, $\boldsymbol{c}'=2\boldsymbol{c}$) (38); [2] $Bme2$ ($\boldsymbol{a}'=2\boldsymbol{a}$, $\boldsymbol{c}'=2\boldsymbol{c}$) ($Aem2$, 39); [2] $Bmm2$ ($\boldsymbol{a}'=2\boldsymbol{a}$, $\boldsymbol{c}'=2\boldsymbol{c}$) ($Amm2$, 38); [2] $Cmm2$ ($\boldsymbol{a}'=2\boldsymbol{a}$, $\boldsymbol{b}'=2\boldsymbol{b}$) (35); [2] $Fmm2$ ($\boldsymbol{a}'=2\boldsymbol{a}$, $\boldsymbol{b}'=2\boldsymbol{b}$, $\boldsymbol{c}'=2\boldsymbol{c}$) (42)

图 9.24 国际晶体学表关丁 $Pmm2(25)$ 在Ⅱb 下的说明

最小非同构母群和最大非同构子群呈相反的关系: 若群 H 是群 S 的最大子群, 则群 S 是群 H 的最小母群。最小母群和最大子群的分类原则相似, 也分为最小同构母群和最小非同构母群。和最大非同构子群一样, 最小非同构母群也分为两类：Ⅰ称为 t 子群，Ⅱ称为 k 子群，不过Ⅱ类中不再细分，通常，Ⅱa 中对称操作带“+”的最小非同构母群总是排在Ⅱb 最小非同构母群之前。$I4_1(80)$ 的最小非同构母群的说明如图 9.25 所示。

Minimal non-isomorphic supergroups

Ⅰ　[2] $I4_1/a$ (88); [2] $I4_122$ (98); [2] $I4_1md$ (109); [2] $I4_1cd$ (110);

Ⅱ　[2] $C4_2(\boldsymbol{c}' = \frac{1}{2}\boldsymbol{c})$ ($P4_2$, 77)

图 9.25　国际晶体学表关于 $I4_1(80)$ 的最小非同构母群的说明

如果 $I4_1/a(88)$ 是 $I4_1(80)$ 的最小非同构母群，$I4_1(80)$ 就是 $I4_1/a(88)$ 的最大非同构子群，所以可以从最小非同构母群 $I4_1/a(88)$ 的 Wyckoff 一般位置得到 $I4_1(80)$ 的 Wyckoff 一般位置。说明如图 9.26 所示。

Positions

Multiplicity, Wyckoff letter, Site symmetry			Coordinates			
			$(0,0,0)+$	$(\frac{1}{2},\frac{1}{2},\frac{1}{2})+$		
16	f	1	(1) x,y,z	(2) $\bar{x}+\frac{1}{2},\bar{y}+\frac{1}{2},z+\frac{1}{2}$	(3) $\bar{y},x+\frac{1}{2},z+\frac{1}{4}$	(4) $y+\frac{1}{2},\bar{x},z+\frac{3}{4}$
			(5) $\bar{x},\bar{y}+\frac{1}{2},\bar{z}+\frac{1}{4}$	(6) $x+\frac{1}{2},y,\bar{z}+\frac{3}{4}$	(7) $y,\bar{x},\bar{z}$	(8) $\bar{y}+\frac{1}{2},x+\frac{1}{2},\bar{z}+\frac{1}{2}$

Maximal non-isomorphic subgroups

Ⅰ	[2] $I\bar{4}$ (82)	(1; 2; 7; 8)+
	[2] $I4_1$ (80)	(1; 2; 3; 4)+
	[2] $I2/a$ ($C2/c$, 15)	(1; 2; 5; 6)+
Ⅱ**a**	none	
Ⅱ**b**	none	

图 9.26　国际晶体学表关于 $I4_1/a(88)$ 的 Wyckoff 一般位置和最大非同构子群的说明

由图 9.25 可知，$I4_1(80)$ 的 Wyckoff 一般位置可从它的最小非同构母群 $I4_1/a(88)$ 的 Wyckoff 一般位置得到，即 (1), (2), (3), (4), (1)$+\left(\dfrac{1}{2},\dfrac{1}{2},\dfrac{1}{2}\right)$, (2)$+\left(\dfrac{1}{2},\dfrac{1}{2},\dfrac{1}{2}\right)$, (3)$+\left(\dfrac{1}{2},\dfrac{1}{2},\dfrac{1}{2}\right)$, (4)$+\left(\dfrac{1}{2},\dfrac{1}{2},\dfrac{1}{2}\right)$，因为 $I4_1/a(88)$ 是体心点阵，所以 $(1;2;3;4)+$ 中的“+”表示“加”体心格矢 $\left(\dfrac{1}{2},\dfrac{1}{2},\dfrac{1}{2}\right)$。

9.12　国际晶体学表中的图形符号和字母 (印刷) 符号

在《国际晶体学表》[*International Table for Crystallography* (2005)] 所述的投影图中，对称操作及其位置用图形符号和字母符号表示，熟悉这些符号后才能读懂国际晶体学表。表 9.7 ∼ 表 9.12 给出了国际晶体学表中常用的图形符号和字母符号。表中所示的这些图形符号出现在投影图的左上角。表 9.8 所示的图形符号中的数字表示对称面的高度, 如 $h=\frac{1}{8}$ 表示 $\frac{1}{8}$ 或 $\frac{1}{8}+\frac{1}{2}=\frac{5}{8}$, 无数字表示 $h=0$ 或 $h=\frac{1}{2}$。其他参考文献 [1] 中的 1.3.1 节和 1.3.2 节。

表 9.7 垂直投影面的对称面和二维面中的对称线

对称面或对称线	图形符号	滑移矢量 (以平行和垂直投影面的格矢为单位)	字母符号
反映面, 镜面 反映线, 镜线 (2 维)	——————	无	m
轴滑移面, 滑移线 (2 维)	------	沿投影面 (或图面) 中线的 $\frac{1}{2}$ 格矢	a、b 或 c、g
轴滑移面	··············	垂直投影面的 $\frac{1}{2}$ 格矢	a、b 或 c
双滑移面 (仅用于有心单胞)	-··-··-··-	两个滑移矢量 一个平行投影面线的 $\frac{1}{2}$ 格矢 一个垂直投影面的 $\frac{1}{2}$ 格矢	e
对角线滑移面	-·-·-·-	一个滑移矢量两个分量 一个沿平行投影面线的 $\frac{1}{2}$ 格矢 一个沿垂直投影面的 $\frac{1}{2}$ 格矢	n
金刚石滑移面 (仅用于有心单胞中的一对滑移面)	-·-·—◂- -·-·—▸-	一个滑移矢量两个分量 $\frac{1}{4}$ 沿平行投影面的线加 $\frac{1}{4}$ 垂直投影面 (箭头表示平行投影面的线的方向, 该面法线方向为正)	d

表 9.8 平行投影面的对称面

对称面	图形符号	滑移矢量 (以平行投影面的格矢为单位)	字母符号
反映面, 镜面		无	m
轴滑移面		箭头方向 $\frac{1}{2}$ 格矢	a、b 或 c

续表

对称面	图形符号	滑移矢量 (以平行投影面的格矢为单位)	字母符号
双滑移面 (仅用于有心单胞)		两个滑移矢量 每个箭头方向各 $\frac{1}{2}$ 格矢	e
对角线滑移面		一个滑移矢量有两个分量 箭头方向 $\frac{1}{2}$ 格矢	n
金刚石滑移面 (仅用于有心单胞中一个面对)	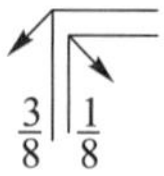 $\frac{3}{8}$ $\frac{1}{8}$	箭头方向 $\frac{1}{2}$ 格式 惯用面心单胞对角线格矢的 $\frac{1}{4}$	d

表 9.9　平行投影面的对称轴

对称轴	图形符号	右旋螺距 (以平行螺旋轴方向最短格矢为单位)	字母符号
2 次旋转轴		无	2
2 次螺旋轴		$\frac{1}{2}$	2_1
4 次旋转轴	仅用于立方空间群	无	4(2)
4 次螺旋轴	仅用于立方空间群	$\frac{1}{4}$	$4_1(2_1)$
4 次螺旋轴	仅用于立方空间群	$\frac{1}{2}$	$4_2(2)$
4 次螺旋轴	 仅用于立方空间群	$\frac{3}{4}$	$4_3(2_1)$
4 次旋转反演轴	仅用于立方空间群	无	$\bar{4}(2)$
4 次旋转反演轴上的反演点	仅用于立方空间群		$\bar{4}$ 点

表 9.9 所示为平行投影面的对称轴符号, 该图形符号标在投影单胞的外边。在投影面的 $h=0$ 和 $h=\frac{1}{2}$ 成对标出 2 次轴, 表示有两个 2 次轴。通常立方对称群图表中总是标出平行投影面的对称轴的高度。

表 9.10 与投影面倾斜的对称面 (仅适用于 $\bar{4}3m$ 和 $m\bar{3}m$)

对称面	图形符号*		滑移量 (以对称面法线格矢为单位)		字母符号
	⊥ [011] 和 [01$\bar{1}$]	⊥ [101] 和 [10$\bar{1}$]	⊥ [011] 和 [01$\bar{1}$]	⊥ [101] 和 [10$\bar{1}$]	
反映面, 镜面			无	无	m
轴滑移面			沿 [100]$\frac{1}{2}$ 格矢	沿 [010]$\frac{1}{2}$ 格矢	a 或 b
轴滑移面			沿 [01$\bar{1}$] 或 [011]$\frac{1}{2}$ 格矢	沿 [10$\bar{1}$] 或 [101] 格矢	
双滑移面*** [仅用于 $I\bar{4}3m$ (217) 和 $Im\bar{3}m$ (229)]			两个滑移矢量沿 [100] 和 [01$\bar{1}$] 或 [011] 各 $\frac{1}{2}$ 格矢	两个滑移矢量沿 [010] 和 [10$\bar{1}$] 或 [101] 各 $\frac{1}{2}$ 格矢	e
对角线滑移面			一个滑移矢量沿 [11$\bar{1}$] 或 [111] $\frac{1}{2}$ 格矢**	一个滑移矢量沿 [11$\bar{1}$] 或 [111] $\frac{1}{2}$ 格矢**	n
金刚石滑移面 (仅用于有心单胞面对)			沿 [1$\bar{1}$1] 或 [111] $\frac{1}{2}$ 格矢***	沿 [$\bar{1}$11] 或 [111] $\frac{1}{2}$ 格矢***	d
			沿 [$\bar{1}\bar{1}$1] 或 [$\bar{1}$11] $\frac{1}{2}$ 格矢***	沿 [$\bar{1}\bar{1}$1] 或 [$\bar{1}$11] $\frac{1}{2}$ 格矢***	

*在表 9.10 所示的插图中给出围绕高对称点如 $(0,0,0)$、$\left(\frac{1}{2},0,0\right)$、$\left(\frac{1}{4},\frac{1}{4},0\right)$ 的正视图投影。

**$F\bar{4}3m$, $Fm\bar{3}m$, $Fd\bar{3}m$ 中滑移方向的最短格矢分别为 $t\left(1,\frac{1}{2},\frac{\bar{1}}{2}\right)$ 或 $t\left(1,\frac{1}{2},\frac{1}{2}\right)$ 和 $t\left(\frac{1}{2},1,\frac{\bar{1}}{2}\right)$ 或 $t\left(\frac{1}{2},1,\frac{1}{2}\right)$。

***滑移量是中心格矢的 $\frac{1}{2}$, 如 $I\bar{4}3d$ 和 $Ia\bar{3}d$ 惯用体心单胞中体对角线的 $\frac{1}{4}$。其他参考参考文献 [1] 中的 1.3.1 节和 1.3.2 节。

表 9.11 立方对称群中与投影面倾斜的对称面

对称轴	图形符号	右旋螺距(以平行轴的最短格矢为单位)	字母符号
2 次旋转轴	 平行于立方的面对角线	无	2
2 次螺旋轴		$\frac{1}{2}$	2_1
3 次旋转轴	 平行于立方的体对角线	无	3
3 次螺旋轴		$\frac{1}{3}$	3_1
3 次螺旋轴		$\frac{2}{3}$	3_2
3 次旋转反演轴		无	$\bar{3}(3,\bar{1})$

注: 图中的实心圆和空心圆表示轴与投影面的交点。

表 9.12 垂直于投影面的对称轴和图面中的对称点

对称操作	图形符号	螺距(以平行螺旋轴的最短格矢为单位)	字母符号
恒等	无	无	1
2 次旋转轴 (点)(2 维)		无	2
2 次螺旋轴		$\frac{1}{2}$	2_1
3 次旋转轴 (点)(2 维)		无	3
3 次螺旋轴		$\frac{1}{3}$	3_1
3 次螺旋轴		$\frac{2}{3}$	3_2
4 次旋转轴 (点)(2 维)		无	4(2)
4 次螺旋轴		$\frac{1}{4}$	$4_1(2_1)$

续表

对称操作	图形符号	螺距 (以平行螺旋轴的最短格矢为单位)	字母符号
4 次螺旋轴		$\frac{1}{2}$	$4_2(2)$
4 次螺旋轴		$\frac{3}{4}$	$4_3(2_1)$
6 次旋转轴 (点)(2 维)		无	$6(3,2)$
6 次螺旋轴		$\frac{1}{6}$	$6_1(3_1,2_1)$
6 次螺旋轴		$\frac{1}{3}$	$6_2(3_2,2)$
6 次螺旋轴		$\frac{1}{2}$	$6_3(3,2_1)$
6 次螺旋轴		$\frac{2}{3}$	$6_4(3_1,2)$
6 次螺旋轴		$\frac{5}{6}$	$6_5(3_2,2_1)$
对称中心, 反演中心 反映点, 镜面点 (1 维)	○	无	$\bar{1}$
3 次反演轴		无	$\bar{3}(3,\bar{1})$
4 次反演轴		无	$\bar{4}(2)$
6 次反演轴		无	$\bar{6}\equiv 3/m$
2 次旋转反演轴		无	$2/m(\bar{1})$
2 次螺旋反演轴		$\frac{1}{2}$	$2_1/m(\bar{1})$
4 次旋转反演轴		无	$4/m(\bar{4},2,\bar{1})$
4 次螺旋反演轴		$\frac{1}{2}$	$4_2/m(\bar{4},2,\bar{1})$
6 次旋转反演轴		无	$6/m(\bar{6},\bar{3},3,2,\bar{1})$
6 次螺旋反演轴		$\frac{1}{2}$	$6_3/m(\bar{6},\bar{3},3,2_1,\bar{1})$

表 9.12 所示为垂直于投影面的对称轴和图面中的对称点, 其中关于 $\bar{1},\bar{3},\bar{4}$ 和 $\bar{6}$ 对称点的高度 h 说明如下:

(1) $\bar{1}$ 和 $\bar{3}$ 的对称中心和平行于 [001] 轴的 $\bar{4}$ 和 $\bar{6}$ 轴的反演中心高度 h 成

对出现, 即 $h=0$ 和 $h=\frac{1}{2}$。标出 $h=\frac{1}{4}$ 意味着 $h=\frac{1}{4}$ 和 $h=\frac{3}{4}$。未标出 h 表示 $h=0$ 和 $h=\frac{1}{2}$。对于立方对称群所有的 h 均标出。

(2) $4/m$ 和 $6/m$ 中包括垂直的 $\bar{4}$ 和 $\bar{6}$ 反演轴, 它们的反演中心和对称中心重合, 这些图中并未标出。

(3) $4_2/m$ 和 $6_3/m$ 中也包括垂直于 $\bar{4}$ 和 $\bar{6}$ 的反演轴, 但是, 它们的反演中心和对称中心并不重合, 比如 $\bar{1}$ 的反演中心在 $h=0$ 和 $h=\frac{1}{2}$, 但是 $\bar{4}$ 和 $\bar{6}$ 的反演中心在 $h=\frac{1}{4}$ 和 $h=\frac{3}{4}$。在四方和六角空间群图表中对 $\bar{1}, \bar{4}$ 或 $\bar{6}$ 仅给出一个高度 h。对于立方对称群图表所有 4 个高度 h 均给出, 如 $Pm\bar{3}n$ 中的 $\bar{1}: 0, \frac{1}{2}; \bar{4}: \frac{1}{4}, \frac{3}{4}$。

为了压缩篇幅, 本书未给出 HM 符号和 Schoenflies 符号对照表, 如果读者需要, 可以查阅参考文献 [1] 中的 $62\sim76$ 页。

参考文献

[1] Hahn T. International tables for crystallography, Vol. A. 5th ed. Heidelberg:Springer, 2005.

第 10 章 镁合金中纳米 Zn–Zr 相的原子结构和空间群的确定

作为前 9 章的应用, 这一章给出了一个利用高分辨原子像测量结果来确定相的原子结构和空间群的实例。在这一章中我们详细描述了实验过程和对实验结果分析的细节。

Zn 是镁合金中重要的合金元素之一。Zn 的添加可以在镁基体中形成多种 Mg–Zn 二元化合物, 包括 Mg_4Zn_7, $MgZn_2$ 和 $Mg_{21}Zn_{25}$ 等。Zr 是另一种镁合金中常用的合金元素, 它具有较高的熔点, 在镁合金中的固溶度较小, 所以, 能在较高的温度下析出弥散细小的 Zr 颗粒。这些 Zr 颗粒作为异质形核质点可以促进镁的异质形核, 能显著细化镁合金晶粒。除此之外, 固溶在镁溶体中的 Zr 与 Fe、Si 等有害元素形成化合物, 可有效净化镁合金, 提高镁合金的综合力学性能。当 Zn 和 Zr 同时作为合金元素加入镁中时, 会在晶粒内部形成大量的纳米尺寸的 Zn–Zr 相。

目前, 在二元 Zn–Zr 体系中共发现了 5 种热稳定的 Zn–Zr 二元化合物, 包括 CsCl 类型的 ZnZr, C15 类型的 Laves 相 Zn_2Zr、Zn_3Zr、单斜 $Zn_{39}Zr_5$ 相以及立方 $Zn_{22}Zr$ 相。大量研究表明 Zn–Zr 相在含 Zn、Zr 的镁合金中是普遍存在的, 并且有可能影响镁合金的晶粒尺寸以及时效过程中强化相的析出。因此, 获得这些 Zn–Zr 相的准确结构信息对于充分认识 Zr 在镁合金中的作用是十分重要的。由于这些析出相尺寸普遍很小, 一般处于 10 ~ 200 nm 之间, 传统的 X 射线以及选区电子衍射很难准确地测定其结构。在本章中, 我们采用微束电子衍射和原子分辨率 Z 衬度成像对其结构和空间群进行确定。由于微束电子衍射所使用束斑较小, 能够获得单个纳米颗粒的衍射图谱, 从而可以较准确地解析纳米颗粒析出相的晶体结构类型。本章详细描述了利用亚埃分辨率像差校正电子显微技术, 从原子尺度解析了 Mg-2.7Nd-0.6Zn-0.5Zr(wt.%) 镁合金中纳米 Zn–Zr 析出相的原子结构的过程。

10.1　NZ31 镁合金中纳米 Zn–Zr 相的显微结构

图 10.1(a) 是铸态 NZ31 合金的光学显微像。从图中可见, 铸态合金的晶粒尺寸为 80 ± 20 μm, 在晶界上存在着半连续的、粗大的晶界第二相, 在靠近晶界的位置还存在着一些细小的颗粒相, 然而, 在大部分的晶粒内部都存在着一个无析出相的区域, 如图 10.1(a) 中点线所示的区域。经 798 K, 24 h 固溶处理后, 晶粒尺寸未发生明显变化, 腐蚀后晶界宽度变窄, 这表明晶界析出相大部分固溶进了基体内, 同时在晶粒内部出现了易腐蚀的区域, 如图 10.1(b) 点线所示, 这表明经固溶处理后 NZ31 合金晶粒内部析出了大量界面能相对较高的析出相。

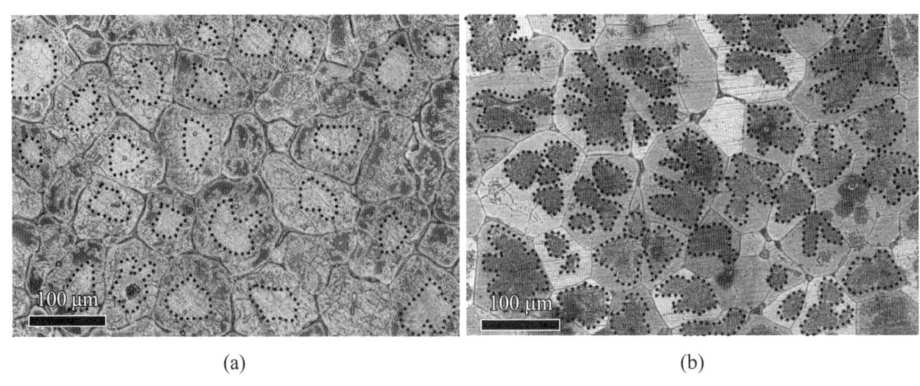

图 10.1　NZ31 合金的光学显微像。(a) 铸态; (b) 固溶态

为了进一步获得这些析出相的形貌和尺寸信息, 分别沿 $[0001]_\alpha$ 和 $[11\bar{2}0]_\alpha$ 方向, 对图 10.1(b) 中点线所示的区域内进行了高角环状暗场–扫描透射电子显微镜 (HAADF–STEM) 的观察。图 10.2(a) 和图 10.2(b) 分别为沿 $[0001]_\alpha$ 和 $[11\bar{2}0]_\alpha$ 的低倍 HAADF–STEM 像。从图中可以看到, 在基体内存在大量的显示高亮度的纳米尺寸的析出相, 这些析出相的投影宽度为 10 ~ 20 nm, 长度在

100 ～ 500 nm 之间。这些析出相有两种类型, 大部分为 “A” 类型, 沿 $[0001]_\alpha$ 方向观察时, 这类析出相的投影为矩形, 并且投影的长轴沿镁基体的一个 $\langle 11\bar{2}0\rangle_\alpha$ 方向有三种变体。当沿 $[11\bar{2}0]_\alpha$ 方向观察时, “A” 类型析出相的一种变体的投影像为白色亮点, 另外两种变体的投影像的长轴沿 $[0001]_\alpha$ 方向, 如图 10.2(b) 所示。这表明类型 “A” 的析出相在垂直于 $\langle 11\bar{2}0\rangle_\alpha$ 方向平面内的尺寸远小于其沿 $\langle 11\bar{2}0\rangle_\alpha$ 方向的尺寸, 其形貌应为杆状, 且长轴方向平行于镁合金的一个 $\langle 11\bar{2}0\rangle_\alpha$ 方向。少部分杆状析出相为 “B” 类型, 其在 $[0001]_\alpha$ 方向上投影的长

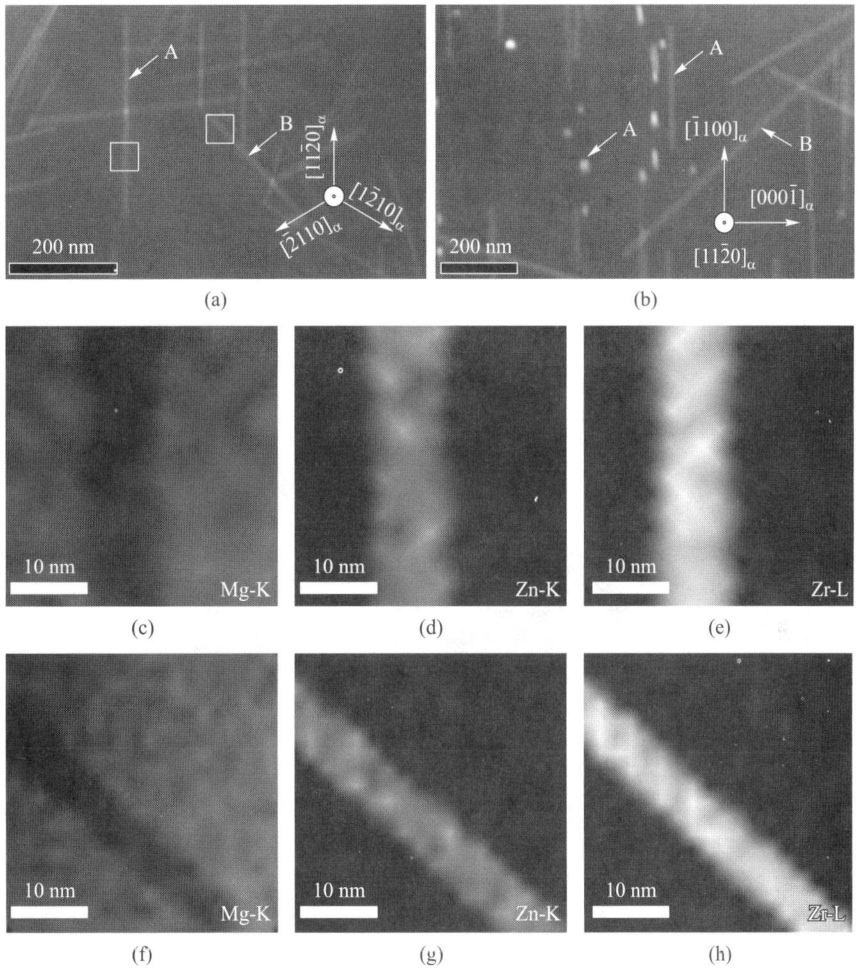

图 10.2 固溶态 NZ31 合金低倍 HAADF–STEM 像和微区中 Mg、Zn 和 Zr 元素的 X 射线能量色散谱 (EDS) 面扫描结果。(a) 观察方向沿 $[0001]_\alpha$; (b) 观察方向沿 $[11\bar{2}0]_\alpha$ 晶带轴; (c) ～ (h) 图 (a) 方框所标识的含有 “A” 型 [(c) ～ (e)] 和 “B” 型 [(f) ～ (h)] 杆状析出相的 EDS 面扫描结果

轴与 $\langle 11\bar{2}0\rangle_\alpha$ 中的某个方向的夹角在 12° ~ 15° 之间 [图 10.2(a)]。沿 $[11\bar{2}0]_\alpha$ 方向观察时 [图 10.2(b)], 该类析出相投影的长轴介于 $[000\bar{1}]_\alpha$ 和 $[\bar{1}100]_\alpha$ 之间, 有多种取向。我们对这两类析出相做了能量色散 X 射线谱 (EDS) 的成分分析, 如图 10.2(c) ~ (h) 所示。能谱面扫描结果表明, 这两类析出相为 Zn 和 Zr 的二元相。

为了进一步解析这些 Zn–Zr 相的结构, 我们首先对其进行了微束电子衍射的分析。图 10.3 所示是从 "A" 类型的 Zn–Zr 相上获得的系列倾转的微束电子衍射花样。通过对这些衍射花样的对称性和各花样之间夹角的分析, 我们确定 γ_1 相的结构为简单四方结构, 经第一性原理计算弛豫后, 晶格参数为 $a = b = 0.761$ nm 和 $c = 0.682$ nm, 各图谱的指数标定结果如图 10.3 所示。我们利用得到的晶体结构和晶格参数计算了各带轴之间的夹角, 计算结果 (带小括号的数值) 与实验测得的夹角 (不带小括号的数值) 匹配得很好, 这表明晶体类型、晶格参数以及图谱的标定结果是正确的。这一结果与 Petersen 和 Rinn 在 1961 年利用粉末 X 射线衍射技术测得的 Zn_2Zr_3 相的晶格参数非常接近。

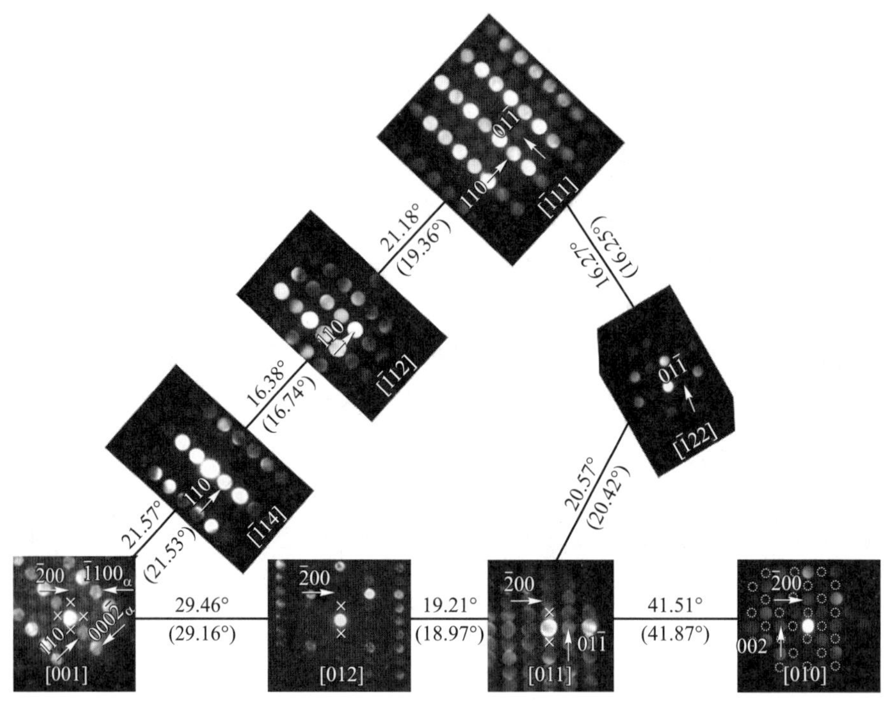

图 10.3　"A" 类型的 Zn–Zr 相的系列倾转微束电子衍射花样

从图 10.2 中可知, “A” 类型的 Zn–Zr 相的长轴方向是沿镁基体的 $\langle 11\bar{2}0\rangle_\alpha$ 方向, 这表明 “A” 类型的 Zn–Zr 相与基体保持一定的取向关系。为此, 我们测量了基体与 “A” 类型的 Zn–Zr 相的复合衍射谱, 如图 10.3 中 $[001]_\text{A}$ 方向上获得的衍射花样所示。标定结果表明 “A” 类型的 Zn–Zr 相与镁基体保持严格的取向关系: $[110]_\text{A} \parallel [000\bar{1}]_\alpha$, $(\bar{1}10)_\text{A} \parallel (\bar{1}100)_\alpha$。为了更清楚地显示 “A” 类型的 Zn–Zr 相与镁基体低指数取向之间的对应关系, 我们依据实验测得的取向关系绘制了 “A” 类型的 Zn–Zr 相主要晶向与镁基体主要晶向间对应关系的极射赤面投影图, 如图 10.4 所示。从图 10.4 中可知, 简单四方结构的 “A” 类型的 Zn–Zr 相的主对称方向即四次轴 $[001]_\text{A}$ 平行于基体的 $[11\bar{2}0]_\alpha$、二次轴 $[110]_\text{A}$ 平行于基体的 $[0001]_\alpha$。其另一主对称方向即二次轴 $[100]_\text{A}$ 则位于基体的 $[1\bar{1}0\bar{1}]_\alpha$ 附近。

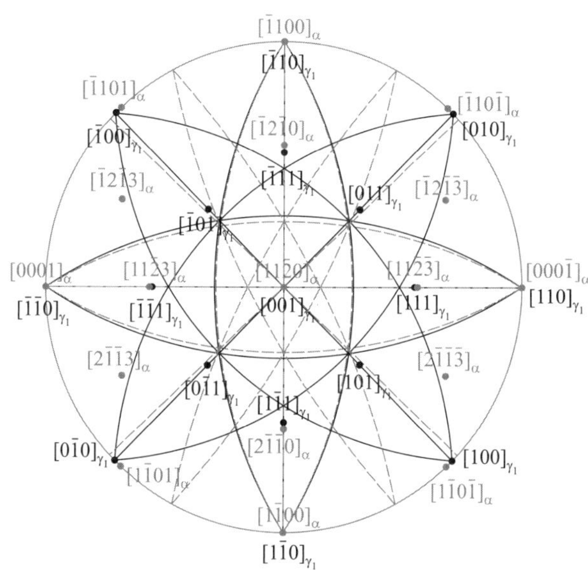

图 10.4 “A” 类型的 Zn–Zr 相与 Mg 基体主要方向对应关系的极射赤面投影图

除获得物相的晶格类型和晶格参数之外, 系列倾转衍射图谱还能给出物相衍射斑点的消光规律。从图 10.3 所示的系列倾转的衍射图谱中可以看到, 一些倾转的衍射斑点发生了消光, 如图中虚线圆所示: 从 [011] 晶带轴倾转至 [010] 晶带轴时, $\overline{2n}00$ 衍射斑点发生了消光, 据此, 从系列倾转衍射谱得到了 Zn–Zr 相的衍射出现的条件, 如表 10.1 所示。我们发现, 在一些衍射花样中, 原本应该消光的衍射斑点却没有消光, 如图 10.3 中叉号标注的衍射斑点, 这些应该消光的衍射斑点的出现源于二次衍射。

表 10.1　微束系列倾转测得 “A” 类型的 Zn–Zr 相的反射条件

$0kl$	$0k0$	$00l$
$k+l=2n10$	$k=2n$	$l=2n$

利用同样的方法, 我们可以从 “B” 类型的 Zn–Zr 相上获得系列倾转的微束电子衍射谱, 如图 10.5 所示。通过对系列倾转衍射花样的对称性以及各花样之间夹角的分析, 确定 “A” 类型和 “B” 类型的 Zn–Zr 相都具有相同的晶格类型, 均为简单四方结构, 而且系列倾转衍射图谱显示二者的衍射消光规律也是相同的 (表 10.1), 这表明 “A” 类型和 “B” 类型的 Zn–Zr 相为同一种晶体。但与 “A” 类型不同的是, “B” 类型的 Zn–Zr 相与基体之间没有特定的取向关系, 这也与图 10.2 观察到的 “B” 类型的 Zn–Zr 相投影的长轴方向不与基体取向成特定角度的结果是相符的。为此, 我们将这两类结构相同, 但取向不同的 Zn–Zr 相统称为 γ_1 相。

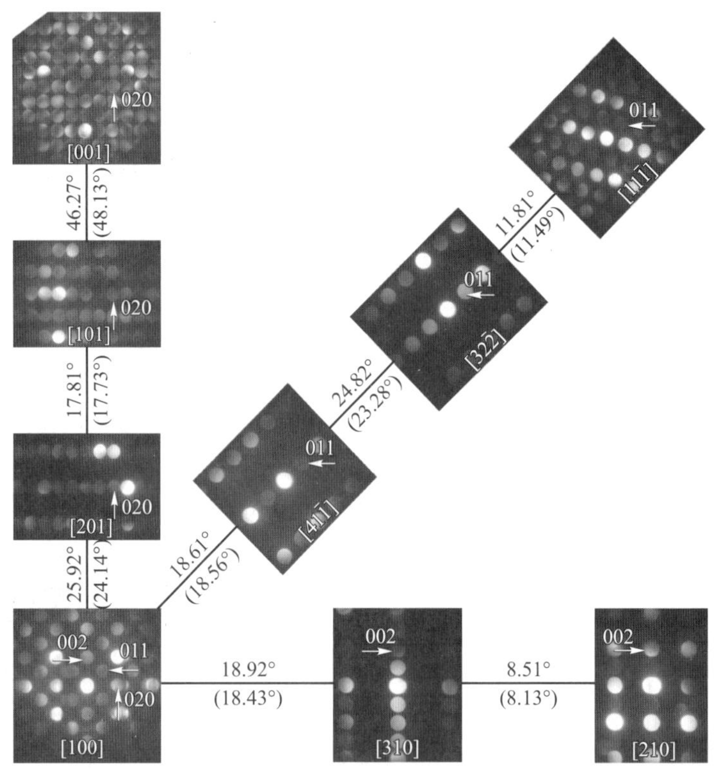

图 10.5　“B” 类型的 Zn–Zr 相的系列倾转微束电子衍射花样

根据以上对系列倾转微束电子衍射的分析, 我们可以确定 γ_1 相为简单四

方点阵 ($a = b = 0.761$ nm 和 $c = 0.682$ nm), 消光规律如表 10.1 所示。据此可以推断出 γ_1 相的空间群可能为 $P4_2nm$、$P\bar{4}n2$、$P4_2/mnm$、$P4nc$ 或 $P4/mnc$。这些空间群属于三个晶体学点群, 分别为 $4mm(P4_2nm$、$P4nc)$、$\bar{4}m2(P\bar{4}n2)$ 和 $4/mmm(P4_2/mnm$、$P4/mnc)$。通常可利用会聚束电子衍射测定晶体主对称方向的对称性, 据此确定所属点群, 进而确定晶体的空间群。然而, 对于 Mg 合金中的纳米尺寸 γ_1 相, 难以通过会聚束电子衍射确定其点群。首先, Zn–Zr 相不仅尺寸较小, 而且被包埋在 Mg 基体中, 难以获得高质量会聚束电子衍射花样; 其次, 有多种空间群从属于同一个点群, 这进一步增加了通过会聚束电子衍射测定晶体空间群的难度。除此之外, 通过原子分辨率 Z 衬度像, 不仅能得到反映晶体结构的信息, 还能得到组成晶体元素的信息, 是一种解析微小析出相结构很好的选择。

10.2 NZ31 镁合金中纳米 Zn–Zr 相的原子结构

对于简单四方点阵而言, [001]、[100] 和 [110] 是主对称方向, 沿这三个方向的四方点阵晶体的投影像可显示出晶体对称元素的分布特征。因此, 我们沿 $[001]_{\gamma_1}$、$[100]_{\gamma_1}$ 和 $[110]_{\gamma_1}$ 3 个方向拍摄了 γ_1 相的原子分辨率的 Z 衬度像, 分别如图 10.6(a) ~ (c) 所示。由于原子分辨率 Z 衬度像中的像点的亮度与其对应的原子柱内的平均原子序数的平方成正比, 因此从原子分辨率的 Z 衬度像可以得到含有元素信息的沿入射方向的三维晶体的二维投影像, 三维晶体中的对称操作也会反映到二维投影像中。例如, 平行于投影方向上的 n 次旋转轴会投影成 n 次旋转点; 平行于投影方向的反映面投影成反映线, 滑移面投影成滑移线。对二维投影图像中对称操作的分析可以得到晶体空间群。从图 10.6 所示的原子分辨率图像中可以估算出各图中的最小对称单元以及相应的最小平移矢量, 如图 10.6(a) ~ (c) 中红色正方形和矩形框所示。我们分别用 $\boldsymbol{a}'$、$\boldsymbol{b}'$, $\boldsymbol{c}'$、$\boldsymbol{d}'$ 和 $\boldsymbol{e}'$、$\boldsymbol{f}'$ 表示图 10.6(a)、图 10.6(b) 和图 10.6(c) 中与最小平移相应的平移矢量。随后, 通过分析投影像与三维晶体之间的位向关系, 可以得到各投影方向上平移矢量与晶体晶格参数之间的关系, $\boldsymbol{a}' = \boldsymbol{a}$, $\boldsymbol{b}' = \boldsymbol{b}$; $\boldsymbol{c}' = \boldsymbol{b}$, $\boldsymbol{d}' = \boldsymbol{c}$ 以及 $\boldsymbol{e}' = 0.5(-\boldsymbol{a}+\boldsymbol{b})$, $\boldsymbol{f}' = \boldsymbol{c}$, 如图 10.6(d) ~ (f) 所示, 在这里 a、b、c 是 γ_1 相的晶格参数。仔细观察图 10.6(d) ~ (f) 各图中原子柱的亮度以及分布特点, 我们可以找出各个图中的全部对称操作, 并绘制出对称操作配置图如图 10.6(g) ~ (i) 所示。从图 10.6(g) ~ (i) 中可以看到, 沿 $[001]_{\gamma_1}$、$[100]_{\gamma_1}$ 和 $[110]_{\gamma_1}$ 三个方向上 γ_1 相的投影分别具有 $p4gm$、$c2mm$ 和 $p2mm$ 的对称性。

结合系列倾转微束电子衍射实验得到的 γ_1 相衍射出现的条件以及沿 $[001]_{\gamma_1}$、$[100]_{\gamma_1}$ 和 $[110]_{\gamma_1}$ 三个方向上的投影的对称性, 可以确定 γ_1 相的

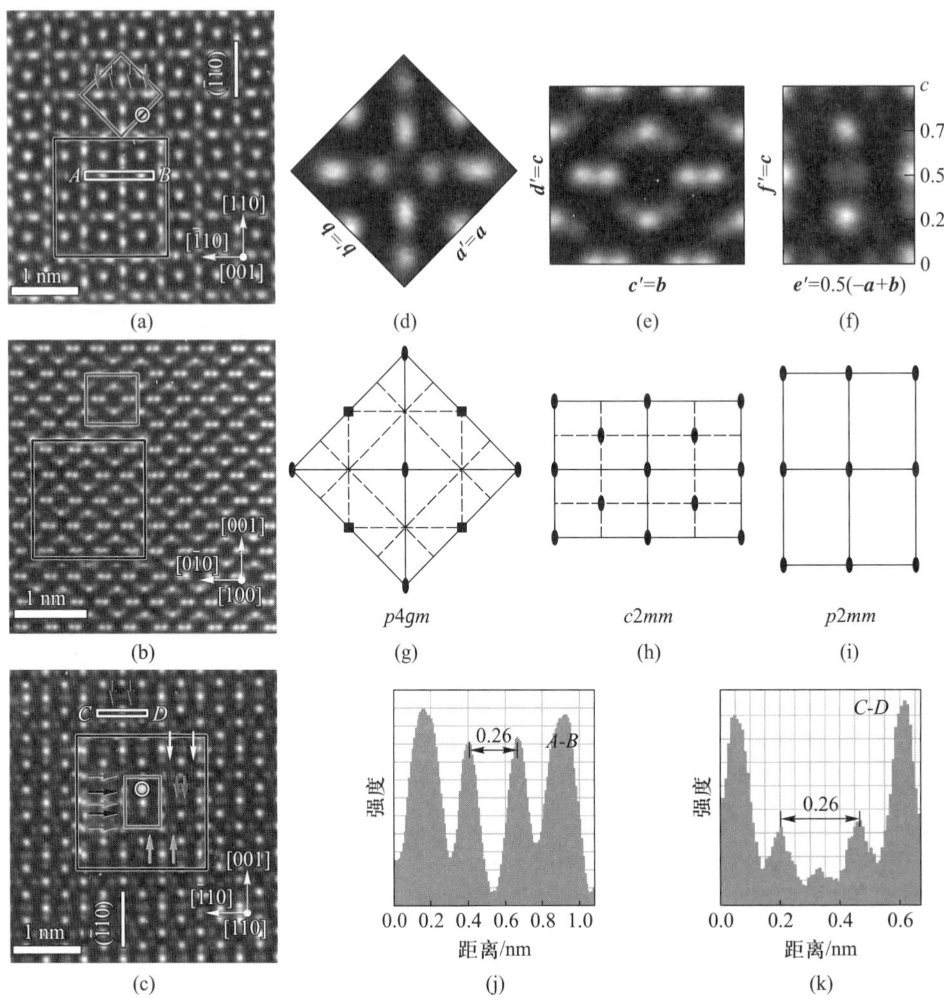

图 10.6　γ_1 相的原子分辨率的 HAADF–STEM 像和投影的对称性。(a) ~ (c) 拍摄方向分别为 $[001]_{\gamma_1}$ (a)、$[100]_{\gamma_1}$ (b) 和 $[110]_{\gamma_1}$ (c) 晶带轴的 HAADF–STEM 像; (d) ~ (f) 图 (a) ~ (c) 中红色方框和矩形框标示的最小对称单元; (g) ~ (i) 图 (d) ~ (f) 中对称操作分布图; (j)、(k) 沿图 (a) 中 AB (j) 和图 (c) 中 CD (k) 的强度分布图。(参见书后彩图)

空间群只有两种可能, 分别为 $P4/mnc$ 和 $P4_2/mnm$, 如表 10.2 所示。但是如果 γ_1 相的空间群为 $P4/mnc$, 在沿 [100] 方向上的投影中, 与最小平移对称单元相对应的平移矢量与 γ_1 相的晶格矢量之间的关系应为 $\boldsymbol{e}' = 0.5(-\boldsymbol{a}+\boldsymbol{b})$, $\boldsymbol{f}' = 0.5\boldsymbol{c}$。这与实验中所观察到的如图 10.6(f) 中所示的 $\boldsymbol{e}' = 0.5(-\boldsymbol{a}+\boldsymbol{b})$, $\boldsymbol{f}' = \boldsymbol{c}$ 是不一致的, 故可以排除 $P4/mnc$ 空间群的可能性。因此, 与实验结果一致的空间群就只能是 $P4_2/mnm$, 即 γ_1 相的空间群是 $P4_2/mnm$。在确定了 γ_1 相的空间群之后, 我们就可以通过分析原子分辨率的 Z 衬度像来得到 γ_1 相

内的原子占位信息。

表 10.2 γ_1 相可能的空间群

<table>
<tr><th rowspan="2">空间群</th><th rowspan="2">空间群号</th><th colspan="3">特殊方向投影对称性</th><th rowspan="2">反射条件</th></tr>
<tr><th>[001]</th><th>[100]</th><th>[110]</th></tr>
<tr><td>$P4/mnc$</td><td>128</td><td>$p4gm$
$\boldsymbol{a}'=\boldsymbol{a}, \boldsymbol{b}'=\boldsymbol{b}$</td><td>$c2mm$
$\boldsymbol{c}'=\boldsymbol{b}, \boldsymbol{d}'=\boldsymbol{c}$</td><td>$p2mm$
$\boldsymbol{e}'=0.5(-\boldsymbol{a}+\boldsymbol{b})$,
$\boldsymbol{f}'=0.5\boldsymbol{c}$</td><td rowspan="2">$0kl: k+l=2n$
$0k0: k=2n$
$00l: l=2n$</td></tr>
<tr><td>$P4_2/mnm$</td><td>136</td><td>$p4gm$
$\boldsymbol{a}'=\boldsymbol{a}, \boldsymbol{b}'=\boldsymbol{b}$</td><td>$c2mm$
$\boldsymbol{c}'=\boldsymbol{b}, \boldsymbol{d}'=\boldsymbol{c}$</td><td>$p2mm$
$\boldsymbol{e}'=0.5(-\boldsymbol{a}+\boldsymbol{b})$,
$\boldsymbol{f}'=\boldsymbol{c}$</td></tr>
</table>

在图 10.6(a) 中, 红色正方形框所示的最小平移对称单元中两种位置上存在原子柱。一种是位于红色正方形框的对角线上 (位于 $\{\bar{1}10\}$ 面内), 如图中紫色箭头和蓝色箭头所示, 另一种是位于红色正方形框的棱的中点, 如图中白色圆圈所示。此外, 紫色箭头所指的原子柱有明显的拉长, 而其他类型原子柱没有这种现象, 这是由于两列原子柱之间的距离太近, 超出了电镜的分辨率, 故相互重叠, 形成一个拉长的像点。空间群 $P4_2/mnm$ (136) 中各位置等效点的坐标和位于红色正方形框对角线上的原子柱内的原子 x 和 y 坐标具有相同的绝对值, 因此只能占据 $8j$、$4g$ 或 $4f$ 位置。位于红色正方形框的棱的中点的原子柱内的原子 x 和 y 的坐标值中只有一个的绝对值为 0.5, 因此只能占据 $4d$ 或 $4c$ 位置。空间群 $P4_2/mnm$ 的 Wyckoff 位置 $8j$、$4g$、$4f$、$4d$ 或 $4c$ 的详细信息列于表 10.3 和表 10.4 中。

表 10.3 空间群 $P4_2/mnm$ 中 $8j$、$4g$、$4f$ 位置的等效点

<table>
<tr><th rowspan="3">多重性</th><th rowspan="3">Wyckoff 位置</th><th rowspan="3">位置对称性</th><th colspan="4">坐标</th></tr>
<tr><th colspan="2">(110) 平面内</th><th colspan="2">$(\bar{1}10)$ 平面内</th></tr>
<tr><th></th><th></th><th></th><th></th></tr>
<tr><td rowspan="2">8</td><td rowspan="2">j</td><td rowspan="2">$..m$</td><td>x, x, z</td><td>$\bar{x}, z$</td><td>$\bar{x}+1/2$,
$x+1/2$,
$z+1/2$</td><td>$x+1/2, \bar{x}+1/2$,
$z+1/2$</td></tr>
<tr><td>$x, x, \bar{z}$</td><td>$\bar{x}, \bar{x}, \bar{z}$</td><td>$\bar{x}+1/2$,
$x+1/2$,
$\bar{z}+1/2$</td><td>$x+1/2, \bar{x}+1/2$,
$\bar{z}+1/2$</td></tr>
<tr><td>4</td><td>g</td><td>$m.2m$</td><td>$x+1/2$,
$x+1/2, 1/2$</td><td>$\bar{x}+1/2$,
$\bar{x}+1/2$,
$1/2$</td><td>$x, 0$</td><td>$\bar{x}, x, 0$</td></tr>
<tr><td>4</td><td>f</td><td>$m.2m$</td><td>$x, x, 0$</td><td>$\bar{x}, \bar{x}, 0$</td><td>$\bar{x}+1/2$,
$x+1/2, 1/2$</td><td>$x+1/2, \bar{x}+1/2$,
$1/2$</td></tr>
</table>

表 10.4 空间群 $P4_2/mnm$ 中 4d、4c 位置的等效点

多重性	Wyckoff 位置	位置对称性	坐标			
4	d	$\bar{4}$	0, 1/2, 1/4	0, 1/2, 3/4	1/2, 0,1/4	1/2, 0,3/4
4	c	$m.2m$	0, 1/2, 0	0, 1/2,1/2	1/2, 0,1/2	1/2, 0, 0

从图 10.6(a) 中沿 $[001]_{\gamma_1}$ 方向上的投影图内的原子柱排列特点来看, 只能给出原子在 x–y 平面内的坐标, 无法给出沿 z 方向的原子的坐标, 因此需要得到沿垂直于 z 轴方向 ($[001]_{\gamma_1}$ 方向) 的 γ_1 相的高分辨原子像。我们发现, 在众多垂直于 $[001]_{\gamma_1}$ 的方向中, 只有沿 $[110]_{\gamma_1}$ 进行观察时, 容易将占据 8j、4g、4f、4d 或 4c 位置原子所构成的原子柱分辨出来。

对于占据 4g 或 4f 位置的原子, 它们在 $(\bar{1}10)$ 面内具有相同的 z 坐标值 (表 10.3)。这意味着, 占据 4g 位置的原子, 例如 $(x, \bar{x}, 0)$ 和 $(\bar{x}, x, 0)$, 或占据 4f 位置的原子, 例如 $(x+1/2, \bar{x}+1/2, 1/2)$ 和 $(\bar{x}+1/2, x+1/2, 1/2)$, 会沿 [110] 方向投影到同一个原子柱内, 并且这一原子柱在 $(\bar{1}10)$ 面内沿 [001] 方向的平移周期应与晶体沿 [001] 方向的平移周期一致, 都为 c。此外, 相邻的两个占据 4g 位置和 4f 位置的原子 [如占据 $(x, \bar{x}, 0)$ 和 $(x+1/2, \bar{x}+1/2, 1/2)$ 位置的原子] 所构成的原子柱之间在 $(\bar{1}10)$ 面内沿 [001] 方向的距离为平移周期的一半即 $c/2$。此外, 沿 [110] 方向投影时, 由于占据 8j 位置的原子在 $(\bar{1}10)$ 面内的 z 的坐标值不同, 因此在 $(\bar{1}10)$ 面内沿 [001] 方向被投影成两个原子柱: $(\bar{x}+1/2, x+1/2, z+1/2)$ 和 $(x+1/2, \bar{x}+1/2, z+1/2)$ 在一个原子柱内; $(\bar{x}+1/2, x+1/2, \bar{z}+1/2)$ 和 $(x+1/2, \bar{x}+1/2, \bar{z}+1/2)$ 在另一个原子柱内。这两个原子柱之间的间距小于 c, 故占据 8j 位置的原子沿 [110] 方向投影所产生的原子柱, 在 $(\bar{1}10)$ 面内沿 [001] 方向一个平移周期 c 内会出现两次。占据 8j 位置的原子 [如 $(x+1/2, \bar{x}+1/2, \bar{z}+1/2)$] 所构成的原子柱在 $(\bar{1}10)$ 面内应该位于占据 4g 位置和 4f 位置的原子 [如 $(x, \bar{x}, 0)$ 和 $(x+1/2, \bar{x}+1/2, 1/2)$ 位置处的原子] 所构成的原子柱之间。

沿 [001] 方向投影时, 占据 4d 或 4c 位置的原子均位于 $(\bar{2}20)$ 面内, 并且被投影成沿 [001] 方向、距离为平移周期的一半 ($c/2$) 的两个原子柱。其中, 占据 4d 位置的原子中, (0, 1/2, 1/4) 和 (1/2, 0, 1/4) 投影成一个原子柱, (0, 1/2, 3/4) 和 (1/2, 0, 3/4) 投影成另一个原子柱。占据 4c 位置的原子中, (0, 1/2, 0) 和 (1/2, 0, 0) 投影成一个原子柱, (0, 1/2, 1/2) 和 (1/2, 0, 1/2) 投影成另一个原子柱。$(\bar{2}20)$ 面内占据 4d 位置的原子 [如坐标为 (0, 1/2, 1/4) 的原子] 投影成的原子柱与 $(\bar{1}10)$ 面内相邻的占据 4g [如坐标为 $(x, \bar{x}, 0)$] 和 4f[如坐标为 $(x+1/2, \bar{x}+1/2, 1/2)$] 的原子投影成的原子柱之间的距离是相等的。而 $(\bar{2}20)$ 面内占据 4c 位置的原子 [如坐标为 (0, 1/2, 0) 和 (0, 1/2, 1/2) 的原子]

投影成的原子柱与 $(\bar{1}10)$ 面内占据 $4g$ [如坐标为 $(x, \bar{x}, 0)$ 的原子] 和 $4f$ [如坐标为 $(x+1/2, \bar{x}+1/2, 1/2)$ 的原子] 的原子投影成的原子柱均位于同一个垂直于 [001] 方向的平面内。

根据以上分析, 我们对沿 $[110]_{\gamma_1}$ 晶带轴拍摄的原子分辨率 Z 衬度像进行了细致的甄别。图 10.6(c) 中绿色箭头、红色箭头和黑色箭头所指的原子柱均位于同一个垂直于 $(\bar{1}10)_{\gamma_1}$ 的平面内, 并且黑色箭头所指的原子柱处在绿色和红色箭头所指的原子柱之间。其中, 绿色与红色箭头所指的原子柱沿 $[001]_{\gamma_1}$ 方向, 平移周期均为 c, 并且相邻的绿色与红色箭头所指的原子柱之间距离为 $c/2$。黑色箭头所指的、沿 $[001]_{\gamma_1}$ 方向的原子柱平移周期小于 c。结合之前的分析可知, 黑色箭头所指的原子柱内的原子应占据 $8j$ 位置, 而绿色和红色箭头所指的原子柱内的原子应分别占据 $4g$ 或 $4f$ 位置。由于在空间群 $P4_2/mnm$ 中, $4g$ 和 $4f$ 位置具有相同的对称性 $m.2m$, 所以, 可以确定绿色和红色箭头所指的原子柱内的原子分别占据 $4g$ 和 $4f$ 位置。同时, 我们也可以确定图 10.6(c) 中红色矩形框的竖直边所在的面为 $(\bar{1}10)_{\gamma_1}$ 面, 该面中有 $8j$、$4g$ 或 $4f$ 位置的原子所构成的原子柱。

在确定了 $(\bar{1}10)_{\gamma_1}$ 面的位置以及该面内原子柱内原子的占位之后, 根据国际空间群图表中空间群 $P4_2/mnm$ (136) 中的等效点的坐标 (表 10.3), 可以进一步确定在 $(\bar{1}10)_{\gamma_1}$ 面之外且占据 $8j$、$4g$ 或 $4f$ 位置的原子所形成的原子柱的 z 轴坐标, 占据 $4g$ 和 $4f$ 位置原子的原子柱的 z 轴坐标分别为 0 和 0.5, 如图 10.6(c) 中黄色和紫色箭头所示。由于黑色箭头所指的原子柱的 z 轴坐标超过了 0.25 [图 10.6(c) 和 (f)], 因此在 $(\bar{1}10)_{\gamma_1}$ 面外占据 $8j$ 位置的原子所构成的原子柱的 z 轴坐标应介于 $0 \sim 0.25$ 之间, 即图 10.6(c) 中白色箭头所指的 $8j$ 位置。在图 10.6(a) 和 (c) 中, 白色圆圈内原子柱中的原子位于 $\{\bar{2}20\}_{\gamma_1}$ 面内, 并且与图 10.6(c) 中红色和绿色箭头所指的原子柱的距离相等, 推断该圆圈内的原子柱内的原子应占据 $4d$ 位置。

至此, 我们分别确定了图 10.6(a) 和 (c) 中两个像点所对应的原子柱内原子占位。接下来, 就需要找出两幅图中原子柱内原子的对应关系, 看看这两幅图是否自洽。为此, 我们分别对图 10.6(a) 和 (c) 中 $(\bar{1}10)_{\gamma_1}$ 面两侧的原子柱之间的距离进行了测量。测量结果表明, 图 10.6(a) 中蓝色箭头所指的两原子柱间的距离与图 10.6(c) 中蓝色箭头所指的两原子柱之间的距离相等, 如图 10.6(j) ~ (k) 所示。这表明图 10.6 中蓝色箭头所指向的原子柱内的原子应占据相同的 $8j$ 位置。图 10.6(a) 中紫色箭头所指的拉长的像点表明占据 $4g$ 和 $4f$ 的原子所构成的原子柱互相重叠。

在确定了原子柱内原子的占位之后, 就可以根据原子柱的亮度确定原子柱内的元素。对于相同厚度的样品, 在 $[110]_{\gamma_1}$ 面内的原子柱的亮度与该原子柱内原子的平均原子序数的平方成正比, 由表 10.3 可知, 在 $(\bar{1}10)_{\gamma_1}$ 面内, 沿 $[110]_{\gamma_1}$ 方向, 占据 $8j$、$4g$ 和 $4f$ 位置的原子所构成的原子柱内的原子的数目是相同的。在图 10.6(c) 中, 黑色箭头所指的原子柱 (即由占据 $8j$ 位置的原子所构成的原子柱) 的亮度显著低于绿色和红色箭头所指的原子柱 (即由占据 $4g$ 和 $4f$ 位置的原子所构成的原子柱) 的亮度。这表明, 占据 $8j$ 位置的原子的平均原子序数低于占据 $4g$ 和 $4f$ 位置的原子的平均原子序数, 故推断 Zn 较多地占据 $8j$ 位置, Zr 较多地占据 $4g$ 和 $4f$ 位置。

为了进一步确认上述推断的可靠性, 我们对如图 10.6(a) ~ (c) 中蓝色方框中的区域进行了高分辨率能谱的成分分析。图 10.7 给出了沿 $[001]_{\gamma_1}$、$[100]_{\gamma_1}$ 和 $[110]_{\gamma_1}$ 方向上原子分辨率能谱的面扫描结果。对比高分辨成分扫描图像 [图 10.7(d)、(e)、(f)] 与原子分辨率的 Z 衬度像 [图 10.7(a)、(b)、(c)], 可以断定, 图 10.7 中蓝色以及黑色箭头所指的原子柱由 Zn 组成, 其他原子柱则由 Zr 组成。原子分辨率能谱的面扫描结果没有发现 Zn 和 Zr 混合占位的原子柱存在, 因此, 推断 Zn 和 Zr 不可能有相同的 Wyckoff 位置。

综合以上微束衍射、原子分辨率 Z 衬度像和原子分辨率能谱成分分析结

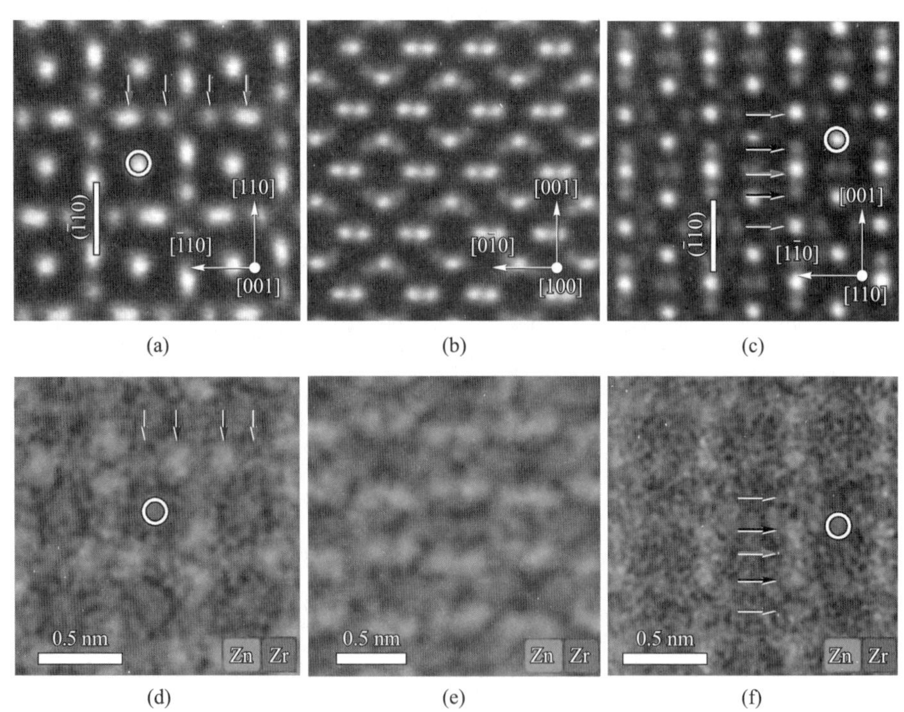

图 10.7　γ_1 相的原子分辨率的 HAADF–STEM 像和原子分辨率 EDS 面扫描结果。(a) ~ (c) 拍摄方向分别沿 $[001]_{\gamma_1}$ (a)、$[100]_{\gamma_1}$ (b) 和 $[110]_{\gamma_1}$ (c) 晶带轴的 HAADF–STEM 像; (d) ~ (f) Zn 和 Zr 元素的 EDS 面扫描结果。(参见书后彩图)

果, 我们可以断定 Zn 占据 $8j$ 位置, Zr 占据 $4f$、$4g$ 和 $4d$ 位置。结合图 10.6(a) 和 (c) 可给出它们的 x、y 坐标和 z 坐标, 据此, 我们可以初步确定 γ_1 相的原子结构。对实验得到的模型进行第一性原理结构弛豫后的原子坐标信息列于表 10.5 中, 最终确定的 γ_1 相的晶格参数为 $a = b = 0.761$ nm, $c = 0.682$ nm。图 10.8 是 γ_1 相晶胞原子结构的三维示意图 [图 10.8(a)] 和沿 $[001]_{\gamma_1}$、$[100]_{\gamma_1}$ 和 $[110]_{\gamma_1}$ 三个方向上的投影示意图 [图 10.8(b) ~ (d)]。在 γ_1 相单胞中共存在 20 个原子, 其中 12 个 Zr 原子占据 $4f$、$4g$ 和 $4d$ 位置, 8 个 Zn 原子占据 $8j$ 位置, 因此 γ_1 相的化学式为 Zn_2Zr_3。这与 Petersen 和 Rinn 在 1961 年用粉末 X 射线衍射方法测得的 Mg–Zn–Zr 合金中的 Zn–Zr 相的成分一致。

表 10.5 γ_1–Zn_2Zr_3 中 Zn 和 Zr 的 Wyckoff 位置和原子坐标

元素	多重性	Wyckoff 位置	位置对称性	原子坐标
Zr	4	g	$m.2m$	0.290 38, 0.290 38, 0.5
Zr	4	f	$m.2m$	0.350 65, 0.350 65, 0
Zr	4	d	$\bar{4}..$	0, 0.5, 0.25
Zn	8	j	$..m$	0.119 71, 0.119 71, 0.192 92

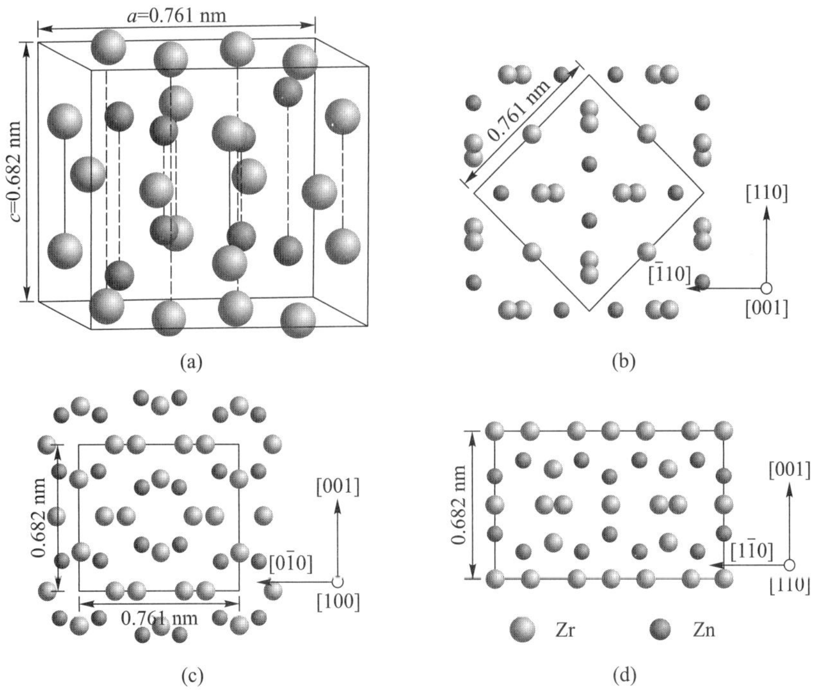

图 10.8 简单四方点阵相 γ_1–Zn_2Zr_3 的单胞示意图。(a) 单胞示意图; (b) ~ (d) γ_1–Zn_2Zr_3 相沿 $[001]_{\gamma_1}$、$[100]_{\gamma_1}$ 和 $[110]_{\gamma_1}$ 三个方向上的投影示意图

接下来, 我们将通过 HAADF–STEM 图像结合晶体学空间群来验证所构建模型的合理性。图 10.9(a) ~ (c) 给出了 γ_1–Zn_2Zr_3 相沿 $[001]_{\gamma_1}$、$[100]_{\gamma_1}$ 和 $[110]_{\gamma_1}$ 三个晶带轴的 HAADF–STEM 模拟像, 分别与图 10.6(a) ~ (c) 所示的实验像一一对应。与图 10.6 中原子分辨率 Z 衬度实验像对比可见, HAADF–STEM 模拟图像与实验所得的图像吻合得非常好。

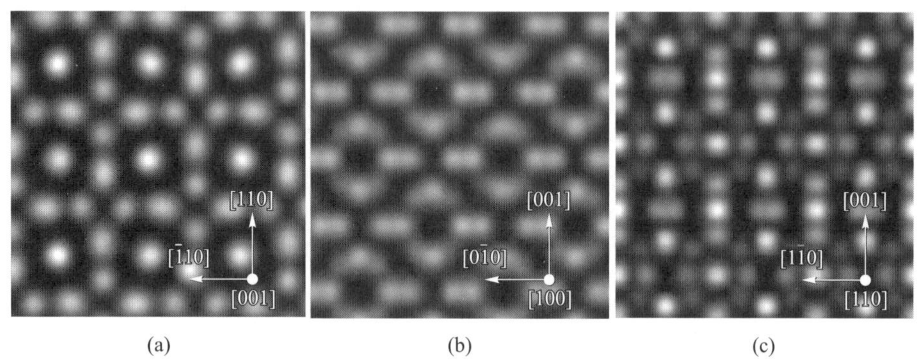

图 10.9 简单四方点阵相 γ_1–Zn_2Zr_3 沿 $[001]_{\gamma_1}$(a)、$[100]_{\gamma_1}$(b) 和 $[110]_{\gamma_1}$(c) 晶带轴的 HAADF–STEM 模拟像

Mg 是密排六方结构, 空间群为 $P6_3/mmc$, 与其相对应的点群 G_M 为 6/mmm, 共有 24 个对称操作。γ_1–Zn_2Zr_3 为简单四方结构, 空间群为 $P4_2/mnm$, 对应的点群 G_P 为 $4/mmm$, 共有 16 个对称操作, 如表 10.6 所示。实验测得的 γ_1–Zn_2Zr_3 与 Mg 基体的取向关系为: $[001]_{\gamma_1} \parallel [000\bar{1}]_\alpha$, $(\bar{1}10)_{\gamma_1} \parallel (\bar{1}100)_\alpha$ (图 10.3 和图 10.4)。在这种取向关系下, γ_1–Zn_2Zr_3 的两个 2 次旋转轴 $[110]_{\gamma_1}$ 和 $[\bar{1}10]_{\gamma_1}$ 分别平行于 Mg 的 6 次旋转轴 $[000\bar{1}]_\alpha$ 和 2 次旋转轴 $[\bar{1}100]_\alpha$; 4 次旋转轴 $[001]_{\gamma_1}$ 平行于 Mg 基体的 2 次旋转轴 $[11\bar{2}0]$。这三对相互平行的带轴彼此相互垂直, 构成一个 γ_1–Zn_2Zr_3 相与 Mg 基体之间的公共点群 $H = mmm$, 它有 8 个对称操作。Mg 基体点群 ($6/mmm$) 中的对称操作数目是公共点群 (mmm) 对称操作数目的 3 倍, 公共点群是基体点群的子群。基体点群按照公

表 10.6 γ_1–Zn_2Zr_3 相和 Mg 基体的空间群、点群和点群中的对称操作

晶体	空间群	点群	对称操作
$\gamma_1 - Zn_2Zr_3$	$P4_2/mnm$	$4/mmm$	1、2 个 4[001]、2[001]、2 个 2⟨100⟩、2 个 2⟨110⟩、$\bar{1}$、2 个 4^-[001]、m[001]、2 个 m⟨100⟩、2 个 m⟨110⟩
Mg	$P6_3/mmc$	$6/mmm$	1、2 个 6[0001]、2 个 3[0001]、2[0001]、3 个 2⟨11$\bar{2}$0⟩、3 个 2⟨10$\bar{1}$0⟩、$\bar{1}$、2 个 6^-[0001]、2 个 $\bar{3}$[0001]、m[0001]、3 个 m⟨11$\bar{2}$0⟩、3 个 m⟨10$\bar{1}$0⟩

共点群的陪集展开式如式 (10.1) 所示:

$$6/mmm = mmm + 3^+[0001](mmm) + 3^-[0001](mmm) \tag{10.1}$$

依据对称补偿原理 (见第 11 章) 可知, 在基体中应存在三种等价的 γ_1-Zn_2Zr_3 相变体, 这已被实验观察 [图 10.2(a)] 所证实。

为了进一步验证结构模型的合理性, 我们还检索了无机晶体数据库中具有 $P4_2/mnm$ 空间群的 A_2B_3 的二元化合物 (如表 10.7 所示)。结果显示所有已

表 10.7 具有 $P4_2/mnm$ 且化学式为 A_2B_3 的二元化合物中原子坐标

化合物	晶格参数/nm	原子位置		
		元素	Wyckoff 位置	坐标
Li_2Sr_3	$a = 0.9628$, $c = 0.855$	Li	$8j$	(0.11, 0.11, 0.37)
		Sr_1	$4g$	(0.15, −0.15, 0)
		Sr_2	$4f$	(0.26, 0.26, 0)
		Sr_3	$4d$	(0, 0.5, 0.25)
Al_2Er_3	$a = 0.81323$, $c = 0.75039$	Al	$8j$	(0.3807, 0.3807, 0.1987)
		Er_1	$4g$	(0.7018, 0.2982, 0)
		Er_2	$4f$	(0.1520, 0.1520, 0)
		Er_3	$4d$	(0, 0.5, 0.25)
Al_2Lu_3	$a = 0.8051$, $c = 0.7363$	Al	$8j$	(0.126, 0.126, 0.189)
		Lu_1	$4g$	(0.207, 0.793, 0)
		Lu_2	$4f$	(0.346, 0.346,0)
		Lu_3	$4d$	(0, 0.5, 0.25)
Al_2Y_3	$a = 0.8239$, $c = 0.7648$	Al	$8j$	(0.125, 0.125, 0.21)
		Y_1	$4g$	(0.20, 0.80, 0)
		Y_2	$4f$	(0.34, 0.34, 0)
		Y_3	$4d$	(0, 0.5, 0.25)
Al_2Zr_3	$a = 7.630$, $c = 6.998$	Al	$8j$	(0.125, 0.125, 0.21)
		Zr_1	$4g$	(0.2, 0.8, 0)
		Zr_2	$4f$	(0.34, 0.34, 0)
		Zr_3	$4d$	(0, 0.5, 0.25)
Al_2Hf_3	$a = 0.7535$, $c = 0.6906$	Al	$8j$	(0.125, 0.125, 0.21)
		Hf_1	$4g$	(0.2, 0.8, 0)
		Hf_2	$4f$	(0.34, 0.34, 0)
		Hf_3	$4d$	(0, 0.5, 0.25)

知的具有 $P4_2/mnm$ 空间群且化学式为 A_2B_3 的二元化合物中的原子均与实验测得的 γ_1–Zn_2Zr_3 相中的原子 Wyckoff 位置相同。综合以上分析, 我们认为图 10.8 给出的 γ_1–Zn_2Zr_3 相的原子结构是正确的。

参考文献

[1] 王威振. Mg–Zn 基合金中纳米 Zn–Zr 相及二维十次准晶结构的电子显微学研究. 沈阳: 东北大学, 2020.

第 11 章 缺陷的对称性

晶体中的缺陷极大地影响了材料的力学、电学和化学性质, 一直是材料科学理论和实验研究的重要对象。在各种各样的固态转变过程中的缺陷, 例如以孤立和阵列形式存在的位错无处不在, 它们不仅存在于薄膜外延生长和析出相的晶格错配中, 而且孪晶变形、相变和高温变形等过程也与位错的运动密切相关。缺陷的存在也会促进化学过程, 如加速氧化物的生长过程等。

晶体缺陷描述了基本有序晶体结构中的不连续性, 通常, 将晶体缺陷分为点缺陷、线缺陷和面缺陷 3 种, 在晶体点阵中它们具有独特的几何构型。点缺陷, 如空位和间隙原子破坏了晶体的对称性, 难以用晶体对称群来表征, 因此这里不作深入介绍。这一章我们将重点讨论线缺陷和面缺陷的拓扑性质。拓扑性质就是几何图形一对一连续变换中保持不变的性质, 比如一条位错线具有唯一的 Burgers 矢量, 它和 Burgers 回路的大小以及它在位错线上的位置无关, 位错在晶体中运动或改变方向时, Burgers 矢量是不变的, 这种不变性是位错固有的几何性质。缺陷的拓扑性质受晶体对称性的制约, 通过晶体对称群理论可以导出缺陷的拓扑性质, 如位错的 Burgers 矢量。

如果缺陷的拓扑性质可以通过它所在晶体的对称群的对称操作表征, 我们称其为具有显式对称性 (manifest symmetry) 的缺陷; 如果缺陷的拓扑性质不能通过它所在晶体的对称群的对称操作表征, 而是通过它所在晶体的对称群子群陪集展开中陪集的对称操作表征, 我们称其为具有破损对称性 (broken symmetry) 的缺陷。比如单晶体中的位错可以通过它所在晶体的对称群的对称操作表征, 是具有显式对称性的缺陷, 而晶体表面的台阶 (step)、半台阶 (demistep) 和小面结点 (facet junction) 则是具有破损对称性的缺陷, 其原因是, 这些缺陷不能用晶体表面空间群 $\phi(\boldsymbol{s})$ 中的对称操作表征, 而是用晶体空间群 ϕ 陪集展开中的陪集对称操作表征。$\phi(\boldsymbol{s})$ 是 ϕ 的子群, ϕ 可用 $\phi(\boldsymbol{s})$ 陪集展开表示,

$$\phi = \phi(\boldsymbol{s}) \cup \phi(\boldsymbol{s})\mathfrak{W}_1 \cup \cdots \cup \phi(\boldsymbol{s})\mathfrak{W}_r \tag{11.1}$$

这里需要特别强调的是, 只要是 ϕ 的子群, 无论是否是晶体表面空间群, 式 (11.1) 都是成立的。式中, 陪集 $\mathfrak{W}_r$ $(r = 1, 2, \cdots)$ 用于表征具有 $\phi(\boldsymbol{s})$ 对称群的晶体表面上的缺陷 (不具有三维周期性), 如台阶、半台阶和小面结点等的对称操作, 它们可以是点式对称操作, 也可以是非点式对称操作。

本章主要讨论完整 (perfect) 缺陷。所谓完整缺陷有如下特点: ① 它们可以用对称操作表征; ② 具有显式对称性的缺陷, 变化 (如位错移动) 过程中不改变晶体的对称性; ③ 具有破损对称性的缺陷, 变化过程中不改变晶体学等价结构 [如式 (11.1) 中的 $\phi(\boldsymbol{s})$] 的对称性。既不是显式对称性的缺陷也不是破损对称性的缺陷称为不完整 (imperfect) 缺陷, 一般来说, 扩展缺陷是不完整缺陷。

11.1　显式对称性的缺陷和破损对称性的缺陷

11.1.1　显式对称性的缺陷的例子 —— 单晶体中的位错

为通过对称操作表征位错, 需要先给出包含位错晶体的晶格和与其对应的不包含位错的完整晶体的晶格, 后者称为 “参考晶格”。先按照位错线的方向, 画出围绕位错的回路, 通常是右旋回路, 如图 11.1(a) 所示的 $PQRSP$, 然后再映射 (mapping) 到参考晶格上。图 11.1 给出了具体映射过程。图 11.1(a) 中, $\boldsymbol{t}_1$ 表示沿 $\boldsymbol{R'S'}(\boldsymbol{Q'P'})$ 方向的晶格矢量, $\boldsymbol{t}_2$ 表示沿 $\boldsymbol{R'Q'}(\boldsymbol{S'T'})$ 方向的晶格矢量。图 11.1(a) 是含正刃型位错的正交晶格, 所以晶体对称性降低了, 空间群从 $P4mm$ 变成了 $Pmm2 = \{1, 2[010], m[100], m[010]\}$, 图中还给出了它们的位置和点阵基矢。图 11.1(a) 中的位错线指向读者, 用 $\boldsymbol{\xi}$ 表示位错线和纸面交点为切点的位错线方向的单位矢量, 由于 $\boldsymbol{\xi}$ 垂直于纸面指向读者, 所以 $PQRSP$ 是右旋 Burgers 回路。图 11.1(a) 中的 $PQRSP$ 分别映射到图 11.1(b) 中的 $P'Q'R'S'T'$ 上, 有 $\boldsymbol{T'P'} = \boldsymbol{b}$ (Burgers 矢量)。

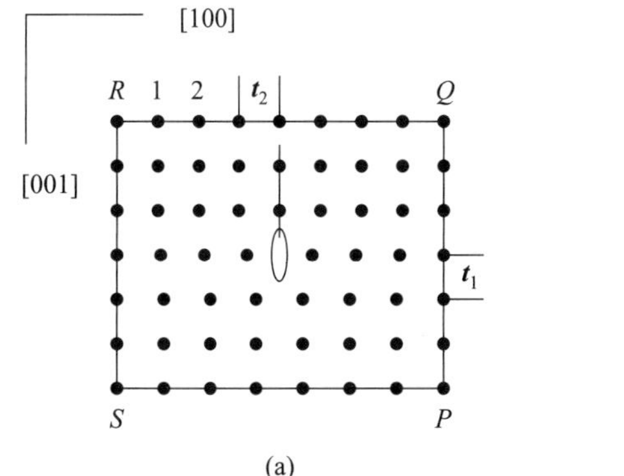

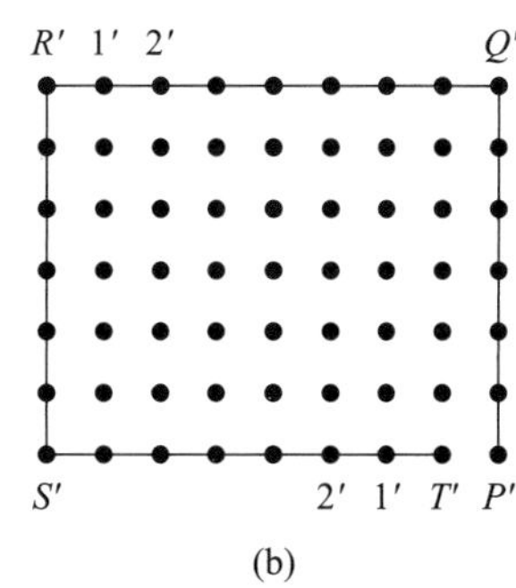

图 11.1 (a) 正交晶格中的一个正刃型位错, $PQRSP$ 表示围绕这个位错的右旋 Burgers 回路; (b) 正交晶系完整单晶体的晶格, 用作映射操作的参考晶格

Burgers 矢量 $\boldsymbol{b}$ 可以通过图 11.1(b) 所示的正交晶系单晶体的对称操作求得。设参考晶格坐标系的坐标原点为 R', 设 $\boldsymbol{R'Q'}$ 方向点阵平移矢量为 $\boldsymbol{t}_2$, 那么沿右旋 Burgers 回路方向的 $\boldsymbol{Q'R'}$ 方向的点阵平移矢量为 $-\boldsymbol{t}_2$, 同样, 设 $\boldsymbol{R'S'}$ 方向点阵平移矢量为 $\boldsymbol{t}_1$, 沿右旋 Burgers 回路方向的 $\boldsymbol{P'Q'}$ 方向的点阵平移矢量为 $-\boldsymbol{t}_1$。从原点 R' 到 $1'$ 的平移操作为 $\mathfrak{W}_1=(\boldsymbol{I},\boldsymbol{t}_2)$。从原点 $1'$ 到 $2'$ 的平移操作在以点 $1'$ 为原点的坐标系中表示为 $\mathfrak{W}_2=(\boldsymbol{I},\boldsymbol{t}_2)$。$\mathfrak{W}_2$ 在以 R' 为原点的坐标系中表示为

$$\begin{aligned}\mathfrak{W}_2^*&=(\boldsymbol{I},\boldsymbol{t}_2)\boldsymbol{P}(\boldsymbol{I},\boldsymbol{t}_2)\boldsymbol{P}^{-1}\\&=(\boldsymbol{I},\boldsymbol{t}_2)(\boldsymbol{I},\boldsymbol{t}_2)(\boldsymbol{I},\boldsymbol{t}_2)(\boldsymbol{I},\boldsymbol{t}_2)^{-1}=(\boldsymbol{I},\boldsymbol{t}_2)(\boldsymbol{I},\boldsymbol{t}_2)(\boldsymbol{I},\boldsymbol{t}_2)(\boldsymbol{I},\boldsymbol{t}_2)^{-1}=(\boldsymbol{I},2\boldsymbol{t}_2)\end{aligned}$$

原点为 $1'$ 的坐标系和原点为 R' 的坐标系是相同类型的坐标系, 但原点 R' 到原点 $1'$ 的平移矢量为 $\boldsymbol{t}_2$, 所以, 它们之间的变换操作 $P=(\boldsymbol{I},\boldsymbol{t}_2)$ [见 (3.20) 式]。以此类推, 可以将 R' 到 Q' 的对称操作写成

$$\mathfrak{W}_{R'Q'}=\mathfrak{W}_1\mathfrak{W}_2^*\mathfrak{W}_3^*\cdots\mathfrak{W}_i^*=(\boldsymbol{I},\boldsymbol{t}_2)(\boldsymbol{I},\boldsymbol{t}_2)(\boldsymbol{I},\boldsymbol{t}_2)\cdots=(\boldsymbol{I},(i-1)\boldsymbol{t}_2),$$

式中, i 表示从点 R' 到点 Q' 的平移操作的次数 (格点数目减 1)。同理, 从点 R' 到点 S' 的对称操作在以 R' 为原点的坐标系中表示为

$$\mathfrak{W}_{R'S'}=(\boldsymbol{I},(j-1)\boldsymbol{t}_1)$$

式中, j 表示从点 R' 到点 S' 对称操作的次数 (格点数目减 1)。

同理, 从点 S' 到点 T' 的平移操作和从点 P' 到点 Q' 的平移操作分别为

$$\mathfrak{W}_{S'T'}=(\boldsymbol{I},(i-2)\boldsymbol{t}_2)$$

$$\mathfrak{W}_{P'Q'} = (\boldsymbol{I}, -(j-1)\boldsymbol{t}_1)$$

所以整个 Burgers 回路加 $\boldsymbol{t}_{T'P'}$ 的操作结果为

$$\mathfrak{W}_{P'Q'}\mathfrak{W}_{Q'R'}\mathfrak{W}_{R'S'}\mathfrak{W}_{S'T'}(\boldsymbol{I}, \boldsymbol{t}_{T'P'}) = \mathfrak{W}_{P'Q'}\mathfrak{W}_{R'Q'}^{-1}\mathfrak{W}_{R'S'}\mathfrak{W}_{S'T'}(\boldsymbol{I}, \boldsymbol{t}_{T'P'}) =$$

$$(\boldsymbol{I}, (j-1)\boldsymbol{t}_1)(\boldsymbol{I}, -(i-1)\boldsymbol{t}_2)(\boldsymbol{I}, -(j-1)\boldsymbol{t}_1)(\boldsymbol{I}, (i-2)\boldsymbol{t}_2)(\boldsymbol{I}, \boldsymbol{t}_{\boldsymbol{T'P'}}) = 0$$

$$(\boldsymbol{I}, -\boldsymbol{t}_2)(\boldsymbol{I}, \boldsymbol{t}_{P'T'}) = (\boldsymbol{I}, \boldsymbol{t}_{T'P'} - \boldsymbol{t}_2) = 0$$

所以 Burgers 矢量 $\boldsymbol{b} = \boldsymbol{t}_{T'P'} = \boldsymbol{t}_2$。

上例表明单晶体中位错的 Burgers 矢量可以通过它所在晶体的对称群的对称 (平移) 操作表征, 是具有显式对称性的缺陷。

11.1.2　破损对称性缺陷的例子——晶体表面的台阶、半台阶和小面结点

图 11.2 显示了六角密排晶体 (0001) 面上的缺陷——台阶、半台阶和小面结点。图 11.2 中, $D(6_3^-)$ 箭头所指的实心六角形是 6_3^- 轴位置, $D'(6_3^+)$ 箭头所指的实心六角形是 6_3^+ 轴位置。$\boldsymbol{j}$ 上方箭头表示 $\boldsymbol{j} = \dfrac{1}{3}[\bar{1}\bar{1}20]$。

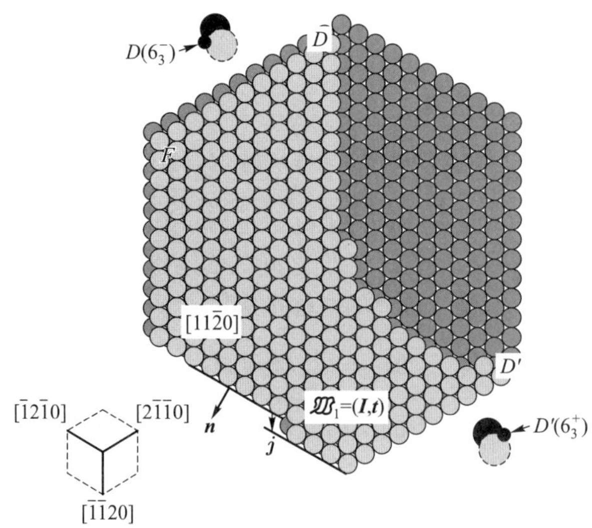

图 11.2　密排六方结构晶体 (0001) 面上的缺陷——台阶 $\boldsymbol{j}$、半台阶 D、D' 和小面结点 F

简单密排六方晶体的对称群可表示为 $P6_3/mmc$, 但对于半无限密排六方晶体, 不可能存在平行于表面的反映面, 在表面上也不可能存在反演中心, 其

对称群最高为 $P6mm$。在半无限密排六方晶体表面上, 只允许平行于表面的平移, 不允许垂直于表面的平移。设包括 (0001) 面的半无限密排六方晶体的对称群为 $\phi(\boldsymbol{s})$, 无限密排六方晶体的对称群为 ϕ, 那么, 对于不能用 $\phi(\boldsymbol{s})$ 的对称操作, 如包含垂直于表面的平移操作表征的缺陷, 可用式 (11.1) 中的陪集 $\mathfrak{W}_r$ $(r = 1, 2, \cdots)$ 来表征。图 11.2 中 $\boldsymbol{j}$ 所指是 $(\bar{1}011)$ 面的一个台阶 $\boldsymbol{\xi}$ (缺陷), $\boldsymbol{\xi}$ 是过矢量 $\boldsymbol{j}$ 起点、垂直于 (0001) 面并指向读者的单位矢量 (图中未给出), 用来表示表面 (0001) 上 $(\bar{1}011)$ 面的一个台阶。这个缺陷可用 $\phi(\boldsymbol{s}) = (\boldsymbol{I}, \boldsymbol{j})$ 表征, 因为 $\boldsymbol{j} = \dfrac{1}{3}[\bar{1}\bar{1}20]$, 是平行于表面的平移矢量。如下节所述, $\boldsymbol{j}$ 也可以是不平行于表面的平移矢量。图中 $\boldsymbol{n}$ 表示 $(\bar{1}011)$ 面的法线。可用 $\phi(\boldsymbol{s}) = (\boldsymbol{I}, \boldsymbol{j})$ 表征台阶 $\boldsymbol{\xi}$ 的原因是, 矢量 $\boldsymbol{j}$ 左侧 $(-\boldsymbol{\xi} \times \boldsymbol{n})$ 的结构通过 $\phi(\boldsymbol{s}) = (\boldsymbol{I}, \boldsymbol{j})$ 操作, 可以平移到 $\boldsymbol{\xi} \times \boldsymbol{n}$ 的结构, 使这个台阶消失。$(\bar{1}010)$ 面的间距为 $d = \boldsymbol{n} \cdot \boldsymbol{j}$。从上述讨论可知, (0001) 表面上的平行于表面的任何平移矢量 $\boldsymbol{s}$ 处都有可能出现台阶。

图 11.2 中, D、D' 表示法线 $\boldsymbol{n} = [0001]$ 的 (0001) 面上的两个半台阶。D 的 $\boldsymbol{\xi} = -\boldsymbol{n}$, 垂直于 (0001) 面, 背向读者, 可用陪集 $\mathfrak{W}_D = (\boldsymbol{W}, \boldsymbol{w}) = \left(6^-, \dfrac{\boldsymbol{c}}{2}\right)$ 表征。6^- 轴平行于 [0001] 方向且过图 11.2 小插图所示的实心六角形的中心, 通过 $\mathfrak{W}_D$ 操作, 表面下层的原子顺时针旋转 60° 再平移 $\dfrac{\boldsymbol{c}}{2}$ 后到表面原子, 面间距为 $d = \boldsymbol{n} \cdot \boldsymbol{w} = \dfrac{\boldsymbol{c}}{2}$。$D'$ 的 $\boldsymbol{\xi} = \boldsymbol{n}$, 垂直于 (0001) 面, 面向读者, 可用陪集 $\mathfrak{W}_{D'} = (\boldsymbol{W}, \boldsymbol{w}) = \left(6^+, \dfrac{\boldsymbol{c}}{2}\right)$ 表征。6^+ 轴平行于 [0001] 方向且过图 11.2 左下方小插图中实心六角形的中心, 通过 $\mathfrak{W}_{D'}$ 操作, 表面下层的原子逆时针旋转 60° 再平移 $\dfrac{\boldsymbol{c}}{2}$ 后到表面原子, 面间距 $d = \boldsymbol{n} \cdot \boldsymbol{w} = \dfrac{\boldsymbol{c}}{2}$。$\left(6^-, \dfrac{\boldsymbol{c}}{2}\right)$ 和 $\left(6^+, \dfrac{\boldsymbol{c}}{2}\right)$ 表示表面原子与其下层 (0001) 面原子之间晶体学 (对称操作) 关系。由于 $\dfrac{\boldsymbol{c}}{2}$ 是垂直于 (0001) 面的操作, $\left(6^-, \dfrac{\boldsymbol{c}}{2}\right)$ 和 $\left(6^+, \dfrac{\boldsymbol{c}}{2}\right) \notin \phi(\boldsymbol{s})$。读者可以想到两个半台阶也可以用反映滑移操作 $(\boldsymbol{W}, \boldsymbol{w}) = \left(m, \dfrac{\boldsymbol{c}}{2}\right)$ 表征, 由于 $\dfrac{\boldsymbol{c}}{2}$ 是垂直于 (0001) 面的操作, $\left(m, \dfrac{\boldsymbol{c}}{2}\right) \notin \phi(\boldsymbol{s})$。台阶和半台阶的区别是前者对称操作是 $\boldsymbol{I}$, 后者对称操作, 如半台阶 $\boldsymbol{W}\left(6^+, \dfrac{\boldsymbol{c}}{2}\right) \neq \boldsymbol{I}$。

图 11.2 中 F 是小面结点, 可用 $\phi(\boldsymbol{s}) = (\boldsymbol{W}, \boldsymbol{0})$ 表征。这里 $\boldsymbol{W}$ 可为旋转和反映操作, 它们表示表面台阶相交侧面之间的对称操作关系。图中 $\phi(\boldsymbol{s})$ 的 $\boldsymbol{W}$ 为 3^-, 当 $\boldsymbol{w} = \boldsymbol{0}$ 时, 通过在点 F 并平行于 [0001] 的 3^- 操作将 (0001) 表面的

$(\bar{1}010)$ 侧面旋转到 $(10\bar{1}0)$ 侧面, 或者将 $(\bar{1}010)$ 侧面的法线 $\boldsymbol{n}$ 旋转到 $(10\bar{1}0)$ 侧面的法线 $3^-\boldsymbol{n}$, 由于 $\boldsymbol{n}$ 平行于表面, 所以 $3^-\boldsymbol{n}$ 属于 $\phi(\boldsymbol{s})$。小面结点和半台阶的区别是, 前者属于 $\phi(\boldsymbol{s})$, 后者不属于 $\phi(\boldsymbol{s})$。

11.1.3　半无限 Si 晶体 (001) 表面上的台阶和半台阶

为了深入理解台阶和半台阶之间的晶体学关系, 图 11.3 中给出了具有 (001) 表面的半无限 Si 晶体的对称群 $2mm$。

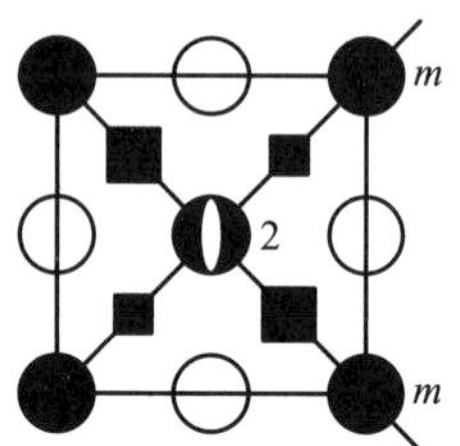

图 11.3　具有 (001) 表面的半无限 Si 晶体的对称群 $2mm$ 中 2 次轴和 2 个反映面 m 的位置

对于具有 (001) 表面的半无限 Si 晶体而言, 式 (11.1) 中的 $\phi(\boldsymbol{s}) = 2mm$ (4 个操作元), 无限 Si 晶体的空间群为 $\phi = Fd\bar{3}m$ (48 个组元), 共有 12 个等价的 $\phi(\boldsymbol{s})$, 即 (100)、$(\bar{1}00)$、(010)、$(0\bar{1}0)$、(001) 和 $(00\bar{1})$ 各 2 个, 对应陪集展开中的 12 个陪集 $\mathfrak{W}_r$ 和无限个平移操作陪集 $\mathfrak{W}_p$。图 11.4(a) 给出了 Si(001) 面上的台阶 $S(S')$ 的操作 $\mathfrak{W}_p = \left(\boldsymbol{I}, \dfrac{1}{2}[101]\right)$ {由于 [101] 包含垂直于 Si(001) 面的平移矢量, 所以不属于 $\phi(\boldsymbol{s})$}。点 D 半台阶的 $\mathfrak{W}_D = \left(4^- \left(0, 0, \dfrac{1}{4}\right) \dfrac{1}{4}, 0, z\right)$, 这个操作将表面下层 Si(001) 面上的部分原子旋转 4^- 再平移 $\dfrac{1}{4}[001]$ 后, 到达表面原子 {比如将表面下层点 $(0, 0, 0)$ 处原子移到表面 $\dfrac{1}{4}[111]$ 处原子}, 这个操作相当于 $\left(\boldsymbol{I}, \dfrac{1}{4}[111]\right)$。反之, 通过 $\mathfrak{W}_D^{-1} = \left(4^+ \left(0, 0, -\dfrac{1}{4}\right) \dfrac{1}{4}, 0, z\right)$ 可以将表面原子 (比如将 $\dfrac{1}{4}[111]$ 处原子) 移到表面下层 [比如 $(0, 0, 0)$ 处] 原子, 这个操作相当于 $\left(\boldsymbol{I}, \dfrac{1}{4}[\bar{1}\bar{1}\bar{1}]\right)$。点 D' 半台阶的 $\mathfrak{W}_{D'} = \left(4^+ \left(0, 0, \dfrac{1}{4}\right) \dfrac{1}{4}, 0, z\right)$, 这个操作将表面下层 Si(001) 面上的部分 [比如 $(0, 0, 0)$ 处] 原子旋转 4^+ 平移 $\dfrac{1}{4}[001]$ 后, 到达表面$\left(\text{比如 } \dfrac{1}{4}[1\bar{1}1]\right)$原子, 这个操作相当于 $\left(\boldsymbol{I}, \dfrac{1}{4}[1\bar{1}1]\right)$。反之,

通过 $\mathfrak{W}_{D'}^{-1}=\left(4^{-}\left(0,0,-\dfrac{1}{4}\right)\dfrac{1}{4},0,z\right)$ 操作, 可以将表面$\left(\text{比如 }\dfrac{1}{4}[1\bar{1}1]\right)$原子移到表面下层 [比如 (0,0,0) 处] 原子, 这个操作相当于 $\left(\boldsymbol{I},\dfrac{1}{4}[\bar{1}1\bar{1}]\right)$。

图 11.4(a) 给出了围绕台阶 S 和半台阶 D、D' 交割处的回路 $UVWX$, 如果将 $UVWX$ 映射到参考晶格 (未画出) 上, 参考 11.1.1 节的推导可知, 所有平移操作的结果为 $(\boldsymbol{I},0)$, 如图 11.4(b) 所示, 所有对称操作的组合操作 $\mathfrak{C}$ 中只有半台阶 D、D' 和台阶 S 操作:

$$\mathfrak{C}=\mathfrak{W}_D^{-1}\cdot\mathfrak{W}_{D'}^{-1}\cdot\mathfrak{W}_p=\left(\boldsymbol{I},\frac{1}{4}[\bar{1}\bar{1}\bar{1}]\right)\left(\boldsymbol{I},\frac{1}{4}[\bar{1}1\bar{1}]\right)\left(\boldsymbol{I},\frac{1}{2}[101]\right)=(\boldsymbol{I},0)$$

如果不考虑 Si(001) 面上的台阶 S 和半台阶 D、D' 所造成的微小应变, $(\boldsymbol{I},0)$ 表明, Si(001) 表面上形成的台阶和半台阶缺陷和下层 Si(001) 面的很好地结合在一起, 并稳定存在。产生台阶 S 的面在 (001) 面, 法线 $\boldsymbol{n}=[001]$, 面间

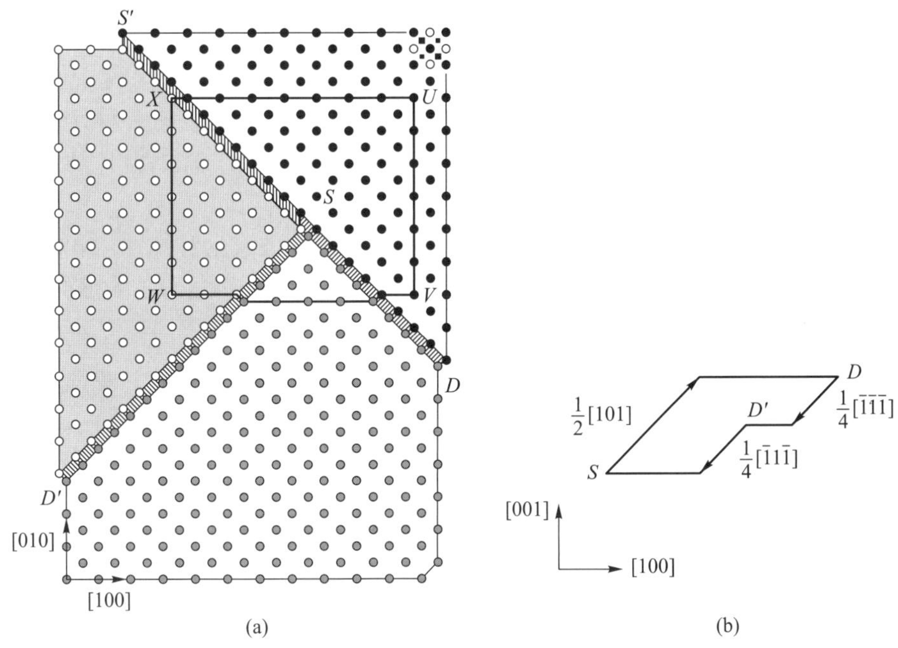

图 11.4 (a) Si(001) 面上的台阶 S、S' 和半台阶 D、D' 以及围绕 S 的回路 $UVWX$。图中右上角的小插图表示 Si 惯用单胞内的 Si 原子在 Si(001) 面上的投影位置, 空心圆表示点 $\left(\frac{1}{2},0,\frac{1}{2}\right)$、$\left(0,\frac{1}{2},\frac{1}{2}\right)$、$\left(1,\frac{1}{2},\frac{1}{2}\right)$、$\left(\frac{1}{2},1,\frac{1}{2}\right)$ 处原子投影位置, 实心小正方形表示点 $\left(\frac{1}{4},\frac{1}{4},\frac{1}{4}\right)$、$\left(\frac{3}{4},\frac{3}{4},\frac{1}{4}\right)$ 处原子投影位置, 实心大正方形表示点 $\left(\frac{3}{4},\frac{1}{4},\frac{3}{4}\right)$、$\left(\frac{1}{4},\frac{3}{4},\frac{3}{4}\right)$ 处原子投影位置。左下角的箭头表示基矢方向。(b) 沿回路 $UVWX$ 对称操作沿 [010] 方向投影示意图

距 $d_1 = \boldsymbol{n}\cdot\boldsymbol{w} = [001]\cdot\frac{1}{2}[101] = \frac{1}{2}c$ (1/2 单胞基矢长度的), 产生半台阶 D 的面为 (001) 面, 法线 $\boldsymbol{n} = [001]$, 面间距 $d_2 = \boldsymbol{n}\cdot\boldsymbol{w} = [001]\cdot\frac{1}{4}[111] = \frac{1}{4}c$, 同理也可求出 D' 半台阶的面间距 $d_3 = \boldsymbol{n}\cdot\boldsymbol{w} = [001]\cdot\frac{1}{4}[1\bar{1}1] = \frac{1}{4}c$, 由此可知 $d_1 = d_2 + d_3$, 即台阶引起的面间距变化等于两个半台阶引起的面间距变化之和。从上述分析可见, 图 11.4 所示的表面结构所引起的应变很小。

11.2　对称补偿原理

晶体对称群中的对称操作是守恒的: 在晶体一种结构层面被 “抑制” 的对称操作会在另一种结构层面显示出来, 这就是对称补偿原理。下面通过具体的例子来说明这一原理。

11.2.1　闪锌矿型结构中的倒反畴

闪锌矿 (sphalerite) 型结构是由两个面心立方晶格沿晶格对角线方向平移对角线长度的 1/4 后套迭而成的, 每个面心立方晶格的格点上有一种元素, 它们是不同的。如果将这两种元素换成一种元素并用同样的方法就可以套迭成金刚石型结构。前者具有非完整对称性或非全对称性 (nonholosymmetry), 空间群是 $F\bar{4}3m$, 有 24 个对称操作; 后者具有完整对称性或全对称性 (holosymmetry), 空间群是 $Fd\bar{3}m$, 有 48 个对称操作, 这是面心立方晶格的最高对称性。依据式 (11.1), $Fd\bar{3}m$ 的陪集展开如下:

$$Fd\bar{3}m = (F\bar{4}3m)\mathbf{1} \cup (F\bar{4}3m)\bar{\mathbf{1}}$$

依据对称补偿原理, 被抑制的对称操作 $\bar{1}$ 会在闪锌矿型结构中显现出来, 如图 11.5 所示。图 11.5 中, 空心圆和空心正方形表示一种元素原子 (如 Zn) 的占位, 实心圆和实心正方形表示另一种元素原子 (如 S) 的占位。空心大圆表示点 $(0,0,0)$、$(1,0,0)$、$(0,1,0)$、$(1,1,0)$、$\left(\frac{1}{2},\frac{1}{2},0\right)$ 处原子投影位置, 空心小圆表示点 $\left(\frac{1}{2},0,\frac{1}{2}\right)$、$\left(0,\frac{1}{2},\frac{1}{2}\right)$、$\left(1,\frac{1}{2},\frac{1}{2}\right)$、$\left(\frac{1}{2},1,\frac{1}{2}\right)$ 处原子投影位置。实心小正方形表示 $\left(\frac{1}{4},\frac{1}{4},\frac{1}{4}\right)$、$\left(\frac{3}{4},\frac{3}{4},\frac{1}{4}\right)$ 处原子投影位置。实心大正方形表示 $\left(\frac{3}{4},\frac{1}{4},\frac{3}{4}\right)$、$\left(\frac{1}{4},\frac{3}{4},\frac{3}{4}\right)$ 处原子投影位置。

从图 11.5 可见, $Fd\bar{3}m$ 中被抑制的 $\bar{1}$ 在闪锌矿型结构中以倒反畴

(inversion domain boundary) 形式显示出来, $\bar{1}$ 在图中虚线表示的畴界的交界上。图 11.5 中的两个惯用单胞呈倒反关系 (空心圆变成空心正方形), 倒反畴两侧的晶体结构是等价的。这说明依据对称补偿原理, 闪锌矿型结构中一定存在倒反畴。$F\bar{4}3m$ 也可陪集展开为 $(F\bar{4}3m)\mathbf{1} \cup (F\bar{4}3m)\boldsymbol{t}$, 这里 $\boldsymbol{t}$ 是任意晶格平移操作, 这意味着倒反畴可以 $\boldsymbol{t}$ 平移到闪锌矿型结构中的其他位置。

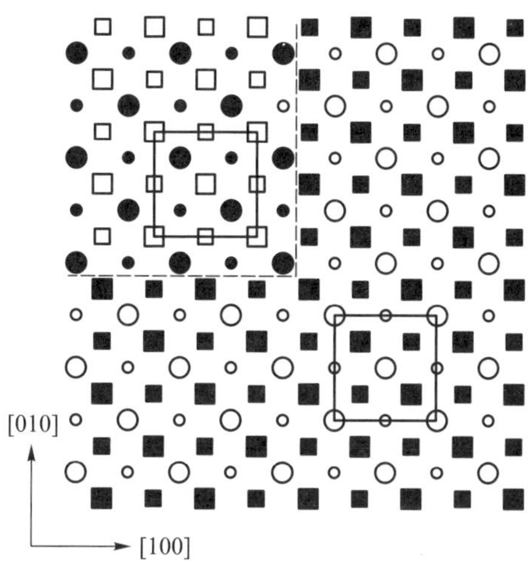

图 11.5 闪锌矿型结构中的一个倒反畴 (虚线)

11.2.2 正交晶格中的正 (负) 刃型位错

图 11.1(a) 给出了正交晶格中的一个正刃型位错, 含正刃型位错的正交晶格对称群为 $Pmm2 = \{1, 2[010], m[100]m[010]\}$, 位错的滑移面为 (001)。依据式 (11.1), 简单正交晶格的对称群 $Pmm2$ 可陪集展开为

$$Pmm2 = (Pmm2)\mathbf{1} \cup (Pmm2)\boldsymbol{t}$$

这意味着位错可以通过 $\boldsymbol{t}$ 平移到晶格的其他位置, 所以晶体中不同地方的位错相遇会形成位错扭折 (kink) 和割阶 (jog)。

11.2.3 Cu_3Au 有序化过程中所形成的反相畴

完全无序的 Cu_3Au 空间群为 $Fm\bar{3}m$, 有序化后的 Cu_3Au 空间群为 $Pm\bar{3}m$, 依据式 (11.1),

$$Fm\bar{3}m = (Pm\bar{3}m)\mathbf{1} \cup (Pm\bar{3}m)\boldsymbol{t}_1 \cup (Pm\bar{3}m)\boldsymbol{t}_2 \cup (Pm\bar{3}m)\boldsymbol{t}_3$$

这里 $\boldsymbol{t}_1 = \frac{1}{2}[110]$, $\boldsymbol{t}_2 = \frac{1}{2}[101]$, $\boldsymbol{t}_3 = \frac{1}{2}[011]$。这表明在 Cu_3Au 有序化过程中会形成 4 个畴。具有 Burgers 矢量 $\boldsymbol{b} = \frac{1}{2}\langle 110\rangle$ 的位错会出现在畴的界面上，它是不全位错，由具有 Burgers 矢量 $\boldsymbol{b} = [100]$ 全位错分解得到。

以上三个例子表明，由于具有完整对称性晶体的结构变化 (如组成原子的变化、缺陷的形成等)，都会导致去对称化 (dissymetrization)，完整对称群中某些对称操作被抑制，依据对称补偿原理，这些对称操作会在去对称化后的晶体结构中显现出来 [如形成倒反畴、反相畴 (antiphase domain)、位错扭折和割阶等]。故依据对称补偿原理和上述的方法，可以预见和解释晶体结构变化的某些特征。

11.3　晶体中的劈形向错和螺旋位移

为了描述晶体中的劈形向错 (wedge disclination) 和螺旋位移 (dispiration) 与所在晶体的晶体学关系，Volterra 提出了 Volterra 法。他认为在晶体中的劈形向错和螺旋位移可以这样 “形成”：先把晶体 “切开” 一个缺口，露出缺口两边的表面，然后再通过某种刚性操作将缺口两边的表面 “粘” 起来，这样劈形向错和螺旋位移就 “形成” 了。劈形向错和螺旋位移可用这种刚性操作来表征。图 11.6 给出了用 Volterra 法在金刚石型结构中 “形成” 劈形向错和螺旋位移的过程。

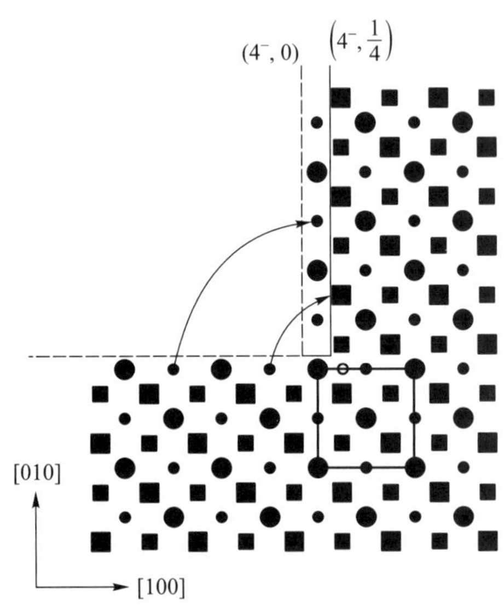

图 11.6　用 Volterra 法在金刚石型结构中 “形成” 劈形向错和螺旋位移的过程。图中分别用虚线和实线表示两个缺口，它们的水平表面重合，垂直表面不同

图 11.6 中方框所示单胞左上方大实心圆为坐标原点, $(4^-,0,0,z)$ 轴过原点。$\left(4^-\left(0,0,\frac{1}{4}\right)\frac{1}{4},0,z\right)$ 轴过空心小圆。图中的实心圆和实心正方形表示同一种原子, 但原子位置不同, 具体位置参考图 11.7。如图所示, $(4^-,0,0,z)$ 操作表示, 以大实心圆为原点, 沿大弧所示顺时针旋转 90°, 将水平表面原子和垂直表面 (虚线) 原子重合, 就形成劈形向错, 这个向错用 $(4^-,0,0,z)$ 表征。$\left(4^-\left(0,0,\frac{1}{4}\right)\frac{1}{4},0,z\right)$ 表示, 以空心小圆为原点, 沿小弧所示顺时针旋转 90°, 并平移 $\frac{1}{4}[001]$, 将水平表面原子和垂直表面 (实线) 原子重合, 就形成螺旋位移, 这个螺旋位移用 $\left(4^-\left(0,0,\frac{1}{4}\right)\frac{1}{4},0,z\right)$ 表征。

11.4 界面和相界面

界面是两个晶体之间的过渡区域, 由于两个晶体的成分、晶体结构和取向不同, 与两个晶体相比, 界面的成分和结构都会发生变化。通常定义同相晶体之间的界面为界面, 如晶界、层错和孪晶等, 异相之间的界面为相界面。如果从界面结构上来看, 界面可分为共格、半共格和非共格界面三种。完全共格界面具有与两个晶体相同的晶体结构, 半共格界面两侧晶体之间存在晶格错配, 通常在半共格界面上有位错形成, 非共格界面结构与两个晶体完全不同。实际存在的界面是各种可能的晶界中界面能最小的界面。

下面我们从晶体对称性的角度来分析界面结构。在讨论界面和相界面晶体对称性之前, 先介绍一下双晶体和双色复合体概念: 双晶体泛指具有不同空间群取向或具有相同空间群取向的白晶体–黑晶体, 这里所指的白晶体和黑晶体并不一定是两相晶体。为了量化晶体对称性对界面结构的作用, 要解决三个问题:

(1) 如何构造白晶体和黑晶体之间的界面;

(2) 如何确定穿过白晶体和黑晶体之间的界面的对称操作;

(3) 如何确定白晶体和黑晶体中对称操作之间的变换关系。

问题 (1) 和 (2) 将在 11.4.2.2 节讨论。为了解决问题 (3), 首先要在白晶体 λ 和黑晶体 μ 中设立坐标系, 然后确立白晶体 λ 和黑晶体 μ 中对称操作在两个坐标系之间的变换关系。如果白晶体对称群的第 j 个对称操作为 $\mathfrak{W}(\lambda)_j = [\boldsymbol{W}(\lambda)_j, \boldsymbol{w}(\lambda)_j]$, 黑晶体对称群第 i 个对称操作为 $\mathfrak{W}(\mu)_i = [\boldsymbol{W}(\mu)_i, \boldsymbol{w}(\mu)_i]$。设两个晶体所在坐标系之间的坐标分量变换操作为 $\mathfrak{V} = (\boldsymbol{P}, \boldsymbol{p})$, 这里 $\boldsymbol{p}$ 是黑

晶体坐标系原点相对于白晶体坐标系原点的位移矢量, 那么, 参考式 (3.20) 可知, 黑晶体中的对称操作 $\mathfrak{W}(\mu)_i$ 在白晶体坐标中表示为

$$\mathfrak{W}(\lambda)_j = \mathfrak{V}\mathfrak{W}(\mu)_i\mathfrak{V}^{-1} \tag{11.2}$$

11.4.1　双色复合体——重位点阵

为了构造白晶体和黑晶体之间的界面, 需要了解什么是双晶体和双色复合体。下面以金刚石型结构为例来说明如何构成重位点阵并确定它的对称性。金刚石型 (A4 型) 结构是 C 的同素异构体, Si、Ge 和灰锡都具有金刚石型结构。这种结构的空间群是 $Fd\bar{3}m$。图 11.7(a)、(b) 给出了金刚石型结构和沿 [001] 方向的投影图。

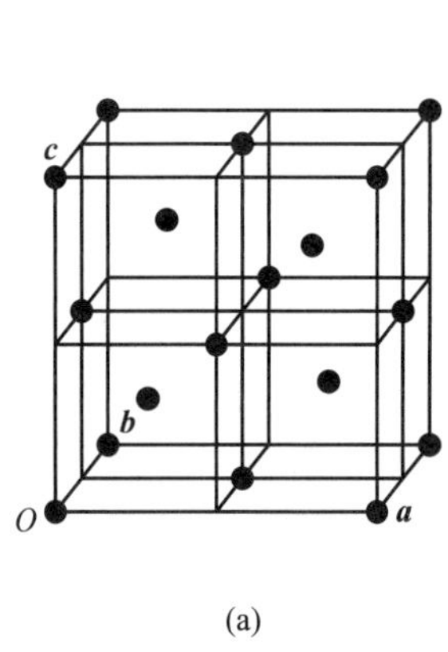

(a)

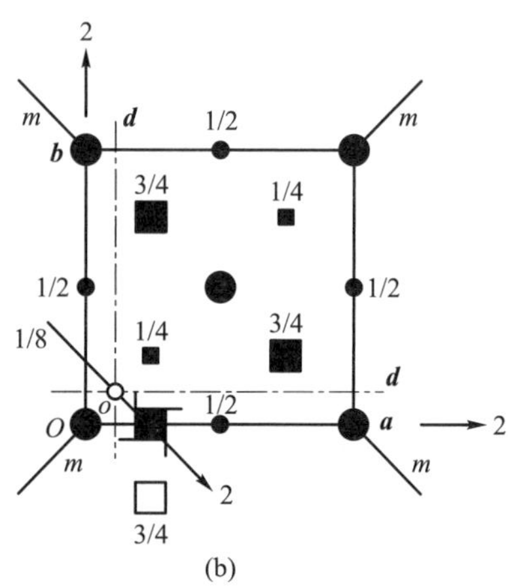

(b)

图 11.7　(a) 是金刚石型结构中原子占位, $\boldsymbol{a}$、$\boldsymbol{b}$ 和 $\boldsymbol{c}$ 是惯用胞基矢; (b) 金刚石型结构中原子沿 [001] 方向的投影图, 其中, 大实心圆表示点 $(0,0,0)$、$(1,0,0)$、$(0,1,0)$、$(1,1,0)$ 上原子的投影; 小实心圆表示点 $\left(\frac{1}{2},0,\frac{1}{2}\right)$、$\left(0,\frac{1}{2},\frac{1}{2}\right)$、$\left(1,\frac{1}{2},\frac{1}{2}\right)$、$\left(\frac{1}{2},1,\frac{1}{2}\right)$ 上原子的投影; 小实心正方形表示点 $\left(\frac{1}{4},\frac{1}{4},\frac{1}{4}\right)$、$\left(\frac{3}{4},\frac{3}{4},\frac{1}{4}\right)$ 上原子的投影; 大实心正方形表示 $\left(\frac{3}{4},\frac{1}{4},\frac{3}{4}\right)$、$\left(\frac{1}{4},\frac{3}{4},\frac{3}{4}\right)$ 上原子的投影, 图中还给出了部分对称操作元位置

空间群 $Fd\bar{3}m$ (No.227) 有 48×4 种对称操作, 如图 11.8 所示, 其中画横线者为图 11.7(b) 中所示的对称操作元。

如果将两个金刚石单胞完全重合在一起 (原点相重, 三个基矢相重), 再绕 [001] 轴旋转 53.1° 后就形成了重位点阵 $\sum5$ (参考图 11.9)。这个重位点阵的空间群为 $I4_1/amd$, 如图 11.10 所示, 其对称操作如图 11.11 所示。

Symmetry operations

For (0,0,0)+ set

(1) 1	(2) $2(0,0,\frac{1}{2})\ 0,\frac{1}{4},z$	(3) $2(0,\frac{1}{2},0)\ \frac{1}{4},y,0$	(4) $2(\frac{1}{2},0,0)\ x,0,\frac{1}{4}$
(5) $3^{+}\ x,x,x$	(6) $3^{+}(\frac{1}{3},-\frac{1}{3},\frac{1}{3})\ \bar{x}+\frac{1}{6},x,+\frac{1}{6},\bar{x}$	(7) $3^{+}(-\frac{1}{3},\frac{1}{3},\frac{1}{3})\ x+\frac{1}{3},\bar{x}-\frac{1}{6},\bar{x}$	(8) $3^{+}(\frac{1}{3},\frac{1}{3},-\frac{1}{3})\ \bar{x}+\frac{1}{6},\bar{x}+\frac{1}{3},x$
(9) $3^{-}\ x,x,x$	(10) $3^{-}\ x,\bar{x}+\frac{1}{2},\bar{x}$	(11) $3^{-}\ \bar{x}+\frac{1}{2},\bar{x},x$	(12) $3^{-}\ \bar{x}-\frac{1}{2},x+\frac{1}{2},\bar{x}$
(13) $2(\frac{1}{2},\frac{1}{2},0)\ x,x-\frac{1}{4},\frac{3}{8}$	(14) $2\ x,\bar{x}+\frac{1}{4},\frac{1}{8}$	(15) $4^{-}(0,0,\frac{3}{4})\ \frac{1}{2},\frac{1}{4},z$	(16) $4^{+}(0,0,\frac{1}{4})\ 0,\frac{3}{4},z$
(17) $4^{-}(\frac{3}{4},0,0)\ x,\frac{1}{2},\frac{1}{4}$	(18) $2(0,\frac{1}{2},\frac{1}{2})\ \frac{3}{8},y+\frac{1}{4},y$	(19) $2\ \frac{1}{8},y+\frac{1}{4},\bar{y}$	(20) $4^{+}(\frac{1}{4},0,0)\ x,0,\frac{3}{4}$
(21) $4^{+}(0,\frac{1}{4},0)\ \frac{3}{4},y,0$	(22) $2(\frac{1}{2},0,\frac{1}{2})\ x-\frac{1}{4},\frac{3}{8},x$	(23) $4^{-}(0,\frac{3}{4},0)\ \frac{1}{4},y,\frac{1}{2}$	(24) $2\ \bar{x}+\frac{1}{4},\frac{1}{8},x$
(25) $\bar{1}\ \frac{1}{8},\frac{1}{8},\frac{1}{8}$	(26) $d(\frac{1}{4},\frac{3}{4},0)\ x,y,\frac{3}{8}$	(27) $d(\frac{3}{4},0,\frac{1}{4})\ x,\frac{3}{8},z$	(28) $d(0,\frac{1}{4},\frac{3}{4})\ \frac{3}{8},y,z$
(29) $\bar{3}^{+}\ x,x,x;\ \frac{1}{8},\frac{1}{8},\frac{1}{8}$	(30) $\bar{3}^{+}\ \bar{x}-1,x+1,\bar{x};\ -\frac{1}{8},\frac{1}{8},\frac{7}{8}$	(31) $\bar{3}^{+}\ x,\bar{x}+1,\bar{x};\ \frac{1}{8},\frac{7}{8},-\frac{1}{8}$	(32) $\bar{3}^{+}\ \bar{x}+1,\bar{x},x;\ \frac{7}{8},-\frac{1}{8},\frac{1}{8}$
(33) $\bar{3}^{-}\ x,x,x;\ \frac{1}{8},\frac{1}{8},\frac{1}{8}$	(34) $\bar{3}^{-}\ x+\frac{3}{2},\bar{x}-1,\bar{x};\ \frac{5}{8},-\frac{1}{8},\frac{7}{8}$	(35) $\bar{3}^{-}\ \bar{x}+\frac{1}{2},\bar{x}+\frac{3}{2},x;\ -\frac{1}{8},\frac{7}{8},\frac{5}{8}$	(36) $\bar{3}^{-}\ \bar{x}+1,x+\frac{1}{2},\bar{x};\ \frac{7}{8},\frac{5}{8},-\frac{1}{8}$
(37) $g(\frac{1}{4},-\frac{1}{4},\frac{1}{2})\ x+\frac{1}{4},\bar{x},z$	(38) $m\ x,x,z$	(39) $\bar{4}^{-}\ -\frac{1}{4},\frac{1}{4},z;\ -\frac{1}{4},\frac{1}{4},\frac{1}{4}$	(40) $\bar{4}^{+}\ \frac{1}{2},0,z;\ \frac{1}{2},0,0$
(41) $\bar{4}^{-}\ x,-\frac{1}{4},\frac{1}{4};\ \frac{1}{4},-\frac{1}{4},\frac{1}{4}$	(42) $g(\frac{1}{2},\frac{1}{4},-\frac{1}{4})\ x,y+\frac{1}{4},\bar{y}$	(43) $m\ x,y,y$	(44) $\bar{4}^{+}\ x,\frac{1}{2},0;\ 0,\frac{1}{2},0$
(45) $\bar{4}^{+}\ 0,y,\frac{1}{2};\ 0,0,\frac{1}{2}$	(46) $g(-\frac{1}{4},\frac{1}{2},\frac{1}{4})\ \bar{x}+\frac{1}{4},y,x$	(47) $\bar{4}^{-}\ \frac{1}{4},y,-\frac{1}{4};\ \frac{1}{4},\frac{1}{4},-\frac{1}{4}$	(48) $m\ x,y,x$

For $(0,\frac{1}{2},\frac{1}{2})$+ set

(1) $t(0,\frac{1}{2},\frac{1}{2})$	(2) $2\ 0,0,z$	(3) $2\ \frac{1}{4},y,\frac{1}{4}$	(4) $2(\frac{1}{2},0,0)\ x,\frac{1}{4},0$
(5) $3^{+}(\frac{1}{3},\frac{1}{3},\frac{1}{3})\ x-\frac{1}{3},x-\frac{1}{6},x$	(6) $3^{+}\ \bar{x}+\frac{1}{2},x,\bar{x}$	(7) $3^{+}\ x,\bar{x},\bar{x}$	(8) $3^{+}\ \bar{x}+\frac{1}{2},\bar{x}+\frac{1}{2},x$
(9) $3^{-}(\frac{1}{3},\frac{1}{3},\frac{1}{3})\ x-\frac{1}{6},x+\frac{1}{6},x$	(10) $3^{-}\ x+\frac{1}{2},\bar{x},\bar{x}$	(11) $3^{-}(\frac{1}{3},\frac{1}{3},-\frac{1}{3})\ \bar{x}+\frac{1}{3},\bar{x}+\frac{1}{6},x$	(12) $3^{-}\ \bar{x},x,\bar{x}$
(13) $2(\frac{3}{4},\frac{3}{4},0)\ x,x,\frac{1}{8}$	(14) $2(-\frac{1}{4},\frac{1}{4},0)\ x,\bar{x}+\frac{1}{2},\frac{3}{8}$	(15) $4^{-}(0,0,\frac{1}{4})\ \frac{1}{4},0,z$	(16) $4^{+}(0,0,\frac{3}{4})\ \frac{1}{4},\frac{1}{2},z$
(17) $4^{-}(\frac{3}{4},0,0)\ x,\frac{1}{2},-\frac{1}{4}$	(18) $2(0,\frac{1}{2},\frac{1}{2})\ \frac{3}{8},y-\frac{1}{4},y$	(19) $2\ \frac{1}{8},y+\frac{3}{4},\bar{y}$	(20) $4^{+}(\frac{1}{4},0,0)\ x,0,\frac{1}{4}$
(21) $4^{+}(0,\frac{3}{4},0)\ \frac{1}{2},y,-\frac{1}{4}$	(22) $2(\frac{1}{4},0,\frac{1}{4})\ x,\frac{1}{8},x$	(23) $4^{-}(0,\frac{1}{4},0)\ 0,y,\frac{3}{4}$	(24) $2(-\frac{1}{4},0,\frac{1}{4})\ \bar{x}+\frac{1}{2},\frac{3}{8},x$
(25) $\bar{1}\ \frac{1}{8},\frac{3}{8},\frac{3}{8}$	(26) $d(\frac{1}{4},\frac{1}{4},0)\ x,y,\frac{1}{8}$	(27) $d(\frac{3}{4},0,\frac{3}{4})\ x,\frac{1}{8},z$	(28) $d(0,\frac{3}{4},\frac{1}{4})\ \frac{3}{8},y,z$
(29) $3^{+}\ x,x+\frac{1}{2},x;\ \frac{1}{8},\frac{5}{8},\frac{1}{8}$	(30) $\bar{3}^{+}\ \bar{x}-1,x+\frac{3}{2},\bar{x};\ -\frac{1}{8},\frac{5}{8},\frac{7}{8}$	(31) $\bar{3}^{+}\ x,\bar{x}+\frac{1}{2},\bar{x};\ \frac{1}{8},\frac{3}{8},-\frac{1}{8}$	(32) $\bar{3}^{+}\ \bar{x}+1,\bar{x}-\frac{1}{2},x;\ \frac{7}{8},-\frac{5}{8},\frac{1}{8}$
(33) $\bar{3}^{-}\ x-\frac{1}{2},x-\frac{1}{2},x;\ \frac{1}{8},\frac{1}{8},\frac{5}{8}$	(34) $\bar{3}^{-}\ x+1,\bar{x}-\frac{3}{2},\bar{x};\ \frac{1}{8},-\frac{5}{8},\frac{7}{8}$	(35) $\bar{3}^{-}\ \bar{x},\bar{x}+1,x;\ -\frac{1}{8},\frac{7}{8},\frac{1}{8}$	(36) $\bar{3}^{-}\ \bar{x}+\frac{1}{2},x,\bar{x};\ \frac{3}{8},\frac{1}{8},-\frac{1}{8}$
(37) $m\ x+\frac{1}{2},\bar{x},z$	(38) $g(\frac{1}{4},\frac{1}{4},\frac{1}{2})\ x-\frac{1}{4},x,z$	(39) $\bar{4}^{-}\ 0,0,z;\ 0,0,0$	(40) $\bar{4}^{+}\ \frac{1}{4},-\frac{1}{4},z;\ \frac{1}{4},-\frac{1}{4},\frac{1}{4}$
(41) $\bar{4}^{-}\ x,\frac{1}{4},\frac{1}{4};\ \frac{1}{4},\frac{1}{4},\frac{1}{4}$	(42) $g(\frac{1}{2},-\frac{1}{4},\frac{1}{4})\ x,y+\frac{1}{4},\bar{y}$	(43) $g(0,\frac{1}{2},\frac{1}{2})\ x,y,y$	(44) $\bar{4}^{+}\ x,0,0;\ 0,0,0$
(45) $\bar{4}^{+}\ \frac{1}{4},y,\frac{1}{4};\ \frac{1}{4},\frac{1}{4},\frac{1}{4}$	(46) $m\ \bar{x},y,x$	(47) $\bar{4}^{-}\ \frac{1}{2},y,0;\ \frac{1}{2},0,0$	(48) $g(\frac{1}{4},\frac{1}{2},\frac{1}{4})\ x-\frac{1}{4},y,x$

For $(\frac{1}{2},0,\frac{1}{2})$+ set

(1) $t(\frac{1}{2},0,\frac{1}{2})$	(2) $2\ \frac{1}{4},\frac{1}{4},z$	(3) $2(0,\frac{1}{2},0)\ 0,y,\frac{1}{4}$	(4) $2\ x,0,0$
(5) $3^{+}(\frac{1}{3},\frac{1}{3},\frac{1}{3})\ x+\frac{1}{6},x-\frac{1}{6},x$	(6) $3^{+}\ \bar{x},x,\bar{x}$	(7) $3^{+}\ x+\frac{1}{2},\bar{x},\bar{x}$	(8) $3^{+}\ \bar{x},\bar{x}+\frac{1}{2},x$
(9) $3^{-}(\frac{1}{3},\frac{1}{3},\frac{1}{3})\ x-\frac{1}{6},x-\frac{1}{3},x$	(10) $3^{-}(-\frac{1}{3},\frac{1}{3},\frac{1}{3})\ x+\frac{1}{6},\bar{x}+\frac{1}{6},\bar{x}$	(11) $3^{-}\ \bar{x},\bar{x},x$	(12) $3^{-}\ \bar{x},x+\frac{1}{2},\bar{x}$
(13) $2(\frac{1}{4},\frac{1}{4},0)\ x,x,\frac{1}{8}$	(14) $2(\frac{1}{4},-\frac{1}{4},0)\ x,\bar{x}+\frac{1}{2},\frac{3}{8}$	(15) $4^{-}(0,0,\frac{1}{4})\ \frac{3}{4},0,z$	(16) $4^{+}(0,0,\frac{3}{4})\ -\frac{1}{4},\frac{1}{2},z$
(17) $4^{-}(\frac{1}{4},0,0)\ x,\frac{1}{4},0$	(18) $2(0,\frac{3}{4},\frac{3}{4})\ \frac{1}{8},y,y$	(19) $2(0,-\frac{1}{4},\frac{1}{4})\ \frac{3}{8},y+\frac{1}{2},\bar{y}$	(20) $4^{+}(\frac{3}{4},0,0)\ x,\frac{1}{4},\frac{1}{2}$
(21) $4^{+}(0,\frac{1}{4},0)\ \frac{1}{4},y,0$	(22) $2(\frac{1}{2},0,\frac{1}{2})\ x+\frac{1}{4},\frac{3}{8},x$	(23) $4^{-}(0,\frac{3}{4},0)\ -\frac{1}{4},y,\frac{1}{2}$	(24) $2\ \bar{x}+\frac{3}{4},\frac{1}{8},x$
(25) $\bar{1}\ \frac{3}{8},\frac{1}{8},\frac{3}{8}$	(26) $d(\frac{3}{4},\frac{3}{4},0)\ x,y,\frac{1}{8}$	(27) $d(\frac{1}{4},0,\frac{3}{4})\ x,\frac{3}{8},z$	(28) $d(0,\frac{1}{4},\frac{1}{4})\ \frac{1}{8},y,z$
(29) $\bar{3}^{+}\ x-\frac{1}{2},x-\frac{1}{2},x;\ \frac{1}{8},\frac{1}{8},\frac{5}{8}$	(30) $\bar{3}^{+}\ \bar{x}-\frac{1}{2},x+\frac{1}{2},\bar{x};\ -\frac{1}{8},\frac{1}{8},\frac{3}{8}$	(31) $\bar{3}^{+}\ x-\frac{1}{2},\bar{x}+\frac{3}{2},\bar{x};\ \frac{1}{8},\frac{7}{8},-\frac{5}{8}$	(32) $\bar{3}^{+}\ \bar{x}+\frac{3}{2},\bar{x}+\frac{1}{2},x;\ \frac{7}{8},-\frac{1}{8},\frac{5}{8}$
(33) $\bar{3}^{-}\ x+\frac{1}{2},x,x;\ \frac{5}{8},\frac{1}{8},\frac{1}{8}$	(34) $\bar{3}^{-}\ x+1,\bar{x}-1,\bar{x};\ \frac{1}{8},-\frac{1}{8},\frac{7}{8}$	(35) $\bar{3}^{-}\ \bar{x},\bar{x}+\frac{1}{2},x;\ -\frac{1}{8},\frac{3}{8},\frac{1}{8}$	(36) $\bar{3}^{-}\ \bar{x}+\frac{3}{2},x-\frac{1}{2},\bar{x};\ \frac{7}{8},\frac{1}{8},-\frac{5}{8}$
(37) $m\ x,\bar{x},z$	(38) $g(\frac{1}{4},\frac{1}{4},\frac{1}{2})\ x+\frac{1}{4},x,z$	(39) $\bar{4}^{-}\ 0,\frac{1}{2},z;\ 0,\frac{1}{2},0$	(40) $\bar{4}^{+}\ \frac{1}{4},\frac{1}{4},z;\ \frac{1}{4},\frac{1}{4},\frac{1}{4}$
(41) $\bar{4}^{-}\ x,0,0;\ 0,0,0$	(42) $m\ x,y+\frac{1}{2},\bar{y}$	(43) $g(\frac{1}{2},\frac{1}{4},\frac{1}{4})\ x,y-\frac{1}{4},y$	(44) $\bar{4}^{+}\ x,\frac{1}{4},-\frac{1}{4};\ \frac{1}{4},\frac{1}{4},-\frac{1}{4}$
(45) $\bar{4}^{+}\ 0,y,0;\ 0,0,0$	(46) $g(\frac{1}{4},\frac{1}{2},-\frac{1}{4})\ \bar{x}+\frac{1}{4},y,x$	(47) $\bar{4}^{-}\ \frac{1}{4},y,\frac{1}{4};\ \frac{1}{4},\frac{1}{4},\frac{1}{4}$	(48) $g(\frac{1}{2},0,\frac{1}{2})\ x,y,x$

For $(\frac{1}{2},\frac{1}{2},0)$+ set

(1) $t(\frac{1}{2},\frac{1}{2},0)$	(2) $2(0,0,\frac{1}{2})\ \frac{1}{4},0,z$	(3) $2\ 0,y,0$	(4) $2\ x,\frac{1}{4},\frac{1}{4}$
(5) $3^{+}(\frac{1}{3},\frac{1}{3},\frac{1}{3})\ x+\frac{1}{6},x+\frac{1}{3},x$	(6) $3^{+}\ \bar{x},x+\frac{1}{2},\bar{x}$	(7) $3^{+}\ x+\frac{1}{2},\bar{x}-\frac{1}{2},\bar{x}$	(8) $3^{+}\ \bar{x},\bar{x},x$
(9) $3^{-}(\frac{1}{3},\frac{1}{3},\frac{1}{3})\ x+\frac{1}{3},x+\frac{1}{6},x$	(10) $3^{-}\ x,\bar{x},\bar{x}$	(11) $3^{-}\ \bar{x}+\frac{1}{2},\bar{x}+\frac{1}{2},x$	(12) $3^{-}(\frac{1}{3},-\frac{1}{3},\frac{1}{4})\ \bar{x}-\frac{1}{6},\bar{x}+\frac{1}{3},\bar{x}$
(13) $2(\frac{1}{2},\frac{1}{2},0)\ x,x+\frac{1}{4},\frac{3}{8}$	(14) $2\ x,\bar{x}+\frac{3}{4},\frac{1}{8}$	(15) $4^{-}(0,0,\frac{3}{4})\ \frac{1}{2},-\frac{1}{4},z$	(16) $4^{+}(0,0,\frac{1}{4})\ 0,\frac{1}{4},z$
(17) $4^{-}(\frac{1}{4},0,0)\ x,\frac{3}{4},0$	(18) $2(0,\frac{1}{4},\frac{1}{4})\ \frac{1}{8},y,y$	(19) $2(0,\frac{1}{4},-\frac{1}{4})\ \frac{3}{8},y+\frac{1}{2},\bar{y}$	(20) $4^{+}(\frac{3}{4},0,0)\ x,-\frac{1}{4},\frac{1}{2}$
(21) $4^{+}(0,\frac{3}{4},0)\ \frac{1}{2},y,\frac{1}{4}$	(22) $2(\frac{3}{4},0,\frac{3}{4})\ x,\frac{1}{8},x$	(23) $4^{-}(0,\frac{1}{4},0)\ 0,y,\frac{1}{4}$	(24) $2(\frac{1}{4},0,-\frac{1}{4})\ \bar{x}+\frac{1}{2},\frac{3}{8},x$
(25) $\bar{1}\ \frac{3}{8},\frac{3}{8},\frac{1}{8}$	(26) $d(\frac{3}{4},\frac{1}{4},0)\ x,y,\frac{3}{8}$	(27) $d(\frac{1}{4},0,\frac{1}{4})\ x,\frac{1}{8},z$	(28) $d(0,\frac{3}{4},\frac{3}{4})\ \frac{1}{8},y,z$
(29) $\bar{3}^{+}\ x+\frac{1}{2},x,x;\ \frac{5}{8},\frac{1}{8},\frac{1}{8}$	(30) $\bar{3}^{+}\ \bar{x}-\frac{3}{2},x+1,\bar{x};\ -\frac{5}{8},\frac{1}{8},\frac{7}{8}$	(31) $\bar{3}^{+}\ x+\frac{1}{2},\bar{x}+1,\bar{x};\ \frac{5}{8},\frac{7}{8},-\frac{1}{8}$	(32) $\bar{3}^{+}\ \bar{x}+\frac{1}{2},\bar{x},x;\ \frac{3}{8},-\frac{1}{8},\frac{1}{8}$
(33) $\bar{3}^{-}\ x,x+\frac{1}{2},x;\ \frac{1}{8},\frac{5}{8},\frac{1}{8}$	(34) $\bar{3}^{-}\ x+\frac{1}{2},\bar{x}-\frac{1}{2},\bar{x};\ \frac{1}{8},-\frac{1}{8},\frac{3}{8}$	(35) $\bar{3}^{-}\ \bar{x}-\frac{1}{2},\bar{x}+1,x;\ -\frac{5}{8},\frac{7}{8},\frac{1}{8}$	(36) $\bar{3}^{-}\ \bar{x}+1,x,\bar{x};\ \frac{7}{8},\frac{1}{8},-\frac{1}{8}$
(37) $g(-\frac{1}{4},\frac{1}{4},\frac{1}{2})\ x+\frac{1}{4},\bar{x},z$	(38) $g(\frac{1}{2},\frac{1}{2},0)\ x,x,z$	(39) $\bar{4}^{-}\ \frac{1}{4},\frac{1}{4},z;\ \frac{1}{4},\frac{1}{4},\frac{1}{4}$	(40) $\bar{4}^{+}\ 0,0,z;\ 0,0,0$
(41) $\bar{4}^{-}\ x,0,\frac{1}{2};\ 0,0,\frac{1}{2}$	(42) $m\ x,y,\bar{y}$	(43) $g(\frac{1}{2},\frac{1}{4},\frac{1}{4})\ x,y+\frac{1}{4},y$	(44) $\bar{4}^{+}\ x,\frac{1}{4},\frac{1}{4};\ \frac{1}{4},\frac{1}{4},\frac{1}{4}$
(45) $\bar{4}^{+}\ \frac{1}{4},y,\frac{1}{4};\ -\frac{1}{4},\frac{1}{4},\frac{1}{4}$	(46) $m\ \bar{x}+\frac{1}{2},y,x$	(47) $\bar{4}^{-}\ 0,y,0;\ 0,0,0$	(48) $g(\frac{1}{4},\frac{1}{2},\frac{1}{4})\ x+\frac{1}{4},y,x$

图 11.8　国际晶体学表关于空间群 $Fd\bar{3}m$ (No.227) 的对称操作说明

以上是相同晶体结构重位点阵的空间群, 如果两种晶体的空间群相同 (如均为 $Fd\bar{3}m$), 但组成原子不同, 一个是“白”原子, 另一个是“黑”原子, 重位点

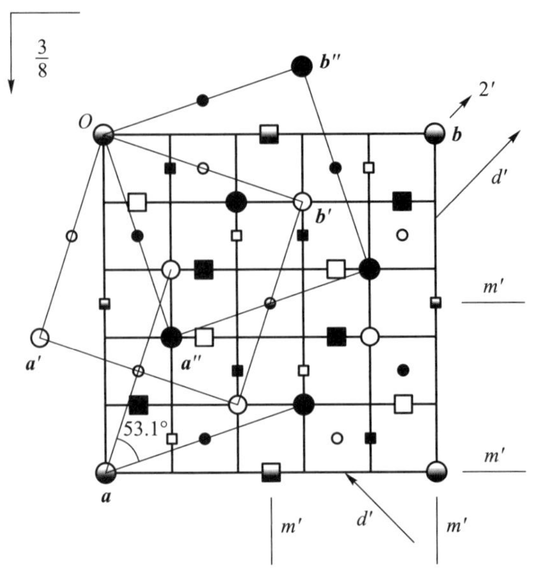

图 11.9　白金刚石型单胞和黑金刚石型单胞完全重合后, 绕 [001] 轴旋转 53.1° 后所形成的双色复合体重位点阵。图中 $\boldsymbol{a}$ 和 $\boldsymbol{b}$ 是重位点阵单胞基矢, $\boldsymbol{a}'$ 和 $\boldsymbol{b}'$ 为白金刚石型单胞 (以下简称白单胞) 基矢, $\boldsymbol{a}''$ 和 $\boldsymbol{b}''$ 为黑金刚石型单胞 (以下简称黑单胞) 基矢。白单胞 (空心圆和正方形) 和黑单胞 (实心圆和正方形) 晶体结构相同, 但构成 "原子" 不同, 一个为 "白" 原子, 另一个为 "黑" 原子。图中白黑圆和正方形表示相应白原子和黑原子重合。圆和正方形表示原子位置不同, 如图 11.7

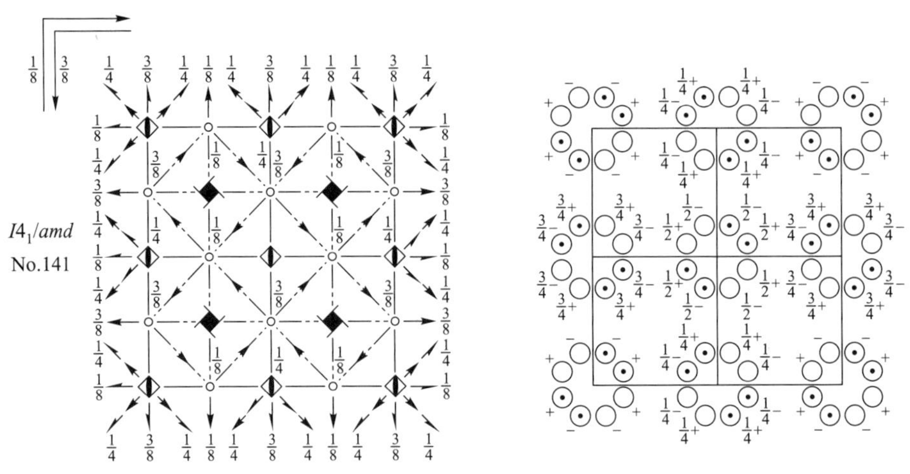

图 11.10　空间群 $I4_1/amd$

阵 (双色复合体) 就不再是 $I4_1/amd$, 变成双色群 $I4_1/am'd'$, 详细说明如下。图 11.9 给出了白金刚石型单胞和黑金刚石型单胞完全重合后, 再绕 [001] 轴旋转 53.1° 后所形成的双色复合体 (重位点阵)。

Origin at $\bar{4}m2$, at $0,\frac{1}{4},-\frac{1}{8}$ from centre $(2/m)$

Asymmetric unit $0\leqslant x\leqslant\frac{1}{2}$; $0\leqslant y\leqslant\frac{1}{2}$; $0\leqslant z\leqslant\frac{1}{2}$;

Symmetry operations

For (0,0,0)+ set

(1) 1	(2) $2(0,0,\frac{1}{2})$ $\frac{1}{4},\frac{1}{4},z$	(3) $4^{+}(0,0,\frac{1}{4})$ $-\frac{1}{4},\frac{1}{4},z$	(4) $4^{-}(0,0,\frac{3}{4})$ $\frac{1}{4},-\frac{1}{4},z$
(5) 2 $\frac{1}{4},y,\frac{3}{8}$	(6) 2 $x,\frac{1}{4},\frac{1}{8}$	(7) $2(\frac{1}{2},\frac{1}{2},0)$ $x,x,\frac{1}{4}$	(8) 2 $x,\bar{x},0$
(9) $\bar{1}$ $0,\frac{1}{4},\frac{1}{8}$	(10) a $x,y,\frac{3}{8}$	(11) $\bar{4}^{+}$ $0,0,z$; $0,0,0$	(12) $\bar{4}^{-}$ $0,\frac{1}{2},z$; $0,\frac{1}{2},\frac{1}{4}$
(13) $n(\frac{1}{2},0,\frac{1}{2})$ $x,\frac{1}{4},z$	(14) m $0,y,z,$	(15) $d(\frac{1}{4},-\frac{1}{4},\frac{3}{4})$ $x+\frac{1}{4},\bar{x},z$	(16) $d(\frac{1}{4},\frac{1}{4},\frac{1}{4})$ $x-\frac{1}{4},x,z$

For $(\frac{1}{2},\frac{1}{2},\frac{1}{2})$+ set

(1) $t(\frac{1}{2},\frac{1}{2},\frac{1}{2})$	(2) 2 $0,0,z$	(3) $4^{+}(0,0,\frac{3}{4})$ $\frac{1}{4},\frac{1}{4},z$	(4) $4^{-}(0,0,\frac{1}{4})$ $\frac{1}{4},\frac{1}{4},z$
(5) $2(0,\frac{1}{2},0)$ $0,y,\frac{1}{8}$	(6) $2(\frac{1}{2},0,0)$ $x,0,\frac{3}{8}$	(7) 2 $x,x,0$	(8) 2 $x,\bar{x}+\frac{1}{2},\frac{1}{4}$
(9) $\bar{1}$ $\frac{1}{4},0,\frac{3}{8}$	(10) b $x,y,\frac{1}{8}$	(11) $\bar{4}^{+}$ $\frac{1}{2},0,z$; $\frac{1}{2},0,\frac{1}{4}$	(12) $\bar{4}^{-}$ $0,0,z$; $0,0,0$
(13) m $x,0,z$	(14) $n(0,\frac{1}{2},\frac{1}{2})$ $\frac{1}{4},y,z$	(15) $d(-\frac{1}{4},\frac{1}{4},\frac{1}{4})$ $x+\frac{1}{4},\bar{x},z$	(16) $d(\frac{1}{4},\frac{1}{4},\frac{3}{4})$ $x+\frac{1}{4},x,z$

图 11.11 国际晶体学表关于空间群 $I4_1/amd$ 的对称操作说明

图 11.9 所示的重位点阵单胞原点和白单胞原点重合, 用白单胞基矢表示的重合白黑原子组成的重位点阵单胞基矢 $\boldsymbol{a}=\dfrac{1}{2}[310]$, $\boldsymbol{b}=\dfrac{1}{2}[1\bar{3}0]$, $\boldsymbol{c}=\dfrac{1}{2}[2\bar{1}1]$。这种重位点阵的空间群为双色群, 操作元为

$$I4_1/am'd'=\{1,4_1^+[001],4_1^-[001],2[001],\bar{4}^+[001],\bar{4}^-[001],\bar{1}(000),a(001),$$
$$m'(310),m'(1\bar{3}0),d'(2\bar{1}0),d'(120),2'[310],2'[1\bar{3}0],2'[2\bar{1}0],2'[120]\},$$

图 11.9 中仅画出部分对称操作元。这里 m'、d' 和 $2'$ 等属于双色群操作。比如 m' 表示反映操作后, 还要进行黑原子和白原子的变换 (将白原子变换成黑原子, 反之亦然) 才能得到等效的黑原子。以下讨论的内容都和双色复合体以及由此演变来的双晶体有关。

11.4.2 如何用对称操作表征界面和相界面中的缺陷

以上各节讨论了如何用对称操作表征晶体结构中的缺陷, 从这一节开始讨论不同晶体结构的界面缺陷问题。与表征同一晶体结构中的缺陷不同的是, 在双晶体情况下, 用作映射操作的参考晶格变成两个: 白晶体映射到白晶体参考晶格上, 黑晶体映射到黑晶体参考晶格上。为了便于两个晶体参考晶格坐标系之间变换, 通常坐标原点放在原子上或高对称点上。另外, 围绕界面缺陷的回路也与 11.1.1 节的不同, 这个回路要穿过界面两次, 从白晶体参考晶格穿过界面到黑晶体参考晶格, 然后, 再从黑晶体参考晶格穿过界面返回到白晶体参考晶格。

11.4.2.1 白晶体和黑晶体晶面构成的相界面内的位错

为了深入理解白晶体和黑晶体之间的界面缺陷, 图 11.12 给出了在面心立方 (fcc) 和密排六方结构 (hcp) 的相界面。图 11.12(a) 中的黑白晶体之间的

相界面是由两个 (111)/(0001) 界面组成的, 且 $[\bar{1}10] \| \frac{1}{3}[11\bar{2}0] \|(111)/(0001)$ 界面。白晶体坐标系原点在点 S 的原子位置上, 黑晶体坐标系原点在点 T 的对称中心上。空心正方形表示面心立方点阵格点原子, 空心圆表示面心原子, 实心正方形表示密排六方晶格格点原子, 实心圆表示密排原子。下面讨论如何根据图 11.12 求出相界面的 Burgers 矢量。

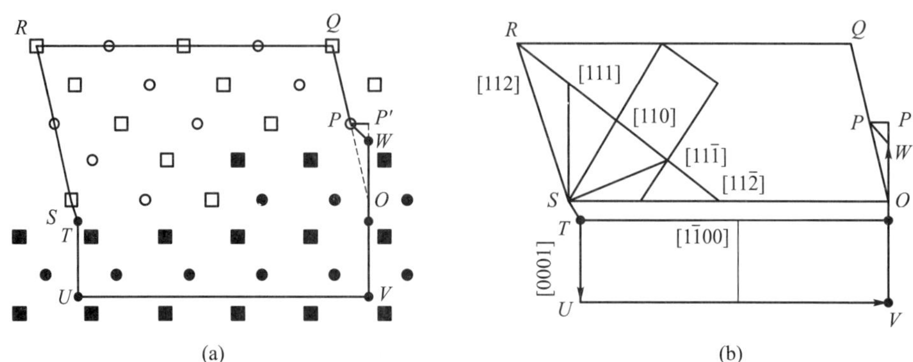

图 11.12　(a) 面心立方点阵白晶体的原子 (空心圆和正方形) 沿 $[\bar{1}10]$ 方向的投影和密排六方结构黑晶体的原子 (实心圆和正方形) 沿 $\frac{1}{3}[11\bar{2}0]$ 方向的投影; (b) 与图 (a) 相对应的两个参考晶格, 图中还给出了两个晶体的部分晶格矢量

图 11.12(a) 中的黑白晶体之间的相界面是由两个 (111)/(0001) 界面组成的, 且 $[\bar{1}10] \| \frac{1}{3}[11\bar{2}0] \|(111)/(0001)$ 界面。空心正方形表示面心立方点阵原子, 空心圆表示面心原子, 实心正方形表示密排六方晶格格点原子, 实心圆表示密排原子。

如 11.1.1 所述, 为了计算黑白晶体之间的相界面 (111)/(0001) 中的界面位错, 就要计算右旋回路 $PQRSTUVW$ 的和矢量, $PQRS$ 在白晶体参考晶格中, $TUVW$ 在黑晶体参考晶格中, $\boldsymbol{ST}$ 和 $\boldsymbol{WP}$ 分别是白晶体到黑晶体和黑晶体返回白晶体的平移矢量。从图 11.12(a) 可见, 白晶体坐标系坐标原点在 S, 黑晶体坐标系坐标原点在 T, $\boldsymbol{ST} = \boldsymbol{p}$, $\boldsymbol{WP} = -\boldsymbol{p}$。

依据界面的晶体学关系, 可以确定从密排六方黑晶格 (以下简称黑晶格) 到面心立方白晶格 (以下简称白晶格) 的坐标变换操作为 $\mathfrak{W} = (\boldsymbol{P}, \boldsymbol{p})$, 其中, $\boldsymbol{P} = \begin{bmatrix} 0 & \bar{1} & 2/3 \\ 1 & 0 & 2/3 \\ \bar{1} & 1 & 2/3 \end{bmatrix}$, $\boldsymbol{p} = \boldsymbol{ST}$。在 $\boldsymbol{p} = \boldsymbol{0}$ 的情况下密排六方晶格的格矢到面心

立方点阵的格矢的变换结果为

$$\begin{bmatrix}\bar{1}\\1\\0\end{bmatrix}=\begin{bmatrix}0 & \bar{1} & \frac{2}{3}\\1 & 0 & \frac{2}{3}\\\bar{1} & 1 & \frac{2}{3}\end{bmatrix}\begin{bmatrix}1\\1\\0\end{bmatrix} \tag{11.3}$$

式中, $[110]=\frac{1}{3}[11\bar{2}0]$ $\left(六角指数\ [110]\ 相当于六角四指数\ \frac{1}{3}[11\bar{2}0]\right)$。

$$\begin{bmatrix}1\\0\\\bar{1}\end{bmatrix}=\begin{bmatrix}0 & \bar{1} & \frac{2}{3}\\1 & 0 & \frac{2}{3}\\\bar{1} & 1 & \frac{2}{3}\end{bmatrix}\begin{bmatrix}0\\\bar{1}\\0\end{bmatrix} \tag{11.4}$$

这里 $[0\bar{1}0]=\frac{1}{3}[1\bar{2}10]$。

$$\begin{bmatrix}0\\\bar{1}\\1\end{bmatrix}=\begin{bmatrix}0 & \bar{1} & \frac{2}{3}\\1 & 0 & \frac{2}{3}\\\bar{1} & 1 & \frac{2}{3}\end{bmatrix}\begin{bmatrix}\bar{1}\\0\\0\end{bmatrix} \tag{11.5}$$

这里 $[\bar{1}00]=\frac{1}{3}[\bar{2}110]$。

$$\frac{2}{3}\begin{bmatrix}1\\1\\1\end{bmatrix}=\begin{bmatrix}0 & \bar{1} & \frac{2}{3}\\1 & 0 & \frac{2}{3}\\\bar{1} & 1 & \frac{2}{3}\end{bmatrix}\begin{bmatrix}0\\0\\1\end{bmatrix} \tag{11.6}$$

这里 [001]=[0001]。另外,

$$\begin{bmatrix}1\\1\\\bar{2}\end{bmatrix}=\begin{bmatrix}0 & \bar{1} & \frac{2}{3}\\1 & 0 & \frac{2}{3}\\\bar{1} & 1 & \frac{2}{3}\end{bmatrix}\begin{bmatrix}1\\\bar{1}\\0\end{bmatrix} \tag{11.7}$$

这里 $[1\bar{1}0]=[1\bar{1}00]$。

利用式 (11.3) ~ 式 (11.7), 我们可以求出图 11.12(a) 所示右旋回路的对称操作组合操作的结果。如果沿 $\boldsymbol{PQ}$ 方向的格矢取为正, 则沿 $\boldsymbol{RS}$ 方向的格矢为负, 同样, 如果沿 $\boldsymbol{QR}$ 方向格矢取为正, 则沿 $\boldsymbol{UV}$ 方向格矢为负, 以此类推, 可以求出沿右旋回路 $\boldsymbol{PQRSTUVWP}$ 的平移格矢之和。设图 11.12(a) 中白晶体的 $\boldsymbol{PQ}=\frac{1}{2}[112]=\boldsymbol{\tau}(\lambda)_1$, $\boldsymbol{RS}=-[112]=-2\boldsymbol{\tau}(\lambda)_1, \boldsymbol{\tau}(\lambda)_2=[11\bar{2}]$, 黑晶体 $\boldsymbol{TU}=-[001]([0001])=-\boldsymbol{\tau}(\mu)_1$, $\boldsymbol{VW}=2\boldsymbol{\tau}(\mu)_1$, $[1\bar{1}0]([1\bar{1}00])=\boldsymbol{\tau}(\mu)_2$, 参考式 (11.6) 可得到

$$\begin{aligned}\mathfrak{V}(\boldsymbol{I},\boldsymbol{\tau}(\mu)_1)\mathfrak{V}^{-1}&=(\boldsymbol{P},\boldsymbol{p})(\boldsymbol{I},\boldsymbol{\tau}(\mu)_1)(\boldsymbol{P}^{-1},-\boldsymbol{P}^{-1}\boldsymbol{p})\\&=(\boldsymbol{I},\boldsymbol{P}\boldsymbol{\tau}(\mu)_1)=\left(\boldsymbol{I},\frac{2}{3}[111]\right)\end{aligned}$$

利用式 (11.3) 可得到

$$\mathfrak{V}(\boldsymbol{I},\boldsymbol{\tau}(\mu)_2)\mathfrak{V}^{-1}=(\boldsymbol{I},\boldsymbol{P}\boldsymbol{\tau}(\mu)_2)=(\boldsymbol{I},\boldsymbol{\tau}(\lambda)_2)=(\boldsymbol{I},[11\bar{2}])$$

从白晶体参考晶格穿过界面到黑晶体参考晶格的对称操作为 $(\boldsymbol{I},\boldsymbol{ST})=(\boldsymbol{I},\boldsymbol{p})$, 从黑晶体参考晶格穿过界面返回到白晶体参考晶格的对称操作为 $(\boldsymbol{I},\boldsymbol{ST})^{-1}=(\boldsymbol{I},\boldsymbol{WP})=(\boldsymbol{I},-\boldsymbol{p})$。

参考 11.1.1 节, 沿参考晶格从点 P 到点 W 右旋回路的对称操作可写成

$$\begin{aligned}\mathfrak{C}=\;&\mathfrak{W}(\lambda)_{PQ}\mathfrak{W}(\lambda)_{QR}\mathfrak{W}(\lambda)_{RS}(\boldsymbol{I},\boldsymbol{ST})\mathfrak{V}\mathfrak{W}(\mu)_{TU}\\&\mathfrak{W}(\mu)_{UV}\mathfrak{W}(\mu)_{VW}\mathfrak{V}^{-1}(\boldsymbol{I},\boldsymbol{WP})\\=\;&(\boldsymbol{I},\boldsymbol{\tau}(\lambda)_1)(\boldsymbol{I},2\boldsymbol{\tau}(\lambda)_2)(\boldsymbol{I},-2\boldsymbol{\tau}(\lambda)_1)(\boldsymbol{I},\boldsymbol{p})\\&\mathfrak{V}(\boldsymbol{I},-\boldsymbol{\tau}(\mu)_1)(\boldsymbol{I},-2\boldsymbol{\tau}(\mu)_2)(\boldsymbol{I},2\boldsymbol{\tau}(\mu)_1)\mathfrak{V}^{-1}(\boldsymbol{I},-\boldsymbol{p})\\=\;&(\boldsymbol{I},-\boldsymbol{\tau}(\lambda)_1)(\boldsymbol{I},2\boldsymbol{\tau}(\lambda)_2)(\boldsymbol{I},\boldsymbol{p})\mathfrak{V}(\boldsymbol{I},\boldsymbol{\tau}(\mu)_1)(\boldsymbol{I},-2\boldsymbol{\tau}(\mu)_2)\mathfrak{V}^{-1}(\boldsymbol{I},-\boldsymbol{p})\\=\;&(\boldsymbol{I},-\boldsymbol{\tau}(\lambda)_1)(\boldsymbol{I},2\boldsymbol{\tau}(\lambda)_2)(\boldsymbol{I},\boldsymbol{p})(\boldsymbol{I},\boldsymbol{P}\boldsymbol{\tau}(\mu)_1)(\boldsymbol{I},-2\boldsymbol{P}\boldsymbol{\tau}(\mu)_2)(\boldsymbol{I},-\boldsymbol{p})\\=\;&(\boldsymbol{I},-\boldsymbol{\tau}(\lambda)_1)(\boldsymbol{I},2\boldsymbol{\tau}(\lambda)_2)(\boldsymbol{I},\boldsymbol{p})(\boldsymbol{I},-2\boldsymbol{\tau}(\lambda)_2)(\boldsymbol{I},\boldsymbol{P}\boldsymbol{\tau}(\mu)_1)(\boldsymbol{I},-\boldsymbol{p})\\=\;&(\boldsymbol{I},-\boldsymbol{\tau}(\lambda)_1)(\boldsymbol{I},\boldsymbol{P}\boldsymbol{\tau}(\mu)_1)=\left(\boldsymbol{I},-\frac{1}{2}[112]\right)\left(\boldsymbol{I},\frac{2}{3}[111]\right)=\left(\boldsymbol{I},-\frac{1}{6}[\bar{1}\bar{1}2]\right),\end{aligned}$$

所以, Burgers 矢量 $\boldsymbol{b}=\mathfrak{C}^{-1}=\left(\boldsymbol{I},\frac{1}{6}[\bar{1}\bar{1}2]\right)$。

从上面的介绍可得到如下结论: ① 相界面出现在密排六方 AB 密堆转换成面心立方 ABC 密堆交界处; ② 界面位错是不全位错; ③ 相界面位错只和密

堆方式变化有关, 和相界面法线方向和黑晶体到白晶体坐标原点之间的平移矢量 $\boldsymbol{p}$ 的大小和方向无关。

11.4.2.2 具有一个共有对称操作的白晶体和黑晶体组合体的界面位错

图 11.13 给出了 Al 和 GaAs 之间的 (001) 晶面位错。

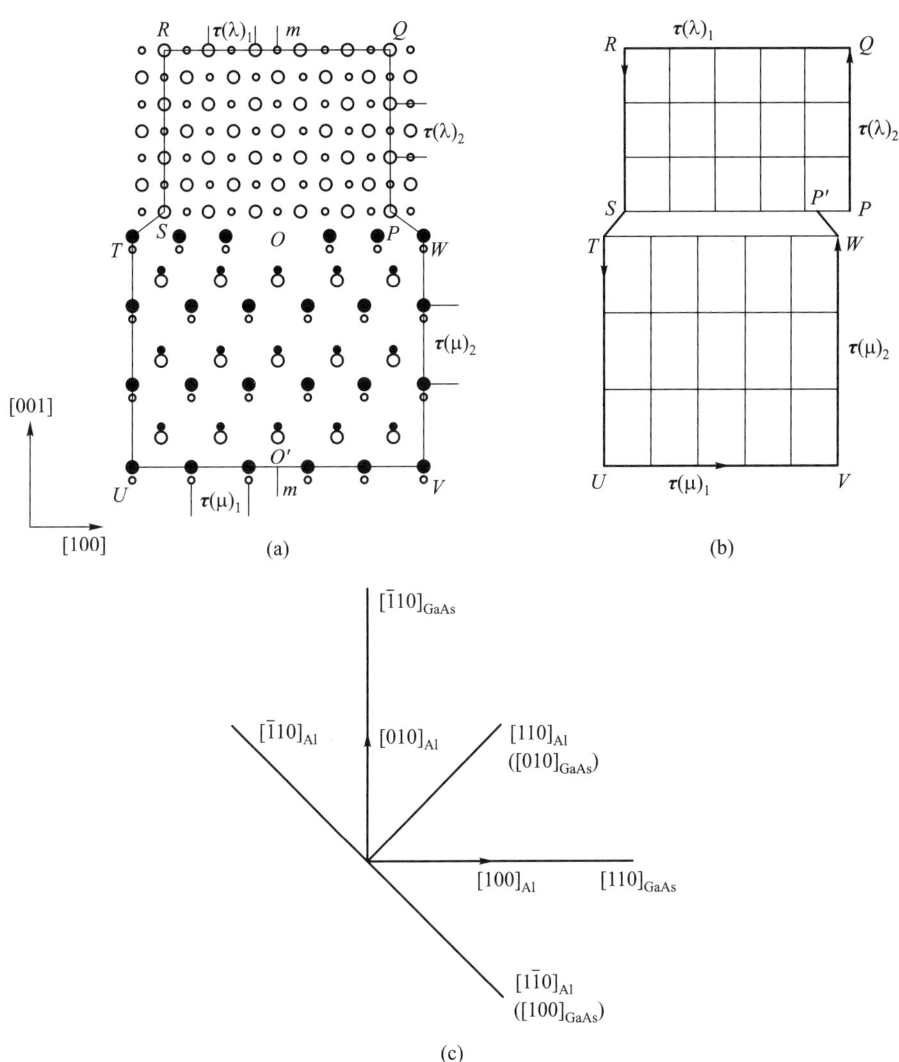

图 11.13 (a) Al 和 GaAs 之间的 (001) 晶面沿 $[010]_{\mathrm{Al}}/[\bar{1}10]_{\mathrm{GaAs}}$ 方向的投影 [参考图 (c)]。上面空心圆为白晶体 Al; 下面为黑晶体 GaAs, 其中, 实心圆表示 Ga 原子, 空心圆表示 As 原子。白晶体和黑晶体中圆的大小表示相应原子空间占位不同。m 表示白晶体和黑晶体共有的 $(100)_{\mathrm{Al}}((110)_{\mathrm{GaAs}})$ 反映面。白晶体的坐标原点在点 S, 黑晶体的坐标原点在点 T。(b) 白晶体和黑晶体相应的参考晶格。图中, $\boldsymbol{\tau}(\lambda)$ 和 $\boldsymbol{\tau}(\mu)$ 分别表示白晶体和黑晶体的格矢。(c) (001) 晶面沿 [001] 方向的投影

Al 具有面心立方点阵, 晶格常数为 4.05 Å, GaAs 具有闪锌矿结构, 晶格常数为 5.65 Å。图 11.13(a) 给出了 Al 和 GaAs 之间的 (001) 晶面沿 $[010]_{\rm Al}/[\bar{1}10]_{\rm GaAs}$ 方向的投影 [参考图 11.13(c)]。由于 $\sqrt{2}$ 倍的 Al 的晶格常数近似等于 GaAs 的晶格常数, 所以从图 11.13(c) 可见 Al 点阵格点 $[1\bar{1}0]_{\rm Al}$ 和 $[100]_{\rm GaAs}$ 点阵格点重合, $[110]_{\rm Al}$ 点阵格点和 $[010]_{\rm GaAs}$ 点阵格点重合。$(001)_{\rm Al}$ 和 $(001)_{\rm GaAs}$ 之间形成半共格界面, 其中有位错存在。半无限黑晶体 GaAs 本身具有空间群 $2mm$, 当半无限白晶体 Al 和半无限黑晶体 GaAs 组成双色复合体后, 由于 $[001]_{\rm Al} = 4.05$ Å, $[001]_{\rm GaAs} = 5.65$ Å, 所以, 除了在 $(001)_{\rm Al}$ 和 $(001)_{\rm GaAs}$ 之间形成半共格界面外, 这个双色复合体只有一个共有的 $m(100)_{\rm Al}(m(110)_{\rm GaAs})$ 反映面操作。

下面讨论如何根据图 11.13 求出界面位错的 Burgers 矢量。由于界面中的缺陷 $\boldsymbol{\xi}$ 从纸面面向读者, 所以从点 T 到点 S 是右旋回路。晶面法线 $\boldsymbol{n}$ 从黑晶体指向白晶体, 与反映面 $m(100)_{\rm Al}$ 平行, 所以, $[001]_{\rm Al}\cdot\boldsymbol{n} = \boldsymbol{n}$。在计算点 T 到点 S 右旋回路的对称操作组合操作之前, 我们先讨论黑晶体 GaAs 中的反映面 $m(110)_{\rm GaAs}$ 和白晶体 Al 中的反映面 $m(100)_{\rm Al}$ 之间的变换关系。

如果将白晶体 Al 中的坐标原点设在反映面 $m(100)_{\rm Al}$ 中 $[001]_{\rm Al}$ 与界面的交点 O, 黑晶体 GaAs 中的坐标原点设在反映面 $m(110)_{\rm GaAs}$ 与 UV 的交点 O', 那么, 反映面 $m(110)_{\rm GaAs}$ 到反映面 $m(100)_{\rm Al}$ 变换关系为

$$(m(100)_{\rm Al},\boldsymbol{l}) = \mathfrak{B}(m(110)_{\rm GaAs},\boldsymbol{0})\mathfrak{B}^{-1}$$

$$\begin{aligned}(m(100)_{\rm Al},\boldsymbol{l}) &= (\boldsymbol{B},\boldsymbol{OO'})(m(110)_{\rm GaAs},\boldsymbol{0})(\boldsymbol{B},\boldsymbol{OO'})^{-1}\\ &= (\boldsymbol{B},\boldsymbol{OO'})(m(110)_{\rm GaAs},\boldsymbol{0})(\boldsymbol{B}^{-1},-\boldsymbol{B}^{-1}\boldsymbol{OO'})\\ &= (\boldsymbol{B}m(110)_{\rm GaAs}\boldsymbol{B}^{-1},-\boldsymbol{B}m(110)_{\rm GaAs}\boldsymbol{B}^{-1}\boldsymbol{OO'}+\boldsymbol{OO'})\\ &= (\boldsymbol{B}m(110)_{\rm GaAs}\boldsymbol{B}^{-1},\boldsymbol{0})\end{aligned}$$

参考图 11.13(c) $\left(绕\ [001]\ 旋转\ \dfrac{\pi}{4}\ 后再乘\ \sqrt{2}\right)$可知,

$$\boldsymbol{B} = \begin{bmatrix}1 & 1 & 0\\ -1 & 1 & 0\\ 0 & 0 & 1\end{bmatrix},\ \boldsymbol{B}^{-1} = \begin{bmatrix}\dfrac{1}{2} & -\dfrac{1}{2} & 0\\ \dfrac{1}{2} & \dfrac{1}{2} & 0\\ 0 & 0 & 1\end{bmatrix},$$

$$m(110)_{\rm GaAs} = \begin{bmatrix}0 & -1 & 0\\ -1 & 0 & 0\\ 0 & 0 & 1\end{bmatrix}\text{(参考表 4.1)},$$

所以

$$m(100)_{\mathrm{Al}}=\boldsymbol{B}m(110)_{\mathrm{GaAs}}\boldsymbol{B}^{-1}=\begin{bmatrix}-1&0&0\\0&1&0\\0&0&1\end{bmatrix}$$

由于 $\boldsymbol{OO'}$ 与反映面 $(100)_{\mathrm{Al}}$ 平行, 所以 $\boldsymbol{OO'}=-\boldsymbol{B}(110)_{\mathrm{GaAs}}\boldsymbol{B}^{-1}\boldsymbol{OO'}+\boldsymbol{OO'}=\boldsymbol{0}$。

设 $\boldsymbol{RQ}$ 方向格矢为 $\boldsymbol{\tau}(\lambda)_1$, $\boldsymbol{QP}$ 方向格矢为 $\boldsymbol{\tau}(\lambda)_2$, $(\boldsymbol{I},\boldsymbol{p})$ 为从白晶体 Al 穿过界面到黑晶体 GaAs 面的操作, $(\boldsymbol{I},\boldsymbol{p})^{-1}$ 为从黑晶体 GaAs 穿过界面到白晶体 Al 界面的操作, 沿参考晶格从点 T 到点 S 右旋回路的对称操作可写成

$$\begin{aligned}\mathfrak{C}=&\mathfrak{V}\mathfrak{W}(\mu)_{TU}\mathfrak{W}(\mu)_{UV}\mathfrak{W}(\mu)_{VW}\mathfrak{V}^{-1}(\boldsymbol{I},\boldsymbol{p})^{-1}\mathfrak{W}(\lambda)_{PQ}\mathfrak{W}(\lambda)_{QR}\mathfrak{W}(\lambda)_{RS}(\boldsymbol{I},\boldsymbol{p})\\
=&\mathfrak{V}(\boldsymbol{I},3\boldsymbol{\tau}(\mu)_2)(\boldsymbol{I},2.5\boldsymbol{\tau}(\mu)_1)(m(110),\boldsymbol{0})(\boldsymbol{I},2.5\boldsymbol{\tau}(\mu)_1)(\boldsymbol{I},-3\boldsymbol{\tau}(\mu)_2)\mathfrak{V}^{-1}(\boldsymbol{I},\boldsymbol{p})^{-1}\\
&(\boldsymbol{I},-3\boldsymbol{\tau}(\lambda)_2)(\boldsymbol{I},-2.5\boldsymbol{\tau}(\lambda)_1)(m(100),\boldsymbol{0})(\boldsymbol{I},-2.5\boldsymbol{\tau}(\lambda)_1)(\boldsymbol{I},3\boldsymbol{\tau}(\lambda)_2)(\boldsymbol{I},\boldsymbol{p})\\
=&(\boldsymbol{I},3\boldsymbol{\tau}(\mu)_2)(\boldsymbol{I},-3\boldsymbol{\tau}(\mu)_2)(\boldsymbol{I},2.5\boldsymbol{\tau}(\mu)_1)(\boldsymbol{I},-2.5\boldsymbol{\tau}(\mu)_1)\mathfrak{V}(m(110),\boldsymbol{0})\mathfrak{V}^{-1}\\
&(\boldsymbol{I},\boldsymbol{p})^{-1}(\boldsymbol{I},-3\boldsymbol{\tau}(\lambda)_2)(\boldsymbol{I},3\boldsymbol{\tau}(\lambda)_2)(\boldsymbol{I},-2.5\boldsymbol{\tau}(\lambda)_1)(\boldsymbol{I},2.5\boldsymbol{\tau}(\lambda)_1)(m(100),\boldsymbol{0})(\boldsymbol{I},\boldsymbol{p})\\
=&\mathfrak{V}(m(110),\boldsymbol{0})\mathfrak{V}^{-1}(\boldsymbol{I},\boldsymbol{p})^{-1}(m(100),\boldsymbol{0})(\boldsymbol{I},\boldsymbol{p})\\
=&(\boldsymbol{I},\boldsymbol{p}-m(100)\boldsymbol{p})\end{aligned}$$

所以, $\mathfrak{C}^{-1}=(\boldsymbol{I},m(100)\boldsymbol{p}-\boldsymbol{p})$, 位错的 Burgers 矢量 $\boldsymbol{b}=m(100)\boldsymbol{p}-\boldsymbol{p}$。

上式推导过程中利用了如下关系: 由于 $\boldsymbol{\tau}(\mu)_1$ $(\boldsymbol{\tau}(\lambda)_1)$ 垂直于反映面 m, $\boldsymbol{\tau}(\mu)_2$ $(\boldsymbol{\tau}(\lambda)_2)$ 平行于反映面 m, 所以有

$$(\boldsymbol{I},\pm2.5\boldsymbol{\tau}(\mu)_1)(m(110),\boldsymbol{0})(\boldsymbol{I},\pm2.5\boldsymbol{\tau}(\mu)_1)=(\boldsymbol{I},\pm2.5\boldsymbol{\tau}(\mu)_1)(\boldsymbol{I},\mp2.5\boldsymbol{\tau}(\mu)_1)$$

$$(\boldsymbol{I},\pm3\boldsymbol{\tau}(\mu)_2)(m(110),0)(\boldsymbol{I},\mp3\boldsymbol{\tau}(\mu)_2)=(\boldsymbol{I},\pm3\boldsymbol{\tau}(\mu)_2)(\boldsymbol{I},\mp3\boldsymbol{\tau}(\mu)_2)$$

11.4.2.3 白晶体和黑晶体间不完善对称相界面位错

图 11.14 给出了白晶体和黑晶体间不完善对称 (frustrated symmetry) 相界面位错。白晶体 $NiSi_2$ 空间群为 $Fm\bar{3}m$, 晶格常数为 5.406 Å, 黑晶体 Si 空间群为 $Fd\bar{3}m$, 晶格常数为 5.431 Å, 两者均为面心立方点阵, 且晶格常数相近。图 11.14(c) 给出了黑晶体 Si 的 $\left(00-\dfrac{1}{4}\right)$ 原子面在 (000) 原子面上沿 [001] 方向的投影示意图, 图中只画出了沿 [001] 方向投影的一段界面。图中显示白晶体 $NiSi_2$ 的坐标原点在点 S 处的 Ni 原子上, 黑晶体 Si 的坐标原点在

点 T 处的 Si 原子上, 点 S 处的 Ni 原子和点 T 处的 Si 原子呈 4 次螺旋关系 $\left(4^+\left(0,0,-\dfrac{1}{4}\right)\dfrac{1}{4},0,z\right)$。白晶体坐标系和黑晶体坐标系之间的坐标变换关系如下

$$\begin{aligned}\mathfrak{V} &= \left(4^+\left(0,0,-\frac{1}{4}\right)\frac{1}{4},0,z\right) = (4^+,0)\left(\boldsymbol{I},\frac{1}{4}[\bar{1}\bar{1}\bar{1}]\right)\\ &= \left(4^+,4^+\cdot\frac{1}{4}[\bar{1}\bar{1}\bar{1}]\right) = \left(4^+,\frac{1}{4}[1\bar{1}\bar{1}]\right)\end{aligned} \tag{11.8}$$

$$\mathfrak{V}^{-1} = \left(4^-,-\frac{1}{4}[\bar{1}\bar{1}\bar{1}]\right) \tag{11.9}$$

所以,

$$\begin{aligned}\mathfrak{V}\cdot\mathfrak{V}^{-1} &= \left(4^+,\frac{1}{4}[1\bar{1}\bar{1}]\right)\left(4^-,-\frac{1}{4}[\bar{1}\bar{1}\bar{1}]\right)\\ &= \left(\boldsymbol{I},-4^+\cdot\frac{1}{4}[\bar{1}\bar{1}\bar{1}]+\frac{1}{4}[1\bar{1}\bar{1}]\right) = (\boldsymbol{I},\boldsymbol{0})\end{aligned}$$

按照式 (11.8) 和式 (11.9), 我们就可以求出图 11.14(a) 中沿 $PQRSTUVWXP$ 回路的组合操作。从以前各节的讨论可知, 除了从白晶体 $NiSi_2$ 穿过晶界到黑晶体 Si 的位移 $\boldsymbol{ST}$、在黑晶体 Si 内的位移 $\boldsymbol{WX}$ 和从黑晶体 Si 穿过晶界还回到白晶体 $NiSi_2$ 的位移 $\boldsymbol{XP}$, 其他平移全部抵消, 故参考图 11.14(c) 组合操作可写成

$$\begin{aligned}\mathfrak{C} &= (\boldsymbol{I},\boldsymbol{ST})\mathfrak{V}(\boldsymbol{I},\boldsymbol{WX})\mathfrak{V}^{-1}(\boldsymbol{I},\boldsymbol{XP})\\ &= \left(\boldsymbol{I},\frac{1}{4}[1\bar{1}\bar{1}]\right)\left(4^+,\frac{1}{4}[1\bar{1}\bar{1}]\right)\left(\boldsymbol{I},\frac{1}{4}[\bar{1}11]\right)\left(4^-,-\frac{1}{4}[\bar{1}\bar{1}\bar{1}]\right)^{-1}\left(\boldsymbol{I},\frac{1}{4}[\bar{1}11]\right)\\ &= \left(\boldsymbol{I},\frac{1}{4}[1\bar{1}\bar{1}]\right)\left(\boldsymbol{I},4^+\frac{1}{4}[022]+\frac{1}{4}[1\bar{1}\bar{1}]\right)\left(\boldsymbol{I},\frac{1}{4}[\bar{1}11]\right)\\ &= \left(\boldsymbol{I},\frac{1}{4}[1\bar{1}\bar{1}]\right)\left(\boldsymbol{I},\frac{1}{4}[\bar{1}\bar{1}1]\right)\left(\boldsymbol{I},\frac{1}{4}[\bar{1}11]\right) = \left(\boldsymbol{I},\frac{1}{4}[\bar{1}\bar{1}1]\right)\\ \mathfrak{C}^{-1} &= \left(\boldsymbol{I},-\frac{1}{4}[\bar{1}\bar{1}1]\right) = \left(\boldsymbol{I},\frac{1}{4}[11\bar{1}]\right)\end{aligned}$$

位错的 Burgers 矢量 $\boldsymbol{b}=\dfrac{1}{4}[11\bar{1}]$, 它是黑晶体 Si 中平移 $\boldsymbol{XW}$ 在白晶体 $NiSi_2$ 坐标系中的表示。从上述讨论可知, 白晶体 $NiSi_2$ 和黑晶体 Si 界面可以通过 4 次螺旋关系 $\left(4^+\left(0,0,-\dfrac{1}{4}\right)\dfrac{1}{4},0,z\right)$ 来表征。

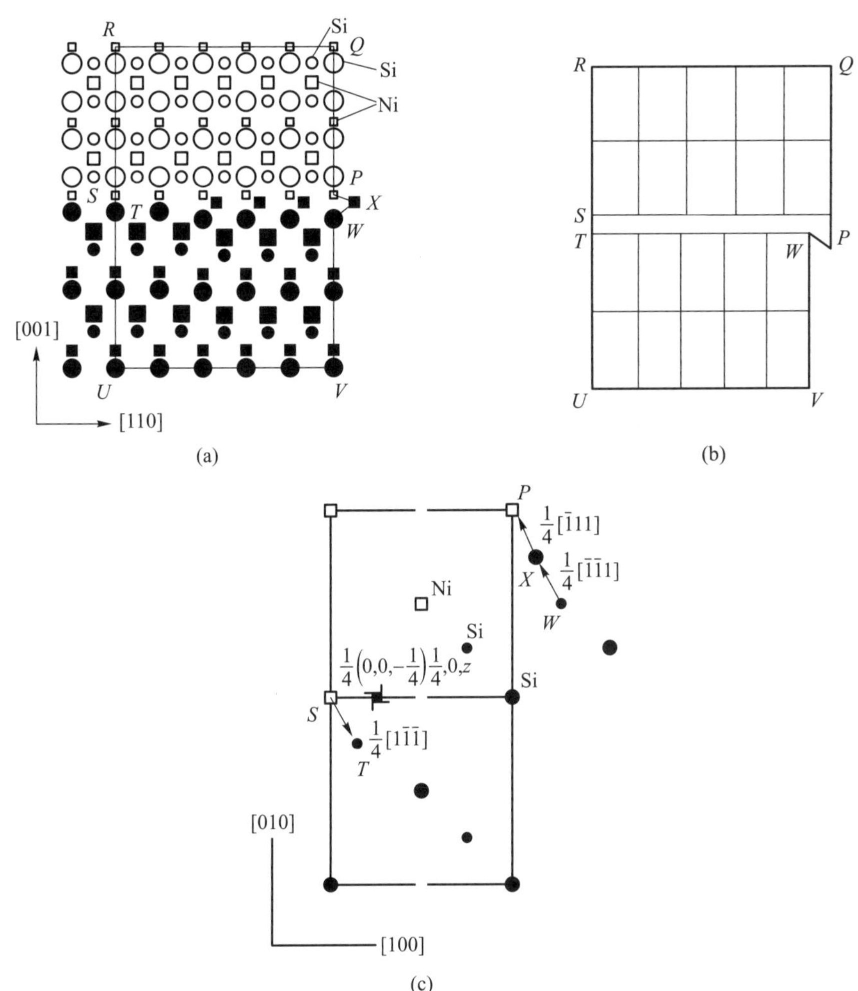

图 11.14 (a) 白晶体 $NiSi_2$ 和黑晶体 Si 之间 (001) 界面沿 $[1\bar{1}0]$ 方向的投影, 图中, 白晶体 $NiSi_2$ 中空心圆表示 Si 原子, 空心正方形表示 Ni 原子, 其中空心圆和正方形的大小表示相应原子空间占位不同, 黑晶体 Si 中实心圆和正方形的大小表示相应原子空间占位不同 (参考图 11.7); (b) 图 (a) 的参考晶格; (c) 沿 [001] 方向黑晶体 Si 的 $\left(00-\frac{1}{4}\right)$ 原子面在 (000) 原子面上的投影示意图和沿 [001] 方向的 4 次螺旋轴的位置, 图中, [100] 和 [010] 为基矢

位错的 Burgers 矢量 $\boldsymbol{b}$ 中含有平行和垂直于 [001] 方向的矢量, 因此, 这种界面位错只能在界面上做攀移运动。如果这种类型的位错出现在 $\{hk0\}$ (如 $\{110\}$) 界面中, 位错的 Burgers 矢量 $\boldsymbol{b}$ 中不含垂直于 [001] 方向的矢量, 界面位错可以在界面上滑移运动。

11.4.2.4 白晶体和黑晶体间孪晶界面位错

图 11.15 给出了 Si 的 $(1\bar{2}1)$ 孪晶界面位错。图中, $\boldsymbol{\tau}(\lambda)$ 和 $\boldsymbol{\tau}(\mu)$ 分别表示白晶体 Si 和黑晶体 Si 晶格沿 [111] 方向的格矢, $\boldsymbol{\tau}(\lambda) = \boldsymbol{\tau}(\mu) = [111]$。位移 $\boldsymbol{p}_{ST} = -\boldsymbol{p}_n - 0.44[111]$, 位移 $\boldsymbol{p}_{WP} = \boldsymbol{p}_n - 0.44[111]$。

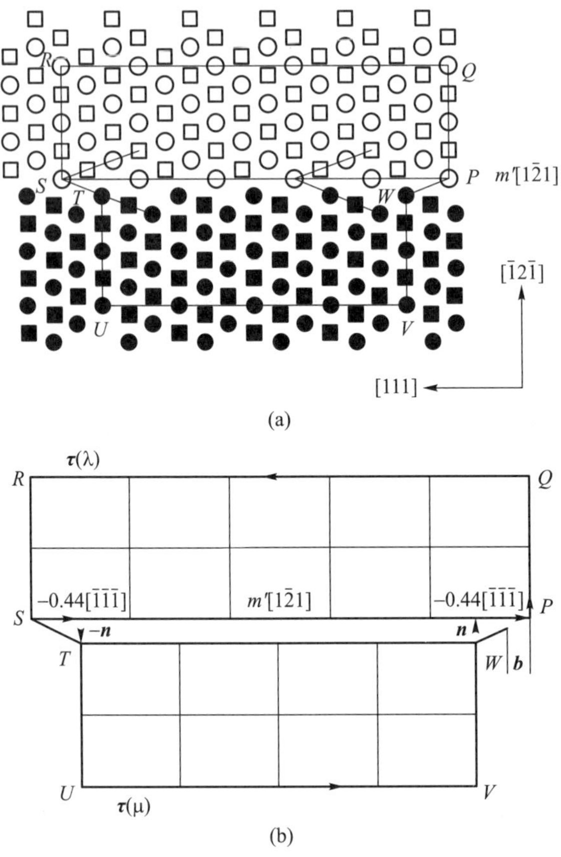

图 11.15 Si 的 $(1\bar{2}1)$ 孪晶界面位错。(a) Si 的 $m'(1\bar{2}1)$ 孪晶界面沿 $[\bar{1}01]$ 投影; (b) 白晶体 Si 和黑晶体 Si 的参考晶格

如果只保留图 11.9 中 (310) 面上面的空心圆和正方形并作为白晶体, 同时只保留 (310) 面下面的实心圆和正方形并作为黑晶体, 取 (310) 面为孪晶界面, 就会得到与图 11.15(a) 相似的界面结构。两者的相同之处是白晶体和黑晶体具有相同类型的反映操作, 并以反映面作为界面, 前者是 $m'(310)$, 后者是 $m'(1\bar{2}1)$; 两者的不同之处是前者是严格的反映面操作 $(m'(310), 0)$, 后者是破损的反映面操作 $(m'(1\bar{2}1), \boldsymbol{a})$, $\boldsymbol{a} = -0.44[111]$, $\boldsymbol{a}$ 是沿 [111] 方向的平移矢量; 孪晶界 $m'(310)$ 是共格界面, 其中不存在位错, 孪晶界 $m'(1\bar{2}1)$ 是半共格界面,

其中存在位错。

孪晶界面 $m'(1\bar{2}1)$ 晶面法线 $\boldsymbol{n}$ 沿 $[\bar{1}2\bar{1}]$, 从黑晶体指向白晶体。白晶体和黑晶体 Si 具有共同的 $(m'(1\bar{2}1),\boldsymbol{a})$ 存在。白晶体坐标系原点在点 S 处的 Si 原子上, 黑晶体坐标系原点在点 T 处的 Si 原子上。白晶体和黑晶体 Si 是相同晶体结构晶体, 它们的坐标变换操作为 $\mathfrak{V}=(m'(1\bar{2}1),\boldsymbol{a})$, 原点相对平移矢量为 $\boldsymbol{p}_{ST}=-\boldsymbol{p}_n+\boldsymbol{a}$, $-\boldsymbol{p}_n$ 是 $\boldsymbol{p}_{ST}$ 沿 $\boldsymbol{n}$ 方向的投影。从黑晶体穿过界面到白晶体的对称操作在黑晶体坐标系为 $(\boldsymbol{I},\boldsymbol{p}_{WP})$, 在白晶体坐标系的操作 $(\boldsymbol{I},\boldsymbol{p}_{WP})^*$ 可以写成

$$
\begin{aligned}
(\boldsymbol{I},\boldsymbol{p}_{WP})^* &= \mathfrak{V}(\boldsymbol{I},\boldsymbol{p}_{WP})\mathfrak{V}^{-1}\\
&=(m'(1\bar{2}1),\boldsymbol{a})(\boldsymbol{I},\boldsymbol{p}_{WP})(m'(1\bar{2}1),-\boldsymbol{a})\\
&=(m'(1\bar{2}1),\boldsymbol{a})(\boldsymbol{I},-\boldsymbol{p}_n+\boldsymbol{a})(m'(1\bar{2}1),-\boldsymbol{a})\\
&=(\boldsymbol{I},\boldsymbol{p}_n+\boldsymbol{a})
\end{aligned}
$$

式中, $\boldsymbol{p}_n$ 垂直于 $m'(1\bar{2}1)$, $\boldsymbol{a}$ 平行于 $m'(1\bar{2}1)$, 故 $m'(1\bar{2}1)\cdot\pm\boldsymbol{p}_n=\mp\boldsymbol{p}_n$, $m'(1\bar{2}1)\pm\boldsymbol{a}=\pm\boldsymbol{a}$。这里 “′” 表示将黑 Si 原子变成白 Si 原子。为了计算孪晶面位错, 将图 11.15(a) 中的 $PQRSTUVWX$ 依次映射到图 11.15(b) 所示参考晶格中的相应位置上, 并进行对称操作。由于坐标变换操作 $\mathfrak{V}=(m'(1\bar{2}1),\boldsymbol{a})$, $\mathfrak{V}^{-1}=(m'(1\bar{2}1),-\boldsymbol{a})$, 对于任何平行于 $m'(1\bar{2}1)$ 的平移操作, 如 $(\boldsymbol{I},\boldsymbol{\tau}(\mu))$, 都满足 $\mathfrak{V}(\boldsymbol{I},\boldsymbol{\tau}(\mu))\mathfrak{V}^{-1}=(\boldsymbol{I},\boldsymbol{\tau}(\lambda))$。参考 11.4.2.1 节和 11.4.2.2 节的推导可知, 沿 $\boldsymbol{PQ}$ 和 $\boldsymbol{RS}$ 的操作、沿 $\boldsymbol{TU}$ 和 $\boldsymbol{VW}$ 的操作可以分别互相抵消, 最后, 沿参考晶格从点 P 到点 W 右旋回路的对称操作可写成

$$
\begin{aligned}
\mathfrak{C}&=(\boldsymbol{I},\boldsymbol{p}_{ST})(\boldsymbol{I},5\boldsymbol{\tau}(\lambda))(\boldsymbol{I},-4\boldsymbol{\tau}(\lambda))(\boldsymbol{I},\boldsymbol{p}_{WP})^*\\
&=(\boldsymbol{I},-\boldsymbol{p}_n+\boldsymbol{a})(\boldsymbol{I},[111])(\boldsymbol{I},\boldsymbol{p}_n+\boldsymbol{a})\\
&=(\boldsymbol{I},-2(0.44[111]))(\boldsymbol{I},[111])=(\boldsymbol{I},0.12[111])
\end{aligned}
$$

所以, $\mathfrak{C}^{-1}=(\boldsymbol{I},0.12[\bar{1}\bar{1}\bar{1}])$, 位错的 Burgers 矢量 $\boldsymbol{b}=0.12[\bar{1}\bar{1}\bar{1}]$。

这一章主要讨论了具有显式对称性和破损对称性的缺陷, 显式对称性缺陷的出现不改变晶体的对称性, 可以在晶体内部出现, 并可以用晶体的对称性表征, 如位错、向错和螺旋位移等。破损对称性的缺陷如畴界、晶界和相界等的出现会降低晶体的对称性, 将晶体分成几个具有比晶体对称群更低对称性的等价体 (Cu_3Au 有序化过程中所形成的反相畴、磁畴等), 晶体的对称群可以用等价体对称群的陪集展开表示, 陪集的对称操作可以表征晶体的对称群和等价体对称群之间的晶体学关系。上述各节给出了如何通过晶体学对称操作表征

具有显式对称性和破损对称性缺陷的例子。

为了正确表征晶体缺陷的对称操作, 如表征位错的平移操作, 首先要通过实验如第 10 章和 12 章介绍的高角环状暗场–扫描透射电子显微镜 (HAADF–STEM) 确定白晶体、黑晶体和它们之间晶面的晶体结构; 据此画出围绕缺陷的回路, 然后确定回路的对称操作, 包括平移操作、穿过界面的操作、白晶体和黑晶体的共有操作, 如 11.4.2.3 节中 4 次螺旋轴、11.4.2.4 节中的反映面等; 最后将这些操作变换到一个坐标系中, 如白晶体坐标系中进行组合操作计算, 得到表征晶体缺陷的对称操作。和晶体对称性的含义不同, 缺陷的对称性并不是缺陷本身的对称性, 而是表示导致缺陷产生的显式对称操作或破损对称操作。如表面台阶用格矢 (不一定是整数) 平移、半台阶用垂直于表面的螺旋轴操作、倒反畴用倒反中心、位错用格矢 (不一定是整数) 平移、劈形向错用旋转轴、螺旋位移用螺旋轴表征等。

11.5　位错阵列组成的界面

图 11.16 给出了 μ 晶体上沿 [001] 方向外延生长的 λ 晶体与基体之间的界面 (001) 沿 [010] 方向的投影示意图。这里 μ 晶体和 λ 晶体都具有 $Pm\bar{3}m$ 空间群。

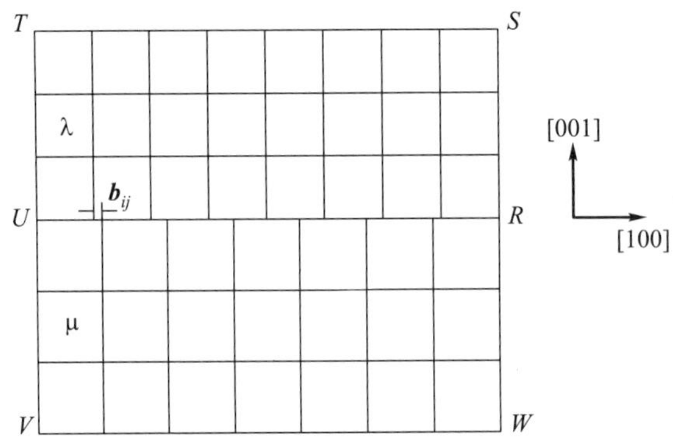

图 11.16　μ 晶体上沿 [001] 方向外延生长的 λ 晶体与基体之间的界面 $\boldsymbol{RU}$ 上位错阵列 $\boldsymbol{b}_{ij}$ 沿 [010] 方向的投影。$RSTUVW$ 是在实际晶体中的右旋回路

设 μ 晶体坐标系到 λ 晶体坐标系的变换操作为 $\boldsymbol{B} = (\boldsymbol{P}, \boldsymbol{p})$, 沿 $RSTUVW$ 右旋回路的组合对称操作 [见式 (3.20)] $\mathfrak{W}(\lambda)_{RS}$ 和 $\mathfrak{W}(\lambda)_{TU}$、$\mathfrak{W}(\mu)_{UV}$ 和 $\mathfrak{W}(\mu)_{WR}$ 互相抵消, 所以,

$$\mathfrak{C} = \mathfrak{W}(\lambda)_{RS}\mathfrak{W}(\lambda)_{ST}\mathfrak{W}(\lambda)_{TU}\boldsymbol{B}^{-1}\mathfrak{W}(\mu)_{UV}\mathfrak{W}(\mu)_{VW}\mathfrak{W}(\mu)_{WR}\boldsymbol{B}$$

$$= \mathfrak{W}(\lambda)_{ST}\boldsymbol{B}^{-1}\mathfrak{W}(\mu)_{VW}\boldsymbol{B}$$
$$= \mathfrak{W}(\lambda)_{RU}\boldsymbol{B}^{-1}\mathfrak{W}(\mu)_{UR}\boldsymbol{B}$$

参照图 11.1 和图 11.17 可知, 由于 λ 晶体的 $[\bar{1}00]_\lambda$ 沿 $\boldsymbol{RU}$ 方向为负, μ 晶体的 $[100]_\mu$ 沿 $\boldsymbol{UR}$ 方向为正, 所以在 μ 晶格坐标系中的对称操作在 λ 晶体坐标系为参考坐标系中变换成

$$(\boldsymbol{P},\boldsymbol{p})^{-1}\mathfrak{W}(\mu)_{UR}(\boldsymbol{P},\boldsymbol{p}) = (\boldsymbol{I},\boldsymbol{P}^{-1}[700]_\mu) = \left(\boldsymbol{I},\frac{7}{8}[800]_\lambda\right)$$

所以,

$$\mathfrak{C} = \mathfrak{W}(\lambda)_{RU}\boldsymbol{B}^{-1}\mathfrak{W}(\mu)_{UR}\boldsymbol{B} = (\boldsymbol{I},-[800]_\lambda)\left(\boldsymbol{I},\frac{7}{8}[800]_\lambda\right) = (\boldsymbol{I},[\bar{1}00]_\lambda)$$
$$\boldsymbol{b} = \mathfrak{C}^{-1} = [100]_\lambda \tag{11.10}$$

图 11.16 所示的位错阵列 $\boldsymbol{b}$ 由 7 个 Burgers 矢量为 $\boldsymbol{b}_{ij} = \dfrac{1}{7}[100]_\lambda$ 的不全位错组成的非共格界面。从晶体势能方面来看, 这种由均匀分布位错阵列组成的界面可以减弱界面能量以及 λ 和 μ 晶体中的长程应变, 从而维持它们的点阵结构变化不大, 因此推断这种类型的界面是存在的。

11.6 界面的位错阵列模型——Frank–Bilby 方程

11.4 节仅讨论了界面中孤立缺陷 (如位错) 的拓扑性质, 并假设这种孤立缺陷的出现并不改变界面的结构, 如果界面中的缺陷不是孤立的, 而是以阵列形式出现, 上述假设就不成立了。Frank 和 Bilby 首先提出了晶粒边界的位错阵列模型, 并导出了 Frank–Bilby 方程, 用以确定相界面的内禀位错 (intrinsic dislocation)。

Frank–Bilby 方程用于解决晶体外形和晶格变形的不一致性。原推导较为复杂, Christian 用简洁、易懂的方式导出了这一方程。图 11.17 给出了用于推导 Frank–Bilby 方程的、由 λ 和 μ 两部分构成的参考晶格。图中, $R'S'T'$ 表示在参考晶格 λ 中的右旋回路, $R''T'U'$ 表示在参考晶格 μ 中的右旋回路, $-\boldsymbol{P}_\mu^{-1}\boldsymbol{V}_r$、$\boldsymbol{P}_\lambda^{-1}\boldsymbol{V}_r$ 的意义见下述正文。

为了得到两个实际晶格以及它们之间的晶界, 需要对两种参考晶格分别进行仿射变换 [为了简单起见, 设对参考晶格 λ 的仿射变换是 $(\boldsymbol{P}_\lambda,\boldsymbol{0})$, 对参考晶格 μ 的仿射变换是 $(\boldsymbol{P}_\mu,\boldsymbol{0})$], 然后再将变换后的 $\boldsymbol{R''T'}$ 和 $\boldsymbol{R'T'}$ “连接” 在一起, 作为实际晶格的晶界。图 11.18 给出了对参考晶格 λ 和 μ 进行仿射变换

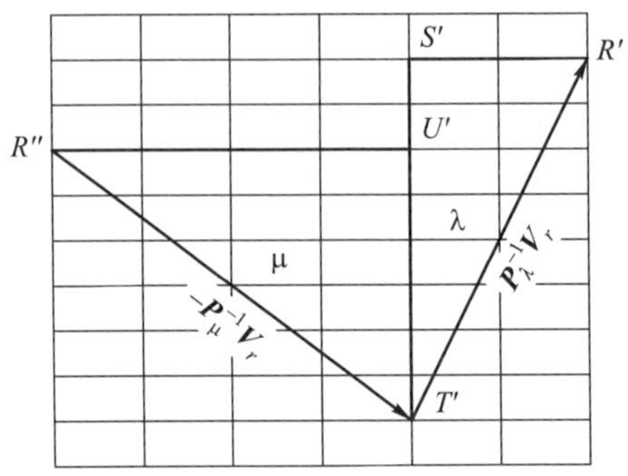

图 11.17　用于推导 Frank–Bilby 方程的、由 λ、μ 两部分构成的参考晶格

$(\boldsymbol{P}_\lambda, \boldsymbol{0})$ 后的示意图。图 11.19 给出了对参考晶格 λ 进行仿射变换 $(\boldsymbol{P}_\lambda, \boldsymbol{0})$ 和对参考晶格 μ 进行仿射变换 $(\boldsymbol{P}_\mu, \boldsymbol{0})$ 后的实际晶格的结果。

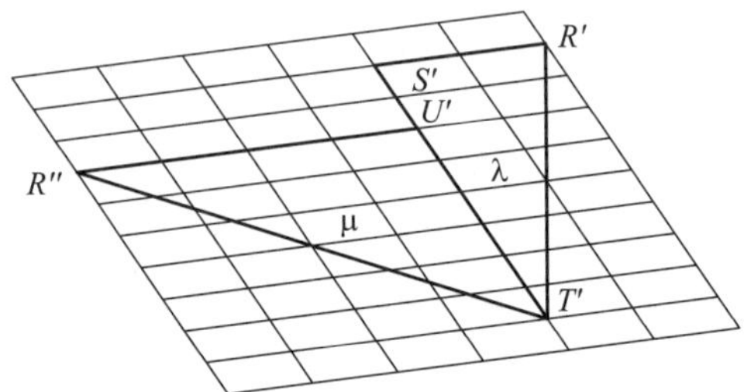

图 11.18　对参考晶格 λ 和 μ 进行仿射变换 $(\boldsymbol{P}_\lambda, \boldsymbol{0})$ 后的示意图

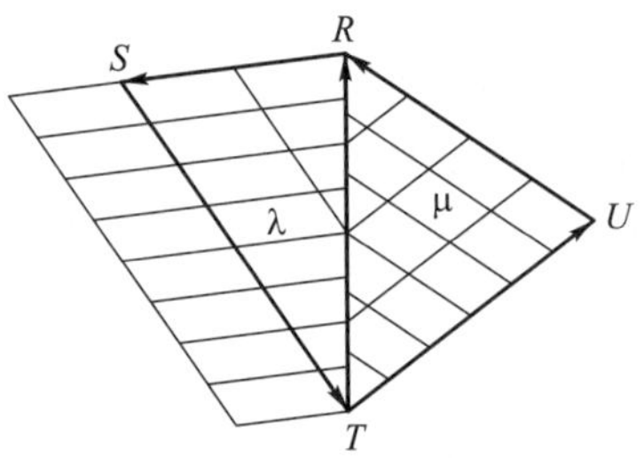

图 11.19　对参考晶格 λ 进行仿射变换 $(\boldsymbol{P}_\lambda, \boldsymbol{0})$ 和对参考晶格 μ 进行仿射变换 $(\boldsymbol{P}_\mu, \boldsymbol{0})$ 后实际晶格的结果。图中, $RSTUR$ 是围绕在实际晶格界面上的矢量 $\boldsymbol{TR}$ 的右旋回路

图 11.19 中, $\boldsymbol{TR} = \boldsymbol{V}_r$ 被称作取样矢量 (probe vector)。为了得到与参考晶格 (图 11.16) 中相应的实际晶格中的回路 ($RST \to R'S'T'$ 和 $TUR \to T'U'R''$ 回路), 需要对 RST 回路进行逆变换, 得到 $\boldsymbol{P}_\lambda^{-1}\boldsymbol{V}_r$ ($\boldsymbol{T'R'} = \boldsymbol{R'S'} + \boldsymbol{S'T'}$), 同样也对 TUR 回路进行逆变换, 得到 $-\boldsymbol{P}_\mu^{-1}\boldsymbol{V}_r$ ($\boldsymbol{R''T'} = \boldsymbol{T'U'} + \boldsymbol{U'R''}$) [如图 11.17 所示, 关于逆变换参考式 (3.14)]。故在参考晶格中 $\mathfrak{C} = (\boldsymbol{P}_\lambda^{-1} -$

$\boldsymbol{P}_{\mu}^{-1})\boldsymbol{V}_r$, 所以界面内禀位错 Burgers 矢量为

$$\boldsymbol{b} = \mathfrak{C}^{-1} = (\boldsymbol{P}_{\mu}^{-1} - \boldsymbol{P}_{\lambda}^{-1})\boldsymbol{V}_r \tag{11.11}$$

这就是 Frank–Bilby 方程。

需要特别强调的是, 全位错和不全位错的 Burgers 矢量和通过 Frank–Bilby 方程求出的 Burgers 矢量含义完全不同: 全位错的 Burgers 矢量长度等于格矢的长度, 不全位错 Burgers 矢量的长度等于几分之一格矢的长度, 它们在界面上的位置可以确定, 通过 Frank–Bilby 方程求出的 Burgers 矢量表征界面失配度, 反映了界面两侧形变的不均匀性, 从物理上来讲, 它并不是真正意义上的位错。

上述的 Frank–Bilby 方程是通过回路逆变换求出的, 我们也可以如 11.5 节那样, 通过围绕 Frank-Bilby Burgers 矢量的回路算出这个矢量。

如图 11.19 所示, 围绕取样矢量 $\boldsymbol{TR} = \boldsymbol{V}_r$ 的回路为 $RSTUR$, 在 λ 参考晶格坐标系中的对称操作为 $(\boldsymbol{I}, \boldsymbol{RS} + \boldsymbol{ST}) = (\boldsymbol{I}, \boldsymbol{TR})$, 在 μ 参考晶格坐标系中的对称操作为 $(\boldsymbol{I}, \boldsymbol{TU} + \boldsymbol{UR}) = (\boldsymbol{I}, \boldsymbol{RT}) = (\boldsymbol{I}, -\boldsymbol{TR}) = (\boldsymbol{I}, \boldsymbol{TR})^{-1}$。将 RST 映射到 $R'S'T'$(从 λ 实际晶格坐标系到 λ 参考晶格坐标系)、TUR 映射到 $T'U'R''$ 回路 (从 μ 实际晶格坐标系到 μ 参考晶格坐标系) 后, 沿着映射回路的对称操作可写成 [见式 (3.20)]

$$\begin{aligned}
\mathfrak{C} &= ((\boldsymbol{P}_{\lambda}^{-1}, \boldsymbol{0})(\boldsymbol{I}, \boldsymbol{TR})(\boldsymbol{P}_{\lambda}, \boldsymbol{0}))(\boldsymbol{P}_{\mu}^{-1}, \boldsymbol{0})(\boldsymbol{I}, \boldsymbol{TR})^{-1}(\boldsymbol{P}_{\mu}, 0)) \\
&= (\boldsymbol{I}, \boldsymbol{P}_{\lambda}^{-1}\boldsymbol{TR})(\boldsymbol{I}, -\boldsymbol{P}_{\mu}^{-1}\boldsymbol{TR}) \\
&= (\boldsymbol{I}, (\boldsymbol{P}_{\lambda}^{-1} - \boldsymbol{P}_{\mu}^{-1})\boldsymbol{V}_r)
\end{aligned}$$

所以

$$\mathfrak{C}^{-1} = (\boldsymbol{I}, (\boldsymbol{P}_{\mu}^{-1} - \boldsymbol{P}_{\lambda}^{-1})\boldsymbol{V}_r)$$

即

$$\boldsymbol{b} = (\boldsymbol{P}_{\mu}^{-1} - \boldsymbol{P}_{\lambda}^{-1})\boldsymbol{V}_r$$

如果我们选择 λ 实际晶格坐标系为参考晶格坐标系, 那么式 (11.12) 可简化为

$$\boldsymbol{b} = (\boldsymbol{P}_{\mu}^{-1} - \boldsymbol{I})\boldsymbol{V}_r \tag{11.12}$$

式 (11.13) 和式 (11.11) 完全一样。图 11.16 所示的 $\boldsymbol{UR}$ 就是 Frank–Bilby 方程中的取样矢量 $\boldsymbol{V}_r = [800]_{\lambda}$, 由式 (11.13) 可得

$$\boldsymbol{b} = (\boldsymbol{P}_{\mu}^{-1} - \boldsymbol{I})\boldsymbol{V}_r = \left(\frac{7}{8} - 1\right)[800]_{\lambda} = [\bar{1}00]_{\lambda} \tag{11.13}$$

注意, 由于 Frank–Bilby 方程中的 $\boldsymbol{V}_r$ 是右旋回路的和矢量, 与图 11.16 的 $\boldsymbol{RU}$

方向相反, 所以, 由 Frank–Bilby 方程求出的 $\boldsymbol{b}$ 和由式 (11.10) 求出的 $\boldsymbol{b}$ 符号也相反。这就是说如果将式 (11.14) 改写成

$$\boldsymbol{b} = (\boldsymbol{I} - \boldsymbol{P}_{\mu}^{-1})\boldsymbol{V}_r \tag{11.14}$$

由式 (11.15) 求出的 $\boldsymbol{b}$ 就和式 (11.10) 求出的一样了。

由于仿射变换的多重性, 所以对于给定的晶界, $\boldsymbol{P}_{\lambda}$ 或 $\boldsymbol{P}_{\mu}$ 有无限种形式。通常情况下, 只有如图 11.16 所示满足晶体对称群操作的仿射变换, 同时变换后得到的阵列位错是分离的, 且分布在较宽的空间范围内才是有物理意义的。

11.7　Frank–Bilby 方程的应用

为了加深对 Frank–Bilby 方程 (11.11)、(11.12) 和 (11.13) 的理解, 我们给出下面两个例子。

11.7.1　孪晶的晶界模型

可以想象完整孪晶界面一侧白晶体 (λ) 点阵和另一侧黑晶体 (μ) 点阵可以构成重位点阵 [双色复合体 (见 11.4.1 节)], 完整孪晶界面选在重位点阵空间群的反映面 m 上, 白晶体和黑晶体具有相同空间群。由于完整孪晶界面在重位点阵空间群的反映面 m 上, 在界面上, λ 晶体和 μ 晶体的格点相重, 所以完整孪晶是共格界面 (如图 11.20 所示), 这不同于图 11.19 所示的一般界面, 由

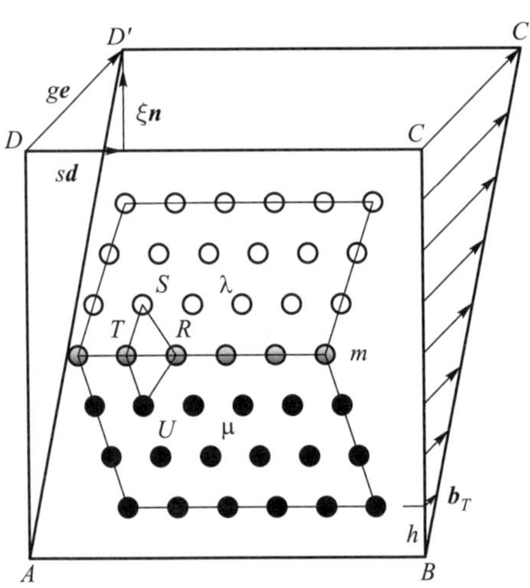

图 11.20　对宏观晶体 $ABCD$ 施以简单剪切变形变成 $ABC'D'$ 后, 宏观晶体 $ABC'D'$ 内由 λ 和 μ 双晶体构成的完整孪晶点阵结构示意图。图中, m 为孪晶界面, $RSTUR$ 表示孪晶点阵结构的右旋回路。$\boldsymbol{ge}$、$\boldsymbol{sd}$ 和 $\xi\boldsymbol{n}$ 表示简单剪切变形所造成的宏观晶体沿 $\boldsymbol{e}$、$\boldsymbol{d}$ 和 $\boldsymbol{n}$ 方向的位移矢量, 其中, $\boldsymbol{n}$ 垂直于 CD (垂直于孪晶界面 m)

于在界面上只有格点 R 和 T 相重, 因此它们是非共格界面。如果我们选择 λ 实际晶格坐标系为参考晶格坐标系, 依据式 (11.13), 实际完整孪晶界的 Burger 矢量为

$$\boldsymbol{b} = (\boldsymbol{m}_{\mu}^{-1} - \boldsymbol{I})\boldsymbol{V}_r = (\boldsymbol{m} - \boldsymbol{I})\boldsymbol{V}_r = 0 \tag{11.15}$$

图 11.20 所示的孪晶是母相晶格经均匀的简单剪切变形 $g\boldsymbol{e} = s\boldsymbol{d} + \xi\boldsymbol{n}$ 后产生的, 从界面开始, 沿着 $\boldsymbol{n}$ 方向, 平行于界面且相距 $\xi h\boldsymbol{n}$ 的任何两层晶格平面沿 $\boldsymbol{d}$ 方向的位移都是 $\boldsymbol{b}_T = gh\boldsymbol{d}$, 这表明这些面的切应变是恒定不变的。这些恒定应变面在垂直于界面的 $\boldsymbol{n}$ 方向单轴膨胀位移或压缩位移为 $\xi\boldsymbol{n}$。$\boldsymbol{b}_T$ 可以视为孪晶位错的 Burgers 矢量, 它是可滑移的不全位错。我们也可以把孪晶看成有限的、相距 $\xi h\boldsymbol{n}$ 且有序排列的堆垛层错。一般来说, $\xi h\boldsymbol{n}$ 小于点阵格点之间的距离。

11.7.2 外延生长过程中晶体和外延晶体之间的阶梯晶界模型

在具有 $Pm\bar{3}m$ 空间群的 μ 晶体 (也称衬底) 上沿 [001] 方向外延生长的 λ 外延晶体的界面如图 11.16 所示。下面我们讨论在外延生长过程中这种界面是如何变化的, 如图 11.21 所示。

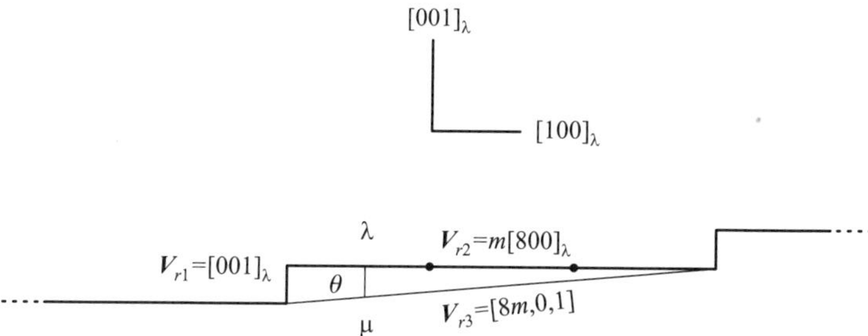

图 11.21　图 11.16 所示的外延生长过程中晶体 μ 和外延晶体 λ 之间的晶界变化的阶梯模型

从图 11.21 可见, 随着外延生长, 晶体 μ 和外延晶体 λ 之间的界面阶梯式地沿 $[100]_\lambda$ 方向移动。阶梯的高度为取样矢量 $\boldsymbol{V}_{r1} = [001]_\lambda$, 阶梯的平台宽度为取样矢量 $\boldsymbol{V}_{r2} = m[800]_\lambda$, m 是整数。高度和平台宽度中的 Burgers 矢量分别为

$$\boldsymbol{b}_1 = (\boldsymbol{I} - \boldsymbol{P}_{\mu}^{-1})\boldsymbol{V}_{r1} = \left(1 - \frac{7}{8}\right)[001]_\lambda = \frac{1}{8}[001]_\lambda$$

$$\boldsymbol{b}_2 = (\boldsymbol{I} - \boldsymbol{P}_{\mu}^{-1})m\boldsymbol{V}_{r2} = \left(1 - \frac{7}{8}\right)m[800]_\lambda = m[100]_\lambda$$

从图 11.16 可见, $\boldsymbol{b}_2$ 是由 $7m$ 个均匀分布的 $\boldsymbol{b}_{ij} = \dfrac{1}{7}[100]_\lambda$ 不全位错组成的。

这个新生成的晶界的 Burgers 矢量为 $\boldsymbol{V}_{r3} = \boldsymbol{V}_{r1} + \boldsymbol{V}_{r2} = [8m, 0, 1]$, 可以认为这个界面是原来的界面 $[8m, 0, 0]$ 旋转 $\theta = \arctan 1/8m$ 后得到的。从以上分析来看, $[8m, 0, 0]$ 变成 $[8m, 0, 1]$ 造成晶体的势能变化不大, 和 $[8m, 0, 0]$ 一样, $[8m, 0, 1]$ 应该为非共格界面。

参考文献

[1] Pond R C, Hirsh J P. Defects at surfaces and interfaces. Solid State Physics, 1994, 47: 287–365.

[2] Hahn T. International tables for crystallography, Vol. A. 5th ed. Heidelberg: Springer, 2005.

[3] Christian J W. Deformation by moving interfaces. Metallurgical Transactions, 1982, 13A: 509–538.

第 12 章 原子分辨率的电子显微术

12.1 高分辨透射电子显微像和原子序数衬度像

高分辨透射电子显微术 (high resolution transmission electron microscope, HRTEM) 成像是电子波函数从样品衍射后经过电磁透镜的作用在摄像机等记录介质上形成干涉图像。在样品非常薄时满足弱相位体近似, 在最佳欠焦条件下, 可以简单地认为高分辨透射电子显微像直接反映了入射电子束方向上原子列的二维投影, 这样就可以比较直观地理解物质原子尺度的微观结构。这时, 对样品结构可以直接解释的最高分辨率被称为点分辨率, 它主要取决于透射电镜中的物镜像差和入射电子的波长 [1]。HRTEM 像是一种相干像, 像的波函数是出射波 $\psi(\boldsymbol{R})$ 与点扩展函数 $P(\boldsymbol{R})$ 的卷积。这样, HRTEM 像的强度为 $I_{\mathrm{coh}}(\boldsymbol{R}) = |P(\boldsymbol{R}) \otimes \psi(\boldsymbol{R})|^2$, 这种相干的卷积意味着电子束点扩展函数的细微变化可以引起像强度的强烈变化, 而电子束点扩展函数又随着欠焦量和其他一些电镜参数的变化而改变, 因此有时会发生衬度反转现象。

20 世纪 90 年代以后, 高分辨原子序数衬度像技术在材料微观分析方面得到了越来越广泛的应用。原子序数衬度像也叫高角度环状暗场–扫描透射电子显微镜 (high angle annular dark field–

scanning transmission electron microscopy, HAADF–STEM) 像。这种成像技术产生的非相干像不同于相干相位衬度的高分辨透射电子显微像, 其衬度不会随样品的厚度和聚焦发生很大的改变, 图像中的亮点总是反映真实的原子列位置, 并且亮点的强度与原子序数约 1.7 次方成正比, 据此能够反映原子分辨率的化学成分信息 [2]。目前, 高分辨原子序数衬度像广泛应用在缺陷、晶界和界面的微观结构研究方面, 已成为一种常用的电子显微学方法。

HAADF–STEM 成像的基本过程如下: 在样品之前的电磁透镜将电子束会聚成原子尺度的束斑; 将电子束斑聚焦在样品表面后, 通过线圈控制逐点扫描样品的一个区域, 在扫描的同时, 放置在样品后方的具有一定内环孔径的环形探测器同步接收被散射到高角度的电子, 其强度即为在样品上对应被扫描点的原子序数衬度像的强度。连续扫描一个样品区域就形成了原子序数衬度像。1896 年 Rayleigh 指出, 如果光以很大的角度透射样品, 这时样品可以认为是自发光, 在样品上不同的点所发出的光不相干。这时, 图像代表强度的卷积而不是振幅的卷积: $I_{\rm coh}(\boldsymbol{R}) = |P(\boldsymbol{R})|^2 \otimes |\psi(\boldsymbol{R})|^2$, 非相干像不会出现相干像中常会出现的尖锐干涉条纹, 因此原子序数衬度像可以在各种样品厚度下保持图像衬度不反转 [2]。随着像差校正电镜的出现, 高分辨原子序数衬度像的空间分辨率已经达到亚埃量级, 以下的实验结果都是利用 HAADF–STEM 获得的。

12.2 拓扑密堆 Laves 相中原子短程序所决定的位错滑移

两种及以上的金属原子按照相对固定的化学计量比, 分别占据不同的亚晶格位置所形成的有序晶体结构为金属间化合物。金属间化合物通常具有很好的高温力学性能, 如高强度、抗氧化性和抗蠕变性能, 以及较低的密度, 因此作为合金强化相广泛应用于航空航天等领域。拓扑密堆相 (topologically close-packed phase, TCP 相) 就是一类典型的金属间化合物, 它们是由两种或两种以上大小不同的原子适当配合得到的全部由四面体堆垛而成的晶体结构。20 世纪 50 年代, Frank 和 Kasper 最先从原子结构模型上系统分析了这类晶体结构的规律特点, 因此 TCP 相又称为 Frank–Kasper 相 [3]。

由于金属间化合物中的原子都试图拥有能量上最有利的原子堆垛环境, 它们的晶体结构可以被认为是在能量上最有利的局部原子排列和在长程周期性堆垛之间的折中, 从而使晶体的形成能最低。对于复杂结构晶体而言, 它们的结构往往与原子堆垛环境密切相关, 因此更适合用原子环境类型 (atomic environment type, AET) 来描述, 以突出它们的几何特征。原子环境类型可以通过将中心原子周围的所有近邻原子连接起来形成配位多面体 (coordination polyhedron) 来描述。由于配位多面体对晶格参数和对称性不敏感, 因此同一配位多面体可以存在于不同的晶系中, 这使得配位多面体在晶体结构中具有广泛的代表性 [3]。

构成配位多面体的近邻原子数目被称为配位数。在单质金属中, 所有的原子尺寸都相同, 最高的配位数就是面心立方和密排六方结构中的 12 配位。然而, 在合金或金属间化合物中, 存在不同大小原子的情况, 此时配位数可以更高, 从而使得晶体结构有更高的空间占有率或原子密度。比如, Frank 和 Kasper 通过推导发现, 拓扑密堆相中的原子通常包含 4 种配位数, 即 12、14、15 或 16, 其中原子半径越大, 其对应的配位数也越高。拓扑密堆相内只有四面体堆垛, 因此构成配位多面体的面都是三角形, 并且这 4 种原子配位数也只对应于 4 种配位多面体, 即 CN12、CN14、CN15 以及 CN16 多面体。由于晶体内周期性点阵的限制, 拓扑密堆相中的配位多面体都是有畸变的。CN12 多面体所有的顶点都是五棱锥的顶点, 而 CN14、CN15、CN16 多面体除了具有五棱锥的顶点, 还分别有 2 个、3 个、4 个六棱锥的顶点。CN16 多面体经常出现在 Friauf-Laves 相中, 所以它通常被称为 Friauf-Laves 或 Friauf 多面体。在实际的晶体结构中, 不同的配位多面体互相交错, 形成一个相互穿插的复合体, 这时一个多面体中心的原子可能位于另一个多面体的外围, 反之亦然。CN12 多面体是所有拓扑密堆相所必须包含的一种配位多面体, 这种二十面体中心的原子半径要比外围构成多面体的原子半径小约 10%。因为两种或多种金属的原子半径通常是不相等的, 很多过渡族金属的原子半径与 Al、Ni 原子的尺寸差在 5% ~ 10% 之间, 因此二十面体密堆非常适合组成合金相结构 [3,4]。理想的 CN12 多面体是正二十面体 (icosahedron), 可以看作由两个五棱锥正反对置而成, 可以看到, 沿任意一个五次轴中心原子的周围有 10 个原子。在早期的 HRTEM 成像技术中, 在特定晶体学投影方向下成串配位的多面体的中心原子柱 (在 CN12 多面体中被称作五角通道, 在 CN14 多面体中为六角通道) 可以形成亮点而被成像, 结合电子衍射, 通过搭建配位多面体和原子层结构特征, 不但可以解析这些复杂晶体的结构, 而且也可以解析其中的界面缺陷结构, 使人们对拓扑密堆相的结构有了更加系统和深刻的理解 [5,6]。

位错行为决定了材料的力学性能, 位错滑移一般被认为受长程的晶格平移矢量控制。通常, 位错在晶体学平面上运动, 它们的伯氏矢量是晶格平移矢量的有理分数; 例如, 伯氏矢量为 $1/6\langle 112\rangle$ (Shockley 不全位错) 或 $1/2\langle 110\rangle$ (全位错) 的位错在面心立方晶体的 $\{111\}$ 面上滑移。然而, 晶体结构是短程有序和长程有序折中的结果, 即在晶体学对称群允许的条件下, 每个原子都试图拥有能量上最有利的原子环境。对于复杂结构的金属间化合物, 它们的结构往往与原子环境或者配位多面体对称性密切相关, 这样, 当把形成的对称性不同的配位多面体填充到具有平移周期性的晶格中时, 它们的对称性在几何上限制了可能的排列方式。因此, 多面体的特征参数可能会与长程晶格平移周期矢量不一致。

对于相邻的配位多面体, 它们一般更倾向于与中心多面体形成共面连接。因此, 将一个二十面体的中心与其共面相邻的二十面体的中心连接起来得到的矢量可以显示二十面体在这些晶体中的排列方式, 我们将这个矢量称为面堆垛矢量 (face-packing vector)。作为一种典型的拓扑密堆相, Laves 相在 C15(立方)、C14(六方) 和 C36(复杂六方) 三种晶体结构中都具有相同的配位多面体 (CN12 和 CN16), 但在这些多面体的长程堆垛上却各不相同。在 C15 结构中, 所有的面堆垛矢量都位于 {111} 平面上 [图 12.1(a)], 而且它们与晶格平移矢量一致。但是, 在 C14 和 C36 结构中, 只有位于 (0001) 基面上的面堆垛矢量与晶格平移矢量一致, 其他都偏离了原来晶格的平移矢量 [图 12.1(b)]。

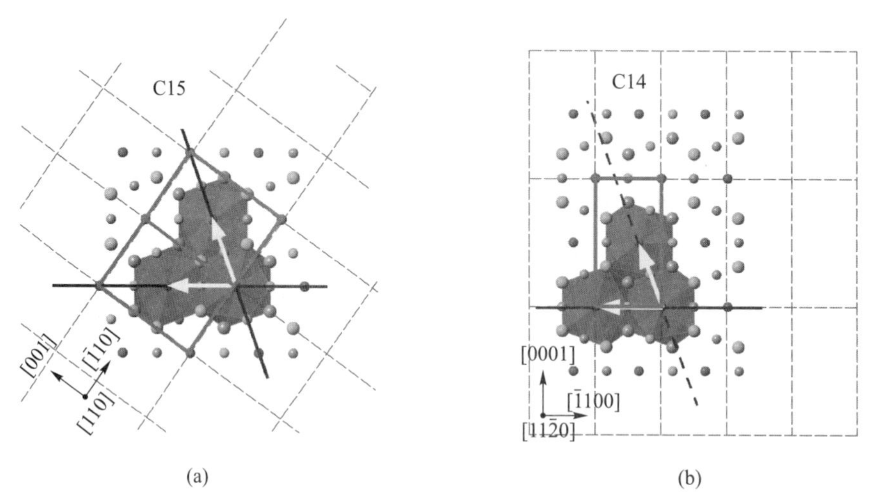

图 12.1　立方晶体 C15 (a) 和六方晶体 C14 (b) 结构中的二十面体排列。虚线网格表示晶体的点阵 (单胞用红色实线方框表示)。黄色箭头表示两个共面堆垛的二十面体的面堆垛矢量。黑色加粗的实线和虚线分别表示符合和偏离晶格平移矢量的面堆垛矢量。大球和小球显示了大小两种原子, 球的颜色沿观察方向的高度变化而不同 [7]。(参见书后彩图)

对于 C15 结构的 {111} 面和 C14、C36 结构的 (0001) 面而言, 其变形机制类似于传统面心立方晶体中的 Shockley 位错或密排六方晶体中的基面不全位错。然而, 当对应于原子短程有序的面堆垛矢量偏离长程平移矢量时, 其变形机理可能与简单结构晶体明显不同。

在 HAADF–STEM 像中, 原子柱被投影为亮斑点, 如果原子柱包含越高原子序数 Z 的原子, 则亮斑强度越高。在 C14 结构 M_2Nb (M=Cr、Ni 和 Al) Laves 相中, Cr、Ni、Al、Nb 的原子序数分别为 $Z = 24$、28、13、41, 图 12.2 中较亮的点为 Nb 原子柱或投影二十面体中心的 M 原子柱, 较弱的点为周围的 M 原子柱, 这是由于在该投影下这些二十面体中心原子柱中的原子密度是周围原子柱中的两倍。原子分辨率的能量色散 X 射线谱 (X-ray energy dispersive spectrum, EDS) 成分表征显示 C14 M_2Nb 相中原子尺寸较小的 Cr、Ni、Al 随机占据配位数为 12 的多面体中心, 而更大的 Nb 原子占据配位数为 16 的多面体中心 (如图 12.3 所示)。

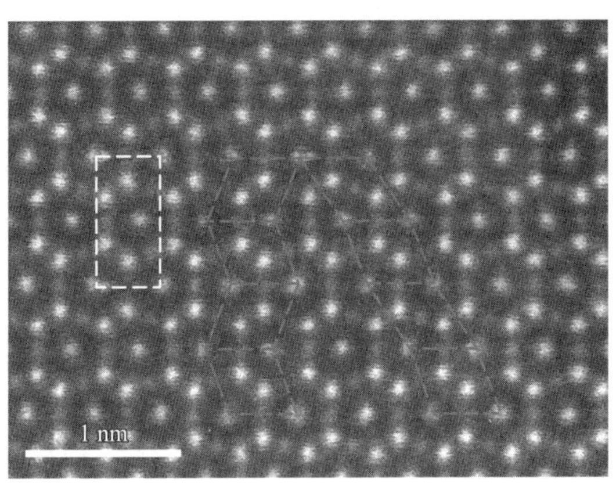

图 12.2 沿 $[11\bar{2}0]$ 方向观察到的 C14 M_2Nb (M=Cr、Ni 和 Al) 的 HAADF–STEM 像。洋红色虚线框描述了晶体的棱柱面 (左) 和棱锥面 (右) 的亚结构单元, 白色虚线框表示一个 C14 单胞 [7]。(参见书后彩图)

Laves 相的结构特征可以用二维投影中的特征多边形格子拼图来描述, 这种方法不仅经常被应用于拓扑密堆相, 也广泛用于分析更加复杂的准晶近似相中的缺陷 [8]。C14 结构的一个重要特点是相互贯穿的二十面体形成沿 $[11\bar{2}0]$ 方向的链, 这些二十面体链是由交替原子层上的两组原子形成的五边形 (青色和橙色) 和中间的一列原子 (洋红色) 共同组成的 (图 12.1)。在 C14 的 $(11\bar{2}0)$ 投影面上, 拼图格子可以通过连接这些二十面体中心的原子柱生成。对于同一种晶体结构, 晶面不同, 格子拼图的方式也不同。我们用两种拼图方式描述 C14 结构 (图 12.2): 考虑到沿棱柱面方向的周期性, 沿 [0001] 方向, 采用了两个成反映面对称的宽菱形格子交替堆垛的方式; 在棱锥面上, 沿 $\langle\bar{1}101\rangle$ 方向, 采用了宽菱形和平行四边形格子交替堆垛的方式。在棱柱面和棱锥面的两种格子拼图中, 每一对多边形单元都有 4 个 Nb 原子和 8 个 M 原子与一个 C14 晶胞的原子数量相同 (图 12.2)。

在 1073 K 高温压缩后, C14 M_2Nb 晶体会发生严重变形, 从而在基面、棱柱面以及棱锥面中形成大量的位错及层错。如图 12.4(a) 所示的原子分辨率 HAADF–STEM 像所示, 一个典型的非基面位错停留在晶体内部, 后面连接着

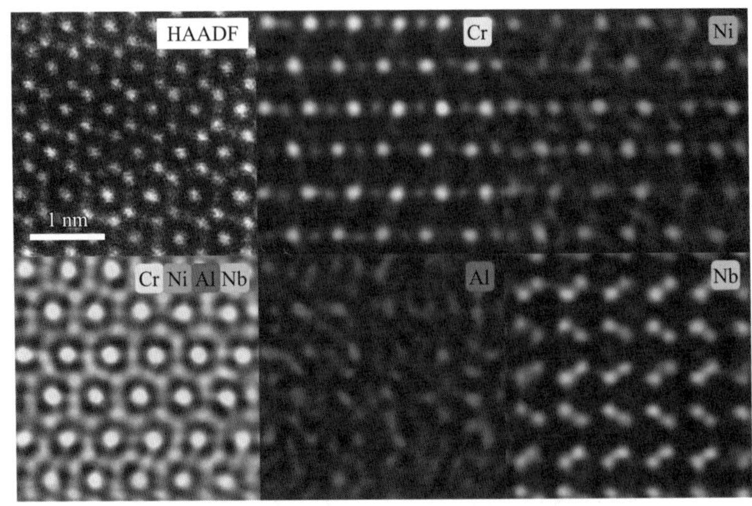

图 12.3　C14 M_2Nb 晶体原子分辨率的 HAADF–STEM 像和相应的元素分布图。合成的元素分布图显示 Cr、Ni、Al 均占据较小原子的位置 (CN12), Nb 占据较大原子的位置 (CN16)[7]。(参见书后彩图)

的层错在 $(\bar{1}100)$ 棱柱面上。位错核心为不规则多边形。核心所连接的层错可以用窄菱形和宽菱形交替的格子来描述 [图 12.4(b)]。结合 HAADF–STEM 像, 根据以下原则搭建了层错的三维原子结构。首先, $(11\bar{2}0)$ 面的原子层在穿过层错区域没有断开, 并且在 $z=0$ (青色) 和 $z=1/2$ (橙色) 的原子层, 原子都保持了它们在 C14 结构中的三角形网格, 这对应了拓扑密堆相四面体堆垛的特征。其次, 较大的 Nb 原子和较小的 M 原子分别占据配位数相对较高 (CN=15 或 16) 和较低 (CN=12、13 或 14) 的原子位置。以此构建的结构模型与原子分辨率成分分析结果 [图 12.4(g)] 一致。在构造的模型中, 没有沿 $[11\bar{2}0]$ 方向的偏移矢量。

与此类似的, 在 $(\bar{1}101)$ 棱锥面上, 也观察到连接层错的非基面位错 [图 12.4(d)]。棱锥面上的位错核心比棱柱面上的稍大, 可划分为三个不规则多边形, 层错区域由交替的矩形和宽菱形格子组成 [图 12.4(e)]。基于原子分辨率 HAADF–STEM 像和几何密排规则, 也搭建了棱锥面层错的原子结构模型, 结果与成分分析结果 [图 12.4(h)] 一致。

对于棱柱面层错 [图 12.4(c)], 与完整 C14 晶体中的结构单元相比, 层错中的窄菱形格子中 “缺失”了两个 Nb 原子, 这说明位错运动伴随有向外的原子输运。与此相反, 棱锥面层错 [图 12.4(f)] 在矩形格子中增加了一个 M 原子, 说明位错运动伴随向内的原子输运。另外, 原子分辨率的能谱分析显示层错处有成分变化 [图 12.4(g)、(h)]。在棱柱面和棱锥面层错上, Cr 和 Nb 贫化, 而 Ni 偏聚。特别地, 在棱柱面层错上 [图 12.4(g)], Ni 原子在两个近邻中心原子柱的位置有明显富集。

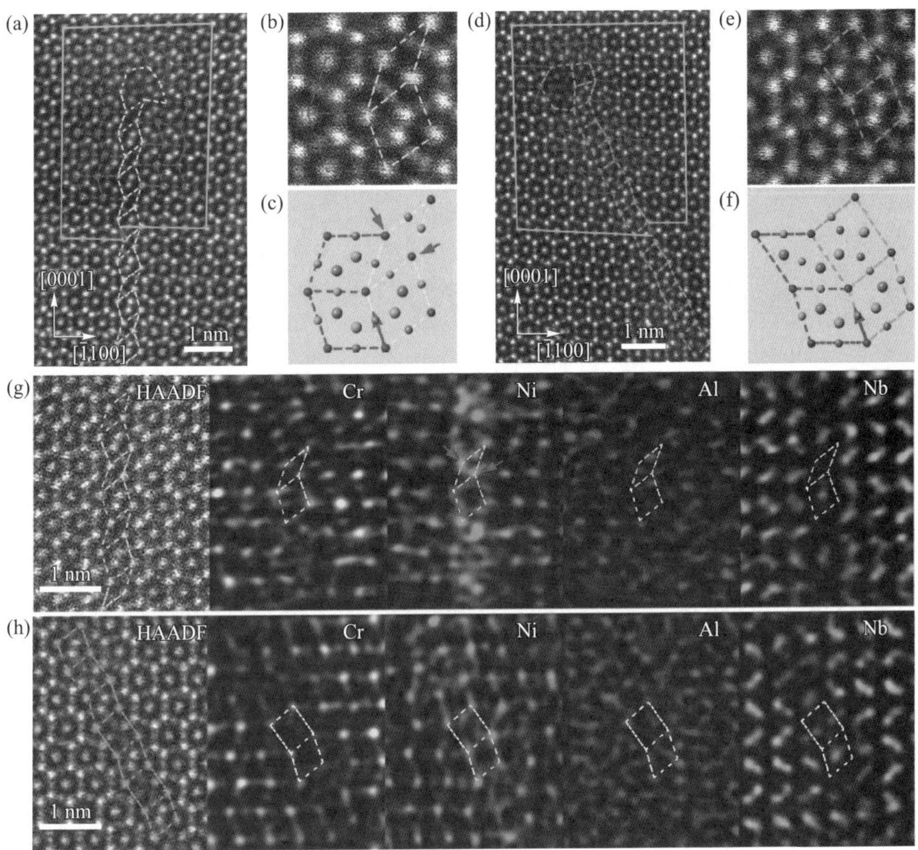

图 12.4 在 1073 K 高温压缩后, C14 M_2Nb 晶体在基面、棱柱面以及棱锥面中形成的大量位错及层错。(a)、(d) 沿 [11$\bar{2}$0] 方向观察到的棱柱面 [黄色格子 (a)] 和棱锥面 [绿色格子 (d)] 上的位错及其相连接层错的 HAADF–STEM 像; (b)、(e) 棱柱面 (b) 和棱锥面 (e) 层错放大的 HAADF STEM 像以及相应的 C14 晶体格子; (c)、(f) 与图 (b) 和图 (e) 中层错对应的结构模型, 红色箭头表示位错的伯氏矢量, 图 (c) 中的洋红色箭头指向两个相邻的中心原子柱; (g)、(h) 棱柱面 (g) 和棱锥面 (h) 层错的 HAADF–STEM 像及其相对应的原子分辨率 EDS 图, 元素分布图中的一组单元格子由白色虚线表示出来, 图 (g) 中的洋红色箭头指向如图 (c) 所示的两个相邻的中心原子柱 [7]。(参见书后彩图)

沿 [0001] 方向, 棱柱面层错也在平行投影方向的条件下成像 [图 12.5(a)]。搭建的棱柱面层错模型的 [0001] 方向的投影 [图 12.5(c)] 与实验中观察到的 [0001] 方向投影 [图 12.5(b)] 一致。从 HAADF–STEM 模拟像 [图 12.5(d)] 中得到的强度曲线与实验图中得到的 [图 12.5(f)] 也一致, 实验像和模拟像中层错中的原子柱亮度都在原子序数较大的纯 Nb 原子柱和原子序数较小的纯 M (M=Cr, Ni 和 Al) 原子柱之间。以上结果表明层错的三维结构模型与实验中的 HAADF–STEM 图像是一致的。在 [0001] 方向投影中 [图 12.4(b)], C14 结构的晶格在层错处正常穿过, 没有沿 [11$\bar{2}$0] 方向的错排, 即没有此方向的层错偏移矢量和伯矢分量, 这与前面搭建的模型一致。

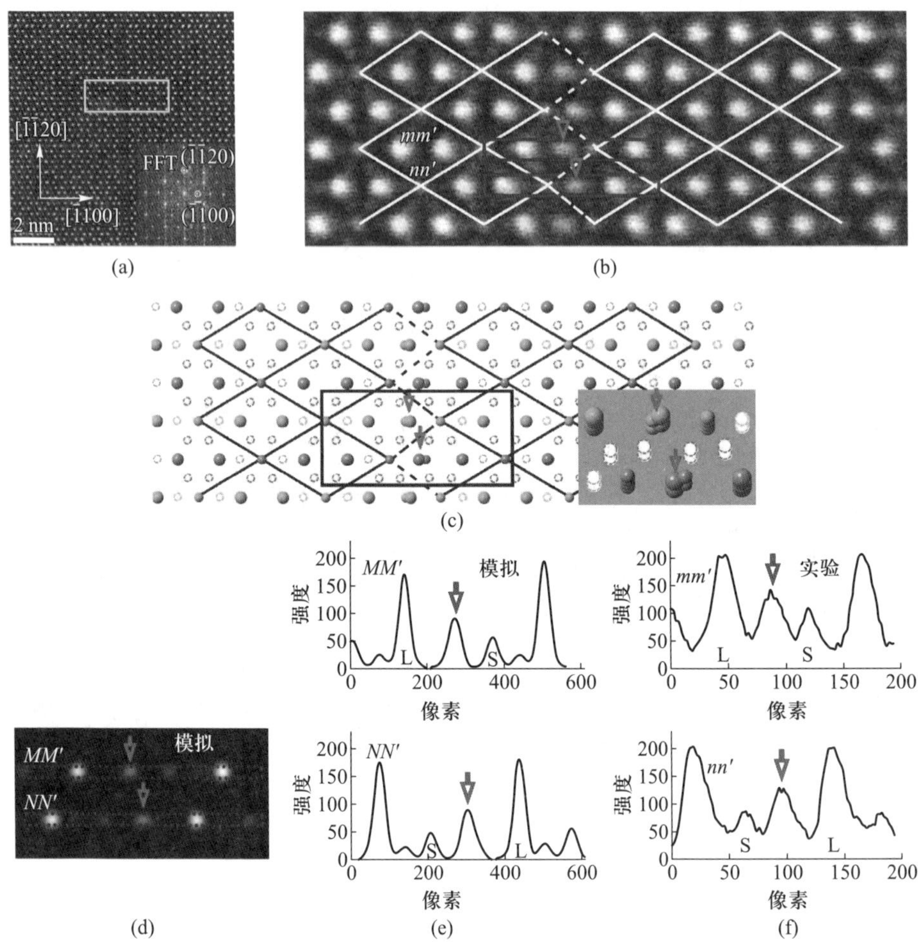

图 12.5　(a) 棱柱面层错沿 [0001] 方向投影的 HAADF–STEM 图像, 衬度较暗的一段为棱柱面层错; (b) 图 (a) 中黄色框内区域的放大图, 白色的格子展示了 C14 的晶格, 在层错处用虚线连接, 箭头指示层错中的原子柱; (c) 从 [0001] 轴方向看棱柱面层错的结构模型, 虚线圆表示与其他原子列相比, 这些列中只有一半数量的 (小) 原子, 插图显示了 [0001] 轴附近的结构模型透视图, 箭头指示了与图 (b) 中相同的位置; (d) 图 (c) 中黑色框内区域的 HAADF–STEM 模拟像; (e) 图 (d) 中两条线 MM' 和 NN' 的强度 (intensity)-像素 (pixels) 位置曲线, 箭头指示的原子柱属于层错, 它们相邻的大原子柱 (L) 和小原子柱 (S) 也被标出了; (f) 图 (b) 中两条线 mm' 和 nn' 的强度曲线 [7]。(参见书后彩图)

我们通过包含位错核心的 HAADF–STEM 像 [图 12.6(a)、(d)] 确定了非基面位错的伯氏矢量。层错中的宽菱形结构和 C14 晶体中的是镜面对称的

[图 12.4(c)、(f)], 这说明伯氏矢量的方向是沿着面堆垛矢量 (两个二十面体中心原子柱连线)。因此, 棱柱面和棱锥面位错有着相同的伯氏矢量。

伯氏矢量 (与 c/a 有关) 可以对应晶格平移矢量的一个无理分数。这里, 尽管伯氏矢量并不在位错运动的面上 (有一定的攀移分量), 但考虑到偏离量相对小, 为了简单起见, 我们依然称此处的位错运动为滑移运动。

同一个非基面层错经常被观察到并非像一般层错那样平直, 而是既有在棱柱面上的部分, 也有在棱锥面上的部分。层错在棱柱面和棱锥面转弯的地方没有发现伯氏矢量的存在, 这意味着位错改变滑移面时没有任何的分解或反应。从结构单元的角度来看, 这种异常行为与这两类层错共有的宽菱形结构单元有关 [图 12.6(c)]; 另外, 也与在这两个面上的位错有相同的伯氏矢量有关。由于伯氏矢量并不在两个滑移面上 [图 12.6(d)], 位错在任一面上的运动将会导致体积的改变: 对应于伯氏矢量与棱柱面 19.3° 的偏离量, 位错在棱柱面上的运动会导致较大的压缩, 在棱锥面上的运动会导致较小的膨胀 (伯氏矢量与棱锥面夹角为 8.4°)。这将会在层错区域导致很强的局部应力或者原子在层错处的内外输运 (即长程扩散)。

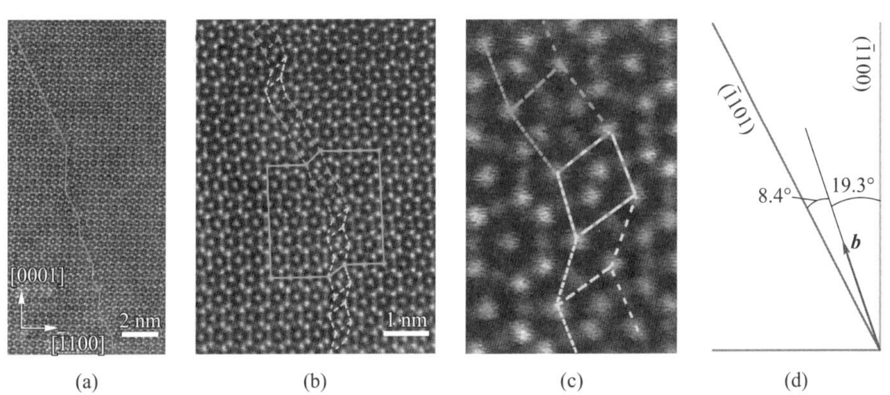

图 12.6 (a) ~ (c) 层错在棱柱面和棱锥面之间转换的 HAADF–STEM 像, 黄色线或格子指示棱柱面层错的位置, 绿色线或格子指示棱锥面层错的位置, 包含一个转变处的青色伯氏回路 (b) 是闭合的; (d) 伯氏矢量的方向 (红色箭头) 以及棱面和棱锥面的位置示意图 [7]。(参见书后彩图)

利用像差校正 HAADF–STEM 和 EDS 研究发现, C14 结构中的非基面位错拥有的伯氏矢量偏离滑移面, 并且可以通过在棱柱面和棱锥面之间的来回转换而移动, 从而导致向内或向外的长距离原子迁移。结合几何结构分析, 这一系列的现象显示了原子环境类型多面体控制了剪切过程, 表明了短程构型在复杂结构金属间化合物变形中的决定性作用。

12.3 亚稳 β 型钛合金中的可逆位移相变

形变诱发的可逆马氏体相变通常对应着原始结构构型在加载和卸载过程中相界面的可逆运动。相变可逆性的一个必要条件是基体与产物的对称群在同一个有限群内 [9,10]。这时, 界面的往复运动可以给材料带来很多优异的性能, 如超弹性和形状记忆性能等, 因此, 可逆相变作为材料的一种重要现象一直是物理学家和材料科学家的研究热点。钛在室温下具有六方结构, 被称为 α-Ti。当在钛中加入一定的 β 相稳定元素时, 可以使该合金在室温下含单一的 β 相。这种亚稳 β 型合金在航空航天和生物材料领域都是极具发展前景的多功能材料。这类合金的力学性能与该合金中可能出现的多种亚稳相 (例如 α'' 或者 ω 相) 有关。由于亚稳 β 型钛合金的高超弹性和良好的形状记忆性能有广泛的应用前景, 研究该合金中的可逆相变具有重要的科学意义和应用价值。

一般情况下, 由 β 相形成 ω 相对应着 $\{11\bar{1}\}_\beta$ 面的塌陷。在六方晶格中原子的位置是 $(0,0,0)$, $(1/3,2/3,1/3+Z)$ 和 $(2/3,1/3,2/3-Z)$, 在本节中 Z 表示体心立方 (bcc) 晶格中 $\{11\bar{1}\}_\beta$ 面上沿 $\langle 11\bar{1}\rangle_\beta$ 方向塌陷的两层原子位置与其初始位置的偏离量。这里, $Z=0$ 对应着体心立方的晶体结构 (β 相); $Z=1/6$ 对应着传统的六方结构 (ω_H 相); 当 $0<Z<1/6$ 时, 则对应着菱方结构 (ω 相, 用 ω_T 表示)。因此, 我们可以用 Z 值来区分 β、ω_H 和 ω_T 相。Z 值可以利用 LADIA 程序从 HAADF–STEM 像和像差校正的 HRTEM 像中测量得到。我们利用两个特征矢量 $\boldsymbol{v}$ 和 $\boldsymbol{u}$ 之间的夹角 φ 来确定 Z 值。当从 $\langle\bar{1}10\rangle_\beta$ 取向观察时, 在 β 相中, $\boldsymbol{v}_0$ 为 1/2[002], $\boldsymbol{u}_0$ 为 1/6[111], φ_0 为 54.7° [图 12.7(a)]。当从 $\langle\bar{3}11\rangle_\beta$ 取向观察时, 在 β 相中, $\boldsymbol{v}_0'$ 为 $(0\bar{1}1)$ 平面上的 1/2[233] 方向, $\boldsymbol{u}_0'$ 为 (112) 平面上的 $1/6[17\bar{4}]$ 方向, φ_0 为 73.2° [图 12.7(b)]。利用式 (12.1) 来测量 Z 值:

$$Z=\begin{cases}(l_0-l)/6l_0=(1-\tan\varphi_0/\tan\varphi)/6, & \varphi\neq 90^\circ\\ 1/6, & \varphi=90^\circ\end{cases}\tag{12.1}$$

在这里, 在 $\langle\bar{1}10\rangle_\beta$ 取向下, $\tan\varphi_0=h_0/l_0$, $\tan\varphi=h_0/l$, $h_0=d\{11\bar{2}\}_\beta$; 在 $\langle\bar{3}11\rangle_\beta$ 取向下, $\tan\varphi_0=h_0'/l_0'$, $\tan\varphi=h_0'/l'$, $l_0'=2\times d\{17\bar{4}\}_\beta$, $h_0'=2\times d\{11\bar{2}\}_\beta$。

$\langle 113\rangle_\beta$ 取向的 Ti-15Nb-2.5Zr-4Sn 合金从 0% 到 7% 应变的循环拉伸曲线表明该合金在这一取向拉伸下具有较大的可恢复应变, 表现出伪弹性变形。在原位拉伸的过程中产生了变形带 [图 12.8(b)]。选区电子衍射结果显示, 除了原始 β 相的衍射斑点, 额外衍射斑出现在 $1/3\{112\}_\beta$ 和 $2/3\{112\}_\beta$ 的位置, 对应着 ω_T 相的斑点 [图 12.8(i)]。通过该 ω_T 相的 HAADF–STEM 像计算出 Z 值 [图 12.8(c)]。变形产生的 ω_T 相 Z 值约为 1/24, 这意味着它属于菱方

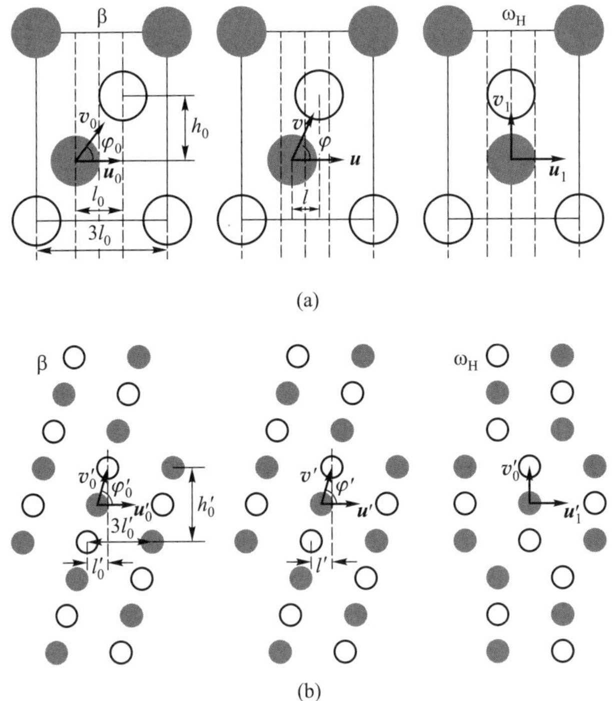

图 12.7　$\langle\bar{1}10\rangle_\beta$ (a) 和 $\langle\bar{3}11\rangle_\beta$ (b) 取向下的原子结构示意图 [11]

结构。原子级别能量色散 X 射线谱结果表明, 基体 β 与 ω_T 相之间的成分差别不大 [图 12.8(d)]。作为对比, 在 648 K 等温时效 2 h 后, 从同一合金中获得 ω_H 析出物 [图 12.8(e)]。从 HAADF–STEM 像解析出时效析出相 ω_H 的 Z 值为 1/6[图 12.8(f)]。它属于六方结构, 与变形产生的菱方 ω_H 相不同。能量色散 X 射线谱结果表明, 基体 β (~ 15 at.%) 和析出相 ω_H (~ 8.2 at.%) 的 Nb 含量存在显著差异 [图 12.8(g)]。

在透射电镜原位拉伸过程中, 我们通过时间分辨的像差校正 HRTEM 像在原子尺度捕捉到 β 到 ω_T 的可逆转变。在拉伸加载之前, 该合金是由单一的 β 相构成。最初的像差校正 HRTEM 像说明 β 相为 bcc 晶体结构 [$t = 0$ s, 图 12.9(a)]。在对样品施加拉伸应变后, 通过变形区域傅里叶变换的斑点得知, ω_T 胚胎开始出现在变形区域 [$t = 94$ s, 图 12.9(b)]。当增加拉伸应变时, 相邻的 ω_T 胚胎发生汇聚导致 ω_T 相区域扩大 [$t = 103$ s, 图 12.9(c)]。在释放应力的过程中, ω_T 相的界面逐渐回缩, 直到 ω_T 相完全转化为基体 β 相 [图 12.9(d) 和 (e)]。由于像差校正 HRTEM 像傅里叶变化模式中位于 $1/3\{112\}_\beta$ 位置的斑点强度可以定性对应于该图像中 ω_T 相的体积分数, 因此, 可以利用加载和卸载过程中对应的 ω_T 相斑点强度来评估这一可逆相变。ω_T 相的布拉格反射强度

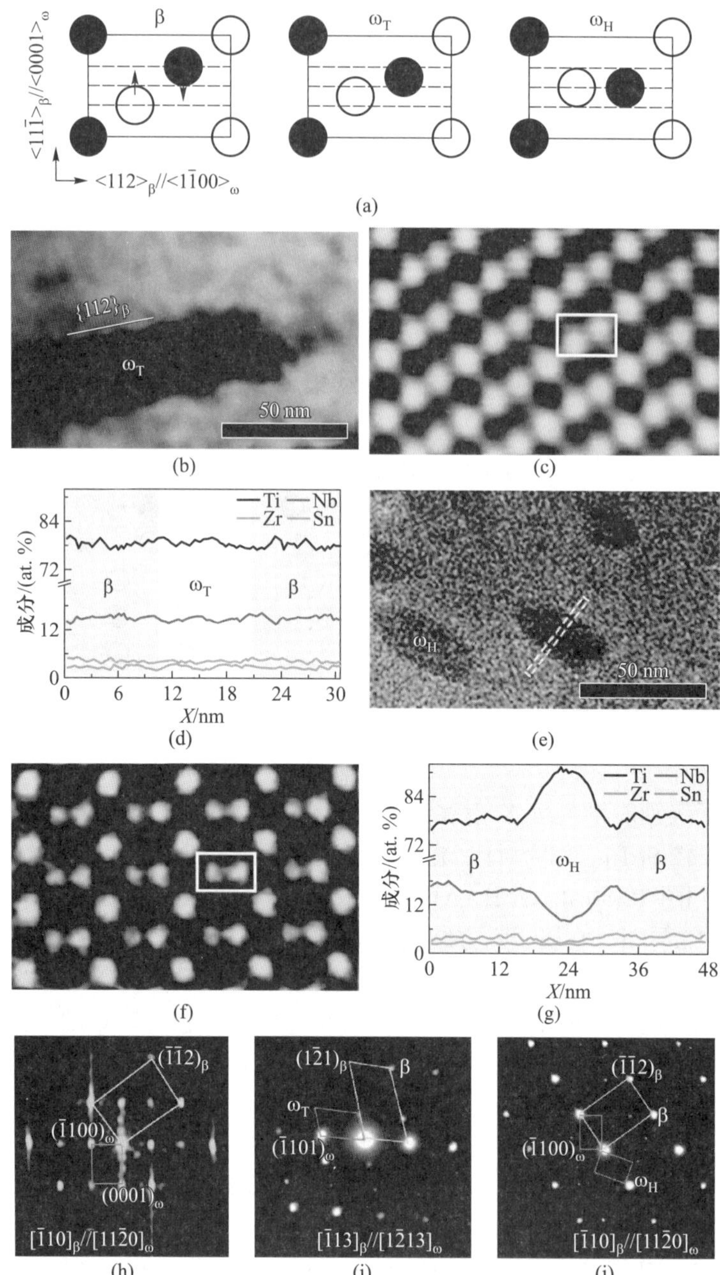

图 12.8　(a) 从 $\langle\bar{1}10\rangle_\beta$ 取向下观察的 β、ω_T 和 ω_H 相的原子结构示意图; (b)、(e) Ti-15Nb-2.5Zr-4Sn 合金在原位拉伸过程中产生的 ω_T 相 (b) 以及 648 K 等温时效 2 h 后产生的 ω_H 析出相 (e) 的明场像; (c)、(f) 沿 $\langle\bar{1}10\rangle_\beta$ 轴观察, 变形样品中的 ω_T 相 (c) 以及时效样品中的 ω_H 相 (f) 的 HAADF–STEM 像; (d)、(g) ω_T 相 (d) 以及 ω_H 相 (g) 的 EDS 线扫分布图; (h) 图 (c) 对应的傅里叶变化结果; (i)、(j) 原位拉伸变形样品中 ω_T 相 (i) 以及时效样品中 ω_H 相 (j) 的选区电子衍射 [11]。(参见书后彩图)

在加载过程中逐渐增强, 而在卸载过程中减弱 [图 12.9(f)]。值得注意的是, 由于原位实验中的间歇加载模式, 拉伸力的增加或减少与时间变化不呈线性关系。此外, 通过几何相位分析 (geometric phase analysis, GPA)[12] 测量了由于 ω_{T} 变换而在周边 β 相基体中生成的局部晶格应变 ε_{xx} (此处 x 轴沿 $[0\bar{1}1]_{\beta}$)。结果表明, 随着拉力的增大, ε_{xx} 从 $\sim 0.2\%$ ($t = 0$ s) 增加到 $\sim 2.67\%$($t = 103$ s),

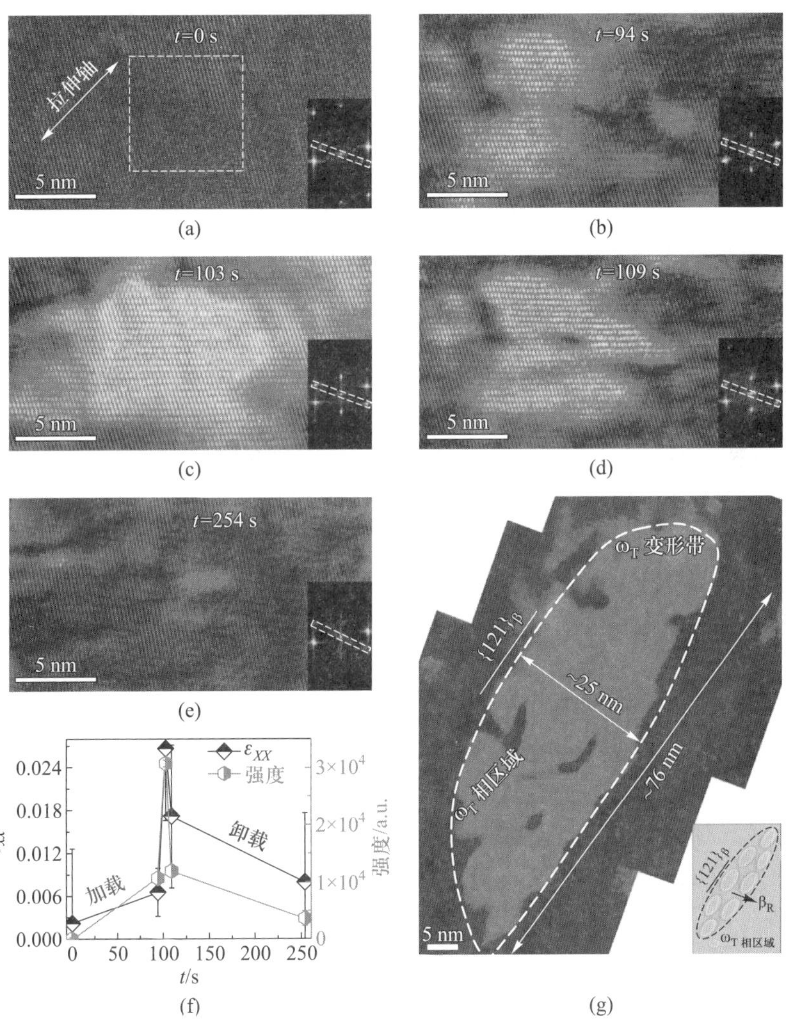

图 12.9 (a) ~ (e) 在变形区域处沿 $\langle\bar{3}11\rangle_{\beta}$ 轴分别在 $t = 0$ s(a)、94 s(b)、103 s(c)、109 s(d) 和 254 s(e) 记录的时间分辨像差校正 HRTEM 图像, 从傅里叶变换的斑点中选择属于 ω_{T} 的 Bragg 斑点进行傅里叶逆变换, 从而勾勒出 ω_{T} 相分布区域; (f) ω_{T} 相 Bragg 斑点的强度 (intensity) 以及由该相导致的 β 基体中的应变随加载 (loading)、卸载 (unloading) 时间的变化; (g) ω_{T} 变形带 (deformation band) 原子分辨率像差校正 HRTEM 图像及其示意图, 变形带是由很多 ω_{T} 畴结构组成, 在两个 ω_{T} 畴之间存在残留的 β 相 [11]。(参见书后彩图)

在拉力卸载后减小至 $\sim 0.8\%$ ($t = 254$ s) [图 12.9(f)]。如果进一步增加拉伸力而不是卸载, 则相邻的 ω_T 畴将最终合并为变形带 [图 12.9(g)]。

用原位明场透射电子显微像也可以观察到可逆的 ω_T 形变带 [图 12.10(a) ~ (e)]。原始样品在 $t = 0$ s 时的选区电子衍射 (SAED) 结果显示它完全由 β 相组成 [图 12.10(a) 中的插图]。当施加应力时, 样品沿 $\{1\bar{2}1\}_\beta$ 方向产生变形带。根据选区电子衍射结果判断新形成的相为 ω_T 相 [如图 12.10(b) 中的插图所示]。卸载应力后, ω_T 变形带的边界收缩, 最终完全消失 [图 12.10(c) 和 (d)]。同时, 位于 $1/3\{1\bar{2}1\}_\beta$ 和 $2/3\{1\bar{2}1\}_\beta$ 处的衍射点强度在卸载期间变弱, 最终完全消失 [图 12.10(c) 和 (d) 的插图]。在原位拉伸实验期间, 外应力主要为沿 $\{1\bar{2}1\}_\beta$ 面的剪切分量, 同时 ω_T 变形带几乎沿 $\{1\bar{2}1\}_\beta$ 面生成。这些结果表明 β 到 ω_T 的相变包含沿 $\{1\bar{2}1\}_\beta$ 面的 β 相晶格剪切。

使用 HAADF–STEM 技术分析了 ω_T 相和 β 基体间的界面结构。图 12.11(a) 为在加载过程中捕捉到的 ω_T 胚胎。通过几何算法测量该 ω_T 核的 Z 值 [如图 12.11(b) 所示] 并获得该 ω_T 胚胎的 Z 值曲线图 [图 12.11(d)]。结果表明母相 β 的 Z 值基本为 0, 而 ω_T 胚胎的 Z 值约为 1/24。有趣的是, 在该 ω_T 相和 β 母体的界面出现了一个连续的过渡区, 该过渡区覆盖 8 层原子, 其宽度约为 2 nm, 这种情况不同于通常在块状晶体中观察到的尖锐界面。同时, 对该 ω_T 胚胎进行 GPA 分析, 结果显示在 ω_T 相和母相 β 之间的界面上没有界面缺陷 [图 12.11(c)]。

为了理解上述的可逆相变, 在全势 KKR 格林函数方法与相干势近似 (coherent potential approximation, CPA) 结合的条件下, 进行了理论计算, 以确定合金转变过程中 ($0 \leqslant Z \leqslant 1/6$) 中间态的能级。沿着最小能量曲线, 在 $Z = 1/48 \sim 2.2/48$ 之间存在局部能量最小值 [图 12.12(a)]。这表明在这个中间态条件下可以存在亚稳相。这些结果与实验中观察到亚稳相 ω_T ($Z = 1/24$) 的实验结果相一致。另外, 可以通过第一性原理计算或估算出钛合金中 Sn、Nb 或 Zr 组分对这一转变路径 ($0 \leqslant Z \leqslant 1/6$) 的影响。当 Sn 含量小于 4 at.% 时, 能量在相变过程中单调降低。当 Sn 含量为 4 ~ 6 at.% 时, 在 β 相和 ω_H 相之间出现了局部能量最小值。当 Sn 含量超过 6 at.% 时, ω_H 相的能量甚至高于 β 相的能量, 这说明此时很难生成 ω_H 相 [图 12.12(b)]。添加 Nb 含量的效果与添加 Sn 含量效果相似 [图 12.12(c)]。与此同时, 转变过程的这些特征对 Zr 含量变化不敏感 [图 12.12(d)]。通过超胞方法来检验 CPA 结果, 选用 Ti-16.7 (at.%)Sn 作为检验样品。结果表明, 通过 CPA 和超胞方法获得的最小能量途径的数值在量级上是一致的。

常规的六方结构的 ω_H 相可以通过加热即淬火 (绝热 ω_H) 或随后的等温时效 (等温 ω_H) 形成; 或通过机械方式即极高应变速率压缩加载或高压扭转形

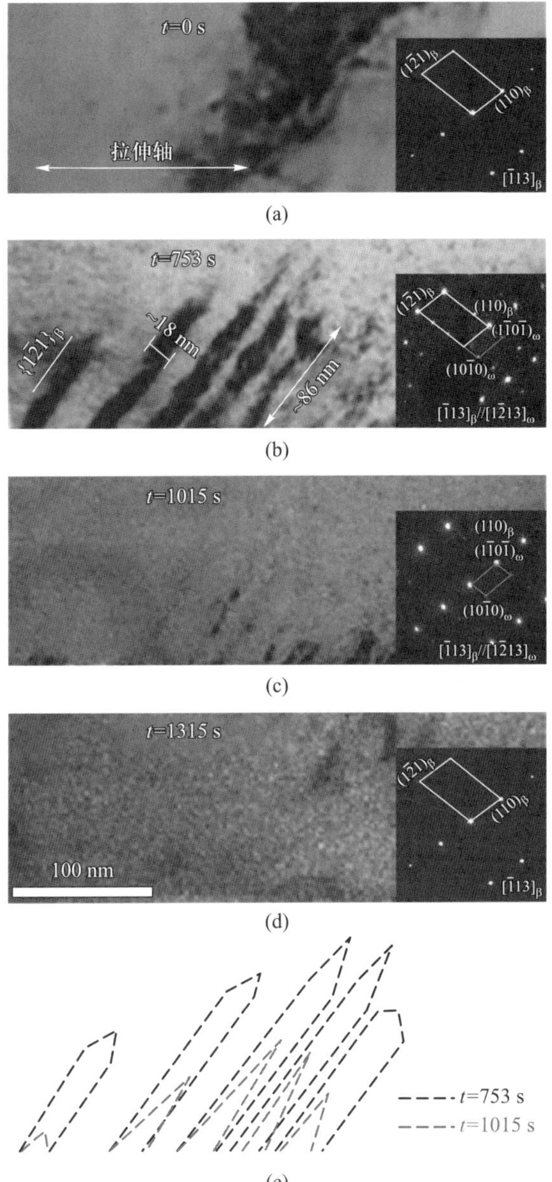

图 12.10　沿 $\langle\bar{1}13\rangle_\beta$ 轴原位拍摄的 ω_T 变形带演化过程的明场透射电子显微像和相应的选区电子衍射图, 其中双箭头标注了拉伸轴 (tensile axis) 的方向 [11]。(参见书后彩图)

成。对于等温 ω_H 相, 其形成伴随着扩散控制的成分分配, 因此等温 ω_H 的转化本质上是不可逆的 [13]。对于绝热 ω_H 相, 有人提出在严重塑性变形下通过位错机制可以实现 ω_H 向 β 的转变 [14]。其机制如下: 当三个连续的 $\{\bar{1}100\}\omega_H$ 平面上特定的不全位错一起跨过 ω_H 晶格滑移时, 可以将 ω_H 晶格转换为 β

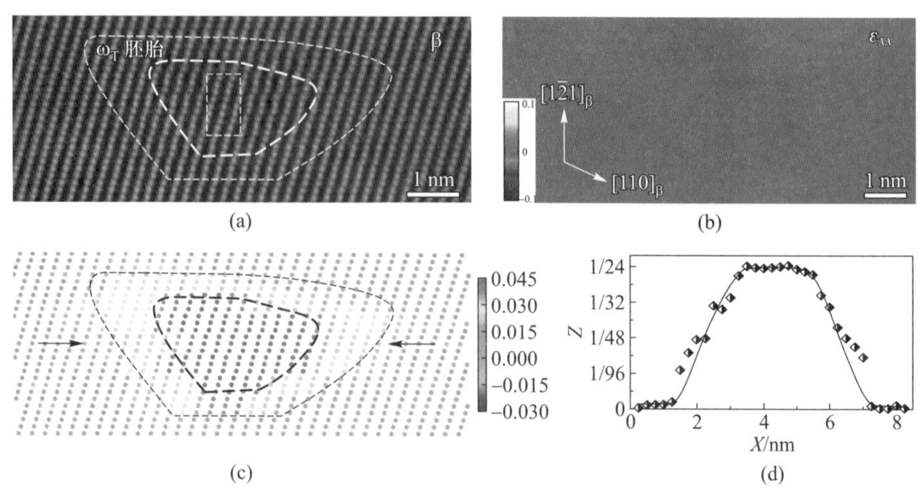

图 12.11　采用 HAADF–STEM 技术分析得到的 ω_T 相和 β 基体间的界面结构。(a) 在加载过程中沿 $\langle\bar{1}13\rangle_\beta$ 方向捕捉到的 ω_T 胚胎的 HAADF–STEM 像; (b) 对图 (a) 的 Z 值分布进行定量分析的结果; (c) 对图 (a) 进行 GPA 分析得到的 ε_{xx} 分布图; (d) 图 (b) 中 ω_T 胚胎在两个黑色箭头之间的 Z 值分布图 [11]。(参见书后彩图)

晶格。然而, 明场透射电子显微像显示, 变形后新生成的 β 相的图像衬度与原始 β 相的图像衬度有很大不同, 这表明由严重塑性变形引入的滑移带可能改变了原始的 β 晶格, 从而形成新的 β 晶格, 在此过程中, 嵌入在原始 β 晶体中的 ω_H 粒子也可能被滑移带破坏, 从而消失。这表明 ω_H 相并未转变回原始的 β 母相结构, 而是与 β 基体一起被破坏了。同时, 某些合金的绝热 ω_H 相在再加热过程中可能变为 β 相, 但由于实验技术的局限性, 尚不确定它是否能转变成原始的 β 相。对于变形产生的 ω_H 相, 通常认为该 ω_H 相在消除外加应力后是稳定的 [15]。Ti-Nb-Ta-Zr-O 合金在高压扭转过程中的不同阶段 ω_H 相会依次出现和消失, 但是离位观察无法判断 ω_H 相是否在变形过程中转变回原始的 β 母相 [16]。因此, 在严重塑性变形后嵌入 β 晶格中的 ω_H 粒子的消失不能作为 ω_H 相可逆转变的确凿证据。β 基体 ($Im\bar{3}m$) 和产物 ω_T 相 ($P\bar{3}m1$) 的晶体结构包含在同一个对称群 ($Im\bar{3}m$) 中, 而 β 基体和 ω_H 相 ($P6/mmm$) 不在 $Im\bar{3}m$ 对称群中。根据可逆相变的必要条件: 母体和产物的对称群需要包括在同一个有限群中, 因而 β 和 ω_T 之间的相变满足这一要求, 而 β 和 ω_H 之间的相变不能满足该要求。

可逆马氏体相变需要母相和产物之间具有连贯的界面。在马氏体与母体之间的界面上存在缺陷会阻碍相界面的可逆运动 [17]。在孪晶边界处存在的 ω 相可以释放孪晶界上的局部应力。在本实验中, 无界面缺陷的连续过渡的 ω_T/β 界面结构有利于适应界面上的共格应变, 从而使界面保持共格, 有利于可逆相变的发生。

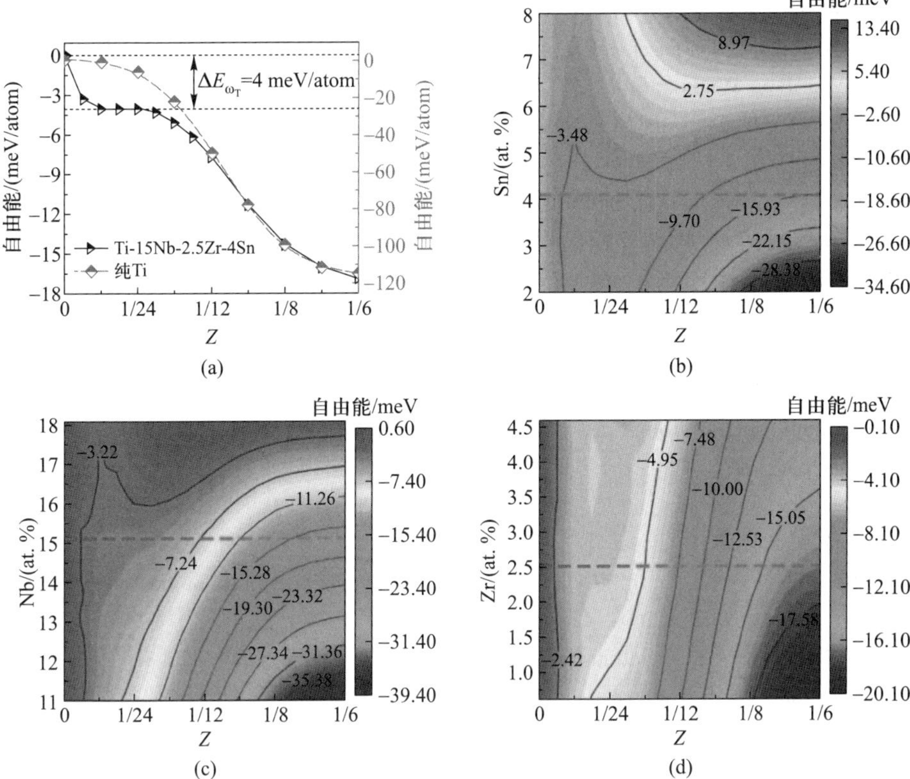

图 12.12 (a) Ti-15Nb-2.5Zr-4Sn 合金和纯 Ti 在 $0 \leqslant Z \leqslant 1/6$ 转变过程中的自由能变化; (b) ~ (d) 沿着 $0 \leqslant Z \leqslant 1/6$ 转变过程中自由能相对于 2 ~ 8 at.%Sn(b), 11 ~ 18.1 at.% Nb(c) 和 0.6 ~ 4.6 at.% Zr(d) 化学成分的变化 [11]。(参见书后彩图)

通过透射电镜的原位拉伸实验, 我们在亚稳 β 钛合金中发现一种新的可逆 ω 相变。在加载过程中, 母体 β 相的对称性从立方结构降低到菱方结构。在卸载后, 菱方结构完全恢复到原来的 β 母相结构。而且, β 相与 ω 相之间界面呈现连续过渡的无缺陷结构。第一性原理显示出这个菱方 ω 相对应着 β 相到六方 ω 相转变路径上的一个亚稳态。在变形过程中产生的菱方结构的 ω 相 ($P\bar{3}m1$) 及在 β 相与菱方 ω 相之间产生的连续过渡无缺陷的界面结构保证了该可逆 ω 相变的发生。

参考文献

[1] Spence J C H. High-resolution electron microscopy. Oxford: Oxford University Press, 2013.

[2] Nellist P D, Pennycook S J. The principles and interpretation of annular dark-field Z-

contrast imaging. Advance in Imaging and Electron Physics, 2000, 113(00): 147–203.

[3] Westbrook J H, Fleischer R L. Crystal structures in intermetallic compounds. Chichester: John Wiley & Sons, 2000.

[4] DE Graef M, Mchenry M E. Structure of materials. Cambridge: Cambridge University Press, 2007.

[5] Khantha M, Pope D P. Structure and formation of domain boundaries in topologically close-packed structures. Philosophical Magazine A, 1990, 62(3): 329.

[6] Kuo K H, Ye H Q. Tetrahedrally close-packed phases in superalloys: New phases and domain structures observed by high-resolution electron microscopy. Journal of Materials Science, 1986, 21(8): 2597.

[7] Zhang Y C, Du K, Zhang W, et al. Shear deformation determined by short-range configuration of atoms in topologically close-packed crystal. Acta Materialia, 2019, 179: 396.

[8] Feuerbacher M, Heggen M. Metadislocations // Hirth J P, Kubin L. Dislocations in Solids: Vol. 16. Elsevier, Oxford, 2010: 109.

[9] Bhattacharya K, Conti S. Crystal symmetry and the reversibility of martensitic transformations. Nature, 2004, 428: 55.

[10] Cui J, Chu Y S. Combinatorial search of thermoelastic shape-memory alloys with extremely small hysteresis width. Nature Materials, 2006, 5: 286.

[11] Qi L, Chen C J. Reversible displacive transformation with continuous transition interface in a metastable β titanium alloy. Acta Materialia, 2019, 174: 217.

[12] Hytch M J, Snoeck E. Quantitative measurement of displacement and strain fields from HREM micrographs. Ultramicroscopy, 1998, 74: 131.

[13] Fontaine D D, Paton N E. The omega phase transformation in titanium alloys as an example of displacement controlled reactions. Acta Metallurgica, 1971, 19: 1153.

[14] Lai M J, Tasan C C. Deformation mechanism of ω-enriched Ti-Nb-based gum metal: Dislocation channeling and deformation induced ω-β transformation. Acta Materialia, 2015, 100: 290.

[15] Dey G K, Tewari R. Formation of a shock deformation induced ω phase in Zr-20Nb alloy. Acta Materialia, 2004, 52(18): 5243.

[16] Wang Y B, Zhao Y H. Grain size and reversible beta-to-omega phase transformation in a Ti alloy. Scripta Materialia, 2010, 63(6): 613.

[17] Chai Y W, Kim H Y. Interfacial defects in Ti-Nb shape memory alloys. Acta Materialia, 2008, 56(13): 3088.

第 13 章 第一性原理方法及群论在结构相变中的应用

在很多材料中, 都存在着重构型结构相变。例如, 等静压或冲击条件下, 单质 Ti 由密排六方结构 (hcp) 的 α 相向非密排六方结构的 ω 相的转变 [1−4]; GaN 中, 纤锌矿结构向岩盐矿结构的转变 [5]; Cs 中, 体心立方 (bcc) 结构向面心立方 (fcc) 结构的转变 [6]; Fe 中, fcc 向 hcp 的转变 [7] 等。这类相变过程中, 会发生原子位置的近距离挪动以及晶格切变, 但原子没有长程扩散。长期以来, 这类相变是材料科学中的一个非常活跃的领域。第一性原理方法及群论在结构相变的研究中发挥了重要作用。本书前面章节详细介绍了群论。本章首先简要介绍了第一性原理方法, 然后介绍了第一性原理方法及群论在结构相变中的应用, 最后介绍了结构稳定性的电子结构机理。

13.1 第一性原理方法的理论基础 [8−10]

13.1.1 固体的 Schrödinger 方程

固体的状态均可以用 Schrödinger 方程描述。非含时的 Schrödinger 方程的形式为

$$\widehat{\boldsymbol{H}}\Psi(\{\boldsymbol{R}_I,\boldsymbol{r}_i\}) = E\Psi(\{\boldsymbol{R}_I,\boldsymbol{r}_i\}) \tag{13.1}$$

式中, $\widehat{\boldsymbol{H}}$ 为 Hamiltonian 算符。对于由原子核与电子相互作用的多体体系, Hamiltonian 算符为

$$\widehat{\boldsymbol{H}} = -\sum_I \frac{\hbar}{2M_I}\nabla_I^2 + \frac{1}{2}\sum_{I\neq J}\frac{Z_I Z_J \mathrm{e}^2}{|\boldsymbol{R}_I-\boldsymbol{R}_J|} - \sum_I \frac{\hbar}{2m_\mathrm{e}}\nabla_i^2 + \frac{1}{2}\sum_{i\neq j}\frac{\mathrm{e}^2}{|\boldsymbol{r}_i-\boldsymbol{r}_j|} - \sum_{i,I}\frac{Z_I\mathrm{e}^2}{|\boldsymbol{r}_i-\boldsymbol{R}_I|} \tag{13.2}$$

式中, 第一项为原子核的动能算符; 第二项为原子核间的静电库仑相互作用势; 第三项为电子的动能算符; 第四项为电子间的静电库仑相互作用势; 第五项为原子核与电子间的静电库仑相互作用势; $\boldsymbol{R}_I$ 和 $\boldsymbol{r}_i$ 分别为原子核及电子的位置坐标; M_I 和 m_e 分别为原子核及电子的质量; Z_I 和 e 为原子核电荷及电子电荷。Ψ 为波函数:

$$\Psi(\{\boldsymbol{R}_I,\boldsymbol{r}_i\}) \equiv \Psi(\boldsymbol{R}_1,\boldsymbol{R}_2,\cdots,\boldsymbol{R}_K,\boldsymbol{r}_1,\boldsymbol{r}_2,\cdots,\boldsymbol{r}_N) \tag{13.3}$$

其中, K 及 N 分别为系统中原子核及电子的个数。系统的能量 E 为 Hamiltonian 算符的期望值, 其表达式为

$$E = \frac{\langle\Psi|\widehat{\boldsymbol{H}}|\Psi\rangle}{\langle\Psi|\Psi\rangle} \tag{13.4}$$

与 Schrödinger 方程中 Hamiltonian 算符对应, 体系的能量 E 包含原子核的动能、原子核间的库仑相互作用能、电子动能、电子间的库仑相互作用能以及电子与原子核间的库仑相互作用能。

Schrödinger 方程中, 原子及电子坐标 $\boldsymbol{R}_I$ 及 $\boldsymbol{r}_i$ 为自变量。该方程对原子核及电子极少的体系如氢气分子 H_2 可以严格求解。但固体体系中所含有的原子及电子数量极多, 其 Schrödinger 方程无法直接求解, 必须进行简化。下面介绍简化过程中所采用的一些近似处理。为方便起见, 本章公式对电子的自旋均不作标记。

13.1.2　Born–Oppenheimer 近似及多电子相互作用方程

电子和原子核的质量差别非常大。因此, 电子对原子核位置的变化可以瞬时响应, 电子可以看成在静态的原子核场中运动。可以认为原子核的运动与电子 – 原子核的相互作用无关。这样, 原子核可以被当作经典粒子, 电子在原子核所形成的固定的势场中运动, 原子核的位置 $\boldsymbol{R}_I$ 作为参数出现在势场中。这就

是 Born-Oppenheimer 近似。因为这一近似实际上忽略了原子核的热振动, 也被称为绝热近似。它使得电子和原子核的运动分离开来。

在 Born-Oppenheimer 近似下, Schrödinger 方程简化为多电子相互作用方程:

$$\widehat{\boldsymbol{H}}\varPsi(\{\boldsymbol{r}_i\}) = E\varPsi(\{\boldsymbol{r}_i\}) \tag{13.5}$$

式中, Hamiltonian 算符为

$$\widehat{\boldsymbol{H}} = -\sum_I \frac{\hbar}{2m_\mathrm{e}}\nabla_i^2 + \sum_{i,I} V_{\mathrm{ext},\{\boldsymbol{R}_I\}}(\boldsymbol{r}_i) + \frac{1}{2}\sum_{i\neq j}\frac{\mathrm{e}^2}{|\boldsymbol{r}_i - \boldsymbol{r}_j|} \tag{13.6}$$

$V_{\mathrm{ext},\{\boldsymbol{R}_I\}}$ 为电子所感受到的所有原子核势 (外势场) 之和:

$$V_{\mathrm{ext},\{\boldsymbol{R}_I\}}(\boldsymbol{r}_i) = -\sum_I \frac{Z_I\mathrm{e}}{|\boldsymbol{r}_i - \boldsymbol{R}_I|} \tag{13.7}$$

由于在 Born-Oppenheimer 近似下, 原子核位置 $\{\boldsymbol{R}_I\}$ 是固定不变的, 以下将忽略 $V_{\mathrm{ext},\{\boldsymbol{R}_I\}}$ 中的 $\{\boldsymbol{R}_I\}$ 下标。

比较式 (13.6) 及式 (13.2), 可以发现, 原子核的动能项不再出现在 Hamiltonian 算符中, 体系能量 E 中也不包含原子核的动能。与式 (13.6) 相对应, 体系的能量分解为电子动能、电子–原子核库仑相互作用能、电子间的库仑相互作用能。需要注意的是, 因为原子核间的库仑相互作用与电子位置 $\boldsymbol{r}_i$ 没有关系, 因此, 没有出现在式 (13.6) Hamiltonian 量中, 但在计算体系总能量时, 仍需纳入原子核间的库仑相互作用能。

式 (13.5) 中, 波函数中的变量仅为电子的坐标:

$$\varPsi(\{\boldsymbol{r}_i\}) \equiv \varPsi(\boldsymbol{r}_1, \boldsymbol{r}_2, \cdots, \boldsymbol{r}_N) \tag{13.8}$$

电子密度 $n(\boldsymbol{r})$ 为密度算符 $\widehat{\boldsymbol{n}}(\boldsymbol{r}) = \sum\limits_{i=1}^{N}\delta(\boldsymbol{r} - \boldsymbol{r}_i)$ 对电子波函数的期望值, 即

$$n(\boldsymbol{r}) = \frac{\langle\varPsi|\widehat{\boldsymbol{n}}(\boldsymbol{r})|\varPsi\rangle}{\langle\varPsi|\varPsi\rangle} = N\frac{\int \mathrm{d}^3\boldsymbol{r}_2\cdots\mathrm{d}^3\boldsymbol{r}_N|\varPsi(\boldsymbol{r}_1, \boldsymbol{r}_2, \cdots, \boldsymbol{r}_N)}{\int \mathrm{d}^3\boldsymbol{r}_1\mathrm{d}^3\boldsymbol{r}_2\cdots\mathrm{d}^3\boldsymbol{r}_N|\varPsi(\boldsymbol{r}_1, \boldsymbol{r}_2, \cdots, \boldsymbol{r}_N)} \tag{13.9}$$

电子密度 $n(\boldsymbol{r})$ 在电子结构理论中发挥着关键作用。基于电子密度, Hohenberg 和 Kohn 提出了两个基本原理:

(1) 设在外场 $V_{\mathrm{ext}}(\boldsymbol{r})$ 中, 相互作用的电子体系的基态电子密度为 $n_0(\boldsymbol{r})$, 外场 $V'_{\mathrm{ext}}(\boldsymbol{r})$ 中相应的电子密度为 $n'_0(\boldsymbol{r})$, 则当 $n_0(\boldsymbol{r}) = n'_0(\boldsymbol{r})$ 时, $V_{\mathrm{ext}}(\boldsymbol{r}) = V'_{\mathrm{ext}}(\boldsymbol{r}) + \mathrm{C}$, C 为常数。

(2) 若电子密度 $n(\boldsymbol{r})$ 满足条件 $n(\boldsymbol{r}) \geqslant 0$ 且 $N[n] \equiv \displaystyle\int n(\boldsymbol{r})\mathrm{d}^3\boldsymbol{r} = N$, 则具

有 N 个电子的体系的总能量 $E[n]$ 在基态时取得最小值。

原理 (1) 意味着电子密度 $n_0(\boldsymbol{r})$ 确定了多电子相互作用体系的外势 $V_{\text{ext}}(\boldsymbol{r})$ 及 Hamiltonian 量 (除了常数 C 外)。所有基态及激发态的多电子波函数 $\Psi(\{\boldsymbol{r}_i\})$ 也随之确定。因此, 该体系的所有性质完全取决于其基态电子密度。原理 (2) 意味着能量对电子密度的泛函 $E[n]$ 足以确定基态能量及电子密度。这两个原理成为密度泛函理论 (density functional theory) 的基础。

13.1.3 密度泛函理论

由 13.1.2 节可知, 基态电子密度 $n_0(\boldsymbol{r})$ 决定了多电子相互作用体系的所有性质, 而基态电子密度可由能量对电子密度的泛函 $E[n]$ 确定。要获得基态电子密度 $n_0(\boldsymbol{r})$, 必须首先确定能量泛函 $E[n]$ 的形式。这里, 我们首先介绍与此相关的单电子近似 (或称非相互作用电子近似), 然后介绍基于单电子近似的能量泛函。

单电子近似是将多电子体系中一个位于 $\boldsymbol{r}$ 的电子看成是在原子核及其他电子组成的有效势场中运动, 这类 Schrödinger 方程为

$$\widehat{\boldsymbol{H}}_{\text{eff}}\psi_i(\boldsymbol{r}) = \varepsilon_i\psi_i(\boldsymbol{r}) \tag{13.10}$$

式中, Hamiltonian 算符为

$$\widehat{\boldsymbol{H}}_{\text{eff}} = -\frac{\hbar}{2m_{\text{e}}}\nabla^2 + V_{\text{eff}}(\boldsymbol{r}) \tag{13.11}$$

$V_{\text{eff}}(\boldsymbol{r})$ 为位于 $\boldsymbol{r}$ 处的电子感受的有效势; $\psi_i(\boldsymbol{r})$ 为单电子波函数; ε_i 为该电子对应的能量本征值。在单电子近似下的电子也被称为有效电子 (effective electron)。

利用有效单电子波函数 $\psi_i(\boldsymbol{r})$, 可按式 (13.12) 计算体系 r 处的电子密度:

$$n(\boldsymbol{r}) = \sum_i n_i|\psi_i(\boldsymbol{r})|^2 \tag{13.12}$$

式中, n_i 为 $\psi_i(\boldsymbol{r})$ 对应的本征态上的电子占据数。这里, $n(\boldsymbol{r})$ 与式 (13.9) 所示的多电子体系的电子密度完全相同。

Kohn 及 Sham 将有效势表达为

$$V_{\text{eff}}(\boldsymbol{r}) = V_{\text{c}}(\boldsymbol{r}) + \mu_{\text{xc}} = V_{\text{ext}}(\boldsymbol{r}) + \text{e}^2\int\frac{n(\boldsymbol{r}')}{|\boldsymbol{r}_i - \boldsymbol{r}_j|} + \mu_{\text{xc}}(\boldsymbol{r}) \tag{13.13}$$

$$V_{\text{c}}(\boldsymbol{r}) = V_{\text{ext}}(\boldsymbol{r}) + \text{e}^2\int\frac{n(\boldsymbol{r}')}{|\boldsymbol{r}_i - \boldsymbol{r}_j|} \tag{13.14}$$

式中, $V_{\text{ext}}(\boldsymbol{r})$ 为有效电子与原子核的库仑作用势, 式 (13.14) 右边第二项为有

效电子与其他电子的库仑静电相互作用势。

在多电子体系中, 电子之间存在交换–关联作用。根据 Pauli 不相容原理, 在某一自旋方向的电子周围, 不会出现相同自旋方向的电子, 这使得电子间的库仑排斥作用减弱, 系统能量降低, 降低的能量称为交换能。关联势描述了多电子体系中自旋相反的电子间的相互作用。为了在单电子方程中反映多电子间的交换–关联效应, Kohn 及 Sham 在单电子方程的有效势中加入了交换–关联势 (exchange-correlation potential)μ_{xc}。相应的单电子方程式 (13.10) 被称为 Kohn-Sham 方程。

由式 (13.11) 及式 (13.13) 可知, 在单电子近似下, 体系的能量包含有效电子动能 T_{s}、电子与电子的库仑相互能 U_{ee}、电子与原子核库仑相互作用能 U_{en}、交换–关联能 E_{xc}。当然, 完整的能量还需加入原子核间的库仑相互作用能 U_{nn}。由此, 在 Kohn-Sham 方程下, 体系的能量为

$$E_{KS} = T_{\mathrm{s}} + U_{\mathrm{ee}} + U_{\mathrm{en}} + E_{\mathrm{xc}} + U_{\mathrm{nn}} \tag{13.15}$$

式中, T_{s}、U_{ee}、U_{en} 均可确切地表达为波函数或电子密度的泛函, 如下:

$$T_{\mathrm{s}} = \sum_i n_i \int \left| \frac{\hbar}{2m_{\mathrm{e}}} \nabla \psi_i(\boldsymbol{r}) \right|^2 \mathrm{d}\boldsymbol{r} \tag{13.16}$$

$$U_{\mathrm{ee}} = \frac{1}{2}\mathrm{e}^2 \iint \frac{n(\boldsymbol{r})n'(\boldsymbol{r})}{|\boldsymbol{r}-\boldsymbol{r}'|} \mathrm{d}\boldsymbol{r}\mathrm{d}\boldsymbol{r}' \tag{13.17}$$

$$U_{\mathrm{en}} = \int V_{\mathrm{ext}}(\boldsymbol{r}) n(\boldsymbol{r}) \mathrm{d}\boldsymbol{r} \tag{13.18}$$

但交换–关联能 E_{xc} 并没有确切的表达式, 需要作近似处理。简单的近似是将交换–关联能也作为局域密度的泛函:

$$E_{\mathrm{xc}} = \int n(\boldsymbol{r}) \mu_{\mathrm{xc}} n'(\boldsymbol{r}) \mathrm{d}\boldsymbol{r} \tag{13.19}$$

这一近似称为局域密度近似 (local density approximation, LDA)。

LDA 建立在这样一个假设的基础上: 交换–关联效应来自点 $\boldsymbol{r}$ 的紧邻处, 且对点 r 紧邻处电子密度的变化不敏感。Gáspár[11]、Kohn 及 Sham[12]、Hedin 及 Lundqvist[13] 分别给出了非自旋极化体系的交换势 μ_{x} 及关联势 μ_{c}:

$$\mu_{\mathrm{x}} = -2\left[\frac{3}{\pi} n(\boldsymbol{r})\right]^{\frac{1}{3}} \tag{13.20}$$

$$\mu_{\mathrm{c}} = -\mathrm{c}\ln\left(1+\frac{1}{x}\right), \quad \mathrm{c} = 0.022\,5, \quad x = \frac{r_{\mathrm{s}}}{21}, \quad r_{\mathrm{s}} = \left[\frac{3}{4\pi n(\boldsymbol{r})}\right]^{\frac{1}{3}} \tag{13.21}$$

整体交换–关联势 $\mu_{\text{xc}} = \mu_{\text{x}} + \mu_{\text{c}}$。相应的交换能泛函为

$$E_{\text{x}} = -\frac{3}{2}\left[\frac{3}{\pi}n(\boldsymbol{r})\right]^{\frac{1}{3}} \tag{13.22}$$

$$E_{\text{c}} = -\text{c}\left[(1+x^3)\ln\left(1+\frac{1}{x}\right)+\frac{x}{2}-x^3-\frac{1}{3}\right] \tag{13.23}$$

LDA 低估原子及分子体系的交换能大约 10%。为更加准确地描述交换–关联效应, 大量研究者在 LDA 的基础上发展了多种多样的交换–关联势。例如, Becke 在 LDA 交换–关联势的基础上, 引入电子密度的梯度, 发展了广义梯度近似 (generalized gradient approximation, GGA) 下的交换能泛函

$$E_{\text{x}}^{\text{GGA}} = E_{\text{x}} - \beta\int[n(\boldsymbol{r})]^{\frac{4}{3}}\frac{y^2}{1+\gamma y^2}\text{d}^3\boldsymbol{r} \tag{13.24}$$

式中, β、γ 为参数; $y = |\nabla n(\boldsymbol{r})|/[n(\boldsymbol{r})]^{4/3}$。金属体系中常用的是经 Perdew、Burke、Ernzerhof 参数化的 GGA, 即 GGA–PBE[14−15]。

13.1.4　第一性原理计算关键技术

密度泛函理论使得无法求解的固体 Schrödinger 方程成为可以求解的 K–S 方程, 为预测固体的性质奠定了基础。长期以来, 研究者发展了各种各样求解 K–S 方程的方法, 其不同之处在于对 K–S 方程中的各项进行了不同的技术处理, 如图 13.1 所示。这里着重介绍固体的第一性原理计算中常用的平面波赝势方法所采用的几个技术细节及关键参数。

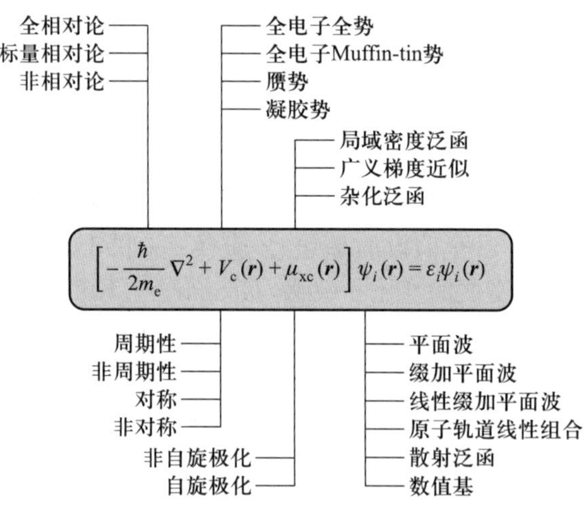

图 13.1　密度泛函理论下的单电子方程求解技术 [10]

体系中原子核及其他电子所施加的库仑静电势 $V_c(\boldsymbol{r})$ 的空间构型取决于原子核的空间分布。其中, 外势场 $V_{\rm ext}(\boldsymbol{r})$ 为各原子核–电子静电相互作用势在空间中按各原子核位置的叠加。因此, 在第一性原理计算中, 首先需要给出计算对象的几何结构及其中的原子占据情况。平面波赝势方法采用周期性几何结构模型, 即该几何结构模型在三维空间无限重复。

根据 Bloch 原理, 周期性固体的电子波函数是按晶格周期函数调幅的平面波, 每个电子波函数可以用平面波展开写成如下形式:

$$\psi_j(\boldsymbol{r}) = \sum_{\boldsymbol{G}} c_{j,k+G} \mathrm{e}^{i(\boldsymbol{k}+\boldsymbol{G})\cdot\boldsymbol{r}} \tag{13.25}$$

式中, $\boldsymbol{k}$ 为平面波波矢。若设固体中包含 N 个晶格常数为 (a, b, c) 的原胞, 则

$$\boldsymbol{k} = (k_x, k_y, k_z) = \frac{2\pi}{N}\left(\frac{n_x}{a}, \frac{n_y}{b}, \frac{n_z}{c}\right) \tag{13.26}$$

式中, n_x、n_y、n_z 为整数。为了使波函数及其本征值一一对应, 把 $\boldsymbol{k}$ 限制在倒格子原胞 (简约布里渊区) 范围内。$\boldsymbol{G}$ 为倒空间矢量, 满足 $\boldsymbol{G}\cdot\boldsymbol{l} = 2\pi m$, 其中, $\boldsymbol{l}$ 为晶体的格矢, m 为整数。

在用 Bloch 原理对电子波函数进行平面波展开后, K–S 方程变为如下久期方程 (secular equation) 形式:

$$\sum_{\mathrm{G}'}\left[\frac{\hbar^2}{2m}|\boldsymbol{k}+\boldsymbol{G}|^2\delta_{\mathrm{GG}'} + V_{\rm eff}(\boldsymbol{G}-\boldsymbol{G}') + V_{xc}(\boldsymbol{G}-\boldsymbol{G}')\right]c_{i,k+G'} = \varepsilon_i c_{i,k+G'} \tag{13.27}$$

可以通过对 Hamiltonian 矩阵对角化求解平面波基组展开系数 $c_{i,k+G'}$, 进而获得式 (13.25) 所示的波函数。计算量取决于 Hamiltonian 矩阵的大小, 即 $\boldsymbol{k}+\boldsymbol{G}$ 的个数。

由 Bloch 原理可知, 电子的许可状态是量子化的。固体中无限多个电子的状态可以用无限多个 $\boldsymbol{k}$ 点表达, 每个 $\boldsymbol{k}$ 点只能有有限个电子占据态。亦即, Bloch 原理将计算无限多个电子波函数的问题转化为计算无限多个 $\boldsymbol{k}$ 点上的有限个电子波函数的问题。原则上, 固体中每个 $\boldsymbol{k}$ 点上的占据态都对电子势有贡献, 因此, 需要用无限多个 $\boldsymbol{k}$ 点计算电子势。不过, 距离相近的 $\boldsymbol{k}$ 点上的电子波函数几乎是相同的。因此, 可以用一个 $\boldsymbol{k}$ 点上的波函数来代表一定 $\boldsymbol{k}$ 空间区域中的波函数。这样, 就可以用有限 $\boldsymbol{k}$ 点上的电子态计算电子势及固体的能量。当然, 这会引起一定的计算误差。为了获得较高的电子势及能量计算精度, 研究者发展了多种布里渊区 (Brillouin zone) 特殊 $\boldsymbol{k}$ 点取样方法, 其中较为常用的是 Monkhorst–Pack 特殊 $\boldsymbol{k}$ 点取样法。即使如此, 一般来说, 在采用

平面波方法进行第一性原理计算时, 必须对 $\boldsymbol{k}$ 点密度进行测试计算, 以使计算得到的能量对 $\boldsymbol{k}$ 点密度可以收敛到满足要求的精度。

Bloch 原理表明, 每一 $\boldsymbol{k}$ 点电子波函数可以展开为一系列离散的平面波基组的叠加。原则上, 需要无限个这样的平面波基组进行展开。然而, 平面波动能 $(\hbar^2/2m)|\boldsymbol{k}+\boldsymbol{G}|^2$ 越大, 其系数 $c_{i,k+G}$ 越小。因此, 可以对平面波基组进行截断, 仅用动能较小的平面波基组展开波函数。当然, 在一定能量处截断平面波基组会引起一定的计算误差。在实际计算中, 可以通过对截断能量进行收敛性测试来降低这种误差, 即增加平面波截断能量, 直至计算得到的系统能量收敛到满足要求的精度。

上述两种处理使得在一定误差范围内固体的电子波函数可以用有限个平面波基组展开。然而, 原子的全电子势在距离原子核较近的芯区相当强烈, 并且随着离原子核距离 r 的变化非常陡峭, 使得电子波函数在芯区剧烈振荡 (如图 13.2 所示), 需要大量的平面波才能描述这种复杂的变化, 导致计算量剧增。众所周知, 固体的绝大部分物理性能主要决定于价电子而非芯电子。因此, 在实际计算中, 可以不考虑芯电子。在一定芯区截断半径 r_c 之内, 用较弱的赝势取代全电子势; 在 r_c 之外, 赝势与全电子势完全相同。赝势作用于价电子, 得到变化较为平缓的赝电子波函数。同样, 在截断半径 r_c 之内, 赝电子波函数在芯区变化平缓; 在 r_c 之外, 赝电子波函数与真实的电子波函数完全相同。在赝势作用下, 平缓的赝电子波函数可以用较少的平面波展开。一般来说, 平面波赝势方法软件均会提供较为可靠的赝势库。目前常见的赝势有超软赝势 (ultra-soft pseudopotential)[16]、模守恒赝势 (norm-conserving pseudopotential)[17]、投影缀加波赝势 (projector augmented-wave pseudopotential, PAW)[18]。其中, PAW 可达到全电子势的计算精度。

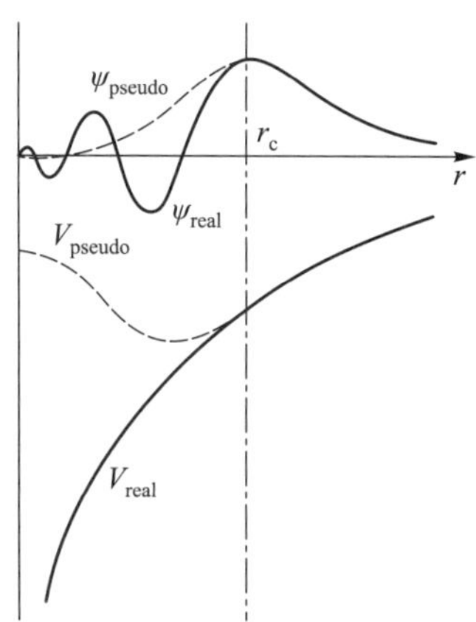

图 13.2　全电子势、赝势及其对应的波函数示意图 [9]。图中, r_c 为截断半径

13.1.5 第一性原理方法的求解过程

由密度泛函理论可知, 要求解 K–S 方程, 须首先确定其中的有效势。有效势取决于电子密度, 电子密度由单电子波函数构建, 而波函数是 K–S 方程的解。亦即, 要求解 K–S 方程, 必须知道该方程的解。因此, 可采用自洽场方法求解 K–S 方程, 其具体过程如图 13.3 所示, 简述如下:

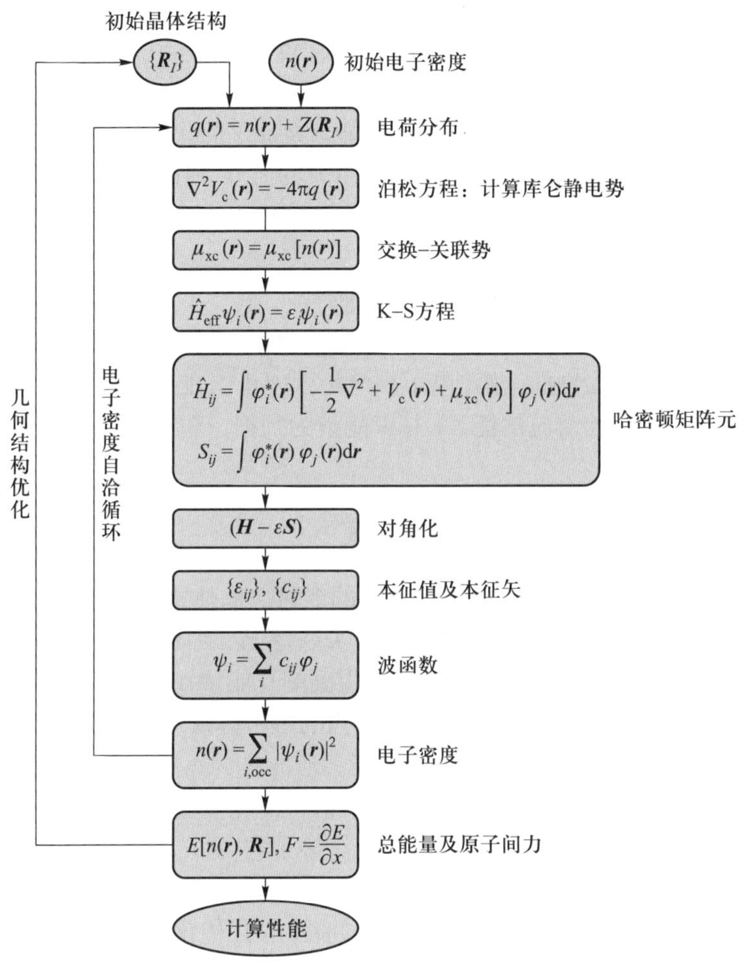

图 13.3 第一性原理计算流程示意图 [10]

(1) 给出体系的晶体结构, 包括几何结构以及各原子在其中的占位。

(2) 构建初始电子密度 (一般取为自由原子电子密度叠加) 作为 K–S 方程输入电子密度。

(3) 由输入电子密度, 采用泊松方程, 计算 K–S 方程有效势 $V_{\text{eff}}(\boldsymbol{r})$ 中的库仑静电势 $V_{\text{c}}(\boldsymbol{r})$, 并计算交换 – 关联势 $\mu_{\text{xc}}(\boldsymbol{r})$。

(4) 计算 Hamiltonian 矩阵中的主矩阵元 H 及重叠矩阵元 S。

(5) 对角化矩阵 $\boldsymbol{H}-\varepsilon\boldsymbol{S}$, 获得单电子本征值 ε 以及本征矢量 (相应本征值的变分展开系数)。

(6) 由展开系数计算电子波函数, 计算新的输出电子密度。

(7) 比较输入及输出电子密度, 当二者在设定精度范围内相同时, 电子自洽计算中止。否则, 以输出电子密度作为输入, 重复 (3) ~ (6) 过程, 直至电子密度收敛。

(8) 采用收敛的电子密度, 计算系统能量及原子间作用力。

(9) 若在一定精度范围内, 原子间作用力不为 0, 则根据原子间作用力的大小及方向, 调整原子位置, 重复 (1) ~ (8), 优化晶体的几何结构, 直至原子间作用力为 0, 获得平衡晶格结构。

(10) 计算晶体的电子结构等其他物理性质。

在上述过程中第 (7) 步, 亦可在计算输出电荷密度后, 同时计算系统能量, 并以能量是否收敛为判据, 确定电子自洽是否中止。在第 9 步中, 可以同时比较前后两次几何结构对应的能量, 并以能量为判据, 确定能够几何结构优化是否收敛。

13.1.6 第一性原理的主要计算结果

第一性原理计算的关键结果为体系的能量。固体中不同种类原子的能量并不相同, 且能量随计算细节比如交换 – 关联泛函、$\boldsymbol{k}$ 点密度、平面波能量截断的选取而变化, 因此, 第一性原理计算得到的总能量并没有太大物理意义, 并不直接反映固体的性质。但是, 若选取适当的参考体系, 计算相对能量, 可以获得固体的各种非常重要的性质, 如结合能、形成热、晶格缺陷形成能等。由总能量随外加应变的变化, 还可计算固体的弹性性质、理想强度等。

第一性原理平面波方法的一个重要优势是它可以方便地利用 Hellmann-Feynman 原理 [8] 计算原子间的相互作用力。在 13.1.2 节中我们已经看到原子间力的一个重要应用, 即通过最小化原子间作用力, 优化晶体结构, 寻找原子在晶格中的平衡位置。原子间作用力的另一个重要应用是, 通过系统地改变原子的位置, 计算相应的力常数矩阵, 进而获得固体的热力学性质如声子谱、振动自由能等。

在获得 K–S 方程的解——波函数后, 根据式 (13.12) 可计算出电子密度。电子密度反映的是电子在实空间的分布情况, 即在晶格中的一定位置中, 单位体积内电子的数量。由式 (13.16) 可知, 在平面波方法中, 电子的动能 ε 是

平面波波矢 $\boldsymbol{k}$ 的函数, 即 $\varepsilon = \varepsilon(|\boldsymbol{k}|^2)$。第一性原理计算可确定 $\boldsymbol{k}$ 空间中每一 $\boldsymbol{k}$ 点上的可能的电子占据态及其动能。以 $\boldsymbol{k}$ 点为横坐标, 对应的可占据态能量为纵坐标所画的图即为体系的电子能带结构 (electronic band structure) 图。由于 $\boldsymbol{k}$ 点在三维倒空间中分布, 在作能带结构图时, 一般选取 $\boldsymbol{k}$ 空间简约布里渊区中的高对称点, 通过连接高对称点, 来确定横坐标 $\boldsymbol{k}$ 点变化路径。对于自由电子, $\varepsilon = |\boldsymbol{k}|^2$, 因此, 其能带呈抛物线形。统计单位能量区间 $\varepsilon \sim (\varepsilon + \mathrm{d}\varepsilon)$ 中可能的电子状态数 $\mathrm{d}N_\mathrm{e}$, $\mathrm{d}N_\mathrm{e}$ 与 ε 的关系图即为电子态密度 (electronic density of states)。电子密度、能带结构、电子态密度统称为电子结构, 在分析固体的成键性质、成键强弱以及定性判断固体的稳定性等方面发挥着重要作用。

除电子密度、能带结构、电子态密度外, 在第一性原理计算的基础上衍生出了其他一些结果, 可用来进行电子结构分析。例如, 平面波基波函数是非局域的, 因此, 平面波方法并不能直接区分各电子态究竟属于哪个原子或具有哪种电子轨道 (如 s、p、d、f 等) 性质。为了获得这些信息, Sanchez-Portal、Artacho 及 Soler 提出把平面波基波函数投影到局域原子轨道上 [19], 由此可计算诸如局域电子态密度 (local density of states, LDOS) 即各原子的态密度、分波态密度 (partial density of states,PDOS) 即各轨道上的态密度、晶体轨道 Hamiltonian 集居数 (crystal orbital Hamilton population, COHP)、晶体轨道重叠集居数 (crystal orbital overlap population, COOP)[20] 和各原子电荷等。利用这些信息, 可分析电子轨道杂化、电子得失等原子间成键性质。

平面波基波函数投影到局域原子轨道所得到的原子电荷对原子轨道的选取极为敏感, 因此, 这样得到的原子电荷的绝对值物理意义有限。Henkelman、Arnaldsson 和 Jónsson[21] 提出了另一种常用的计算原子电荷的方法。他们把晶胞内的空间划分给每个原子, 划分的界线为原子间电子密度的最小处。根据每个原子空间内的电子密度, 可以计算相应的电荷 (Bader 电荷)。在使用这种方法时, 一般需要采用全电子密度。在赝势方法中, 由于只考虑了价电子密度, 在划分每个原子的空间时会出现误差。因此, 在计算得到的价电子密度中, 要再加上芯电子密度。Bader 电荷分析为判断离子键强弱提供了一个较为理想的工具。为定量描述分子及晶体中的电子局域化特征, Becke 和 Edgecombe 定义了电子局域函数 (electron localization function, ELF)[22]。ELF 在分析分子及晶体的成键性质特别是共价键性质方面应用较为广泛。

13.2 第一性原理方法及群论在结构相变中的应用

13.2.1 晶体结构稳定性及结构预测

化合物的晶体结构是否稳定在热力学上取决于其形成热, 定义为

$$E_{\mathrm{f}} = E_{\mathrm{tot}} - \sum_i c_i E_i \tag{13.28}$$

这里, E_i 为合金或化合物中元素 i 的单位原子在单质基态下的能量。E_{f} 表示单质 $i = 0, 1, 2, \cdots, N$ 形成合金或化合物时, 在 0 K 温度下所释放或吸收的能量, 相当于反应热。E_{f} 为正值时, 为吸热反应, 说明所形成的合金或化合物热力学不稳定; E_{f} 为负值时, 则为放热反应, 形成的热力学稳定的化合物。

然而, 形成热为负值的化合物的晶体结构不一定都能稳定存在。其原因是存在比它形成热更低、热力学上更稳定的合金或化合物。例如, 采用精确的全势线性缀加平面波 (FLAPW) 方法计算得到的 $D0_{22}$ [图 13.4(a)] 及 $L1_2$ 结构 [图 13.4(b)] 的 Ti_3Al 的形成热都为负值 [23], 分别为每原子 −0.25 eV 和 −0.27 eV, 这是热力学稳定的, 但在实验上观察不到这两种结构的 Ti_3Al。原因是存在比二者形成热更低的 $D0_{19}$ 结构 [图 13.4(c)] 的 Ti_3Al (每原子 −0.28 eV)。需要说明的是, 这里是通过比较三种不同结构 Ti_3Al 的形成热来判断它们的相对稳定性的。事实上, 由于这三种不同结构的 Ti_3Al 成分完全相同, 因此, 式 (13.28) 右边第二项 $\sum_i c_i E_i$ 是完全相同的。在这种情况下, 可以直接比较各相的总能量 E_{tot} 来判断它们的相对稳定性。在各相成分不同时, 只能采用形成热粗略比较它们的相对稳定性。

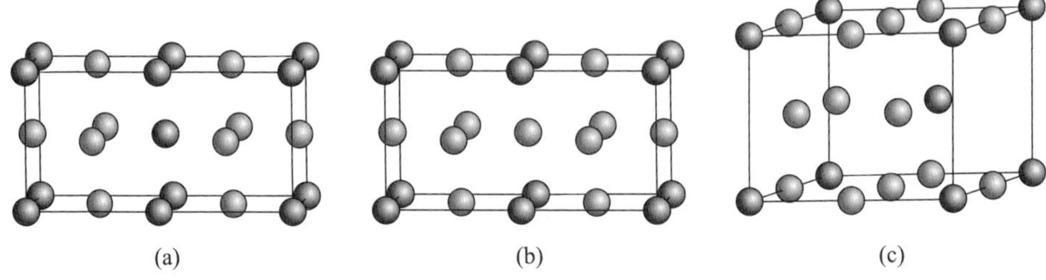

图 13.4 不同结构的 Ti_3Al 晶胞。(a) $D0_{22}$; (b) $L1_2$; (c) $D0_{19}$。灰色小球表示 Ti 原子, 粉色球表示 Al 原子。图 (b) 中含有两个 $L1_2$ 结构晶胞。(参见书后彩图)

由上面的例子可见, 预测能量最低的稳定晶体结构具有重要的意义。长期以来, 人们认为, 不可能在仅知道成分的情况下预测出晶体的结构 [24]。近 20

年来, 晶体结构预测取得了长足进步, 特别是在晶体的高压结构相变、新型功能材料搜索等方面得到了极为广泛的应用。目前应用较为广泛的结构搜索软件有 Oganov 及 Glass 开发的 USPEX 程序 [25]。该程序采用遗传算法, 结合第一性原理计算得到能量, 成功预测了大量晶体的稳定和亚稳结构。图 13.5 给出了 USPEX 预测得到的 $MgSiO_3$ 在压力 120 GPa 下的晶体结构。经过 6 ~ 12 代遗传, 得到钙钛矿结构; 经 13 代, 得到后钙钛矿结构。在 120 GPa 下, 后钙钛矿结构比钙钛矿结构的形成焓每晶胞低 0.3 eV。我国吉林大学马琰铭课题组开发的基于粒子群算的 CALYPSO 程序也在晶体结构预测领域得到了广泛应用 [26]。CALYPSO 在结构搜索过程中, 用晶体对称群约束所产生的结构避免了无序结构的出现, 减小了结构搜索的空间, 提高了搜索效率。Li 等采用 CALYPSO 程序预测了不同化学剂量比下 W-B 金属间化合物的稳定结构 [27], 如图 13.6 所示。这一工作澄清了文献中关于 W-B 金属间化合物结构的争议, 并预测了一系列新的结构。

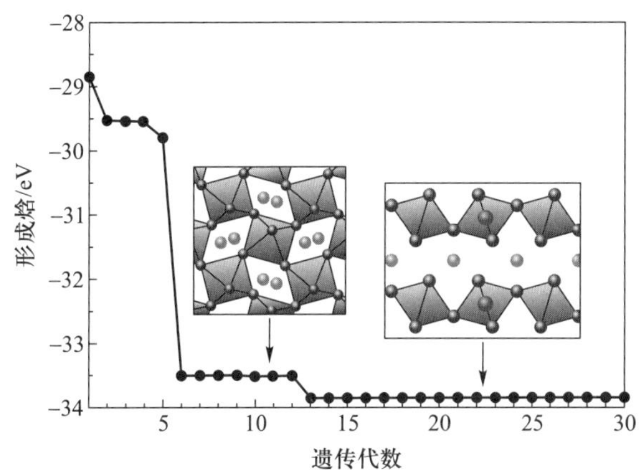

图 13.5 USPEX 预测得到的 $MgSiO_3$ 在 120 GPa 下的晶体结构 (每晶胞 20 个原子)[25]。(参见书后彩图)

能量判据保证了结构的热力学稳定性。除热力学稳定性外, 晶体结构还需要满足动力学稳定性, 即晶格中原子的振动不能出现虚频。因此, 在用结构搜索方法获得晶体结构后, 往往还需要计算其声子振动谱, 确保该结构是动力学稳定的。Li 等对他们所预测的 W-B 金属间化合物进行了声子谱计算 [27]。由图 13.6 可见, 这些化合物的声子振动频率均为正值, 即它们都是动力学稳定的。

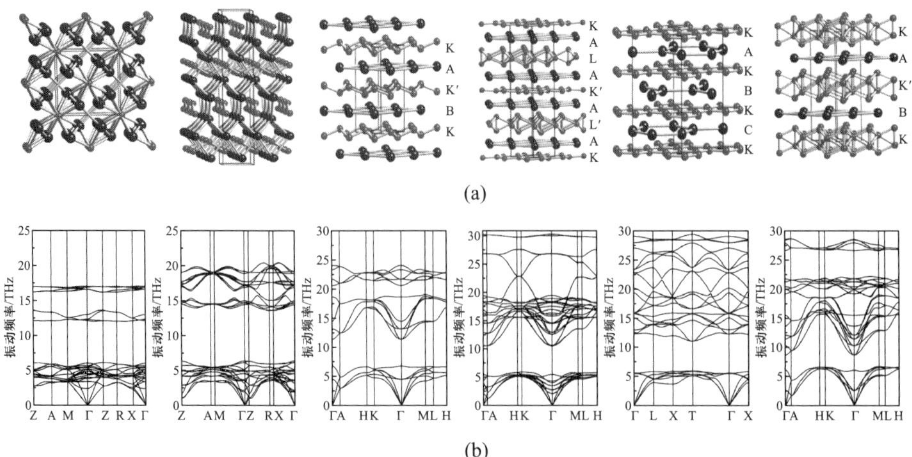

图 13.6　CALYPSO 预测得到的 W_2B、WB、WB_2、W_2B_5、WB_3、WB_4 金属间化合物的稳定结构 [(a) 由左至右] 以及它们的声子振动谱 (b)。(参见书后彩图)

13.2.2　结构相变

13.2.1 节简要介绍了晶体结构稳定性的判断及预测方法。在不同的温度及压力条件下, 相同的物质可能会表现出不同的晶体结构。随着温度或压力的变化, 不同结构之间相互转变, 即发生结构相变。图 13.7 为由亚稳态 P_1 到稳定态 P_2 结构相变能量变化示意图。图中, 两相能量差 ΔE 表征了它们的相对稳定性, 在热力学上说明了发生结构相变的可能性。然而, 在动力学上, 结构相变是否发生或相变的难易程度还取决于相变所需要越过的势垒, 即相变过程中能量最高的非稳态 (过渡态) 与相变初始态的能量差 E_{b}。沿不同的路径 (即原子移动及晶格切变的方向) 发生结构相变时, 对应的相变势垒不同。例如, 对压力诱发 bcc-Fe 到 hcp-Fe 的相变, 研究者曾提出了两种可能的路径: 其一, bcc 结构经 $\{2\bar{1}1\}\langle 11\bar{1}\rangle$ 晶格剪切再经 $\{011\}\langle 0\bar{1}1\rangle$ 原子移动, 转变为 hcp 结构; 其二, bcc 结构经 fcc 中间结构转变为 hcp 结构。Lu 等 [28] 的第一性原理计算得到的第一种路径的势垒比第二种低, 而相变总是沿势垒最低的路径发生。若要在理论上计算结构相变的势垒, 必须首先确定相变路径。

实验方法很难直接观察到相变路径。因此, 相变路径只能靠有限的实验信息来猜测。2002 年, Stokes 及 Hatch 提出了一个基于群论的确定固态结构相变路径的解决方案 [29,30]。他们假定母相的对称群为 G_1, 子相的对称群为 G_2, 二者之间没有母群 – 子群关系。在由母相向子相的相变过程中, 存在一个非稳定的中间结构, 其对称群为 G, 且 G 为 G_1 和 G_2 的共有子群。$G_1 \to G_2$ 相变为一个两步过程: $G_1 \to G \to G_2$, 其中 $G_1 \to G$ 及 $G \to G_2$ 均为具有

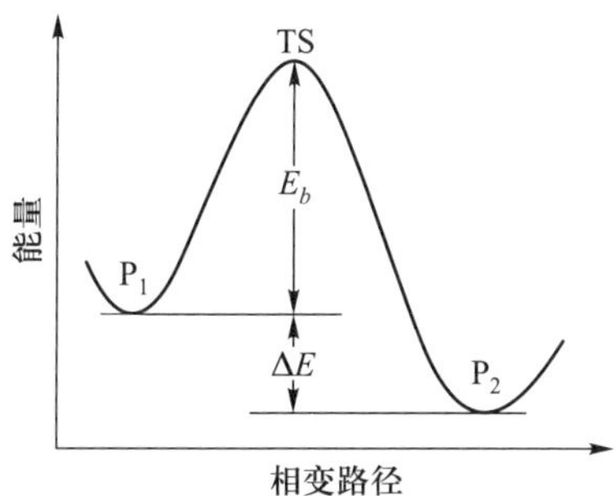

图 13.7 由亚稳态 P_1 到稳定态 P_2 结构相变能量变化曲线示意图。TS 为过渡态, ΔE 为 P_1、P_2 两相的能量差, E_b 为相变势垒

母群–子群关系的结构转变。这种两步转变中的母群–子群关系有助于确定没有直接母群–子群关系的 $G_1 \to G_2$ 相变中母相与子相的原子对应关系。在 $G_1 \to G \to G_2$ 相变路径上, 要确保原子位置的变化不破坏 G 对称性。G_1 及 G_2 的共同子群 G 的数量较多, 因此, 要对 G 施加合理的限制以减少相变路径搜索量。这些限制条件包括:

(1) 仅考虑 G_1 和 G_2 较大子群 (指数较小的子群), 以便定义 G_1、G_2 中原子的对应关系;

(2) 沿着这些相变路径, 原子的位移不超过一定值;

(3) 沿着相变路径, 作用在晶胞上的应变不超过一定值。Stokes 等编写了一个小程序 COMSUBS[31], 以搜索 G_1 及 G_2 的满足限定条件的共有子群 G。

在确定相变路径后, 可采用第一性原理方法搜索该相变路径上的过渡态, 从而计算相变势垒。文献报道的过渡态搜索方法有很多种。在常用的第一性原理平面波赝势方法 CASEP 及 VASP 中所使用的过渡态搜索方法分别为同步传递方法 (synchronous transit method, STM)[32] 及微动弹性带 (nudged elastic band, NEB) 方法 [33,34]。这里简单介绍比较常用的 NEB 方法。

NEB 方法首先在初始结构及终了结构之间进行线性插值, 产生一系列中间结构 (称为 image), 从而预设一个相变路径。然后对每一个中间结构进行结构优化。结构优化过程中, 在近邻中间结构之间施加一个弹性力, 以使各中间结构间的距离保持不变, 从而保证相变路径的连续性。弹性力的作用使得预设相变路径类似于一个弹性带。结构优化仅限于使垂直于弹性带方向的原子力分量最小化。然后对相变路径上各优化后的中间结构的能量进行拟合, 得到的最高能量即为过渡态能量。它与初始态能量之差为相变势垒。

原始的 NEB 方法并不能确定过渡态的几何结构。Henkelman 及 Jonsson 对 NEB 方法进行了改进, 提出了 CINEB (climb image nudged elastic band) 方法 [33,34]。在 CINEB 方法中, 能量最高的中间结构不受弹性力的约束。在结构优化中, 沿弹性带方向最大化能量最高的中间结构的能量会沿其他方向最小化它的能量。这样, 在结构优化收敛后, 这一结构即为精确的过渡态。

13.2.3　群论在结构相变研究中的应用实例

Stokes 及 Hatch 利用群论思想, 研究了岩盐结构及 CsCl 结构的 NaCl 之间的相变路径 [30]。图 13.8 显示了岩盐结构及 CsCl 结构的 NaCl 晶胞。岩盐结构的对称群为 $G_1 = Fm\bar{3}m$, 晶格参数为 4.84 Å, 原子间的最近邻距离为 2.42 Å; CsCl 结构对称群为 $G_2 = Pm\bar{3}m$, 晶格参数为 2.98 Å, 原子间最近邻距离为 2.58 Å。将应变张量中的主元设置为大于 0.6 且小于 1.6, 子群中原子的最近邻距离大于 2.00 Å。满足这些条件的共有 12 个子群, 其中包括 Buerger 路径 $G = R\bar{3}m$ 以及 Watanabe 路径 $G = Pmmn$, 二者的相变势垒分别为 0.070 eV 及 0.077 eV。Stokes 及 Hatch 发现, 若沿这 12 个共有子群中的 $G = P2_1/m$ 路径, 相变势垒更低, 为 0.050 eV。$R\bar{3}m$、$Pmmn$、$P2_1/m$ 晶胞与 $G_1 = Fm\bar{3}m$ 及 $G_2 = Pm\bar{3}m$ 晶胞的取向关系如表 13.1 所示。

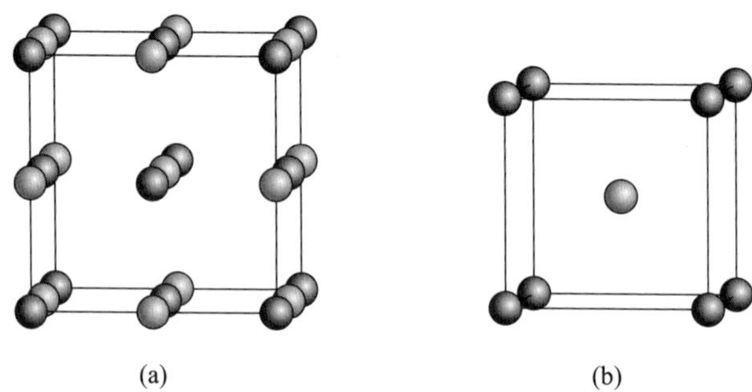

图 13.8　岩盐结构 (a) 及 CsCl 结构 (b) 的 NaCl 晶胞。绿色及紫色小球分别表示 Cl 及 Na。(参见书后彩图)

在上述研究中, 相变势垒极为粗略, 仅简单取为岩盐结构及 CsCl 结构的正中间结构的能量与初始态的能量差, 并没有采用过渡态搜索方法精确计算相变势垒。

2003 年, Trinkle 等采用前述群论方法研究了密排六方结构 α-Ti [图 13.9(a)] 到非密排六方结构 ω-Ti [图 13.9(b)] 的相变 [35]。在众多可能的相变路径中, 他们找到了一个相变势垒极低的路径 TAO-1。这一路径的相变过程如图 13.10

表 13.1 岩盐结构对称群 $G_1 = Fm\bar{3}m$ 与 CsCl 结构对称群 $G_2 = Pm\bar{3}m$ 的共有子群 $G = R\bar{3}m$、$Pmmn$ 及 $P2_1/m$ 的格矢。G 的格矢用 G_1 及 G_2 结晶学原胞中的取向表达

对称群	格矢夹角/(°)		格矢取向		
$R\bar{3}m$	α	90	$\boldsymbol{a}$	$\frac{1}{2}\langle 101\rangle_{G_1}$	$\langle 011\rangle_{G_2}$
	β	90	$\boldsymbol{b}$	$\frac{1}{2}\langle 01\bar{1}\rangle_{G_1}$	$\langle \bar{1}\bar{1}0\rangle_{G_2}$
	γ	120	$\boldsymbol{c}$	$\langle \bar{1}11\rangle_{G_1}$	$\langle 1\bar{1}1\rangle_{G_2}$
$Pmmn$	α	90	$\boldsymbol{a}$	$\langle 100\rangle_{G_1}$	$\langle 01\bar{1}\rangle_{G_2}$
	β	90	$\boldsymbol{b}$	$\frac{1}{2}\langle 01\bar{1}\rangle_{G_1}$	$\langle 101\rangle_{G_2}$
	γ	90	$\boldsymbol{c}$	$\frac{1}{2}\langle 011\rangle_{G_1}$	$\langle 0\bar{1}0\rangle_{G_2}$
$P2_1/m$	α	90	$\boldsymbol{a}$	$\frac{1}{2}\langle 21\bar{1}\rangle_{G_1}$	$\langle 111\rangle_{G_2}$
	β	107.5	$\boldsymbol{b}$	$\frac{1}{2}\langle 011\rangle_{G_1}$	$\langle 10\bar{1}\rangle_{G_2}$
	γ	90	$\boldsymbol{c}$	$\frac{1}{2}\langle 2\bar{1}1\rangle_{G_1}$	$\langle 020\rangle_{G_2}$

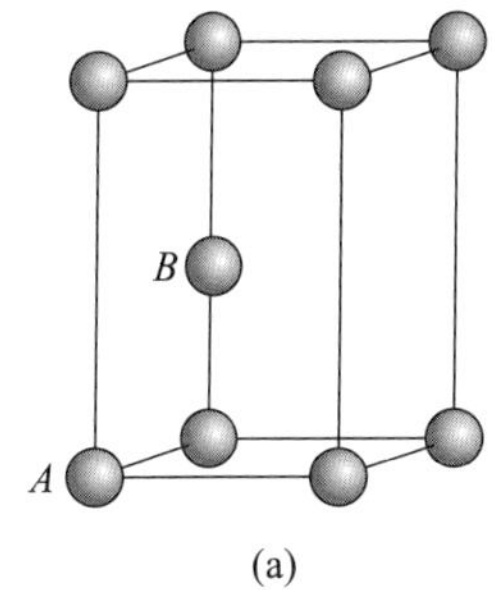

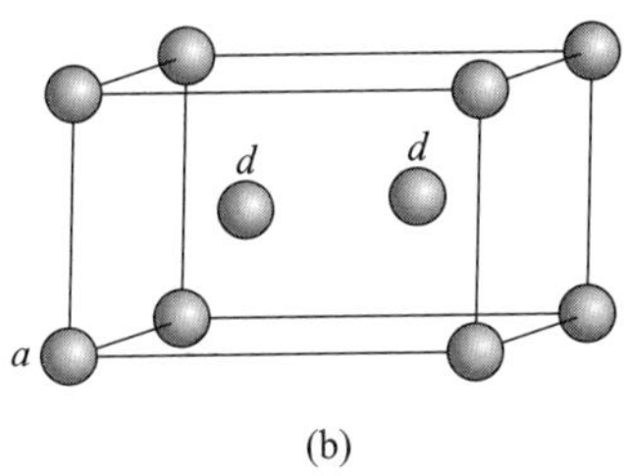

图 13.9 对称群为 P63/mmc (194) 的密排六方结构 α-Ti (a) 及对称群为 $P6/mmm$ (191) 的非密排六方结构 (b) ω-Ti 晶胞

所示。图 13.10(a) 所示的 α 相结构中, 原子 1、3、5 及 2、4、6 分别位于 hcp 结构的 A 及 B 原子层上 [如图 13.9(a) 所示]; 13.10(d) 所示的 ω 结构中,1、2、3、4 位于 Wyckoff d 位置,5、6 位于 Wyckoff a 位置 [如图 13.9(b) 所示]。沿 TAO-1 相变路径, α 经两步转变为 ω。第一步, 灰色的 α 相原子 1 ~ 4 移动 0.63 Å、5 及 6 原子移动 0.42 Å 到新的白色原子位置, 形成带有应变的 ω 晶胞, 如图 13.10(c) 所示; 第二步, 对图 13.10(c) 所示的晶胞施加应变

$e_{xx} = -0.09$, $e_{yy} = 0.12$, $e_{zz} = -0.02$, 即可获得最终的 ω 相晶胞。在这一路径下, α 相与 ω 相的取向关系为 $(0001)_\alpha \| (0\bar{1}11)_\omega$ 及 $[11\bar{2}0]_\alpha \| [01\bar{1}1]_\omega$。

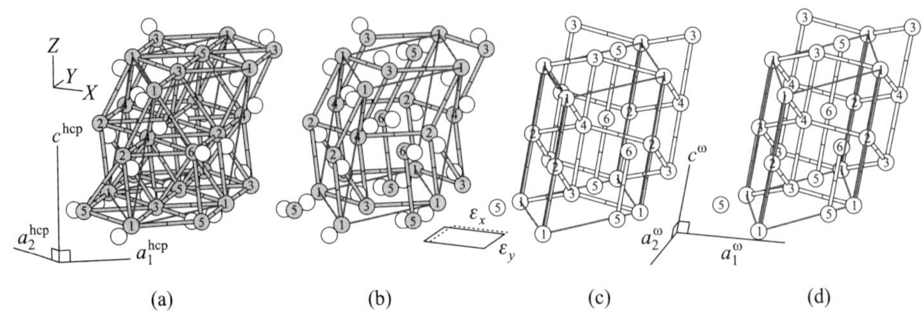

图 13.10 Ti 中 α → ω 相变的 TAO-1 路径示意图 [35]。(a) hcp 晶胞, 其中灰色圆为 hcp 格点位置, 白色圆为挪动后的格点位置; (b) 用 ω 相成键方式表达的 hcp 晶胞; (c) 原子挪动后的 hcp 晶胞; (d) 剪切后形成的 ω 相晶胞

对于钛合金中的 α → ω 相变, 早期 Silcock 根据实验观察到的 Ti-V、Ti-Mo、Ti-Cr 合金中的 α、ω 相取向关系, 提出了一种可能的相变路径 [36], 如图 13.11 所示。这一相变路径涉及较大的原子挪动及较小的应变。在 α 相每个 (0001) 面上, 6 个原子中的 3 个沿 $[11\bar{2}0]_\alpha$ 方向移动 0.74 Å, 另三个沿相反方向移动相同距离, 再沿 $[1\bar{1}00]_\alpha$ 方向施加应变 $e_{xx} = 0.05$、沿 $[11\bar{2}0]_\alpha$ 方向施加应变 $e_{yy} = -0.05$, 即可获得 ω 相晶胞。沿这一相变路径, α 相与 ω 相的取向关系为 $(0001)_\alpha \| (11\bar{2}0)_\omega$ 及 $[11\bar{2}0]_\alpha \| [0001]_\omega$。

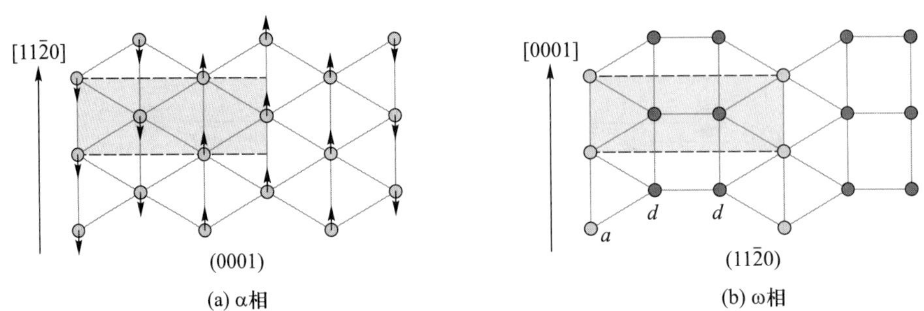

图 13.11 Ti 中 α → ω 相变的 Silcock 路径示意图 [35,36]

Trinkle 等采用第一性原理平面波赝势结合 NEB 计算了不同压力下 TAO-1 及 Silcock 路径对应的相变势能曲线 [35], 如图 13.12 所示。由图 13.12 可见, 随着压力的增加, 两种相变路径的相变势垒均下降。在所有压力下, TAO-1 路径对应的相变势垒都比 Silcock 路径的相变势垒更低。

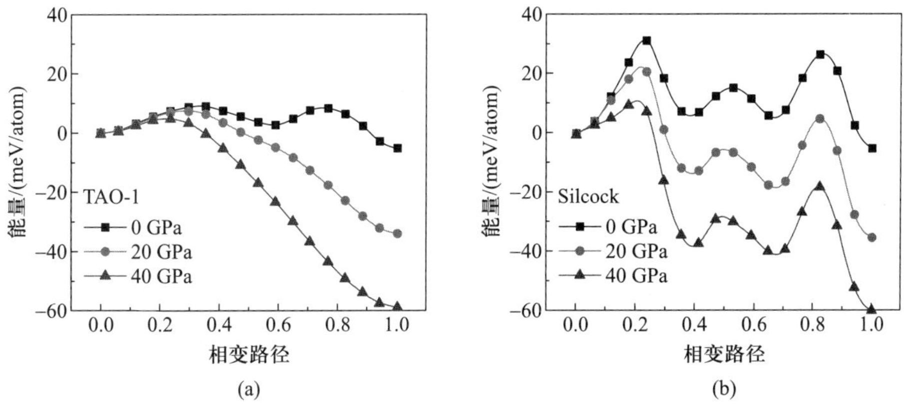

图 13.12 Ti 沿 TAO-1(a) 及 Silcock(b) 路径发生 $\alpha \to \omega$ 相变的势能曲线

13.3 结构稳定性的电子结构分析

电子可视为原子按一定周期性规则排列从而形成特定晶体结构的“黏结剂”。晶体结构本质上是由晶体中电子的运动状态即它的电子结构决定。原则上, 电子结构性质反映了晶体结构的稳定性。如 13.1.6 节所述, 电子结构可以用成键电子密度、电子态密度、轨道集聚数、电子局域函数等物理量来描述。我们认为成键电子密度和电子态密度已能够较为全面地反映晶体的电子结构信息。据此, 这一章仅以成键电子密度和电子态密度来分析晶体结构稳定性。

根据原子间结合性质的不同, 人们把原子间成键性质分为金属键、共价键、离子键。相应地, 晶体也分为金属晶体、共价晶体及离子晶体三大类。三种原子键具有不同的电子结构特征, 原子键强弱的判据也不能一概而论。在这里, 我们分别以金属 Al 及 Nb、共价化合物 BN 及 Si、离子化合物 CsCl 为例, 简单介绍金属键、共价键、离子键的电子结构特征以及怎样分析成键的强弱。需要注意的是, 化学键属于化学术语。在物理学电子能带理论范畴, 没有化学键的概念。化学键的强弱取决于物理上电子之间的相互作用, 因此我们可以借用一些化学术语来描述物理上的电子结构特征。

13.3.1 金属键

图 13.13 给出了简单金属 fcc-Al (111) 面及过渡族金属 bcc-Nb (110) 的成键电子密度图。从图中可以看到, 成键电子均匀地分布在各原子之间, 即成键电子在各原子间自由流动。原子之间成键是等价的, 没有方向性。这是典型

的金属晶体的成键电子密度特征。从原子间成键电子密度的高低可判断出金属键的强弱。Nb 原子间成键电子密度明显高于 Al 的，因此，Nb 原子间的金属键要强于 Al 的。

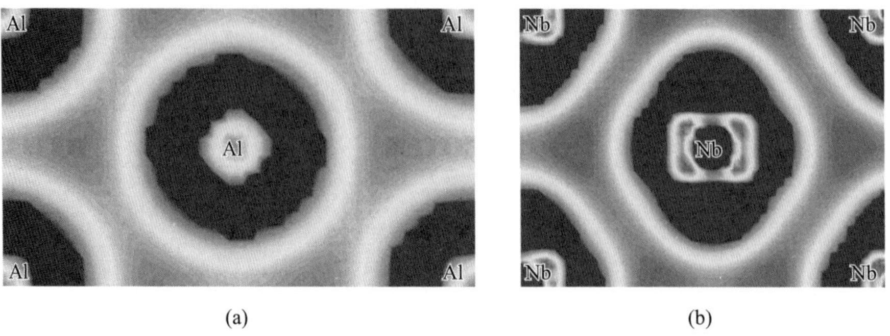

图 13.13 金属 Al (111) 面 (a) 及 Nb (110) 面 (b) 的成键电子密度图。图中，颜色由蓝至红代表 Al 的成键电荷密度由 $-0.03\ e/Å^3$ 增加到 $0.03\ e/Å^3$，Nb 的成键电荷密度从 $-0.05\ e/Å^3$ 增加到 $0.05\ e/Å^3$。(参见书后彩图)

图 13.14 给出了 Al 及 Nb 的分波态密度 (PDOS)。由图可见，在 Fermi 能级附近，Al 的 DOS 是 s 及 p 电子贡献的，亦即，Al 原子之间靠 s 及 p 电子结合。Nb 在 Fermi 能级附近主要为 d DOS，s 及 p 电子贡献较少，因此，Nb 原子间主要靠 d 电子成键。Al 及 Nb 在 Fermi 能级处都有较高的 DOS，这意味着两种金属的成键性质主要为金属键。

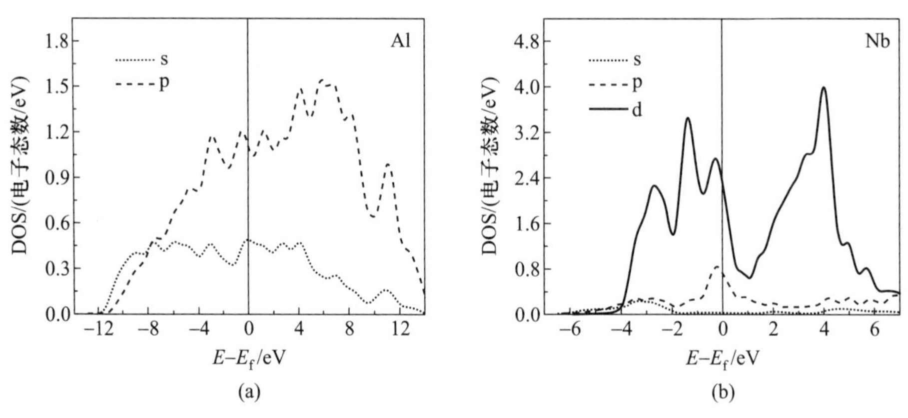

图 13.14 金属 Al (a) 及 Nb (b) 的分波态密度图

从 DOS 分析金属键的强弱相当复杂，很难找到一个一般性的判断标准，需要具体情况具体分析。

首先，价电子类型对金属键有着显著影响。s、p、d 电子对金属键的贡献依次增强。因此, 价电子为 s 态 (元素周期表中第 1、2 主族元素)、sp 态 (第 3 主族元素)、sd 态 (副族元素) 的金属单质, 金属键依次增强, 从能量上来说, 内聚能依次增大。

其次, 对于仅有 s 或 sp 电子轨道的简单金属来说, 价电子数越多, 金属键越强。图 13.15 给出了简单金属 Na、Mg、Al 的电子态密度及积分态密度。Fermi 能级处的积分态密度代表对价电子数。积分从 −15 eV 开始, 能量更低的电子态对金属键的贡献较弱, 因此, 可以忽略。从图 13.15 中可以看到, Na、Mg、Al 对成键有贡献的每原子平均价电子数分别为 1、2、3, 金属键依次增强, 内聚能也依次增加, 分别为每原子 1.13 eV、1.53 eV、3.34 eV。

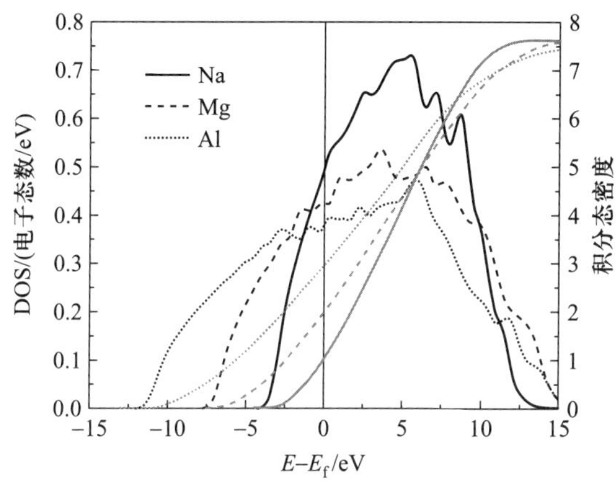

图 13.15 简单金属 Na、Mg、Al 的电子态密度与积分态密度

再次, 过渡族金属中, 金属键的强弱主要取决于其电子填充情况及 d DOS 峰宽。根据刚性能带模型简单估算, 当 d 带填充接近半满, 即每原子 d 电子数为 5 左右、Fermi 能级位于 d 带的中心位置时, 金属键最强; 当 d 带不到半满时, 随 d 电子数的增加, 金属键逐渐增强; 当 d 带超过半满时, 随 d 电子数的增加, 金属键减弱。这一趋势与过渡金属的内聚能随过渡金属 d 电子数的变化大致相同。图 13.16(a) 给出了元素周期表中第 5 周期由左向右过渡族元素单质的实际 d-DOS 曲线。从图中可以看到有两个明显的趋势。其一, 由 Y 到 Ag, Fermi 能级由 d-DOS 左侧向右侧移动, 即 d 带逐渐填满。其二, d-DOS 峰宽度由窄变宽, 即 d 电子间相互作用增强, 金属键逐渐增强。在 d 带电子填充达到半满后, d-DOS 峰由宽逐渐收窄, 意味着 d 电子键相互作用减弱, 逐渐被原子核束缚, 金属键减弱。到 Cd 单质, d 带全满, d-DOS 表现为一个能量很低的尖锐峰, d 电子被原子核束缚, 原子间成键主要靠 sp 电子作用, 金属键最弱。在同一副族中, 从上至下各元素的价电子构型相同, d 电子数也相同。

但它们的金属键强弱并不相同。这也可以用它们的 d-DOS 曲线变化来解释。图 13.16(b) 给出了 V、Nb、Ta 的 d-DOS 曲线。从 V 到 Nb 再到 Ta, d-DOS 峰逐渐变宽, 金属键依次增强, 内聚能也逐渐增加, 分别为每原子 5.30 eV、7.47 eV、8.09 eV。

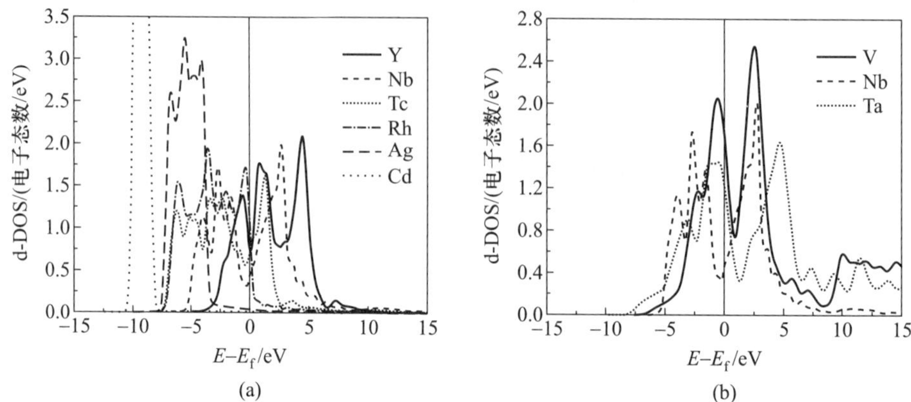

图 13.16　过渡族金属的电子态密度。(a) 元素周期表中从左至右金属元素单质的态密度变化曲线; (b) 价电子数相同的金属元素单质的态密度曲线比较

从上面的介绍可见, 一般来说金属单质 DOS 峰的宽度反映了价电子间相互作用及金属键的强弱。需要注意的是, 这一规律并不适用于表征外加压力下金属键的变化。在给金属单质加压时, 晶格参数减小, DOS 峰变宽。但这并不能说明压力下金属键增强了。事实上, 在外加压力下, 处于非稳状态的金属单质的内聚能比其在稳定状态时更低, 即金属键更弱。

13.3.2　共价键

图 13.17 给出了 BN 化合物及 Si 的 (111) 面成键电子密度图。从图 13.17(a) 中可以看出, B-N 键有明显的方向性。成键电子密度主要集中在 B-N 两个原子之间, 即成键电子为 B-N 原子共享, 在其他方向, 成键电子密度极低, 这是典型的共价原子键的特征。Si 单质的成键电子密度与 BN 的相似, Si 单质也为共价晶体。但 Si-Si 之间的成键电子密度明显比 B-N 间的低。因此, Si-Si 共价键弱于 B-N 键。

图 13.18 为 BN 化合物及 Si 的态密度图。从图 13.18(a) 可见, BN 的 DOS 组分主要为 s、p 电子。在 Fermi 能级处, 有一个较宽的带隙。这是 B 及 N 的 p 电子轨道之间相互作用杂化形成的。图 13.18(b) 及 (c) 分别给出了 BN 中 B 及 N 的局域态密度图。图中, B 的三个 p 轨道峰的位置与 N 的三个 p 轨道峰位置重叠, 都分别在 $-18 \sim -16$ eV、$-12 \sim 0$ eV、$5 \sim 18$ eV。这说明 B-p

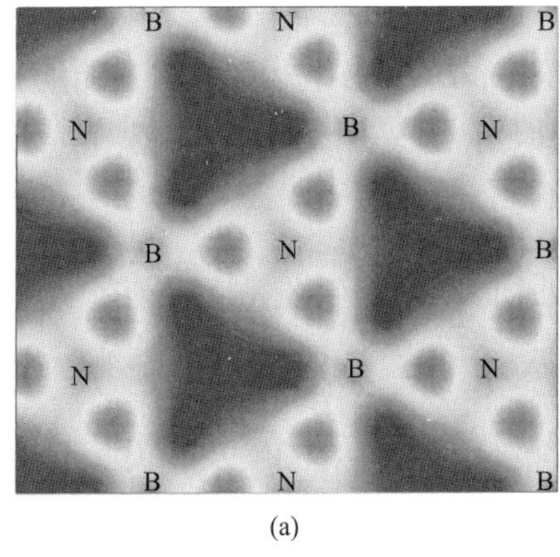

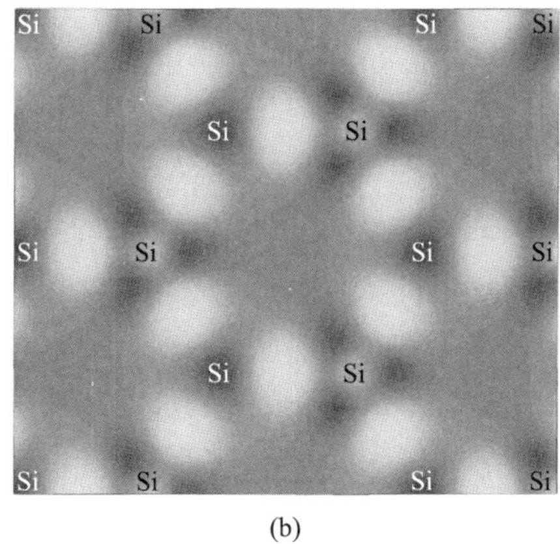

(a) (b)

图 13.17 共价晶体 BN (a) 及 Si (b) (111) 面成键电子密度图。颜色由蓝至红代表成键电子密度由 $-0.10\ \text{e}/\text{Å}^3$ 增加到 $0.25\ \text{e}/\text{Å}^3$。注意, 在 BN 的成键电子密度图中, 截面通过 B 原子面, N 原子稍偏离该截面, 图中标注的 "N" 位置为 N 在 B (111) 原子面上的投影。类似地, Si (111) 面也仅经过其中一个 Si 原子面。(参见书后彩图)

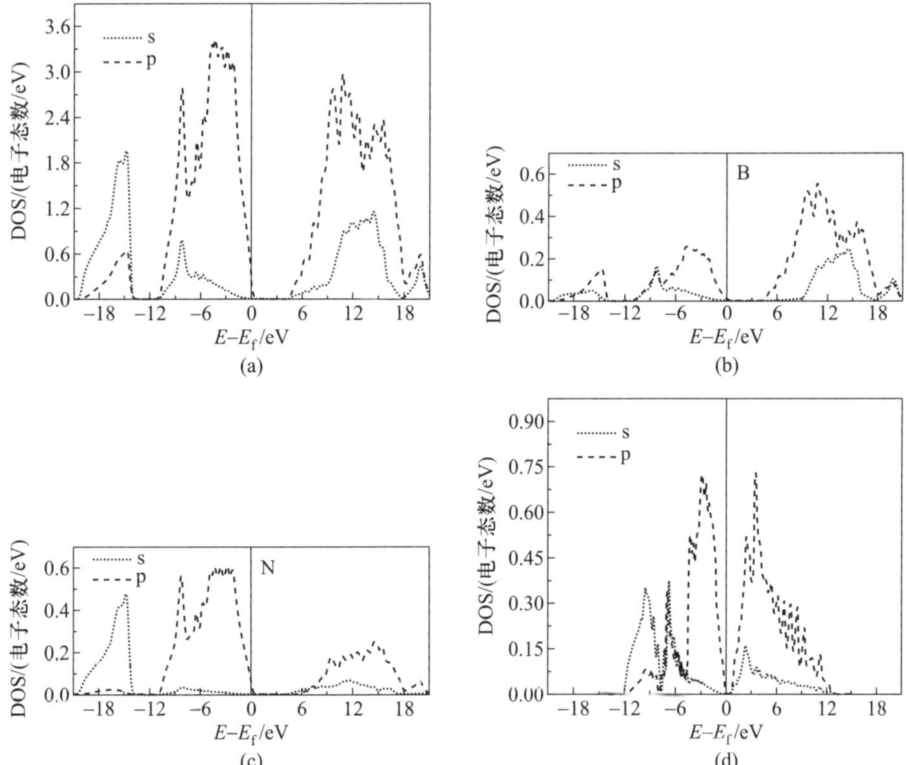

图 13.18 BN 化合物及 Si 的态密度图。(a)～(c) BN 化合物的分波态密度 (a) 及其中 B (b) 及 N (c) 的局域态密度; (d)Si 的分波态密度

轨道与 N-p 轨道发生了杂化, 从而在 Fermi 能级处产生了带隙。这是共价晶体电子态密度的典型特征。带隙两侧, 低能量处的 DOS 峰称为成键态, 高能量处的 DOS 峰称为反键态。图 13.18(d) 为 Si 的分波态密度, Fermi 能级出也存在一个带隙, 但其宽度比 BN 中的带隙宽度小很多。这也说明 Si 中 p 轨道的杂化弱于 BN, 相应地, Si-Si 共价键比 B-N 共价键弱。

从 DOS 上看, 共价键的强弱取决于两个因素: 轨道杂化强度及能带填充。轨道杂化强度表现在 DOS 上即为 Fermi 能级处带隙的宽度。带隙越宽, 轨道杂化越强烈, 所形成的共价键越强烈, 如前面比较过的 B-N 及 Si-Si 共价键。能带填充情况反映在 DOS 上就是 Fermi 能级的位置。在 BN 及 Si 中, Fermi 能级均位于带隙中 (如图 13.18), 它们的成键态被电子填满, 反键态全空。这是成键最稳定的状态。如果成键态未满或反键态被电子占据, 则共价键减弱。成键态电子占据数越少或反键态电子占据数越多, 共价键越弱。

在分析共价键强度的时候, 必须同时考虑轨道杂化强度及能带填充两个效应。图 13.19(a) 给出了 $TiN_{1-x}C_x$ 共价固溶体的 DOS 随 C 含量 x 的变化。从图中可以看到, TiN 的带隙比 TiC 宽, 且随着 $TiN_{1-x}C_x$ 中 C 含量的增加, 其带隙逐渐收窄, 意味着 $TiN_{1-x}C_x$ 中轨道杂化由 TiN 到 TiC 逐渐减弱。TiC 的 Fermi 能级恰好位于带隙底部, TiN 的 Fermi 能级位于反键态 DOS 峰上。随着 C 含量的增加, $TiN_{1-x}C_x$ 的 Fermi 能级由反键态位置向带隙底部移动。因此, 从能带填充角度来说, $TiN_{1-x}C_x$ 的共价键强度由 TiN 到 TiC 逐渐增强, 与轨道杂化效应恰好相反。在二者综合影响下, $TiN_{1-x}C_x$ 的共价键强度随 C 含量非单调变化。相应地, $TiN_{1-x}C_x$ 的硬度随着 C 含量的增加呈现抛物线形, 在 $x = 0.6$ 左右时呈现最大值 [图 13.19(b)]。

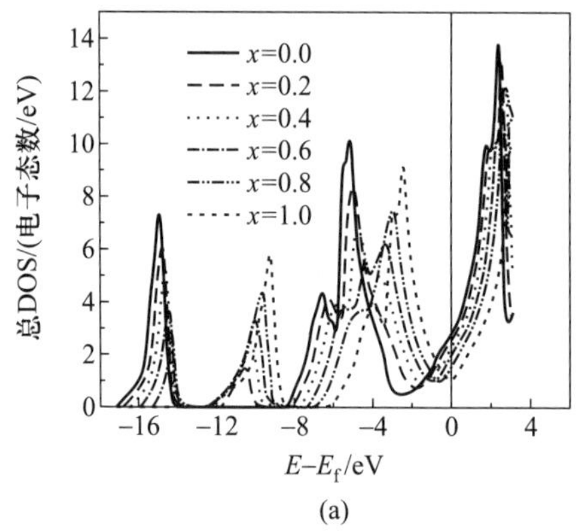

(a)

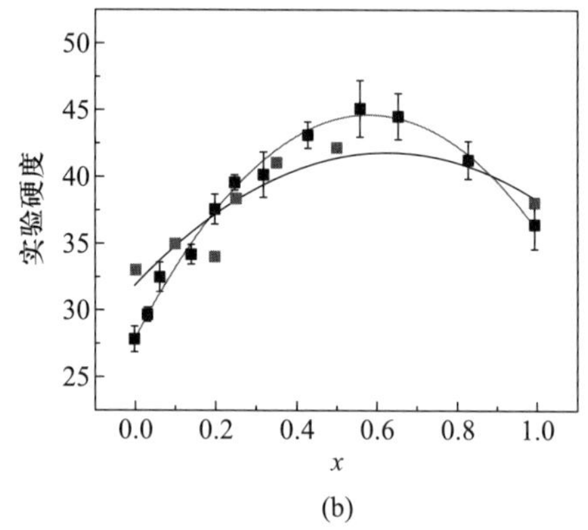

(b)

图 13.19　$TiN_{1-x}C_x$ 的态密度 (a) 及硬度 (b) 随 C 含量 x 的变化 [37]

13.3.3 离子键

图 13.20 及图 13.21 分别给出了 B2 结构 CsCl 的成键电子密度及电子态密度。由图 13.20 可见, Cl 原子位置电子密度显著增加, Cs 位置电子密度减少, 即电子发生了从 Cs 到 Cl 的转移。间隙区电子密度极低。这是典型的离子键特征。从电子态密度上看, CsCl 的各电子态在 Fermi 能级以下呈现非常尖锐的 DOS 峰 [图 13.21(a)]。图 13.21(b) 和 (c) 分别给出了 CsCl 中 Cs 和 Cl 的局域态密度。Cs 的 s 峰和 p 峰分别在 −18 eV 和 −6 eV 位置, Cl 的 s 峰和 p 峰分别在 −12 eV 和 0 eV 位置。Cs 和 Cl 的 DOS 峰基本上没有重叠, 即没

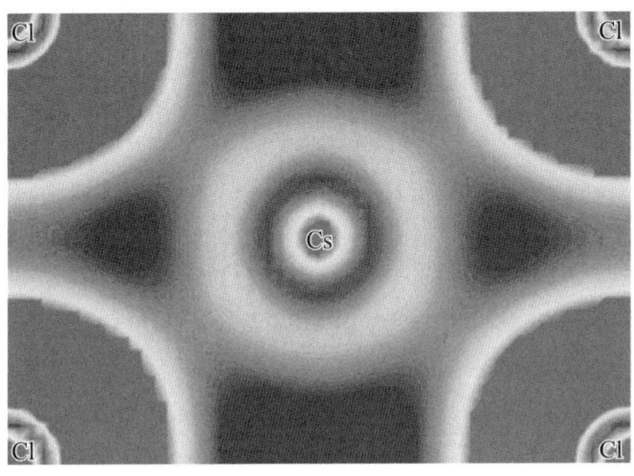

图 13.20 离子晶体 CsCl(110) 面成键电子密度图。图中颜色由蓝至红代表成键电子密度由 $-0.01\ e/Å^3$ 增加到 $0.01\ e/Å^3$。(参见书后彩图)

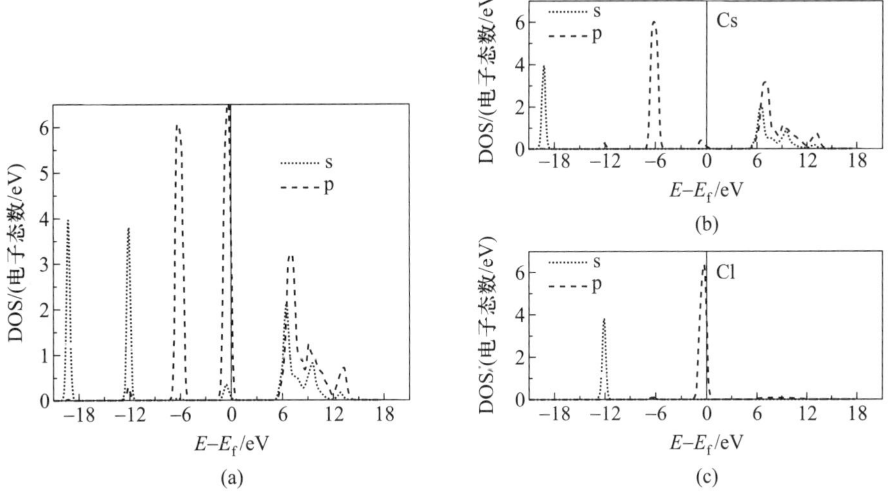

图 13.21 CsCl 化合物的分波态密度 (a) 及其中 Cs(b) 和 Cl(c) 的局域态密度

有出现在相同的能量位置。这一点与共价键晶体的 DOS 峰有明显区别, 说明 Cs 和 Cl 的电子轨道没有发生杂化, 它们之间的相互作用完全靠二者之间的电荷转移。

很显然, 离子键的强弱只取决于电子转移的多少。13.1.6 节中已经介绍过, 采用 Mulliken 或 Bader 电荷分析技术, 可获得每个原子上的电荷数, 再与电中性情况下该原子的电子数进行比较, 即可得到电子得失情况。

前面介绍了金属晶体、共价晶体、离子晶体的电子结构特征。利用这些电子结构特征的变化, 可以判断不同晶体结构的相对稳定性。实际上很多实际晶体的成键性质往往并不是单一的, 而是多种成键性质共存的混合键。因此, 需要结合前述各键型的电子结构特征进行综合分析。例如, 在金属间化合物中, 金属键与共价键共存。在电子态密度上表现为 Fermi 能级上有一定的电子占据, 但处于波谷位置 (称赝带隙)。一般情况下, 共价键的贡献占主导地位。

参考文献

[1] Jamieson J C. Crystal structures of titanium, zirconium, and hafnium at high pressures. Science, 1963, 140(3562): 72–73.

[2] Zilbershteyn V A, Chistotina N P, Zarov A A, et al. Alpha-omega transformation in titanium and zirconium during shear deformation under pressure. Fizika Metallov I Metallovedenie, 1975, 39(2): 445–447.

[3] Vohra Y K, Sikka S K, Vaidya S N, et al. Impurity effects and reaction kinetics of the pressure-induced $\alpha \rightarrow \omega$ transformation in Ti. Journal of Physics and Chemistry of Solids, 1977, 38(11): 1293–1296.

[4] Xia H, Parthasarathy G, Luo H, et al. Crystal structures of group Ⅳ a metals at ultrahigh pressures. Physical Review B, 1990, 42(10): 6736.

[5] Limpijumnong S, Lambrecht W R. Homogeneous strain deformation path for the wurtzite to rocksalt high-pressure phase transition in GaN. Physical Review Letters, 2001, 86(1): 91.

[6] Xie J, Chen S P, John S T, et al. Phonon instabilities in high-pressure bcc-fcc and the isostructural fcc-fcc phase transitions of Cs. Physical Review B, 2000, 62(6): 3624.

[7] Young D A. Phase diagrams of the elements. University of California Press, 1991.

[8] Martin R M. Electronic structure: Basic theory and practical methods. Cambridge: Cambridge University Press, 2004.

[9] Payne M C, Teter M P, Allan D C, et al. Iterative minimization techniques for ab initio total-energy calculations: Molecular dynamics and conjugate gradients. Reviews of Modern Physics, 1992, 64(4): 1045.

[10] Freeman A J, Wimmer E. Density functional theory as a major tool in computational materials science. Annual Review of Materials Science, 1995, 25(1): 7–36.

[11] Gaspar R. Über eine approximation des Hartree-Fockschen potentials durch eine universelle potentialfunktion. Acta Physica Academiae Scientiarum Hungaricae, 1954, 3(3–4): 263–286.

[12] Kohn W, Sham L J. Self-consistent equations including exchange and correlation effects. Physical Review, 1965, 140(4A): A1133.

[13] Hedin L, Lundqvist B I. Explicit local exchange-correlation potentials. Journal of Physics C: Solid State Physics, 1971, 4(14): 2064.

[14] Becke A D. Density-functional exchange-energy approximation with correct asymptotic behavior. Physical Review A, 1988, 38(6): 3098.

[15] Perdew J P, Burke K, Ernzerhof M. Generalized gradient approximation made simple. Physical Review Letters, 1996, 77(18): 3865.

[16] Vanderbilt D. Soft self-consistent pseudopotentials in a generalized eigenvalue formalism[J]. Physical Review B, 1990, 41(11): 7892.

[17] Hamann D R, Schlüter M, Chiang C. Norm-conserving pseudopotentials[J]. Physical Review Letters, 1979, 43(20): 1494.

[18] Blöchl P E. Projector augmented-wave method[J]. Physical Review B, 1994, 50(24): 17953.

[19] Sanchez-portal D, Artacho E, Soler J M. Projection of plane-wave calculations into atomic orbitals[J]. Solid State Communications, 1995, 95(10): 685–690.

[20] Maintz S, Deringer V L, Tchougréeff A L, et al. LOBSTER: A tool to extract chemical bonding from plane-wave based DFT. 2016, 37(11): 1030–5.

[21] Henkelman G, Arnaldsson A, Jónsson H. A fast and robust algorithm for Bader decomposition of charge density[J]. Computational Materials Science, 2006, 36(3): 354–360.

[22] Savin A, Nesper R, Wengert S, et al. ELF: The electron localization function[J]. Angewandte Chemie International Edition in English, 1997, 36(17): 1808–1832.

[23] Hong T, Watson-Yang T J, Guo X Q, et al. Crystal structure, phase stability, and electronic structure of Ti-Al intermetallics: Ti_3Al[J]. Physical Review B, 1991, 43(3): 1940.

[24] Maddox J. Crystals from first principles[J]. Nature, 1988, 335(6187): 201–201.

[25] Oganov A R, Glass C W. Crystal structure prediction using ab initio evolutionary techniques: Principles and applications[J]. The Journal of Chemical Physics, 2006, 124(24): 244704.

[26] Wang H, Wang Y, LV J, et al. CALYPSO structure prediction method and its wide application[J]. Computational Materials Science, 2016, 112: 406–415.

[27] Li Q, Zhou D, Zheng W T, et al. Global structural optimization of tungsten borides[J]. Physical Review Letters, 2013, 110(13): 136403.

[28] Lu Z P, Zhu W J, Lu T C, et al. Does the fcc phase exist in the Fe bcc–hcp transition? A conclusion from first-principles studies. Modelling and Simulation in Materials Science and Engineering, 2014, 22(2): 025007.

[29] Hatch D M, Lookman T, Saxena A, et al. Systematics of group-nonsubgroup transitions: Square to triangle transition[J]. Physical Review B, 2001, 64(6): 060104.

[30] Stokes H T, Hatch D M. Procedure for obtaining microscopic mechanisms of reconstructive phase transitions in crystalline solids[J]. Physical Review B, 2002, 65(14): 144114.

[31] Stokes H T, Hatch D M, Campbell B J. ISOTROPY software suite. 见 ISOTROPY 软件套装网站.

[32] Halgren T A, Lipscomb W N. The synchronous-transit method for determining reaction pathways and locating molecular transition states[J]. Chemical Physics Letters, 1977, 49(2): 225–232.

[33] Henkelman G, Uberuaga B P, Jónsson H. A climbing image nudged elastic band method for finding saddle points and minimum energy paths[J]. The Journal of Chemical Physics, 2000, 113(22): 9901–9904.

[34] Henkelman G, Jónsson H. Improved tangent estimate in the nudged elastic band method for finding minimum energy paths and saddle points[J]. The Journal of Chemical Physics, 2000, 113(22): 9978–9985.

[35] Trinkle D R, Hennig R G, Srinivasan S G, et al. New mechanism for the α to ω martensitic transformation in pure titanium[J]. Physical Review Letters, 2003, 91(2): 025701.

[36] Silcock J M. An X-ray examination of the to phase in TiV, TiMo and TiCr alloys[J]. Acta Metallurgica, 1958, 6(7): 481–493.

[37] Hu Q M, Yang R, Johansson B, et al. Developments in strategic ceramic materials// The 39th International Conference on Advanced Ceramics and Composites, Daytona Beach, Florida, January 25–30, 2015. New Jersey: John Wiley & Sons, 2015, 604: 143.

郑重声明

高等教育出版社依法对本书享有专有出版权。任何未经许可的复制、销售行为均违反《中华人民共和国著作权法》，其行为人将承担相应的民事责任和行政责任；构成犯罪的，将被依法追究刑事责任。为了维护市场秩序，保护读者的合法权益，避免读者误用盗版书造成不良后果，我社将配合行政执法部门和司法机关对违法犯罪的单位和个人进行严厉打击。社会各界人士如发现上述侵权行为，希望及时举报，我社将奖励举报有功人员。

反盗版举报电话　(010) 58581999　58582371
反盗版举报邮箱　dd@hep.com.cn
通信地址　北京市西城区德外大街 4 号
高等教育出版社法律事务部
邮政编码　100120

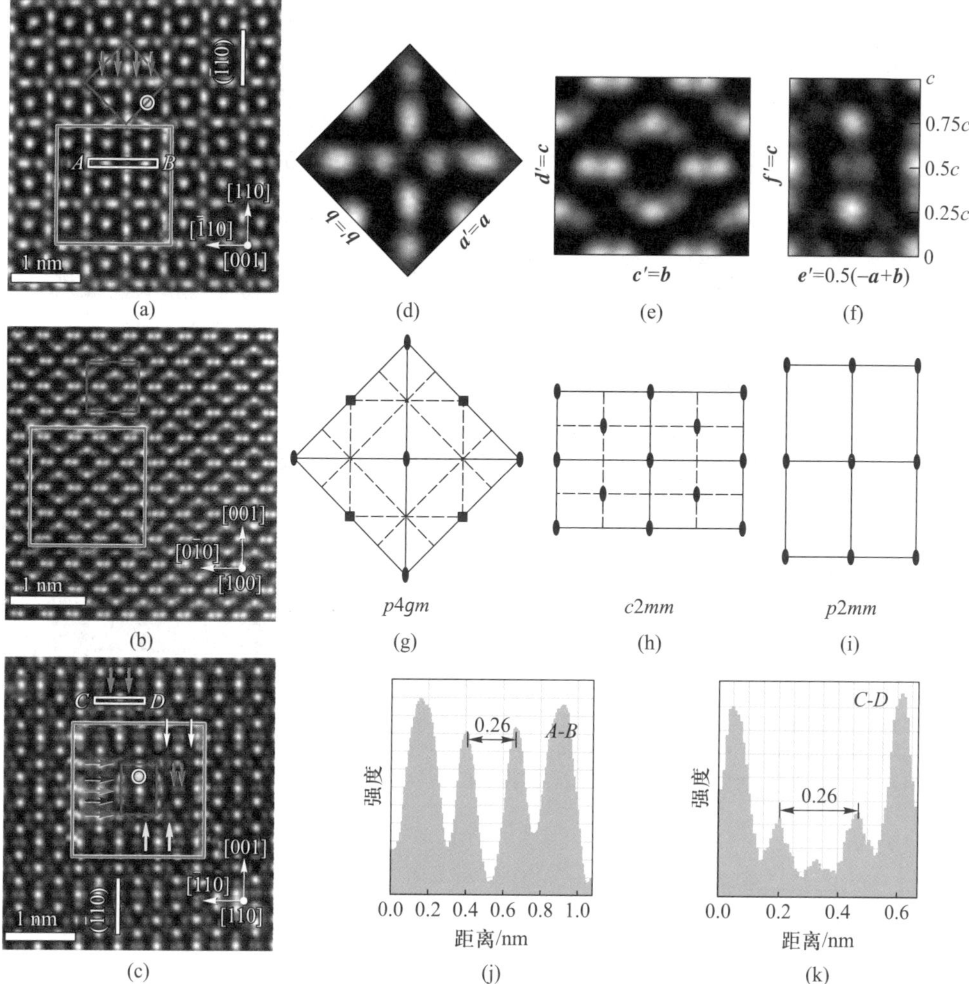

图 10.6 γ_1 相的原子分辨率的 HAADF–STEM 像和投影的对称性。(a) ~ (c) 拍摄方向分别为 $[001]_{\gamma_1}$ (a)、$[100]_{\gamma_1}$ (b) 和 $[110]_{\gamma_1}$ (c) 晶带轴的 HAADF–STEM 像; (d) ~ (f) 图 (a) ~ (c) 中红色方框和矩形框标示的最小对称单元; (g) ~ (i) 图 (d) ~ (f) 中对称操作分布图; (j)、(k) 沿图 (a) 中 AB (j) 和图 (c) 中 CD (k) 的强度分布图

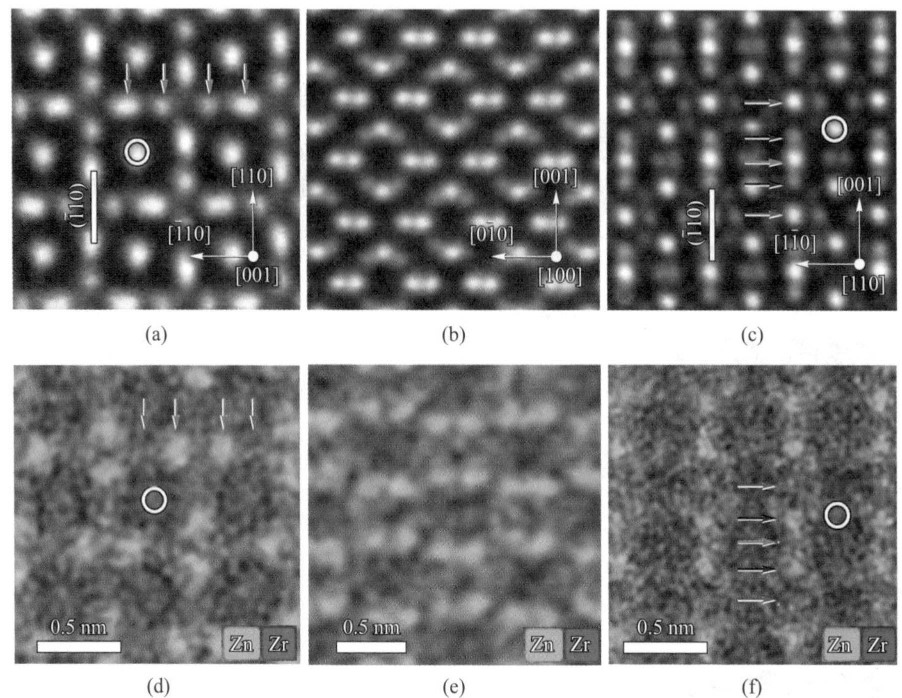

图 10.7 γ_1 相的原子分辨率的 HAADF–STEM 像和原子分辨率 EDS 面扫描结果。(a) ~ (c) 拍摄方向分别沿 $[001]_{\gamma_1}$ (a)、$[100]_{\gamma_1}$ (b) 和 $[110]_{\gamma_1}$ (c) 晶带轴的 HAADF–STEM 像；(d) ~ (f) Zn 和 Zr 元素的 EDS 面扫描结果

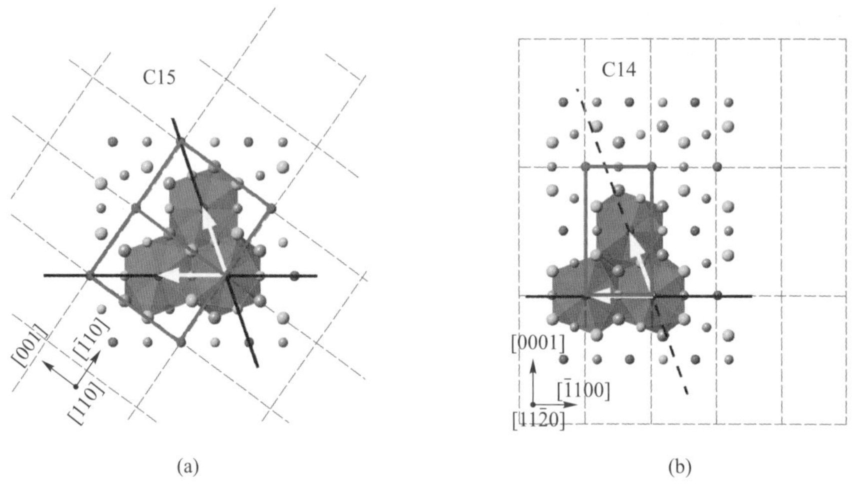

图 12.1 立方晶体 C15 (a) 和六方晶体 C14 (b) 结构中的二十面体排列。虚线网格表示晶体的点阵 (单胞用红色实线方框表示)。黄色箭头表示两个共面堆垛的二十面体的面堆垛矢量。黑色加粗的实线和虚线分别表示符合和偏离晶格平移矢量的面堆垛矢量。大球和小球显示了大小两种原子, 球的颜色沿观察方向的高度变化而不同 [7]

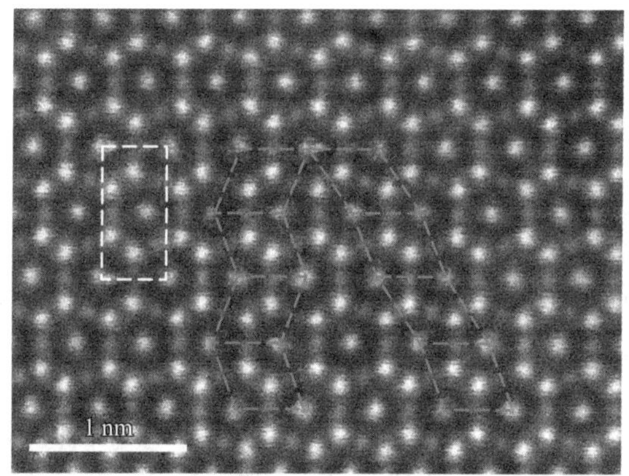

图 12.2 沿 [11$\bar{2}$0] 方向观察到的 C14 M_2Nb (M=Cr、Ni 和 Al) 的 HAADF–STEM 像。洋红色虚线框描述了晶体的棱柱面 (左) 和棱锥面 (右) 的亚结构单元, 白色虚线框表示一个 C14 单胞 [7]

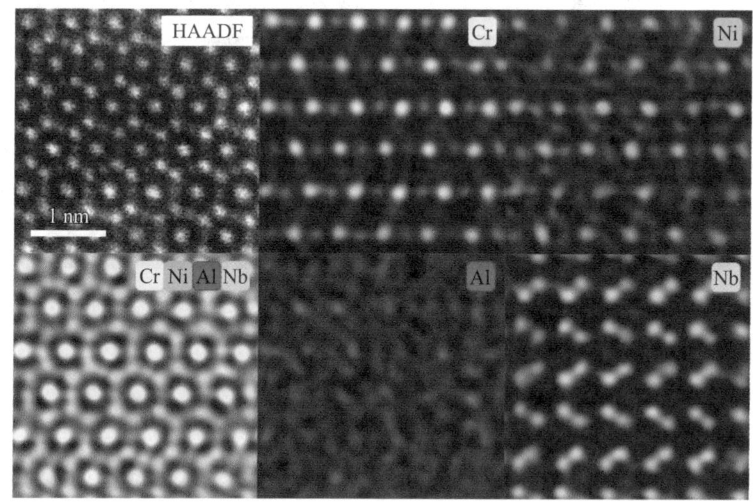

图 12.3 C14 M_2Nb 晶体原子分辨率的 HAADF–STEM 像和相应的元素分布图。合成的元素分布图显示 Cr、Ni、Al 均占据较小原子的位置 (CN12), Nb 占据较大原子的位置 (CN16)[7]

图 12.4　在 1073 K 高温压缩后, C14 M_2Nb 晶体在基面、棱柱面以及棱锥面中形成的大量位错及层错。(a)、(d) 沿 $[11\bar{2}0]$ 方向观察到的棱柱面 [黄色格子 (a)] 和棱锥面 [绿色格子 (d)] 上的位错及其相连接层错的 HAADF–STEM 像; (b)、(e) 棱柱面 (b) 和棱锥面 (e) 层错放大的 HAADF–STEM 像以及相应的 C14 晶体格子; (c)、(f) 与图 (b) 和图 (e) 中层错对应的结构模型, 红色箭头表示位错的伯氏矢量, 图 (c) 中的洋红色箭头指向两个相邻的中心原子柱; (g)、(h) 棱柱面 (g) 和棱锥面 (h) 层错的 HAADF–STEM 像及其相对应的原子分辨率 EDS 图, 元素分布图中的一组单元格子由白色虚线表示出来, 图 (g) 中的洋红色箭头指向如图 (c) 所示的两个相邻的中心原子柱 [7]

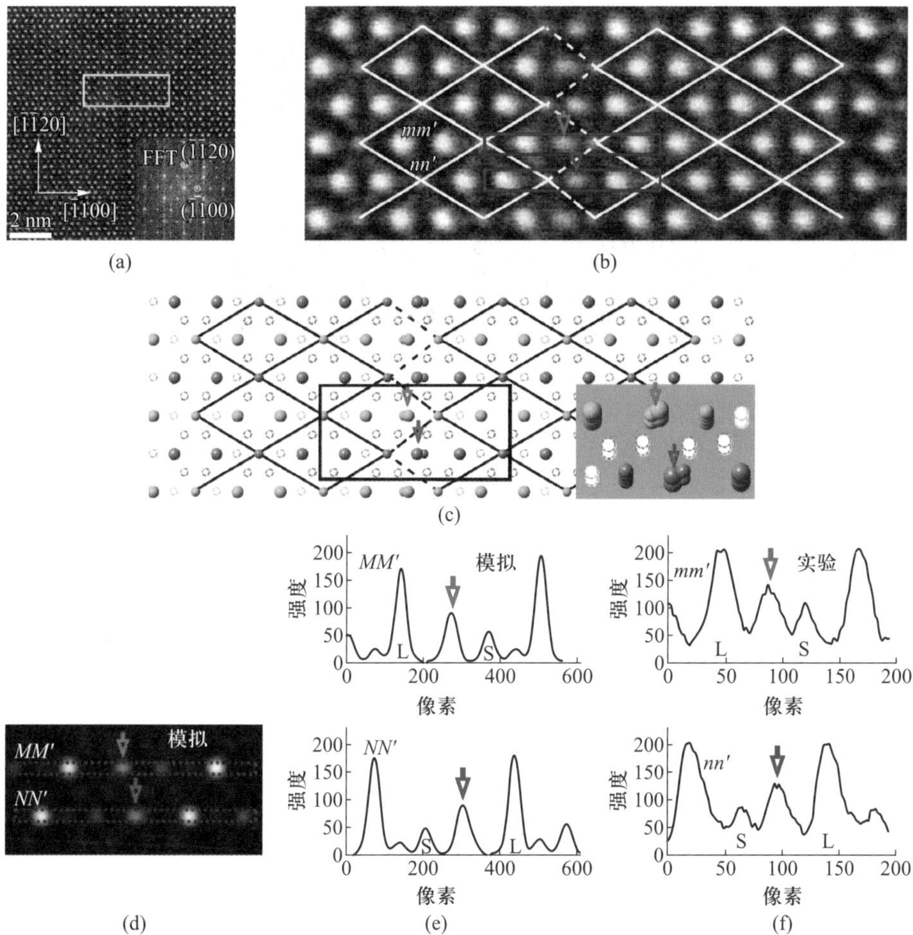

图 12.5 (a) 棱柱面层错沿 [0001] 方向投影的 HAADF–STEM 图像, 衬度较暗的一段为棱柱面层错; (b) 图 (a) 中黄色框内区域的放大图, 白色的格子展示了 C14 的晶格, 在层错处用虚线连接, 箭头指示层错中的原子柱; (c) 从 [0001] 轴方向看棱柱面层错的结构模型, 虚线圆表示与其他原子列相比, 这些列中只有一半数量的 (小) 原子, 插图显示了 [0001] 轴附近的结构模型透视图, 箭头指示了与图 (b) 中相同的位置; (d) 图 (c) 中黑色框内区域的 HAADF–STEM 模拟像; (e) 图 (d) 中两条线 MM' 和 NN' 的强度 (intensity)-像素 (pixels) 位置曲线, 箭头指示的原子柱属于层错, 它们相邻的大原子柱 (L) 和小原子柱 (S) 也被标出了; (f) 图 (b) 中两条线 mm' 和 nn' 的强度曲线 [7]

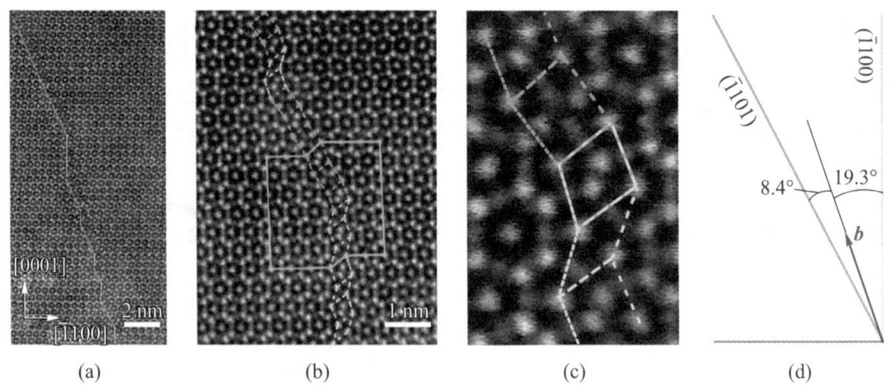

图 12.6 (a) ∼ (c) 层错在棱柱面和棱锥面之间转换的 HAADF–STEM 像, 黄色线或格子指示棱柱面层错的位置, 绿色线或格子指示棱锥面层错的位置, 包含一个转变处的青色伯氏回路 (b) 是闭合的; (d) 伯氏矢量的方向 (红色箭头) 以及棱面和棱锥面的位置示意图 [7]

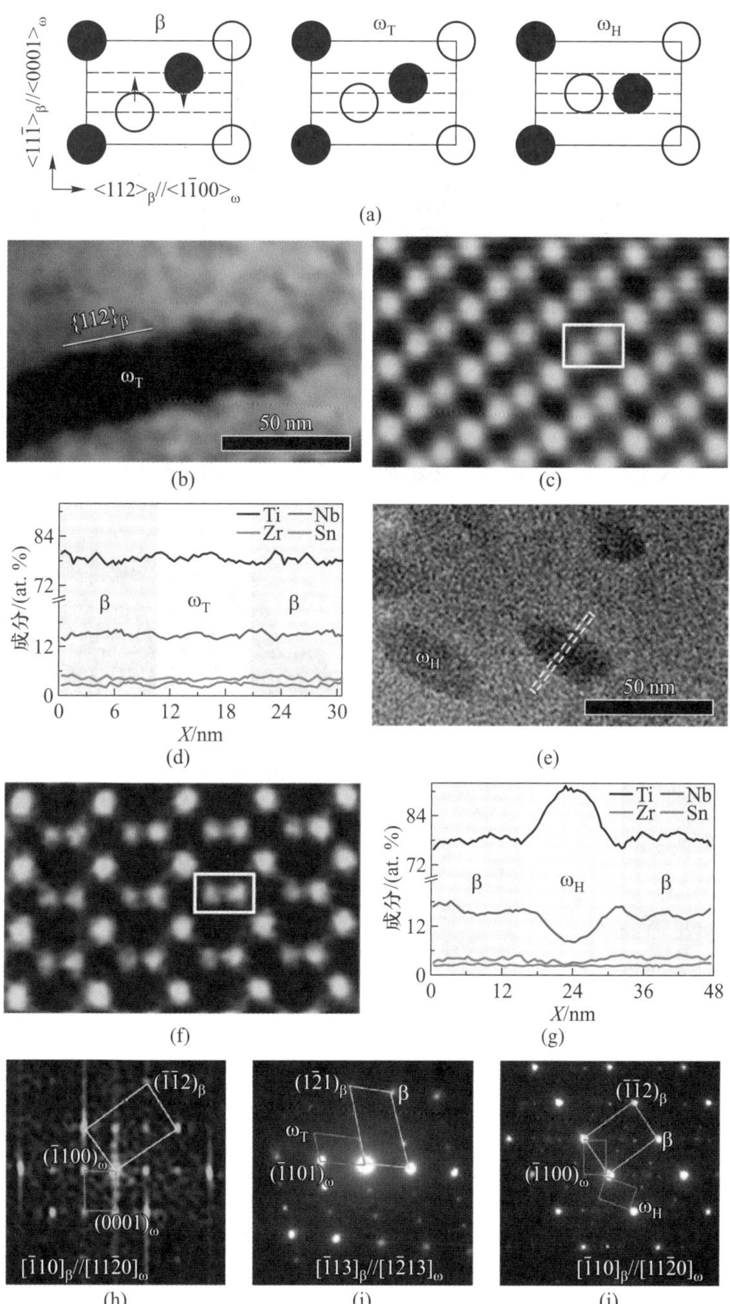

图 12.8 (a) 从 $\langle\bar{1}10\rangle_\beta$ 取向下观察的 β、ω_T 和 ω_H 相的原子结构示意图; (b)、(e) Ti-15Nb-2.5Zr-4Sn 合金在原位拉伸过程中产生的 ω_T 相 (b) 以及 648 K 等温时效 2 h 后产生的 ω_H 析出相 (e) 的明场像; (c)、(f) 沿 $\langle\bar{1}10\rangle_\beta$ 轴观察, 变形样品中的 ω_T 相 (c) 以及时效样品中的 ω_H 相 (f) 的 HAADF–STEM 像; (d)、(g) ω_T 相 (d) 以及 ω_H 相 (g) 的 EDS 线扫分布图; (h) 图 (c) 对应的傅里叶变化结果; (i)、(j) 原位拉伸变形样品中 ω_T 相 (i) 以及时效样品中 ω_H 相 (j) 的选区电子衍射 [11]

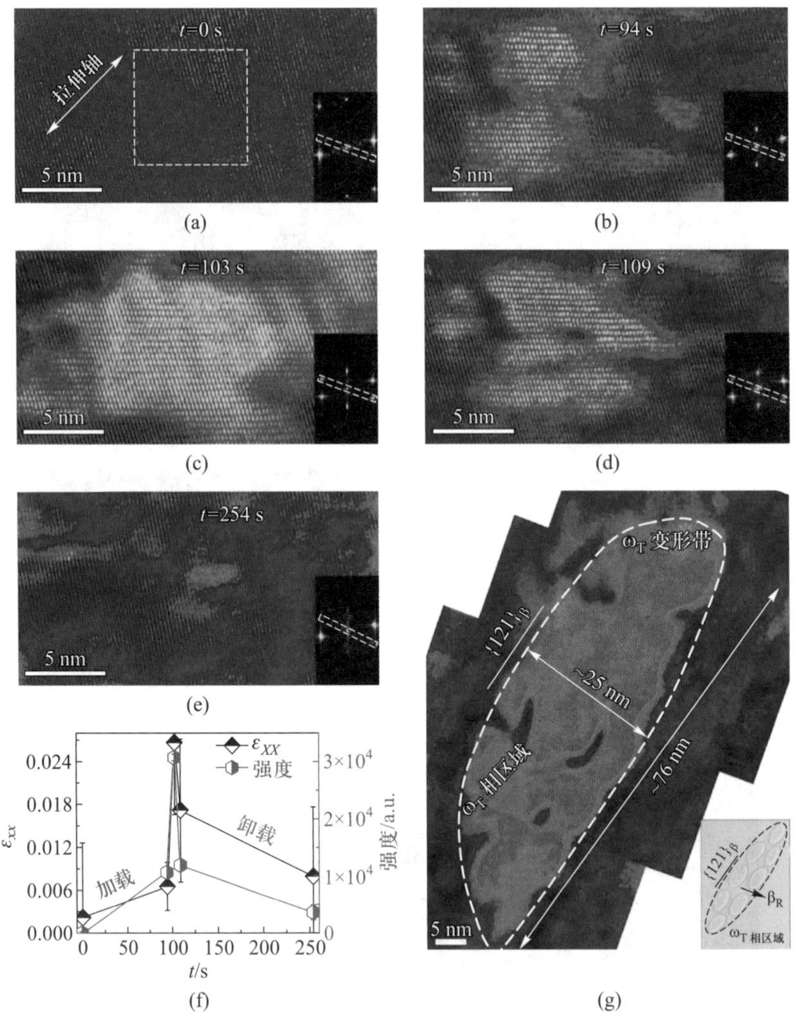

图 12.9 (a) ∼ (e) 在变形区域处沿 $\langle\bar{3}11\rangle_\beta$ 轴分别在 $t = 0$ s(a)、94 s(b)、103 s(c)、109 s(d) 和 254 s(e) 记录的时间分辨像差校正 HRTEM 图像, 从傅里叶变换的斑点中选择属于 ω_T 的 Bragg 斑点进行傅里叶逆变换, 从而勾勒出 ω_T 相分布区域; (f) ω_T 相 Bragg 斑点的强度 (intensity) 以及由该相导致的 β 基体中的应变随加载 (loading)、卸载 (unloading) 时间的变化; (g) ω_T 变形带 (deformation band) 原子分辨率像差校正 HRTEM 图像及其示意图, 变形带是由很多 ω_T 畴结构组成, 在两个 ω_T 畴之间存在残留的 β 相 [11]

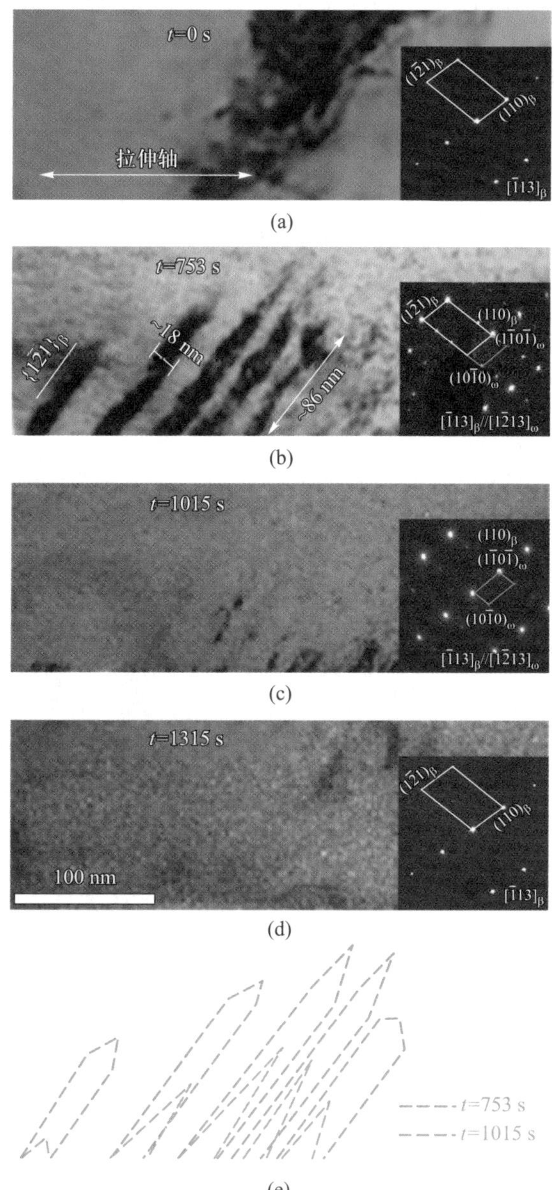

(a) (b) (c) (d) (e)

图 12.10 沿 $\langle\bar{1}13\rangle_\beta$ 轴原位拍摄的 ω_T 变形带演化过程的明场透射电子显微像和相应的选区电子衍射图, 其中双箭头标注了拉伸轴 (tensilc axis) 的方向 [11]

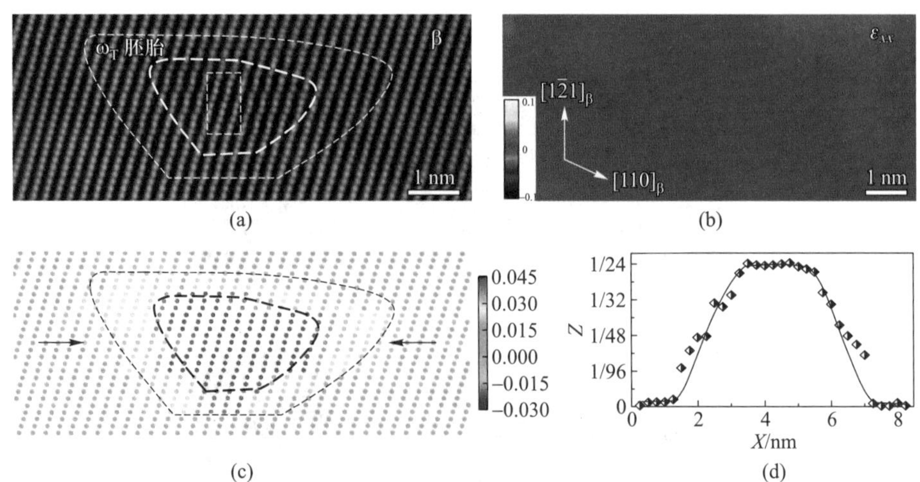

图 12.11 采用 HAADF–STEM 技术分析得到的 ω_T 相和 β 基体间的界面结构。(a) 在加载过程中沿 $\langle\bar{1}13\rangle_\beta$ 方向捕捉到的 ω_T 胚胎的 HAADF–STEM 像; (b) 对图 (a) 的 Z 值分布进行定量分析的结果; (c) 对图 (a) 进行 GPA 分析得到的 ε_{xx} 分布图; (d) 图 (b) 中 ω_T 胚胎在两个黑色箭头之间的 Z 值分布图 [11]

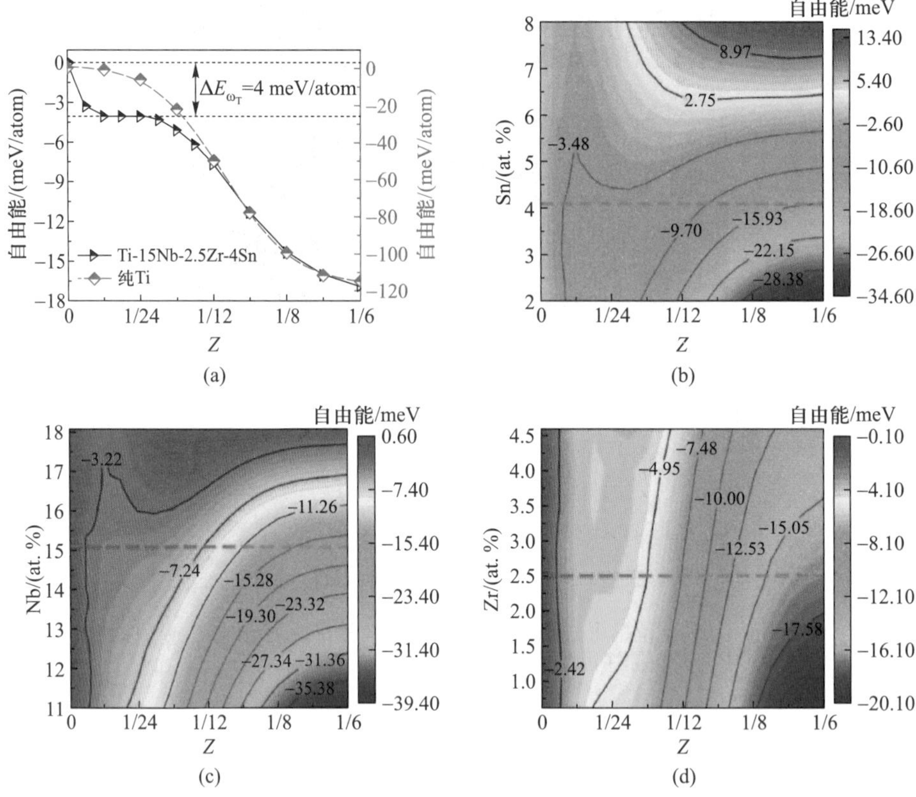

图 12.12 (a) Ti-15Nb-2.5Zr-4Sn 合金和纯 Ti 在 $0 \leqslant Z \leqslant 1/6$ 转变过程中的自由能变化; (b) ~ (d) 沿着 $0 \leqslant Z \leqslant 1/6$ 转变过程中自由能相对于 2 ~ 8 at.%Sn(b), 11 ~ 18.1 at.% Nb(c) 和 0.6 ~ 4.6 at.% Zr(d) 化学成分的变化 [11]

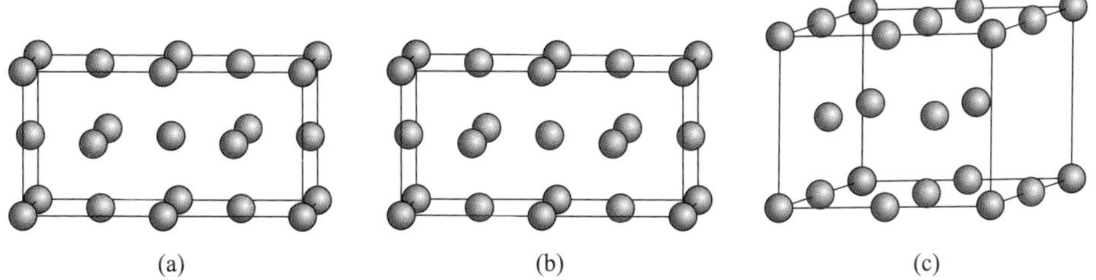

图 13.4　不同结构的 Ti_3Al 晶胞。(a) $D0_{22}$; (b) $L1_2$; (c) $D0_{19}$。灰色小球表示 Ti 原子, 粉色球表示 Al 原子。图 (b) 中含有两个 $L1_2$ 结构晶胞

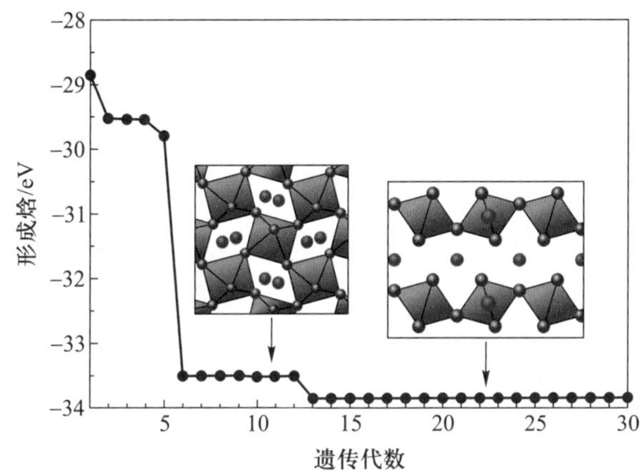

图 13.5　USPEX 预测得到的 $MgSiO_3$ 在 120 GPa 下的晶体结构 (每晶胞 20 个原子)[25]

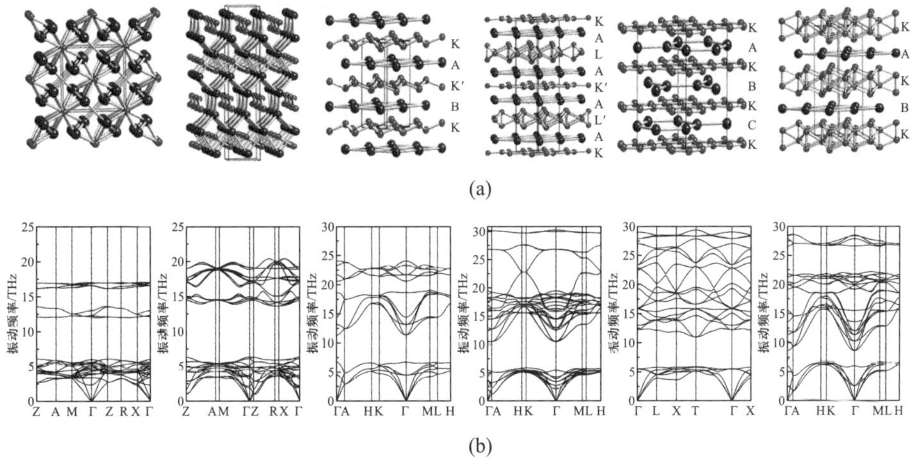

图 13.6　CALYPSO 预测得到的 W_2B、WB、WB_2、W_2B_5、WB_3、WB_4 金属间化合物的稳定结构 [(a) 由左至右] 以及它们的声子振动谱 (b)

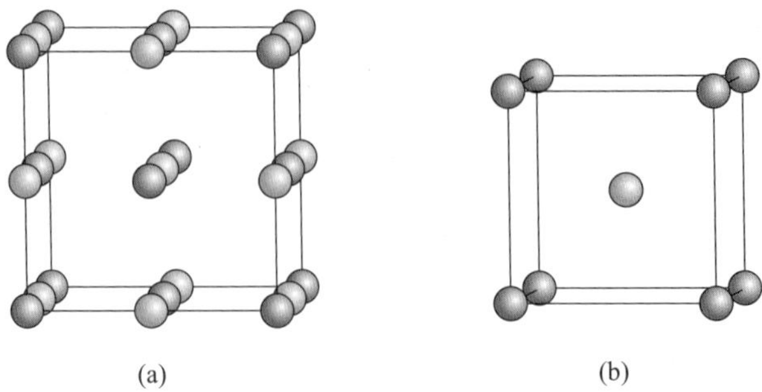

图 13.8　岩盐结构 (a) 及 CsCl 结构 (b) 的 NaCl 晶胞。绿色及紫色小球分别表示 Cl 及 Na

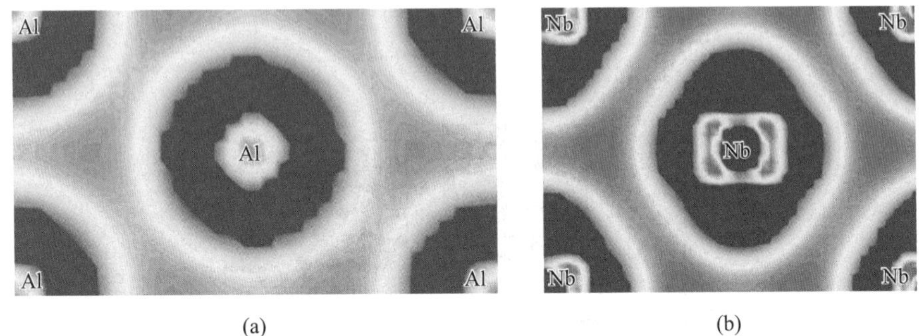

图 13.13　金属 Al (111) 面 (a) 及 Nb (110) 面 (b) 的成键电子密度图。图中, 颜色由蓝至红代表 Al 的成键电荷密度由 $-0.03\ \mathrm{e/Å^3}$ 增加到 $0.03\ \mathrm{e/Å^3}$, Nb 的成键电荷密度从 $-0.05\ \mathrm{e/Å^3}$ 增加到 $0.05\ \mathrm{e/Å^3}$

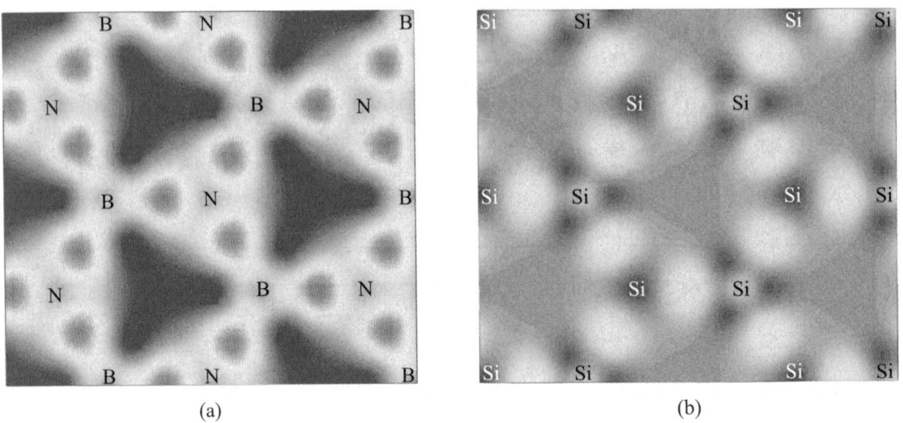

图 13.17　共价晶体 BN (a) 及 Si (b) (111) 面成键电子密度图。颜色由蓝至红代表成键电子密度由 $-0.10\ \mathrm{e/Å^3}$ 增加到 $0.25\ \mathrm{e/Å^3}$。注意, 在 BN 的成键电子密度图中, 截面通过 B 原子面, N 原子稍偏离该截面, 图中标注的 “N” 位置为 N 在 B (111) 原子面上的投影。类似地, Si (111) 面也仅经过其中一个 Si 原子面

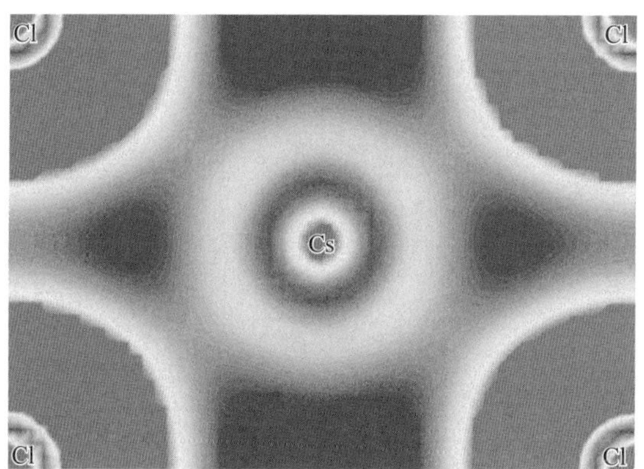

图 13.20　离子晶体 CsCl(110) 面成键电子密度图。图中颜色由蓝至红代表成键电子密度由 $-0.01\ \mathrm{e/Å^3}$ 增加到 $0.01\ \mathrm{e/Å^3}$

材料科学与工程著作系列
HEP Series in Materials Science and Engineering

已出书目 - 1

□ 省力与近均匀成形——原理及应用
王仲仁、张琦 著
ISBN 978-7-04-030091-8
9 787040 300918 >

□ 材料热力学（英文版，与Springer合作出版）
Qing Jiang，Zi Wen 著
ISBN 978-7-04-029610-5
9 787040 296105 >

□ 微观组织的分析电子显微学表征（英文版，与Springer合作出版）
Yonghua Rong 著
ISBN 978-7-04-030092-5
9 787040 300925 >

□ 半导体材料研究进展（第一卷）
王占国、郑有炓 等 编著
ISBN 978-7-04-030699-6
9 787040 306996 >

□ 水泥材料研究进展
沈晓冬、姚燕 主编
ISBN 978-7-04-033624-5
9 787040 336245 >

□ 固体无机化学基础及新材料的设计合成
赵新华 等 编著
ISBN 978-7-04-034128-7
9 787040 341287 >

□ 磁化学与材料合成
陈乾旺 等 编著
ISBN 978-7-04-034314-4
9 787040 343144 >

□ 电容器铝箔加工的材料学原理
毛卫民、何业东 著
ISBN 978-7-04-034805-7
9 787040 348057 >

□ 陶瓷科技考古
吴隽 主编
ISBN 978-7-04-034777-7
9 787040 347777 >

□ 材料科学名人典故与经典文献
杨平 编著
ISBN 978-7-04-035788-2
9 787040 357882 >

□ 热处理工艺学
潘健生、胡明娟 主编
ISBN 978-7-04-022420-7
9 787040 224207 >

□ 铸造技术
介万奇、坚增运、刘林 等 编著
ISBN 978-7-04-037053-9
9 787040 370539 >

□ 电工钢的材料学原理
毛卫民、杨平 编著
ISBN 978-7-04-037692-0
9 787040 376920 >

□ 材料相变
徐祖耀 主编
ISBN 978-7-04-037977-8
9 787040 379778 >

已出书目 – 2

□ 材料分析方法
董建新
ISBN 978-7-04-039048-3
9 787040 390483 >

□ 相图理论及其应用（修订版）
王崇琳
ISBN 978-7-04-038511-3
9 787040 385113 >

□ 材料科学研究中的经典案例（第一卷）
师昌绪、郭可信、孔庆平、马秀良、叶恒强、王中光
ISBN 978-7-04-040190-5
9 787040 401905 >

□ 屈服准则与塑性应力 – 应变关系理论及应用
王仲仁、胡卫龙、胡蓝 著
ISBN 978-7-04-039504-4
9 787040 395044 >

□ 材料与人类社会：材料科学与工程入门
毛卫民 编著
ISBN 978-7-04-040807-2
9 787040 408072 >

□ 分析电子显微学导论（第二版）
戎咏华 编著
ISBN 978-7-04-041356-4
9 787040 413564 >

□ 金属塑性成形数值模拟
洪慧平 编著
ISBN 978-7-04-041234-5
9 787040 412345 >

□ 工程材料学
堵永国 编著
ISBN 978-7-04-043938-0
9 787040 439380 >

□ 工程材料结构原理
杨平、毛卫民 编著
ISBN 978-7-04-046434-4
9 787040 464344 >

□ 合金钢显微组织辨识
刘宗昌 等 著
ISBN 978-7-04-046868-7
9 787040 468687 >

□ 光电功能材料与器件
周忠祥、田浩、孟庆鑫、宫德维、李均 编著
ISBN 978-7-04-047315-5
9 787040 473155 >

□ 工程塑性理论及其在金属成形中的应用（英文版）
王仲仁、胡卫龙、苑世剑、王小松 著
ISBN 978-7-04-050587-0
9 787040 505870 >

□ 先进高强度钢及其工艺发展
戎咏华、陈乃录、金学军、郭正洪、万见峰、王晓东、左训伟 著
ISBN 978-7-04-051837-5
9 787040 518375 >

□ 粉末冶金学（第三版）
黄坤祥 著
ISBN 978-7-04-049362-7
9 787040 493627 >

已出书目 – 3

- □ 无机材料晶体结构学概论
  毛卫民 编著
  ISBN 978-7-04-052999-9
  9 787040 529999 >

- □ 液态金属结构与性质
  王海鹏 等 著
  ISBN 978-7-04-056444-0
  9 787040 564440 >

- □ 金属塑性成形计算机辅助优化
  洪慧平 编著
  ISBN 978-7-04-053017-9
  9 787040 530179 >

- □ 碳纳米填料阻燃聚合物
  方征平、郭正虹、冉诗雅 著
  ISBN 978-7-04-053666-9
  9 787040 536669 >

- □ 相变晶体学基础与实践
  张文征、叶飞、顾新福 等 著
  ISBN 978-7-04-058942-9
  9 787040 589429 >

- □ 金属玻璃和非晶合金导论(英文版)
  Zbigniew H. Stachurski、王刚、谭晓华 著
  ISBN 978-7-04-060128-2
  9 787040 601282 >

- □ 材料科学与工程综合实验(英文版)
  叶飞、廖成竹、程化、章剑波、王海鸥、李艳艳、李慧丽、明静 著
  ISBN 978-7-04-059637-3
  9 787040 596373 >

- ■ **晶体学对称群——如何读懂和应用国际晶体学表**
  王元明、杜奎、胡青苗、杨志卿 著
  ISBN 978-7-04-060820-5

  9 787040 608205 >